Prozent- und Zinsrechnung

Aufgaben

Prozentangaben kannst du dir oft besser vorstellen, wenn du die Formulierung „von Hundert" verwendest. In welchen Fällen ist dies sinnvoll?
a) 20 % der Bälle sind grün.
b) 56 % Der Wähler stimmten mit „Ja".
c) 25 % der Menschen sind Chinesen.
d) Der Preis wurde um 20 % gesenkt.
e) Der Fruchtsaftanteil beträgt 50 %.

1. Finde heraus, was die folgenden Wörter mit „hundert" zu tun haben! Zentimeter, Zentner, century (engl.), centime (franz.), centurio (lat.)

Aufgabenteile enthalten vielfältige und gemischte Aufgaben zum Wiederholen, Üben und Knobeln. Aufgaben mit einem Stern besitzen erhöhten Schwierigkeitsgrad.

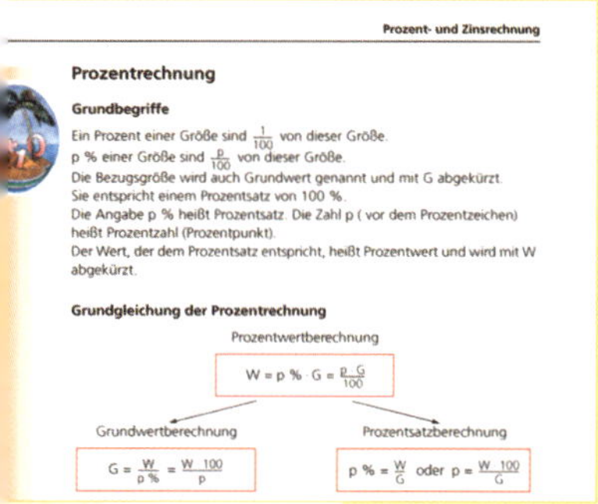
Prozent- und Zinsrechnung

Prozentrechnung

Grundbegriffe

Ein Prozent einer Größe sind $\frac{1}{100}$ von dieser Größe.
p % einer Größe sind $\frac{p}{100}$ von dieser Größe.
Die Bezugsgröße wird auch Grundwert genannt und mit G abgekürzt.
Sie entspricht einem Prozentsatz von 100 %.
Die Angabe p % heißt Prozentsatz. Die Zahl p (vor dem Prozentzeichen) heißt Prozentzahl (Prozentpunkt).
Der Wert, der dem Prozentsatz entspricht, heißt Prozentwert und wird mit W abgekürzt.

Grundgleichung der Prozentrechnung

Prozentwertberechnung

$W = p\,\% \cdot G = \frac{p \cdot G}{100}$

Grundwertberechnung

$G = \frac{W}{p\,\%} = \frac{W \cdot 100}{p}$

Prozentsatzberechnung

$p\,\% = \frac{W}{G}$ oder $p = \frac{W \cdot 100}{G}$

Zusammenfassungen enthalten eine komprimierte Darstellung von Begriffen, Sätzen, Regeln und Lösungsverfahren des Kapitels.

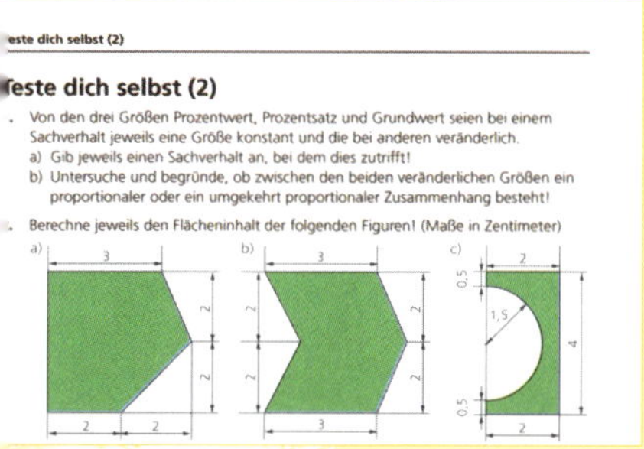
Teste dich selbst (2)

Teste dich selbst (2)

Von den drei Größen Prozentwert, Prozentsatz und Grundwert seien bei einem Sachverhalt jeweils eine Größe konstant und die bei anderen veränderlich.
a) Gib jeweils einen Sachverhalt an, bei dem dies zutrifft!
b) Untersuche und begründe, ob zwischen den beiden veränderlichen Größen ein proportionaler oder ein umgekehrt proportionaler Zusammenhang besteht!

Berechne jeweils den Flächeninhalt der folgenden Figuren! (Maße in Zentimeter)

„Teste dich selbst!"-Seiten enthalten Aufgaben zu grundlegenden Sachverhalten aus allen Kapiteln des Buches.

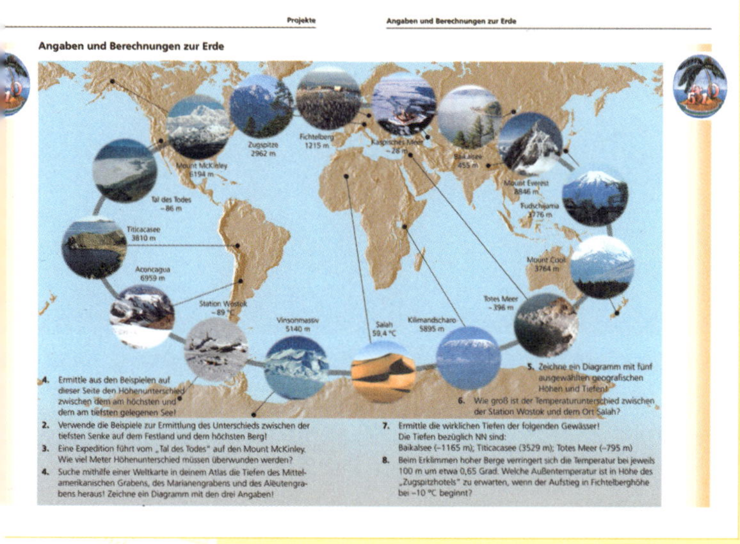

Projekte | Angaben und Berechnungen zur Erde

Angaben und Berechnungen zur Erde

1. Ermittle aus den Beispielen auf dieser Seite den Höhenunterschied zwischen dem am höchsten und dem am tiefsten gelegenen See!
2. Verwende die Beispiele zur Ermittlung des Unterschieds zwischen der tiefsten Senke auf dem Festland und dem höchsten Berg!
3. Eine Expedition führt vom „Tal des Todes" auf den Mount McKinley. Wie viel Meter Höhenunterschied müssen überwunden werden?
4. Suche mithilfe einer Weltkarte in deinem Atlas die Tiefen des Mittelamerikanischen Grabens, des Marianengrabens und des Aleutengrabens heraus! Zeichne ein Diagramm mit den drei Angaben!
5. Zeichne ein Diagramm mit fünf ausgewählten geografischen Höhen und Tiefen!
6. Wie groß ist der Temperaturunterschied zwischen der Station Wostok und dem Ort Salah?
7. Ermittle die wirklichen Tiefen der folgenden Gewässer! Die Tiefen bezüglich NN sind: Baikalsee (−1165 m); Titicacasee (3529 m); Totes Meer (−795 m)
8. Beim Erklimmen hoher Berge verringert sich die Temperatur bei jeweils 100 m um etwa 0,65 Grad. Welche Außentemperatur ist in Höhe des „Zugspitzhotels" zu erwarten, wenn der Aufstieg in Fichtelberghöhe bei −10 °C beginnt?

Projekte enthalten interessante und praxisorientierte Themen mit Aufträgen zu selbständiger Arbeit.

MATHEMATIK

Lehrbuch für die Klasse 7
Mecklenburg-Vorpommern

Gymnasium

Herausgeber
Prof. Dr. Hans-Dieter Sill

PAETEC
Verlag für Bildungsmedien

Herausgeber
Prof. Dr. Hans-Dieter Sill

Autoren
Dr. Karin Fischer
Dr. Hans-Günther Friedemann
Hans-Joachim Kübsch
Karlheinz Lehmann
Dr. Günter Liesenberg
Hedwig Sabelus
Dr. Klaus Scheibe
Dr. Helmut Seibt
Prof. Dr. Hans-Dieter Sill
Dr. Jochen Weitendorf
Annemarie Wolke

2. stark überarbeitete und erweiterte Auflage

1[5 4 3 2 1] | 2007 2006 2005 2004 2003
Alle Drucke dieser Auflage können im Unterricht nebeneinander benutzt werden.
Die letzte Zahl bezeichnet das Jahr dieses Druckes.

Internet: www.paetec.de

Redaktion: Dr. Günter Liesenberg
Layout: Martina Holzinger, Erika Netzmann, Ute Winkler
Zeichnungen: Wolfgang Beyer, Martina Holzinger, Erika Netzmann, Susanne Raake, Ute Winkler
Außentitel: Britta Scharffenberg
Druck: Druckerei zu Altenburg GmbH

ISBN 3-89818-186-3

Inhaltsverzeichnis

Bildquellenverzeichnis

Corel Photos: 7/1; 10/1; 38/1;55/1; 60/1; 66/1; 70/1; 70/2; 73/3; 80/1; 88/1; 127/1; 156/1; 161/1; 193/1; 197/1; 197/2; 202/1; 203/3; 215/1

Hemera Photo Objects: 29/1; 81/1; 82/2; 83/1; 91/1; 96/2; 98/2; 99/1; 160/1; 164/1; 169/1; 169/2; 169/3; 169/4; 169/5; 169/6; 169/7; 169/8; 169/9; 192/1; 203/2; 217/3; 217/4; 217/5; 217/6; 217/7; 217/8; 217/9; 226/2

Kübsch, Hans-Joachim: 162/1

Liesenberg, Günter: 15/1; 18/1; 19/1; 24/2; 41/1; 47/1; 49/1; 50/1; 53/1; 55/2; 64/2; 84/1; 85/1; 94/1; 95/1; 95/2; 95/3; 96/1; 102/2; 151/1; 152/1; 154/1; 165/1; 175/1; 181/1; 190/2; 191/1; 196/1; 199/1; 203/1; 205/2; 209/1; 214/1; 217/1; 218/1; 218/2; 218/3; 218/4; 218/5; 219/1; 221/2; 222/1; 228/4; 228/5; 234/2

Meyer, Lothar: 147/1

paetec Gesellschaft für Bildung und Technik mbH: 9/1; 10/2; 12/1; 16/1; 20/1; 39/1; 39/2; 40/1; 44/1; 62/2; 64/1; 64/3; 68/1; 75/1; 83/2; 92/1; 98/1; 102/1; 103/1; 105/1; 105/2; 107/1; 133/1; 139/1; 153/1; 153/2; 157/1; 171/1; 172/1; 187/2; 206/1; 218/6; 218/7; 218/8; 218/9; 218/10; 218/11; 220/1; 226/1; 227/1; 227/2; 228/1; 228/2; 228/3; 229/1; 229/2; 229/3; 230/1; 231/1; 231/2; 231/3; 231/4; 232/1; 233/1; 234/1

Photo Disc Inc.: 24/1; 43/1; 46/1; 59/1; 62/1; 63/1; 73/1; 73/2; 82/1; 88/2; 92/2; 93/1; 93/2; 114/1; 118/1; 124/1; 158/1; 167/1; 187/1; 190/1; 191/2; 194/1; 200/1; 200/2; 200/3; 205/1; 218/12; 221/1

1 Rationale Zahlen

Der Tabellenplatz einer Fußballmannschaft wird von der Anzahl der Punkte und von der Tordifferenz bestimmt. Bei gleichen Punkten (für jeden „Sieg“ gibt es 3 Punkte, für jedes „Unentschieden“ 1 Punkt und für jede „Niederlage“ 0 Punkte) zählt der Unterschied zwischen den geschossenen und den erhaltenen Toren.
Bei 10 geschossenen und 8 erhaltenen Toren beträgt die Tordifferenz (+2). Bei 8 geschossenen und 10 erhaltenen Toren beträgt die Tordifferenz (–2).

Verein	Tore	Tordifferenz	Punkte
Hertha	28 : 26	+2	33
1860	32 : 33	–1	33
Bochum	39 : 39	0	30
Rostock	25 : 28	–3	28
Wolfsburg	25 : 30	–5	28

1 Rationale Zahlen

Rückblick

Zahlen, die als Brüche oder Dezimalbrüche darstellbar sind, werden als **gebrochene Zahlen** bezeichnet. Für die Menge der gebrochenen Zahlen schreibt man: $\mathbb{Q}_+$

$\frac{1}{4} \overset{\cdot 25}{=} \frac{25}{100} = 0{,}25$

$2{,}75 = \frac{275}{100} \overset{:25}{=} \frac{11}{4}$

Von zwei gebrochenen Zahlen ist diejenige Zahl kleiner, die auf dem Zahlenstrahl weiter links liegt.

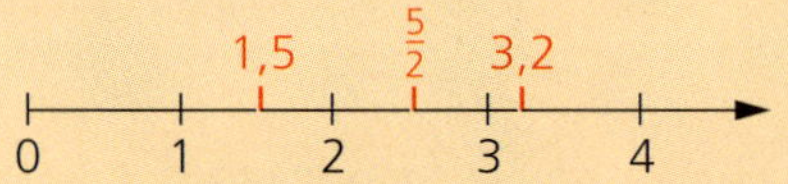

$1{,}5 < \frac{5}{2} < 3{,}2$

Die Addition und die Multiplikation gebrochener Zahlen sind uneingeschränkt ausführbar.

$\frac{1}{2} + \frac{1}{4} = \frac{2}{4} + \frac{1}{4} = \frac{3}{4}$

$3{,}5 - \frac{1}{4} = 3{,}5 - 0{,}25 = 3{,}25$

Die Division gebrochener Zahlen ist uneingeschränkt ausführbar.

$\frac{3}{4} : \frac{5}{7} = \frac{3}{4} \cdot \frac{7}{5} = \frac{21}{20}$

$22{,}5 : 0{,}5 = 225 : 5 = 45$

Die Subtraktion gebrochener Zahlen ist nur dann ausführbar, wenn der Minuend größer oder gleich dem Subtrahenden ist.

$\frac{4}{5} - \frac{3}{5} = \frac{1}{5}$

$\frac{3}{5} - \frac{4}{5}$ ist in $\mathbb{Q}_+$ nicht lösbar.

Für gebrochene Zahlen gilt stets:

- Summanden bzw. Faktoren können vertauscht werden. (Kommutativgesetz)
- Summanden bzw. Faktoren können beliebig zusammengefasst werden. (Assoziativgesetz)
- Eine Summe kann gliedweise multipliziert bzw. dividiert werden. (Distributivgesetz)

$\frac{1}{2} + \frac{1}{4} = \frac{1}{4} + \frac{1}{2}$ $\quad 1{,}5 \cdot \frac{1}{2} = \frac{1}{2} \cdot 1{,}5$

$(1{,}5 + 2) + \frac{1}{2} = 1{,}5 + (2 + \frac{1}{2})$

$(\frac{1}{2} \cdot \frac{1}{4}) \cdot 2 = \frac{1}{2} \cdot (\frac{1}{4} \cdot 2)$

$1{,}5 \cdot \frac{1}{2} + 2{,}5 \cdot \frac{1}{2} = (1{,}5 + 2{,}5) \cdot \frac{1}{2}$

Mithilfe eines **Koordinatensystems** kann die Lage von Punkten durch Zahlenpaare (x; y) beschrieben werden.
Die x-Koordinate (Rechtswert) gibt an, wie weit der Punkt *rechts* vom Koordinatenursprung und die y-Koordinate (Hochwert) wie weit der Punkt *über* dem Koordinatenursprung O(0; 0) liegt.

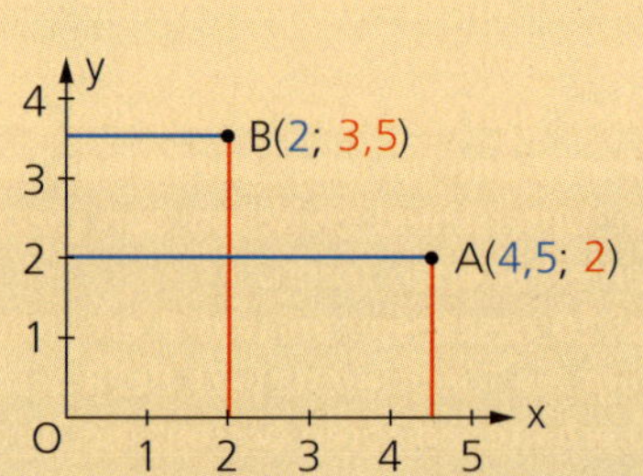

Aufgaben

1. Ordne folgende Brüche der Größe nach! Beginne mit dem kleinsten Bruch!

a) $\frac{8}{6}$; $1\frac{1}{2}$; 2,1; $\frac{19}{50}$ b) $\frac{6}{5}$; $\frac{8}{10}$; $1\frac{3}{4}$; 0,75   c) 0,2; $\frac{2}{10}$; 2,1; $\frac{21}{100}$

2. Vergleiche die Eigenschaften der Brüche! Welcher Bruch passt nicht?

a) $\frac{2}{4}$; $\frac{4}{4}$; $\frac{6}{5}$; $\frac{9}{4}$; $\frac{11}{4}$ b) $\frac{5}{6}$; $\frac{7}{8}$; $\frac{8}{7}$; $\frac{6}{9}$; $\frac{4}{6}$ c) $\frac{15}{20}$; $\frac{3}{9}$; $\frac{4}{8}$; $\frac{12}{9}$; $\frac{15}{8}$

3. Auf welcher der beiden Pisten findest du zuerst eine Zahl mit folgender Eigenschaft?

a) Eine Zahl, die kleiner als 0,6 ist.

b) Eine Zahl, die größer als $\frac{3}{4}$ ist.

c) Eine Zahl, deren Hälfte kleiner als 0,4 ist.

d) Eine Zahl, deren Drittel größer als $\frac{1}{2}$ ist.

e) Eine Zahl, deren 1,5faches größer als 2 ist.

f) Eine Zahl, deren Zehnfaches kleiner als 7 ist.

g) Eine Zahl, deren 0,75faches gleich 0,9 ist.

4. Finde die „spröde Zahl"! Eine Zahl einer Gruppe soll „spröde" heißen, wenn sie sich nicht als Produkt oder Quotient zweier anderer Zahlen darstellen lässt.
Beispiel: In der Gruppe der Zahlen 2; 3; 4 und 6 ist die Zahl 4 spröde.

a) 0,2; 0,3; 0,6; 0,18   b) $\frac{2}{3}$; $\frac{3}{5}$; $\frac{1}{2}$; $\frac{1}{3}$ c) 21; 28; 12; $\frac{3}{7}$ d) 1,2; 1,4; 1,5; 2,1

5. Setze für die Zeichen Zahlen so ein, dass wahre Aussagen vorliegen! Gleiche Zeichen bedeuten gleiche Zahlen, verschiedene Zeichen bedeuten verschiedene Zahlen.

a) $\frac{1}{\Phi} + \frac{1}{\Phi} + \frac{1}{\Phi} = 1$ b) $\frac{1}{\Delta} + \frac{1}{\Theta} + \frac{1}{\Theta} = 1$ c) $\frac{1}{\Delta} + \frac{1}{\Theta} + \frac{1}{\Phi} = 1$

6. Berechne! Wähle den geeignetsten Weg!

a) $1{,}56 + \frac{2}{5} + 2{,}23 + \frac{5}{20}$ b) 7,240 kg + $\frac{1}{2}$ kg + 4,425 kg + $\frac{1}{4}$ kg

7. Spiele das folgende Spiel! Es wird abwechselnd mit zwei Würfeln gewürfelt und die Augenzahlen werden als Koordinaten eines Punktes aufgefasst. Jeder Spieler markiert nach jedem Wurf in einem gemeinsamen Koordinatensystem durch einen Kreis bzw. durch ein Kreuz einen Punkt, der seinen Augenzahlen entspricht. Der Spieler kann entscheiden, welche Augenzahl er als x-Koordinate und welche als y-Koordinate wählt. Ein Punkt kann nur einmal markiert werden. Wenn sich kein Punkt mit den gewürfelten Augenzahlen markieren lässt, ist der andere Spieler an der Reihe. Sieger ist, wer zuerst vier Punkte markiert hat, die auf einer Geraden liegen.

8. Verbinde der Reihenfolge nach in einem Koordinatensystem! Was erkennst du?
(1; 1), (1; 5,5), (2; 6,5), (6; 6,5), (6,5; 7), (7,5; 7), (8; 6,5), (8; 2,5), (8,5; 2,5), (8,5; 1,5), (8; 1,5), (8; 2), (7,5; 2), (7,5; 4), (6,5; 4), (6,5; 1), (5; 1), (5; 3), (2,5; 3), (2,5; 1)

1.1 Grundbegriffe

Positive und negative Zahlen

Beim Addieren bzw. Subrahieren werden die Zeichen „+“ (plus) bzw. „–“ (minus) verwendet. Sie treten aber nicht nur als Operationszeichen auf.

Plus- und Minuszeichen besitzen auch noch eine andere Bedeutung.
Bei Temperaturangaben und in anderen Zusammenhängen kennzeichnen sie z. B. die Lage einer Größe zu beiden Seiten eines Bezugspunktes. 0 °C, NN (Höhe; Normalnull) und 0 Punkte sind Beispiele für solche „Bezugspunkte“.

Herr Martin hat sein Konto um 45 € überzogen und hat so 45 € Schulden bei seiner Bank. Sein Kontoauszug weist –45 € auf. Beim Umgang mit Geldbeträgen auf Bankkonten werden positive Beträge (Guthaben) mit „Haben“ und negative Beträge mit „Soll“ gekennzeichnet. Auf dem Kontoauszug von Herrn Martin erscheint dann als Saldo (Summe) 45,00 € Soll.

In solchen Fällen werden auch Plus- und Minuszeichen als **Vorzeichen** verwendet. Zahlen mit dem Vorzeichen „–“ heißen **negative Zahlen.**

Die gebrochenen Zahlen (einschließlich der natürlichen Zahlen) mit Ausnahme der Zahl 0 werden auch als **positive Zahlen** bezeichnet. Um sie noch deutlicher von den negativen Zahlen zu unterscheiden, werden sie mit einem „+“ als Vorzeichen versehen.

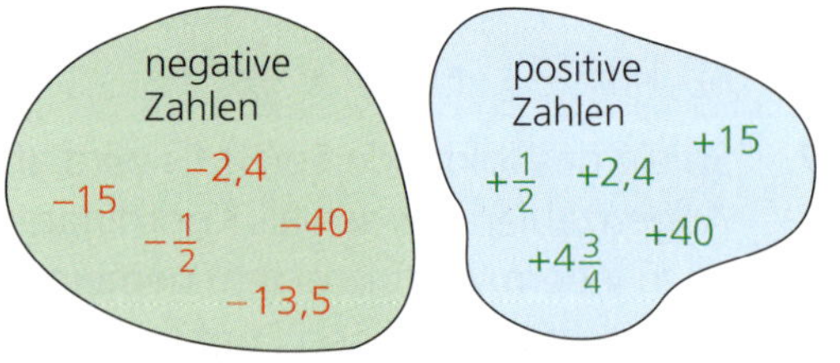

Beachte: Das Vorzeichen „+“ kann häufig weggelassen werden: +10 = 10; +1,7 = 1,7

Die Zahl *0* erhält *kein* Vorzeichen.

Die Menge der **negativen Zahlen** wird mit $\mathbb{Q}_-$ bezeichnet.

positive Zahlen: $+\frac{1}{2}$; +0,57; +4; $+\frac{7}{8}$ negative Zahlen: $-\frac{1}{2}$; −2,75; −3; $-\frac{6}{7}$

Die 0 ist weder positiv noch negativ.

Rationale Zahlen

Wird der Zahlenstrahl am Nullpunkt gespiegelt, so entsteht die **Zahlengerade.** Auf ihr können die gebrochenen und negativen Zahlen dargestellt werden. Durch die Spiegelung wird jeder positiven Zahl eine negative Zahl zugeordnet. Die Zahlengerade kann beim Vergleichen zweier Zahlen bezüglich ihrer Größe hilfreich sein.

Die **Menge der rationalen Zahlen** besteht aus den **negativen rationalen** Zahlen, der Zahl 0 und den **positiven rationalen** Zahlen. Sie wird mit $\mathbb{Q}$ bezeichnet.

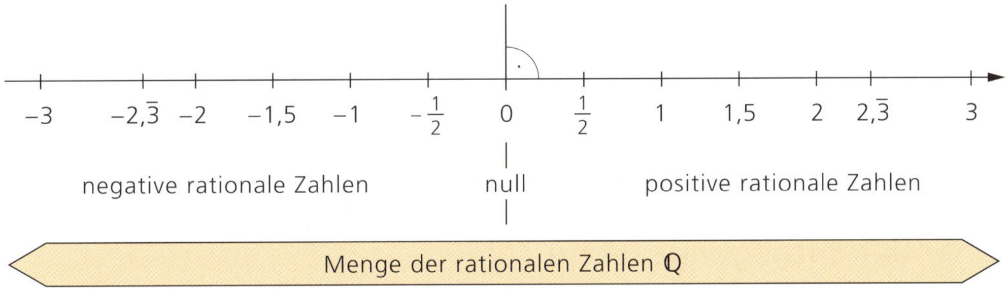

Ganze Zahlen

Die natürlichen Zahlen 0; 1; 2; 3; 4; … und die negativen Zahlen −1; −2; −3; −4; … bilden zusammen die Menge der **ganzen Zahlen.**
Die Menge der ganzen Zahlen wird mit $\mathbb{Z}$ bezeichnet.

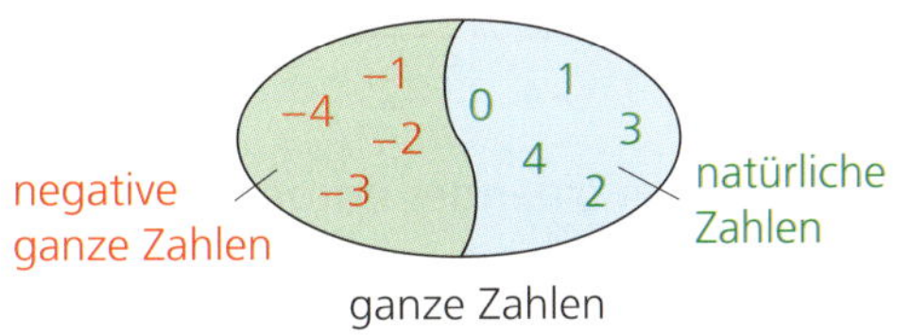

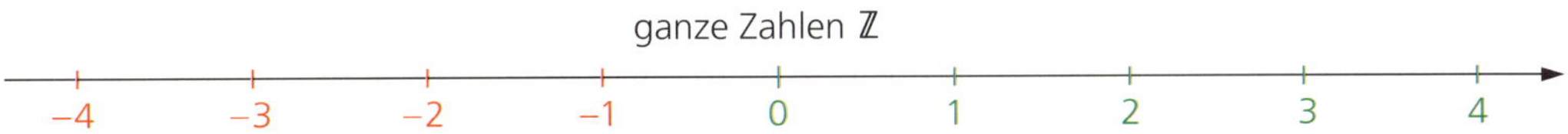

Betrag rationaler Zahlen

An vielen Messstationen wird der Wasserstand von Flüssen gemessen und registriert.
Eine Messstation meldet den Wasserstand 2,80 m. Dazu wird vermerkt, dass die Abweichung vom mittleren Wasserstand 35 cm beträgt.

Der Wert der Abweichung vom mittleren Wasserstand gibt noch keine Auskunft darüber, ob der Fluss gegenwärtig mehr Wasser oder weniger Wasser führt als normal.

Der **absolute Betrag einer rationalen Zahl** (oder kurz: der Betrag einer rationalen Zahl) gibt den Abstand der Zahl zur 0 an.

Schreibweise: $|-5| = 5$ $|0| = 0$ $|+4{,}3| = |4{,}3| = 4{,}3$

lies: Der Betrag von –5 ist 5. Der Betrag von 0 ist 0. Der Betrag von +4,3 ist 4,3.

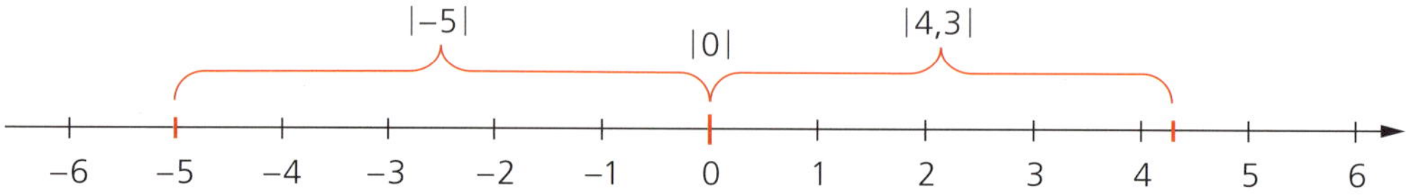

Man kann vereinfacht sagen:

Eine rationale Zahl (außer 0) besteht aus einem Vorzeichen und ihrem Betrag.

–7: Vorzeichen – Betrag 7 +4,3: Vorzeichen + Betrag 4,3

Zueinander entgegengesetzte Zahlen

Zwei Zahlen, die den gleichen Betrag aber verschiedene Vorzeichen haben, heißen **zueinander entgegengesetzte Zahlen.** Sie haben von 0 den gleichen Abstand.

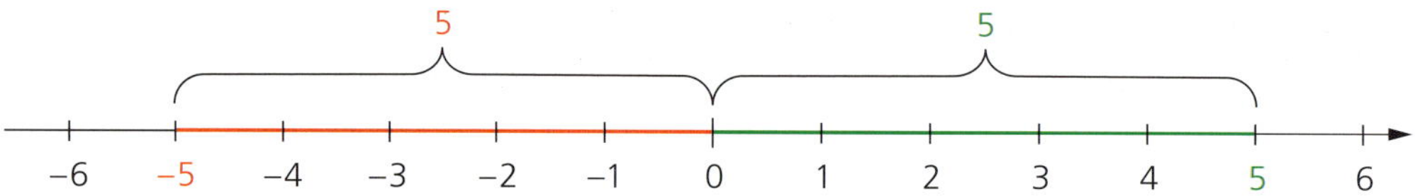

–5 und 5 sind zueinander entgegengesetzte Zahlen: $|-5| = |5| = 5$

Vergleichen und Ordnen rationaler Zahlen

Die Karte zeigt die tiefsten Nachttemperaturen, die laut Wetterbericht am 20. Januar 2003 in Deutschland gemessen wurden.

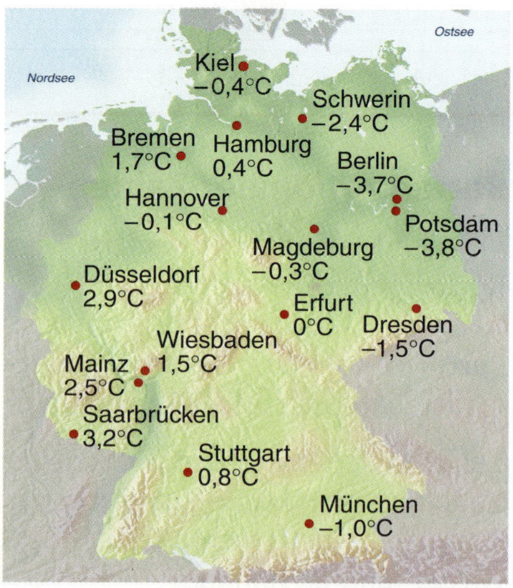

Die Temperatur in Dresden ist niedriger als die Temperatur in Hamburg: –1,5 °C < 0,4 °C.

Die Temperatur in Stuttgart ist niedriger als die Temperatur in Bremen: 0,8 °C < 1,7 °C.

Die Temperatur in Hannover ist niedriger als die Temperatur in Erfurt: –0,1 °C < 0 °C.

Die Temperatur in Berlin ist niedriger als die Temperatur in Schwerin: –3,7 °C < –2,4 °C.

Von zwei rationalen Zahlen liegt die kleinere Zahl auf der Zahlengeraden weiter links.

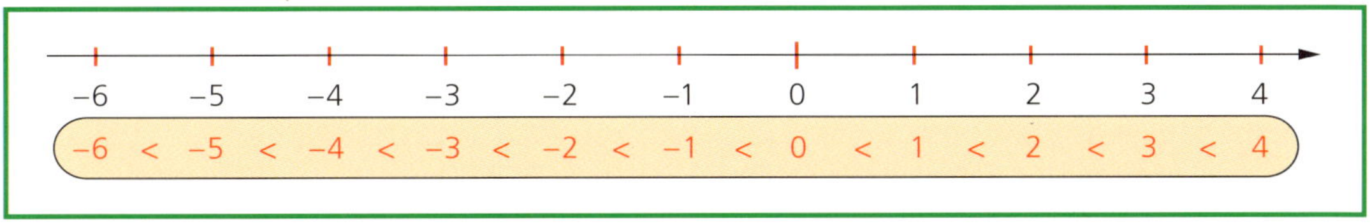

Beachte beim Vergleich rationaler Zahlen folgende drei Fälle:

1. *Beide Zahlen sind positiv:*
   Vergleiche wie bisher stellenweise: 6,349 < 6,358; da 4 < 5
2. *Eine Zahl ist positiv und eine Zahl ist negativ:*
   Die negative Zahl ist stets kleiner: −13 < 0,37, da −13 links von 0
3. *Beide Zahlen sind negativ:*
   Die Zahl mit dem *größeren* Betrag ist *kleiner.*
   −2,7 < −2,6; da −2,7 links von −2,6 auf der Zahlengeraden liegt und |−2,7| > |−2,6|

Das Koordinatensystem mit vier Quadranten

Wenn die x-Achse (Rechtsachse) und die y-Achse (Hochachse) über den Koordinatenursprung hinaus nach links bzw. nach unten verlängert werden, entsteht ein Koordinatensystem, mit dem Punkte der Ebene beschrieben werden können. Die Koordinaten der Punkte können nun auch negative Zahlen sein. Die Ebene wird in vier Bereiche geteilt, die **Quadranten** heißen.

So kannst du Punkte in das Koordinatensystem eintragen:
Verwende zuerst die *x-Koordinate*! Das Vorzeichen gibt an, wie du auf der *x-Achse* gehen musst. Bei „−" gehe nach links, bei „+" gehe nach rechts.
Verwende dann die *y-Koordinate*! Das Vorzeichen gibt an, wie du auf der *y-Achse* gehen musst. Bei „−" gehe nach unten, bei „+" gehe nach oben.

P(−3; 2)	3 nach links und 2 nach oben	R(−3; −1,5)	3 nach links und 1,5 nach unten
Q(4; −2)	4 nach rechts und 2 nach unten	T(4,5; 2)	4,5 nach rechts und 2 nach oben

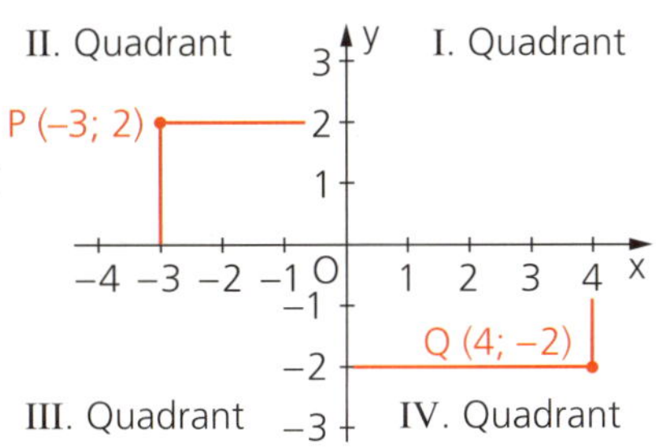

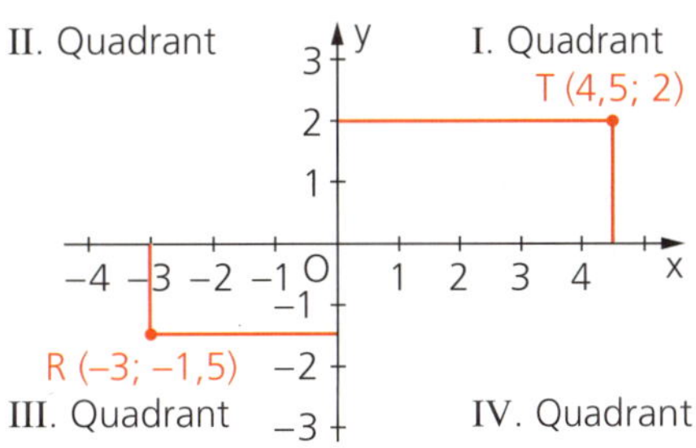

Hinweis:
x-Koordinaten werden auch **Abszissen** und y-Koordinaten auch **Ordinaten** genannt.
Die x-Achse wird als **Abszissen-Achse** und die y-Achse als **Ordinaten-Achse** bezeichnet.

Beziehungen zwischen Zahlenmengen

Du kennst nun fünf verschiedene Mengen von Zahlen mit besonderen Bezeichnungen.

Symbol	Bezeichnung	Beispiele
$\mathbb{N}$	Menge der natürlichen Zahlen	0; 1; 2; 3; 100
$\mathbb{Q}_+$	Menge der gebrochenen Zahlen	$0;\ 1;\ \frac{1}{2};\ 0{,}\overline{6};\ 0{,}7;\ 1{,}8;\ \frac{7}{3};\ 3$
$\mathbb{Q}_-$	Menge der negativen Zahlen	$-100;\ -3;\ -1{,}5;\ -\frac{1}{2};\ -0{,}01$
$\mathbb{Q}$	Menge der rationalen Zahlen	$-100;\ -3;\ -1{,}5;\ -1;\ 0;\ \frac{1}{2};\ 1{,}8;\ \frac{7}{3};\ 3$
$\mathbb{Z}$	Menge der ganzen Zahlen	$-100;\ -2;\ -1;\ 0;\ 1;\ 2;\ 3;\ 100$

Beziehungen zwischen Zahlenmengen können mit Worten beschrieben oder in **Mengendiagrammen** zeichnerisch dargestellt werden. Die Menge der rationalen Zahlen ist aus der Menge der negativen und der Menge der gebrochenen Zahlen zusammengesetzt.

Die Menge $\mathbb{Q}$ der rationalen Zahlen kann deshalb auch als **Vereinigungsmenge** der Menge der negativen Zahlen $\mathbb{Q}_-$ und der Menge der gebrochenen Zahlen $\mathbb{Q}_+$ bezeichnet werden.
Schreibweise:
$\mathbb{Q} = \mathbb{Q}_- \cup \mathbb{Q}_+$

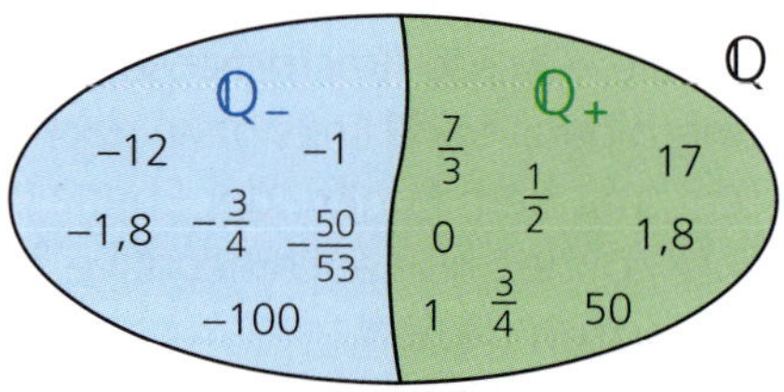

Jede natürliche Zahl lässt sich als Bruch mit dem Nenner 1 oder als Dezimalbruch schreiben.
Die Menge der natürlichen Zahlen ist eine **Teilmenge** der Menge der gebrochenen Zahlen.
Schreibweise:
$\mathbb{N} \subset \mathbb{Q}_+$

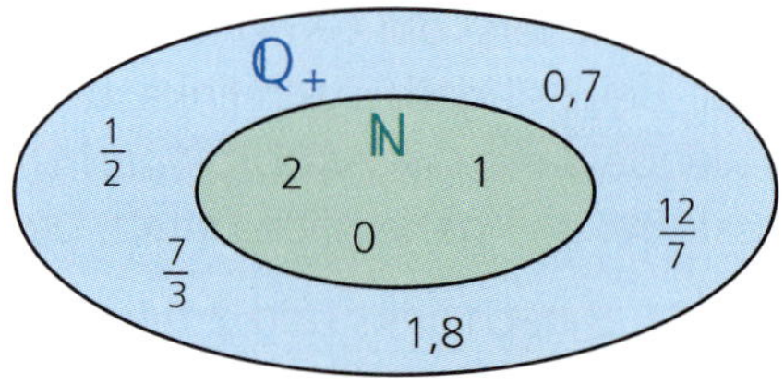

Natürliche Zahlen sind sowohl gebrochenen Zahlen als auch ganzen Zahlen. Die Menge der natürlichen Zahlen ist die **Schnittmenge (der Durchschnitt)** der Mengen $\mathbb{Q}_+$ und $\mathbb{Z}$.
Schreibweise:
$\mathbb{N} = \mathbb{Q}_+ \cap \mathbb{Z}$

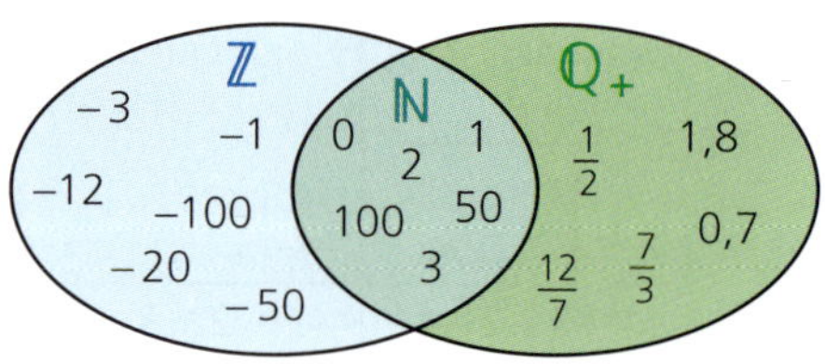

So wie die gebrochenen Zahlen liegen auch die rationalen Zahlen **überall dicht,** d. h., zwischen zwei rationalen Zahlen liegt immer eine weitere rationale Zahl und damit unendlich viele dieser Zahlen.

Zwischen −3,5 und −3,4 liegt z. B. −3,45.

Aufgaben

Positive und negative Zahlen

Sven meint zu Anne: „Auf unserem Außenthermometer steht der Name deines Freundes Max." Anne lächelt und erklärt ihm, was das Thermometer alles anzeigt.

a) Was könnte Anne zu Sven gesagt haben?
b) Wie groß ist der angezeigte Temperaturunterschied?

1. Schreibe die Größenangaben mit dem entsprechenden Zeichen „+" oder „–"!

a) 17 °C unter Null
b) 2 °C über Null
c) 1215 m über NN
d) 7190 m unter NN
e) 2000 v. Chr.
f) 415 n. Chr.
g) 480 € Soll
h) 1780 € Haben
i) 24 Pluspunkte
j) 48 Minuspunkte
k) 10 s vor dem Start
l) 2 s nach dem Start
m) 30 cm über dem mittleren Wasserstand
n) 18 cm unter dem mittleren Wasserstand
o) 4 Tore mehr erhalten als geschossen
p) 6 Tore mehr geschossen als erhalten

2. Erkläre, was die folgenden Angaben bedeuten!

a) Ein Kontostand beträgt –320 € oder 320 € Soll.
b) Eine Fußballmannschaft hat eine Tordifferenz von 13.
c) Rom wurde im Jahre –753 gegründet.
d) Die Temperatur beträgt –2 °C.
e) Im Atlas steht: großer Salzsee (1283); Tal des Todes (–33)

3. Gegeben sind folgende rationale Zahlen: $3{,}5;\ -16;\ -\frac{1}{4};\ 2\,004;\ 3{,}\overline{3};\ 0;\ -2;\ -\frac{15}{11}$

a) Welche der Zahlen sind natürliche Zahlen?
b) Welche der Zahlen sind negative Zahlen?
c) Welche der Zahlen sind gebrochene Zahlen?
d) Welche der Zahlen sind positive Zahlen?
e) Welche der Zahlen sind ganze Zahlen?

4. Mandys Mutti hat noch 225 € auf ihrem Konto. Nun wird ihr die Autoversicherung von 335 € abgebucht. Wie hoch ist dann der Kontostand?

5. Der Pegelstand der Elbe bei Dresden wird am Montag im Radio mit 5,48 m angegeben. An den zwei darauf folgenden Montagen meldet der Radiosprecher 5,21 m und 5,68 m. Gib die Abweichungen vom Pegelstand am Montag der ersten Woche jeweils mit positiven bzw. negativen Zahlen an!

6. Jette hilft ihrer Mutti in der Gärtnerei beim Eintüten von Blumenzwiebeln. Jeder Beutel soll 750 g wiegen. Beim Nachwiegen stellt sie folgende Abweichungen fest:

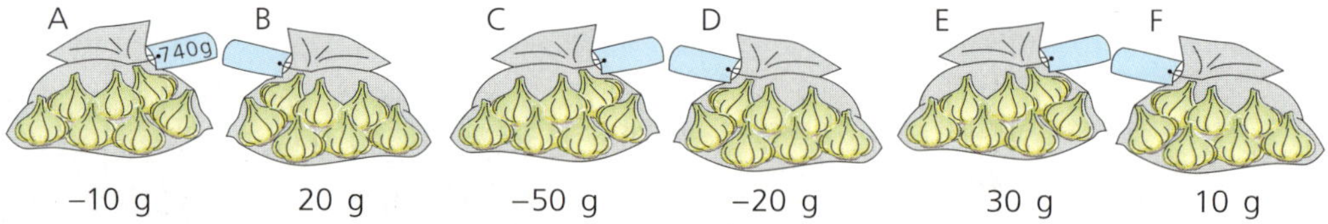

a) Bestimme die Masse der Beutel A bis F, so wie sie gegenwärtig gefüllt sind!

b) Eine Abweichung bis zu ±20 g ist zulässig. Welche Tüten kann Jette schließen?

c) In welche Beutel müssen Zwiebeln hineingelegt, aus welchen Beuteln Zwiebeln herausgenommen werden?

*d) Muss sich Jette noch Zwiebeln holen oder kann sie die Füllungen innerhalb der geforderten Abweichung ausgleichen?

7. Die Spätausgabe einer Nachrichtensendung beginnt 4 Minuten vor Mitternacht und dauert 12 Minuten. Wann ist sie zu Ende? Löse die Aufgabe an der „Zeitgeraden"!

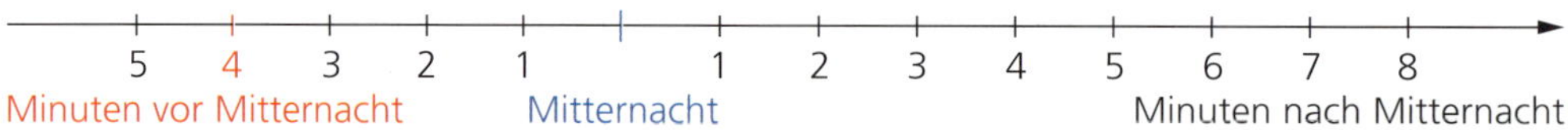

8. Auf dem Mond herrscht auf der Tagseite eine Temperatur von 130 °C und auf der Nachtseite von −160 °C. Wie groß ist der Temperaturunterschied zwischen Tag- und Nachtseite?

9. Der römische Kaiser AUGUSTUS regierte als erster Kaiser in Rom von 27 v. Chr. bis zu seinem Tode im Jahre 14 n. Chr.

a) Wie viele Jahre regierte AUGUSTUS das römische Weltreich?

b) Bei seinem Tode war AUGUSTUS 77 Jahre alt. Wann wurde er geboren?

Betrag rationaler Zahlen/zueinander entgegengesetzte Zahlen

10. Bestimme den Abstand der angegebenen Zahlen vom Nullpunkt!

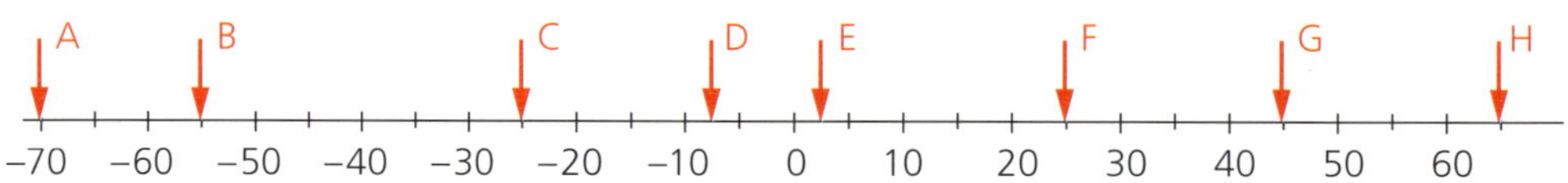

11. Gib den Abstand folgender Zahlen vom Nullpunkt an!

a) +7 b) −3 c) +6,1 d) $-\frac{3}{2}$ e) −100 f) $+2,\overline{7}$ g) 0

12. Bestimme!

a) $|-7|$ b) $|13|$ c) $|-100|$ d) $|2{,}5|$ e) $|-2\frac{1}{5}|$ f) $|-\frac{8}{4}|$ *g) $|-a|$

13. Ermittle die Beträge folgender Zahlen!

a) 8,4 b) −7 c) $\frac{7}{8}$ d) $-\frac{4}{5}$ e) 0,8 f) −0,3 *g) x

14. Welche Zahlen haben folgenden Betrag?

a) 3 b) 4,5 c) 4200 d) 13,1 e) 7,4 f) 12
g) 3,2 h) $4\frac{1}{4}$ i) 0 j) −1 k) 2^5 l) a

15. Susanne sagt: „Zu jedem Betrag gibt es stets genau zwei verschiedene Zahlen, die diesen Betrag haben!" Hat sie Recht? Begründe!

16. Löse folgende Gleichungen mit Beträgen!

a) $|x| = 3$ b) $|x| = 12{,}8$ c) $|x| = -1{,}7$
d) $|x| + 3 = 11$ e) $|x| - 5 = 4$ f) $|x| + 6 = 4$
g) $8 - |x| = 0$ h) $|x - 2| = 3$ i) $|1 - x| = 2$
j) $|x + 6| = 4$ k) $|8 - x| = 0$ l) $-|x| = 20$

***17.** Löse folgende Ungleichungen mit Beträgen!

a) $|x| < 3$ b) $|x| > 2$ c) $|x + 2| < 3$
d) $|x| > 0$ e) $|x| > -1$ f) $|x - 2| < 3$

18. Ermittle jeweils die entgegengesetzte Zahl!

a) 100 b) −100 c) −2,5 d) $\frac{4}{5}$ e) −4 f) 0 g) −270
h) $-6\frac{1}{2}$ i) $-0,\overline{3}$ j) 0,007 *k) x *l) −x *m) a − b *n) $-\frac{p}{2}$

19. Jörg behauptet:

1. Zu jeder Zahl gibt es genau eine zu ihr entgegengesetzte Zahl.
2. Eine Zahl und die zu ihr entgegengesetzte Zahl sind stets verschieden.
3. Die entgegengesetzte Zahl von −a ist a.

Sind Jörgs Aussagen richtig? Wenn nicht, gib ein Gegenbeispiel an!

Vergleichen und Ordnen rationaler Zahlen

20. Die Wettervorhersage gibt die zu erwartende höchste Tagestemperatur und die tiefste Nachttemperatur an.

a) An welchem Wochentag soll es am wärmsten werden?
b) Wie viel Grad Celsius soll die tiefste Nachttemperatur betragen?
c) An welchem Wochentag soll die Temperaturdifferenz am größten werden?

21. Ordne die folgenden Zahlen nach ihrer Größe! Beginne mit der kleinsten Zahl!

a) 2,5; −1,6; 0; −2,51; $-1\frac{1}{2}$; −1,63; −2,5 b) $\frac{1}{2}$; $-\frac{2}{3}$; $\frac{1}{4}$; −1; $-\frac{2}{5}$

22. Lies folgende Temperaturen ab und ordne sie der Größe nach!

a) 6^{00} Uhr

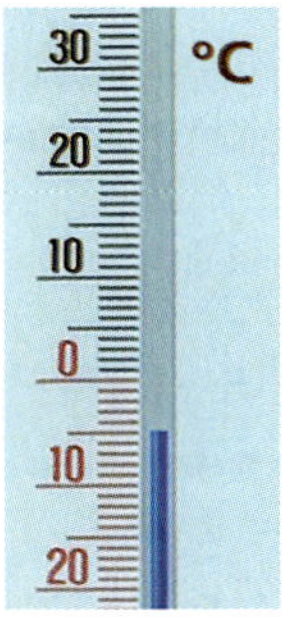

b) 11^{00} Uhr

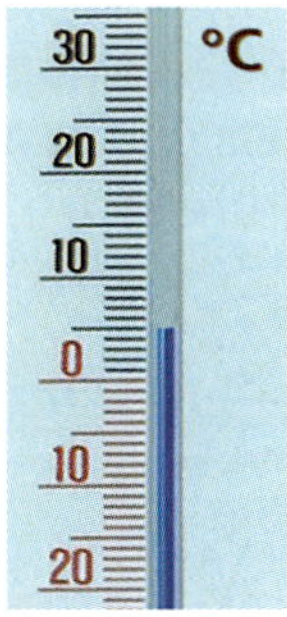

c) 14^{00} Uhr

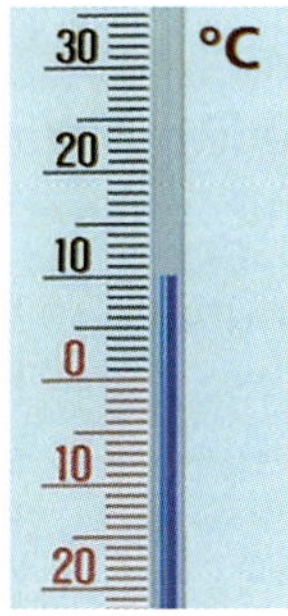

d) 21^{00} Uhr

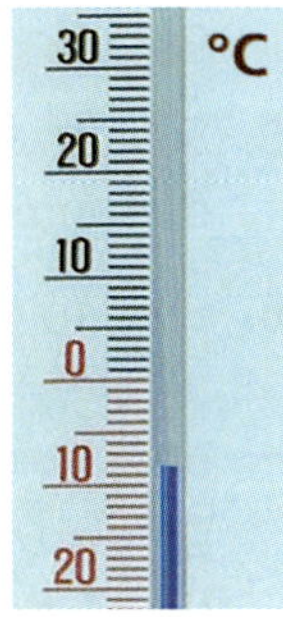

23. Lies die durch die Pfeile gekennzeichneten rationalen Zahlen ab!

a)

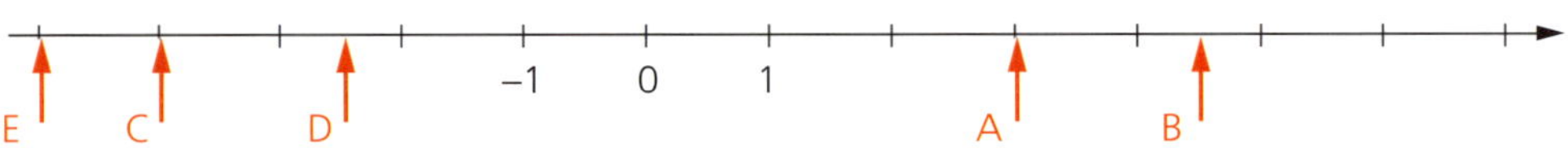

b)

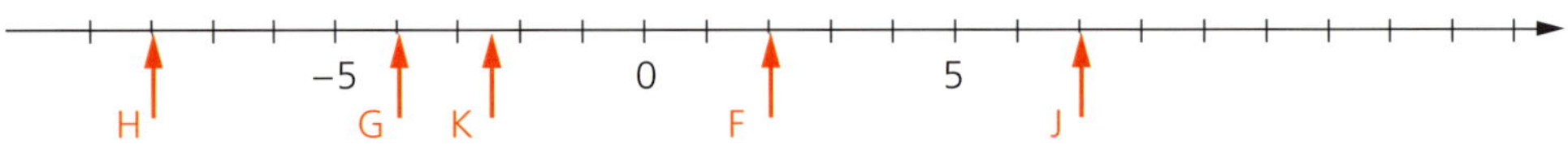

c)

24. Zeichne geeignete Ausschnitte einer Zahlengeraden und trage folgende rationale Zahlen ein! Lege zuerst die 0 fest und wähle dann eine passende Einteilung!

a) $10{,}5;\ -5\frac{1}{2};\ 3{,}7;\ \frac{42}{7};\ -6;\ -3{,}7;\ -\frac{6}{5}$ b) $200;\ -500;\ 150;\ -450;\ -50;\ 125$

25. Vergleiche die folgenden Zahlen! Setze das richtige Relationszeichen (<; = ; >)!

a) -4 und 1 b) 3 und -5 c) $-0{,}1$ und 0 d) -14 und -15

e) $-7{,}4$ und $-7\frac{2}{5}$ f) $-\frac{1}{3}$ und $0{,}\bar{3}$ g) $18\frac{1}{2}$ und $18{,}51$ h) $-\frac{2}{3}$ und $-0{,}6$

26. Nach einem Gesellschaftsspiel ergab sich folgender Punktestand:
Sven: 3200 Punkte; Dirk: −4800 Punkte; Anne: −860 Punkte;
Max: 1200 Punkte; Susi: 3300 Punkte; Stefan: −3200 Punkte
Welchen Platz hat jeder der Mitspieler belegt?

27. Ordne folgende Temperaturangaben! Beginne mit der niedrigsten Temperatur!
−3 °C; 11,4 °C; −2,5 °C; −5,5 °C; −14,1 °C; −5,8 °C

28. Ordne folgende Höhenangaben! Schreibe mit Vorzeichen!
340 über NN; 350 unter NN; 750 über NN; 12 unter NN; 4000 über NN

29. Gib zu den angeführten rationalen Zahlen jeweils die nächstkleinere und die nächstgrößere ganze Zahl an!

a) $-2{,}3$ b) $1{,}8$ c) $-1{,}7$ d) $-12{,}5$ e) 239 f) $-99{,}9$

g) $-\frac{1}{2}$ h) $\frac{3}{8}$ i) $-1\frac{6}{7}$ j) $-\frac{3}{4}$ *k) $-0{,}\bar{3}$ *l) $1{,}\bar{4}$

30. Ordne die „Luftballonzahlen“! Richtig geordnet erhältst du den Namen der Stadt, in der sie gestartet sind!

Das Koordinatensystem mit vier Quadranten

31. a) Gib die Koordinaten der Punkte A bis I an!

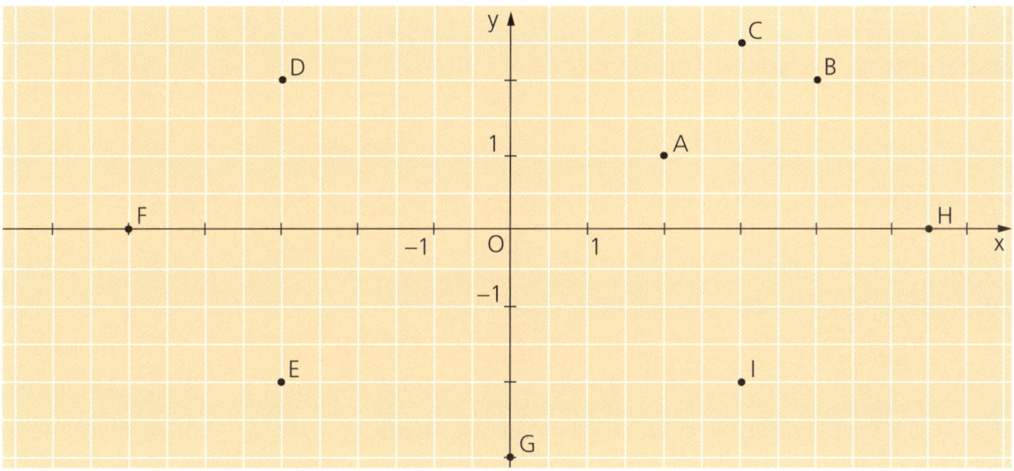

b) Welche Beziehung haben die Punkte D und E bzw. E und I zueinander?

c) Welche Beziehung haben die Punkte I und D zueinander?

32. Zeichne ein Koordinatensystem und trage folgende Punkte ein! Verbinde die Punkte in alphabetischer Reihenfolge! (*Hinweis:* Benutze bei c) Millimeterpapier!)

a) A(–2,5; 1), B(–1; –2), C(0; 0), D(1; –2), E(2,5; 1); Verbinde E und A!

b) A(1; 0), B(–0,5; 0), C(–0,5; 3), D(–1,5; 3), E(–1,5; –1), F(1; –1); Verbinde F und A!

c) A(0,5; 3,6), B(–1,2; –0,7), C(3; 2), D(–2; 2), E(2,2; –0,7); Verbinde E und A!

33. Zeichne ein Koordinatensystem und trage die Punkte ein, die zu der Wertetabelle gehören! Prüfe, ob es eine Gerade gibt, die durch alle 5 Punkte geht!

a)

x-Wert	–2	–1	0	1	2
y-Wert	5	3,5	2	0,5	–1

b)

Abszisse x	–3	–1,5	0	2	5,5
Ordinate y	–4	–3	–2	0	2

34. Zeichne das Dreieck A(–3,5; 2), B(–1,5; –3,5), C(3; 3,5) in ein Koordinatensystem!
a) Welche Punkte im Inneren des Dreiecks haben Koordinaten nur aus ganzen Zahlen?
b) In welchem Quadranten liegen die meisten (wenigsten) dieser „inneren" Punkte?

35. a) Starte bei S(2; 2) und bewege dich um 6 Einheiten parallel zur x-Achse nach links!
b) Führe eine Linksdrehung um 90° durch und gehe geradlinig um 6 Einheiten weiter!
c) Drehe jetzt die Laufrichtung um 45° nach links und gehe geradlinig zu dem Punkt mit der Ordinate –5!
d) Hier ist der Schatz vergraben. Gib die Koordinaten an? Beschreibe einen kürzeren Weg!

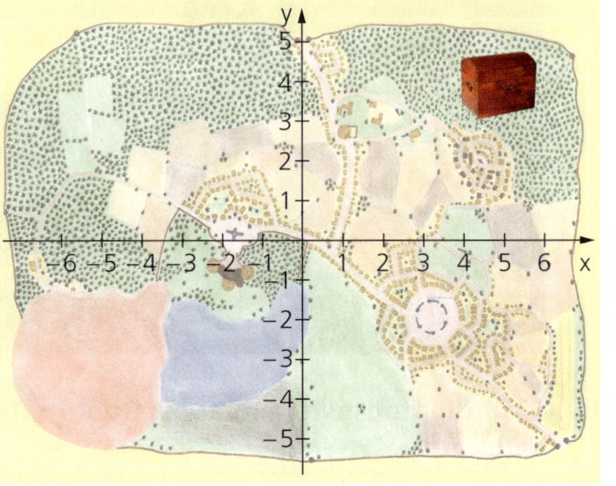

Beziehungen zwischen Zahlenmengen

36. Gib jeweils drei Zahlen an, die zu folgenden Zahlenmengen gehören!
a) $\mathbb{N}$ b) $\mathbb{Q}_+$ c) $\mathbb{Q}_-$ d) $\mathbb{Z}$ e) $\mathbb{Q}$

37. Gib alle Zahlenmengen an, zu denen die folgenden Zahlen gehören!
a) –1 b) $\frac{1}{3}$ c) –0,3 d) 12 e) 0,314 f) 0 g) –6,4

38. Überprüfe, ob folgende Aussagen wahr sind!
a) 18 ist Element von $\mathbb{Z}$ b) –5 ist Element von $\mathbb{N}$ c) $\frac{3}{8}$ ist Element von $\mathbb{Q}_+$
d) –4 ist Element von $\mathbb{Q}$ e) $-0,\overline{3}$ ist Element von $\mathbb{Q}$ f) –3 ist Element von $\mathbb{Z}$
g) 0,16 ist Element von $\mathbb{Q}$ h) 1 ist Element von $\mathbb{Q}$ i) 1,5 ist Element von $\mathbb{N}$

39. Stelle die Beziehungen zwischen den Zahlen jeweils in Mengendiagrammen dar!
a) $\mathbb{N}$ und $\mathbb{Q}_+$ b) $\mathbb{N}$ und $\mathbb{Q}_-$ c) $\mathbb{Q}_+$ und $\mathbb{Z}$ d) $\mathbb{Q}_+$ und $\mathbb{Q}_-$ e) $\mathbb{Z}$ und $\mathbb{Q}_-$

40. Welche Aussagen sind wahr?
a) $\mathbb{N} \subset \mathbb{Q}$ b) $\mathbb{Q}_+ \subset \mathbb{Q}$ c) $\mathbb{Z} \subset \mathbb{N}$ d) $\mathbb{N} \subset \mathbb{Z}$

41. Gib je drei Zahlen an, die zu folgenden Zahlenmengen gehören!
a) Schnittmenge von $\mathbb{Q}_+$ und $\mathbb{Z}$ b) Vereinigungsmenge von $\mathbb{Q}_+$ und $\mathbb{Z}$

42. Gib jeweils zwei Zahlen an, die zwischen den gegebenen Zahlen liegen!
a) 1 und –1 b) 1,3 und 1,4 c) –0,7 und –0,8 d) $-\frac{1}{2}$ und $-\frac{1}{3}$

43. Gegeben sind die Zahl a = –1,5 und die Zahl b = –1,6.
a) Finde eine Zahl c, die zwischen a und b liegt!
b) Finde eine Zahl zwischen a und c und eine Zahl zwischen c und b!

1.2 Addieren und Subtrahieren rationaler Zahlen

Beim Messen der Außentemperatur zu unterschiedlichen Zeitpunkten im Laufe eines Tages hat eine Wetterstation folgende Werte ermittelt:

Zeitpunkt der Messung: 12^{00} Uhr, 18^{00} Uhr, 24^{00} Uhr, 6^{00} Uhr, 12^{00} Uhr

Temperatur

Temperaturveränderung	steigt um 3 Grad	sinkt um 6 Grad	sinkt um 2 Grad	steigt um 4 Grad
Rechnung	2 + 3 = 5	5 − 6 = −1	−1 − 2 = −3	−3 + 4 = 1

Addieren und Subtrahieren einer positiven Zahl

Analog zur Berechnung von Temperaturveränderungen kannst du dir das Addieren und Subtrahieren einer positiven Zahl als Schreiten auf der Zahlengeraden nach rechts oder links vorstellen. Zur Vereinfachung der Schreibweise wird das Pluszeichen als Vorzeichen einer positiven Zahl weggelassen.

Ich **addiere** eine *positive* Zahl, indem ich
1. die Lage der ersten Zahl auf der Zahlengeraden ermittle und
2. so viele Einheiten nach **rechts** gehe, wie der Betrag der zweiten Zahl angibt.

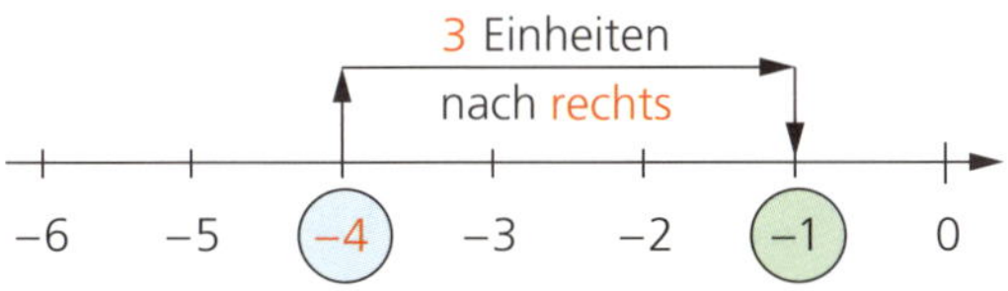

−4 + 3 = −1

−3 + 5 = 2

Ich **subtrahiere** eine *positive* Zahl, indem ich
1. die Lage der ersten Zahl auf der Zahlengeraden ermittle und
2. so viele Einheiten nach **links** gehe, wie der Betrag der zweiten Zahl angibt.

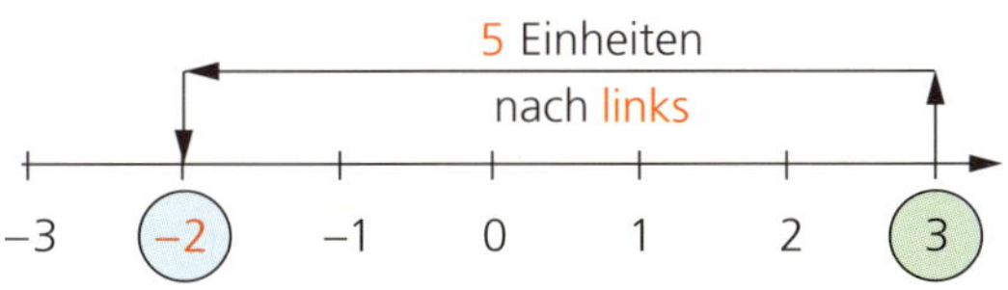

3 − 5 = −2

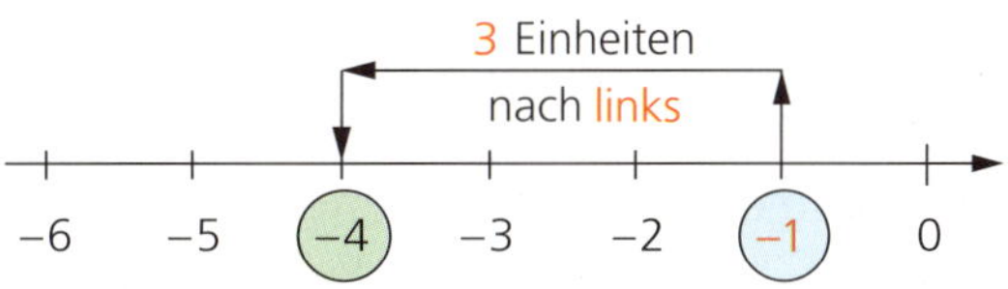

−1 − 3 = −4

Addieren und Subtrahieren einer negativen Zahl

Wenn negative Zahlen addiert oder subtrahiert werden sollen, müssen beim Aufschreiben der Aufgabe Klammern verwendet werden.

Eric hat bei einem Wettbewerb bereits 6 Minuspunkte erhalten und bekommt noch 10 Minuspunkte dazu. Dadurch hat er insgesamt 16 Minuspunkte. $-6 + (-10) = -16$

Später stellt sich heraus, dass Eric die 10 Minuspunkte zu Unrecht erhalten hat. Sie werden ihm also wieder abgezogen. Dadurch hat er wie vorher nur 6 Minuspunkte. $-16 - (-10) = -6$

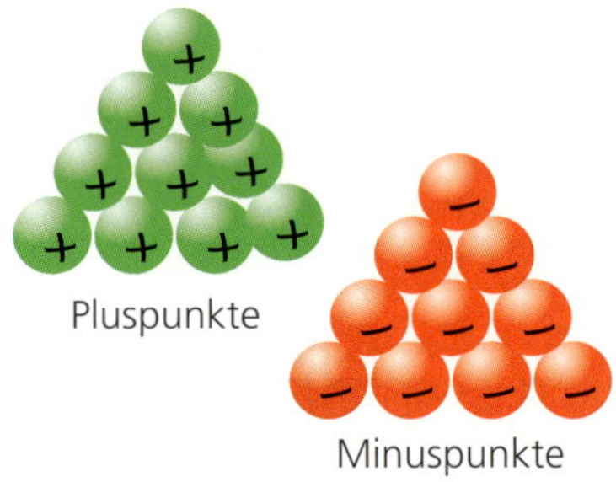

Das **Addieren** einer *negativen* Zahl kannst du durch das Auflösen der Klammer um diese Zahl auf das Subtrahieren einer *positiven* Zahl zurückführen.

$$-6 + (-10) = -6 - 10 = -16$$

Das **Subtrahieren** einer *negativen* Zahl kannst du durch das Auflösen der Klammer um diese Zahl auf das Addieren einer *positiven* Zahl zurückführen.

$$-16 - (-10) = -16 + 10 = -6$$

Merke dir als Kurzform: plus(minus) ergibt minus $+(-3) = -3$
minus(minus) ergibt plus $-(-3) = +3$

Die **Subtraktion** ist im Bereich der rationalen Zahlen **uneingeschränkt ausführbar.**

Rechenregeln zum Addieren und Subtrahieren rationaler Zahlen

Zum Addieren oder Subtrahieren rationaler Zahlen kannst du folgende Regeln verwenden:

Treten in der Aufgabe Klammern um Zahlen auf, löse diese vor der Rechnung auf!

Eine Klammer um eine positive Zahl kannst du zusammen mit dem Vorzeichen „+“ weglassen.
Eine Klammer um eine negative Zahl am Anfang der Rechnung kannst du weglassen.
Die Klammern um die übrigen negativen Zahlen kannst du nach den obigen Regeln auflösen.

$(+6) + (+13) = 6 + 13$

$(-6) - (+13) = -6 - 13$

$(+6) + (-13) = 6 - 13$

$(-6) - (-13) = -6 + 13$

Rechenregeln/Betragsregeln:

Steht vor beiden Zahlen das Zeichen „+" (oder vor der ersten Zahl kein Zeichen), werden beide Beträge addiert. Das Ergebnis ist positiv.

Steht vor beiden Zahlen das Zeichen „–", werden beide Beträge addiert. Das Ergebnis ist negativ.

Steht vor einer Zahl das Zeichen „+" und vor der anderen Zahl das Zeichen „–", wird der kleinere Betrag vom größeren Betrag subtrahiert. Das Vorzeichen im Ergebnis richtet sich nach dem Zeichen vor dem größeren Betrag.

Aufgabe	Rechnung mit Beträgen	Ergebnis
$6 + 13$	$6 + 13 = 19$	19
$-6 - 13$	$6 + 13 = 19$	-19
$6 - 13$	$13 - 6 = 7$	-7
$-6 + 13$	$13 - 6 = 7$	7

Merke dir in Kurzform: Gleiche Zeichen – Beträge addieren
Verschiedene Zeichen – Beträge subtrahieren
Die Zahl mit dem größeren Betrag gibt das Vorzeichen an.

Rechnen mit der Zahl 0

Die Zahl 0 hat kein Vorzeichen. Merke dir deshalb:

0 addiert oder subtrahiert, die Zahl bleibt immer unberührt.

$7 + 0 = 7$ $\quad$ $0 + 0 = 0$
$7 - 0 = 7$ $\quad$ $0 - 0 = 0$
$0 + 9 = 9 + 0 = 9$ $\quad$ $0 - 9 = -9 + 0 = -9$
$a + 0 = a - 0 = a$

Entgegengesetzte Zahlen heben sich auf. $\quad$ $13 - 13 = 0$ $\quad$ $-5 + 5 = 0$

Die Summe entgegengesetzter Zahlen ist stets 0. $\quad$ $a - a = 0$

Rechengesetze der Addition rationaler Zahlen

Kommutativgesetz: Für zwei rationale Zahlen a und b gilt stets: $a + b = b + a$
Assoziativgesetz: Für drei rationale Zahlen a, b, c gilt stets: $a + (b + c) = (a + b) + c$

Summanden können vertauscht und beliebig zusammengefasst werden.

Werden nacheinander mehrere Zahlen addiert oder subtrahiert, ist es günstig, den Term stets als Summe aufzufassen. Dies ist möglich, da sich die Subtraktion einer Zahl als Addition der entgegengesetzten Zahl schreiben lässt.

$$-17 + 5 - 3 - 11 + 2 = (-17) + 5 + (-3) + (-11) + 2$$

Es ist oft günstig, zuerst alle positiven bzw. alle negativen Zahlen zusammenzufassen.

Aufgabe	günstige Reihenfolge	Rechnung
$-0{,}7 + 2{,}5 - 0{,}8$	$2{,}5 - 0{,}7 - 0{,}8$	$2{,}5 - 1{,}5 = 1$
$0{,}3 - 20 + 1{,}7 - 10$	$0{,}3 + 1{,}7 - 20 - 10$	$2 - 30 = -28$

Aufgaben

Bei langen Flügen werden die Grenzen der Zeitzonen der Erde überflogen, sodass die Uhren vor- bzw. nachgestellt werden müssen. Der Zeitunterschied zwischen Berlin und New York beträgt genauso 6 Stunden wie zwischen Berlin und Bangkok. Wie müssen die Uhren bei einem Flug von Berlin in die beiden Städte verstellt werden?

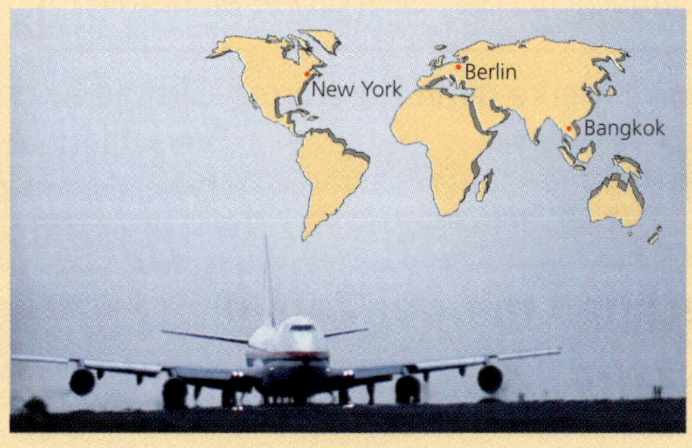

Inhaltliches Lösen beim Addieren und Subtrahieren von Größen

1. Gib jeweils den Endstand des Thermometers an!

Thermometer A:	Die Temperatur	steigt zuerst	um 3 °C,	fällt dann	um 7 °C.
Thermometer B:	Die Temperatur	fällt zuerst	um 10 °C,	steigt dann	um 20 °C.
Thermometer C:	Die Temperatur	steigt zuerst	um 1,2 °C,	fällt dann	um 2,1 °C.
Thermometer D:	Die Temperatur	steigt zuerst	um 13 °C,	fällt dann	um 11 °C.

A B C D

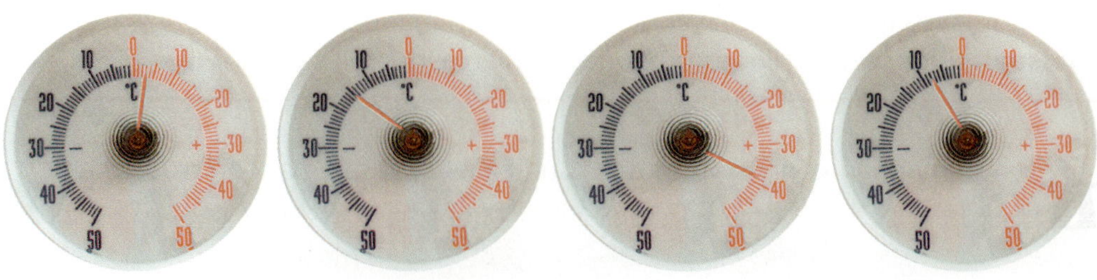

2. Stelle die Sachverhalte jeweils an einer Zahlengeraden dar! Beantworte dann die Fragen!

a) Ein Außenthermometer zeigt um 6.30 Uhr eine Temperatur von −5,4 °C an. Bis 14 Uhr steigt die Temperatur um 13 Grad. Gegen 21 Uhr ist sie wieder auf 3,1 °C gesunken. Wie viel Grad Celsius zeigt das Thermometer gegen 14 Uhr? Um wie viel Grad ist es von 14 Uhr bis 21 Uhr gesunken?

b) Herr Schulze erhielt von seiner Hausbank die Mitteilung, dass sie ihm einen Dispokredit von 2 000 € gewähren würde, wenn sein Guthaben nicht ausreicht. Bei einem Kontostand von 50 € musste Herr Schulze tatsächlich durch den Kauf einer neuen Waschmaschine 1245 € Schulden machen. Im gleichen Monat will er noch eine gebuchte Reise bezahlen, die 1400 € kostet. Geht das noch im Rahmen des Überziehungskredites?

c) Frau Schmidgen hat auf ihrem Girokonto ein Guthaben von 1710 €. Wie viel Euro kann sie ausgeben, wenn sie auf keinen Fall Schulden machen will? Wie viel Euro Schulden hätte sie bei der Bank, wenn sie 2 000 € ausgeben würde?

3. Ein Konto weist ein Guthaben von 1 173,56 € aus. Im Laufe eines Tages werden mehrere Gut- bzw. Lastschriften verbucht:
−94,00 €; 71,23 €; −13,85 €; 51,17 €; 100,30 €; −54,15 €;
−35,46 €; 35,46 €; −1,20 €; −7,15 €; 7,15 €
Gib jeweils den neuen Kontostand an!

Addieren und Subtrahieren mithilfe der Zahlengeraden

4. a) Baue dir aus zwei Pappstreifen von etwa 22 cm Länge einen „Rechenstab", mit dem du addieren und subtrahieren kannst! Stelle jeweils die 0 des oberen Teiles des „Rechenstabs" über die jeweilige Zahl auf dem unteren Teil des „Rechenstabs"!

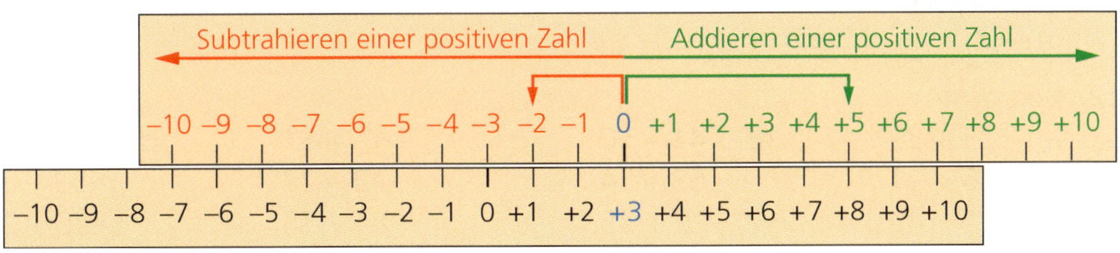

Ablesbare Aufgaben: 3 + 5 = 8; 3 − 2 = 1

b) Löse mit dem Rechenstab die folgenden Aufgaben!

(1)	2 + 7;	2 + 5;	2 − 3;	2 − 9;	2 + 8;	2 − 4;	2 − 2
(2)	5 − 6;	5 + 4;	5 − 3;	5 − 8;	5 + 6;	5 − 10;	5 − 5
(3)	−3 + 5;	−3 + 8;	−3 + 1;	−3 − 2;	−3 − 5;	−3 + 3;	−3 − 7
(4)	−6 + 3;	−6 + 9;	−6 − 2;	−6 + 7;	−6 + 10;	−6 − 1;	−6 + 1

5. Welche Zahl ist um 3 größer als folgende Zahlen? Schreibe zuerst die Aufgabe auf!
a) −1 b) −4 c) 0 d) −14 e) −3 f) 1,5 g) −1,5 h) −4,1

6. Berechne mithilfe einer Zahlengeraden!

a) $-4+7$	b) $-5+2$	c) $-8+8$	d) $-12+8$
$-6+2$	$-5+7$	$-9+5$	$-7+8$
$-3+5$	$-5+5$	$-7+11$	$-1+8$
$-9+4$	$-5+10$	$-6+4$	$-15+8$
e) $-6-1$	f) $-9-4$	g) $-5-7$	h) $11-12$
$-3-7$	$-9-1$	$7-10$	$-3-12$
$2-12$	$-9-9$	$6-14$	$1-12$
$5-15$	$-9-20$	$-8-8$	$12-12$

7. Welche Zahl ist um 7 kleiner als folgende Zahlen? Schreibe zuerst die Aufgabe auf!

a) 2 b) -1 c) -7 d) 0 e) 6 f) 5,5 g) $-3{,}7$ h) $-\frac{1}{2}$

***8.** Für welche Werte von x entsteht eine wahre Aussage?

a) $-5+x=-4$	b) $x-7=-4$	c) $4-x=-10$
d) $1-x=-2$	e) $-10+x=6$	f) $x-3=-9$
g) $x+3=-4{,}5$	h) $x+12=10{,}5$	i) $x-12=10$

9. Sind folgende Aussagen wahr oder falsch? Begründe!

a) $-22-16=-6$	b) $19-23>-5$
c) $-65+65=0$	d) $-13{,}9+0{,}9=-12{,}8$
e) $-45+17=28$	f) $37-39>-3$
g) $-86+14<-100$	h) $\frac{1}{4}-\frac{1}{2}>-\frac{1}{3}$

Rechenregeln zum Addieren und Subtrahieren rationaler Zahlen

10. Berechne jeweils die Summen folgender Zahlen!

a) $-2{,}5$ und 3,4 b) $-8{,}3$ und 1,7

11. Berechne jeweils die Differenz aus 3 und der angegebenen Zahl!

a) 1,2 b) 6,5 c) 3,4 d) 7,1 e) 16,3 f) $1\frac{1}{4}$

12. Berechne!

a) $-23+39$	b) $41-50$	c) $-62+51$	d) $84-91$
$-16+11$	$-63-14$	$43-27$	$-53-31$
$5-48$	$-19+35$	$-81-15$	$-25+25$

13. Berechne!

a) $-\frac{1}{2}+1$	b) $-\frac{3}{4}+1$	c) $-\frac{1}{2}+\frac{3}{4}$	d) $-\frac{1}{4}+\frac{1}{8}$	e) $\frac{1}{3}+\frac{5}{6}$
f) $-\frac{1}{4}+1$	g) $-\frac{2}{5}+1$	h) $-\frac{1}{2}+\frac{1}{2}$	i) $-\frac{1}{2}+\frac{1}{4}$	j) $-\frac{1}{3}+\frac{1}{6}$
k) $-\frac{1}{2}+1{,}5$	l) $-\frac{4}{5}+1{,}8$	m) $\frac{1}{2}-3{,}5$	n) $-\frac{1}{4}+1{,}75$	o) $-\frac{1}{8}+3$

14. a) Welche Zahl muss ich von $\frac{1}{2}$ subtrahieren, um -1 zu erhalten?

b) Welche Zahl muss ich zu $-2{,}4$ addieren, um 3,1 zu erhalten?

15. Löse die Klammern auf und berechne!

a) $5 + (-6)$	b) $9 + (-7)$	c) $-12 + (-8)$	d) $-9 + (-14)$
$-1 + (-4)$	$-3 + (-8)$	$8 + (-8)$	$13 + (-17)$
$1 + (-12)$	$6 + (-6)$	$11 + (-8)$	$-24 + (-19)$
$-4 + (-11)$	$15 + (-5)$	$3 + (-8)$	$15 + (-14)$
e) $9 - (-26)$	f) $-21 - (-19)$	g) $18 - (-17)$	h) $-31 - (-27)$
$-7 - (-15)$	$-21 - (-28)$	$-11 - (-10)$	$11 - (-45)$
$-18 - (-12)$	$-21 - (-21)$	$14 - (-14)$	$-18 - (-14)$
$16 - (-11)$	$-21 - (-13)$	$13 - (-29)$	$-26 - (-51)$

16. Addiere zu folgenden Zahlen jeweils –7! Schreibe zuerst die Aufgabe auf!
a) 3 b) 15 c) 0 d) –1 e) –7 f) 4,8 g) –3,6 h) 21,7

17. Subtrahiere von folgenden Zahlen jeweils –4! Schreibe zuerst die Aufgabe auf!
a) 5 b) 13 c) –2 d) 0 e) –11 f) 1,7 g) –3,2 h) –15,8

18. Addiere zu den folgenden Zahlen –3 und subtrahiere dann –5!
a) 7 b) 14 c) –5 d) –8 e) 3,2 f) 0 g) –7,1 h) 22,5

19. Für welche Werte von x entsteht eine wahre Aussage?

a) $-5 + x = -9$	b) $8 + x = -7$	c) $-10 - x = -1$	d) $-3 - x = 0$
e) $4 + x = 1$	f) $1{,}5 - x = 2{,}9$	g) $6{,}7 + x = -4{,}4$	h) $-3{,}9 - x = -1{,}9$

20. Gib zuerst an, ob das Ergebnis positiv oder negativ ist! Rechne dann!

a) $20 + (-12)$	b) $-12 + 8$	c) $-31 + (-12)$	d) $-15 + (-15)$
e) $-1{,}5 + 2{,}5$	f) $7{,}9 + (-3{,}9)$	g) $7{,}2 + (-9{,}2)$	h) $7{,}2 + (-7{,}2)$
i) $-427 + (-144)$	j) $133 + (-266)$	k) $-701 + (-344)$	l) $-153 + 319$

21. Übertrage die Tabelle in dein Heft und fülle sie aus!

a)

+	–4	6		
3				–3
–4			2,5	
1,5				
	–1,5			

b)

+	–1,5	5,5		–2
–7,5				
$-\frac{1}{2}$			$-\frac{1}{2}$	
–4,5				
				–3,5

***22.** Du sollst zu einer rationalen Zahl eine rationale Zahl addieren.
a) Wann erhältst du eine positive Zahl? b) Wann erhältst du eine negative Zahl?
c) Wann erhältst du die Zahl 0? d) Wann erhältst du die Ausgangszahl?

23. Berechne!

a) $6{,}1 + 2{,}3$	b) $-2 - 9$	c) $-13 - 2{,}1$	d) $-1 - 15$
e) $7 - 11$	f) $18 - 9$	g) $3 - 9{,}2$	h) $7{,}4 - 5$
i) $-2{,}4 + 3$	j) $-6{,}8 + 5$	k) $-13 + 9{,}6$	l) $-8 + 17{,}2$
m) $-3{,}1 - 2{,}7$	n) $7{,}9 + 8{,}4$	o) $13{,}7 + 9{,}9$	p) $2{,}4 - 16{,}8$

24. Setze für a die Zahlen –1; 2,5; 0; $\frac{1}{2}$ ein! Berechne!

a) $3 + a$ b) $-8 - a$ c) $a + 6{,}5$ d) $a - \frac{1}{2}$

25. Berechne!

a) $3{,}5 - (-2)$ b) $-2{,}8 - 2$ c) $\frac{1}{2} - (-\frac{1}{4})$ d) $12 - (-9{,}2)$

e) $-111 - 222$ f) $7{,}5 - (-0{,}5)$ g) $2\frac{1}{3} - 1\frac{1}{3}$ h) $-9 - 19{,}8$

i) $-14{,}8 - (-2{,}1)$ j) $18{,}4 - (-18{,}6)$ k) $-6{,}4 - (-6{,}4)$ l) $-6{,}4 - 6{,}4$

26. Übertrage die Tabellen in dein Heft und fülle sie aus!

a)

–	–4	1,5	$-\frac{1}{2}$	
2	–6			
–2				
0				–3
		–1,5		

b)

–	2	–2	0	
–4	6			
1,5				–1,5
$-\frac{1}{2}$				
			–3	

27. Berechne!

a) $-3 + 4{,}5$; $-3 + 1{,}2$; $-3 + 3{,}3$; $-3 + 0{,}8$

b) $1 - 7{,}9$; $1 - 0{,}8$; $1 - 4{,}1$; $1 - 6{,}3$

c) $-2 + 2{,}5$; $-3 + 2{,}5$; $-4 + 2{,}5$; $-7 + 2{,}5$

d) $-2{,}3 - 4$; $1{,}6 - 4$; $3{,}9 - 4$; $-7{,}3 - 4$

e) $-5 + 1{,}5$; $2 - 2{,}5$; $-1{,}4 - 1$; $-6{,}5 + 3$

f) $2{,}9 - 3{,}1$; $-6{,}0 - 4{,}8$; $-1{,}1 + 3{,}7$; $-7{,}8 + 5{,}4$

g) $-8{,}4 - 1{,}5$; $-7{,}3 + 4{,}6$; $9{,}7 - 6{,}9$; $3{,}5 - 8{,}2$

h) $7{,}5 - 9{,}2$; $-6{,}4 + 4{,}9$; $-8{,}5 - 7{,}3$; $-4{,}2 + 6{,}1$

***28.** Du sollst von einer rationalen Zahl eine rationale Zahl subtrahieren.

a) Wann erhältst du eine positive Zahl? b) Wann erhältst du eine negative Zahl?
c) Wann erhältst du die Zahl 0? d) Wann erhältst du die Ausgangszahl?

29. Berechne möglichst vorteilhaft!

a) $3 - 9 + 16 - 28$ b) $-6{,}2 - 0{,}8 + 13 + 27$ c) $1{,}5 - 3{,}4 - 2{,}6 + 2{,}5$

d) $-\frac{1}{2} + \frac{3}{5} - \frac{1}{4} - \frac{2}{5}$ e) $\frac{3}{2} + 0{,}5 - \frac{7}{10} - 2{,}3$ *f) $\frac{1}{3} - 0{,}\overline{1} - 0{,}\overline{4} + 0{,}\overline{6}$

30. Berechne geschickt! Wende Rechengesetze an! Beschreibe deine Rechnung!

a) $\frac{1}{2} + (\frac{1}{2} + \frac{1}{3})$ b) $2{,}5 + \frac{1}{2} + 2{,}5$ c) $5{,}3 + (-69) - 15$

d) $37 - 84 + 53$ e) $5{,}6 + 3{,}7 - 3{,}6$ f) $-2 + 14 + 13 - 8$

31. Berechne jeweils auf mindestens drei unterschiedlichen Wegen!

a) $-4{,}2 + 5{,}3 - 4{,}5$ b) $-\frac{1}{4} + \frac{1}{2} - \frac{1}{2} + 1\frac{1}{4}$ c) $13 - (1{,}5 - 3) - (1{,}5 + 3)$

32. Berechne!

a) $49 - (75 - 69) + (12^2 - 60)$ b) $(1000 - 1100) - 10^3$

33. Berechne!

a) $2{,}7 - (-9{,}4) - 2{,}4 + (-6{,}3) + 4{,}8 - (-1{,}6) - (-6{,}8)$

b) $-8{,}3 - (-7{,}2) - 3{,}6 + 8{,}4 - (-6{,}1) - (-2{,}8) - 5{,}3$

c) $-3{,}6 + 8{,}3 - (-4{,}8) + (-0{,}6) - 8{,}2 - 5{,}7 - (-9{,}5)$

d) $7{,}5 - 2{,}6 - (-6{,}0) + (-2{,}8) + (-7{,}5) - 4{,}2 + 3{,}9$

e) $4{,}7 - 7{,}9 - 8{,}2 + 5{,}7 + 2{,}4 - 8{,}4 + (-2{,}7)$

f) $-6{,}2 + (-9{,}6) - (-7{,}5) + (-4{,}2) - (-4{,}8) - 2{,}8 - 9{,}3$

34. Schreibe als Term! Rechne dann!

a) Subtrahiere von der Summe aus -3 und 7 die Zahl 14.

b) Addiere zur Differenz der Zahlen -3 und 7 die Zahl 14.

c) Subtrahiere von der Differenz der Zahlen -3 und 7 die Zahl 14.

d) Addiere zur Differenz der Zahlen -5 und 9 die Differenz der Zahlen 5 und -9.

e) Subtrahiere von der Summe der Zahlen -5 und 8 die Summe der Zahlen 5 und -8.

35. Welche der folgenden Aussagen sind wahr, welche falsch? Begründe!

a) Die Summe zweier negativer Zahlen ist kleiner als jeder der Summanden.

b) Die Differenz zweier negativer Zahlen ist stets negativ.

c) Die Summe aus einer Zahl und der zu ihr entgegengesetzten Zahl ist immer 0.

d) Damit eine Summe positiv ist, muss mindestens ein Summand positiv sein.

36. Welche Aussagen sind wahr?

a) $-5{,}8 + 1{,}2 - 4{,}9 = -9{,}5$ b) $-7 - (-7) = -49$ c) $2 \cdot 2 \cdot 2 - 8 = 0$

d) $-12 + 22 < -4 + 5$ e) $-22 + 11 > -0{,}5 + 2$ f) $72 - 81 < -5 - 5$

37. Tina hat 14,80 € Schulden. Sie erhält von ihren Eltern so viel Geld, dass sie nach Rückzahlung der Schulden noch 14,80 € hat.
Wie viel Euro hat sie von ihren Eltern bekommen?

38. Benny stellt seine Uhr 11 Minuten vor, da er glaubt, dass sie nach geht. Er prüft mit der Uhr seines Freundes Tim und stellt sie danach wieder 3 Minuten zurück. Da er glaubt, das sei zu wenig, stellt er sie weitere 2 Minuten zurück. Abends merkt er beim Vergleich mit der Fernsehzeit, dass seine Uhr 3 Minuten vor geht. Wie viel Minuten ging die Uhr von Benny ursprünglich falsch?

39. Frau Matzke hat zu Beginn des Monats auf ihrem Konto ein Guthaben von 1 375 €. Die Familie benötigt im Monat 955 € für Miete, Nahrungsmittel und Kleidung. Klein Björn bekommt zum Geburtstag ein Geschenk für 55,20 €. Außerdem sind noch 145 € für Versicherungen und 325 € für Energie fällig.

a) Wie hoch ist der Kontostand danach?

b) Frau Matzke wird am Monatsende ihr Gehalt von 1 675 € auf das Konto überweisen. Wie hoch ist der Kontostand jetzt?

1.3 Multiplizieren und Dividieren rationaler Zahlen

Multiplizieren rationaler Zahlen

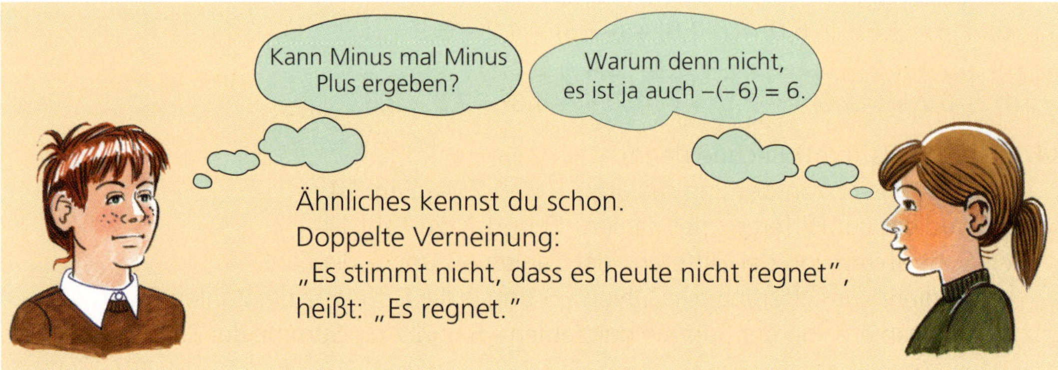

Mithilfe einer Folge von Gleichungen lassen sich sinnvolle Festlegungen finden.

Der erste Faktor wird immer um 1 kleiner. / Das Ergebnis wird immer um 3 kleiner.

$2 \cdot 3 = 6$
$1 \cdot 3 = 3$
$0 \cdot 3 = 0$
$(-1) \cdot 3 = -3$
$(-2) \cdot 3 = -6$
$(-3) \cdot 3 = -9$

Der erste Faktor wird immer um 1 kleiner. / Das Ergebnis wird immer um 3 größer.

$3 \cdot (-3) = -9$
$2 \cdot (-3) = -6$
$1 \cdot (-3) = -3$
$0 \cdot (-3) = 0$
$(-1) \cdot (-3) = 3$
$(-2) \cdot (-3) = 6$

Regeln zum Multiplizieren rationaler Zahlen

Beim Multiplizieren zweier rationaler Zahlen können zwei Fälle auftreten. Untersuche immer die Vorzeichen und rechne mit den Beträgen.

Die Vorzeichen der Zahlen sind gleich

- Die Beträge der Zahlen werden multipliziert. $3 \cdot 2 = 6$
- Das Produkt ist immer positiv. $(-3) \cdot (-2) = 6$

Die Vorzeichen der Zahlen sind verschieden

- Die Beträge der Zahlen werden multipliziert. $3 \cdot (-2) = -6$
- Das Produkt ist immer negativ. $(-3) \cdot 2 = -6$

Merke dir: minus mal minus ergibt plus!
plus mal minus ergibt minus!

Treten mehr als zwei Faktoren auf, gilt:

Ist die Anzahl der negativen Faktoren gerade, wird das Ergebnis positiv.	$\underbrace{-2 \cdot (-5) \cdot (-3) \cdot (-1)}_{4 \text{ negative Faktoren}} = 30$
Ist die Anzahl der negativen Faktoren ungerade, wird das Ergebnis negativ.	$\underbrace{-25 \cdot (-3) \cdot (-1)}_{3 \text{ negative Faktoren}} = -75$

Rechnen mit der Zahl 0

Die Zahl 0 hat kein Vorzeichen. Merke dir deshalb:

Ist ein Faktor 0, ist das Produkt stets 0.	$11 \cdot 0 = 0$ $\quad -4 \cdot 0 = 0$ $5{,}9 \cdot 2{,}1 \cdot 0 \cdot 864 = 0$	$0 \cdot (-3) = 0$ $\quad 0 \cdot 0 = 0$ $a \cdot b \cdot x \cdot y \cdot 0 = 0$

Rechengesetze der Multiplikation rationaler Zahlen

Kommutativgesetz:	Für zwei rationale Zahlen a und b gilt stets: $a \cdot b = b \cdot a$
Assoziativgesetz:	Für drei rationale Zahlen a, b, c gilt stets: $a \cdot (b \cdot c) = (a \cdot b) \cdot c$

Faktoren können vertauscht und zusammengefasst werden.

$5 \cdot (-7) \cdot 13 \cdot (-2) = 5 \cdot 13 \cdot (-2) \cdot (-7) = 65 \cdot 14 = 910$

oder

$5 \cdot (-7) \cdot 13 \cdot (-2) = 5 \cdot (-2) \cdot (-7) \cdot 13 = -10 \cdot (-91) = 910$

Potenzschreibweise

Sind alle Faktoren gleich, kann die Potenzschreibweise verwendet werden.

$5 \cdot 5 \cdot 5 \cdot 5 = 5^4 = 625$ $\qquad (-2) \cdot (-2) = (-2)^2 = 4$ $\qquad (-3) \cdot (-3) \cdot (-3) = (-3)^3 = -27$

5^4 heißt **Potenz** mit der **Basis** (der Grundzahl) 5 und dem **Exponenten** (der Hochzahl) 4.
625 heißt **Wert der Potenz.**

Beachte!
-3^4 und $(-3)^4$ haben nicht den gleichen Wert.
$-3^4 = -3 \cdot 3 \cdot 3 \cdot 3 = -81$
$(-3)^4 = (-3) \cdot (-3) \cdot (-3) \cdot (-3) = 81$

Eine Potenz mit der Basis 0 hat immer den Wert 0.
$0^6 = 0 \cdot 0 \cdot 0 \cdot 0 \cdot 0 \cdot 0 = 0$
$0^3 = 0 \cdot 0 \cdot 0 = 0$

Quadratzahlen

Wird eine Zahl mit sich selbst multipliziert, erhält man das Quadrat dieser Zahl.
$a \cdot a = a^2$
Die Quadrate natürlicher Zahlen werden **Quadratzahlen** genannt.

a	0	1	2	3	4	5	6	7	8	9	10	11	12	13	14	15	16	17	18	19	20
a^2	0	1	4	9	16	25	36	49	64	81	100	121	144	169	196	225	256	289	324	361	400

Die Kenntnis der Quadratzahlen hilft beim Kopfrechnen und Überschlagen.
$0{,}9^2 = 0{,}81$; $(-11)^2 = 121$; $80^2 = 6400$; $(-0{,}05)^2 = 0{,}0025$; $16{,}3^2 \approx 260$; $(-1{,}97)^2 \approx 4$

Quadratwurzel

Familie Nestler hat einen quadratischen Garten gepachtet, der eine Größe von 625 m^2 hat.
Um die Länge einer Seite zu berechnen, kann die Zahl 625 in ein Produkt aus zwei gleichen Faktoren zerlegt werden.

Da $625 = 25 \cdot 25$ sind, hat eine Seite die Länge von 25 m.

Man sagt, die **Quadratwurzel (Wurzel)** aus 625 ist 25.

Schreibweise: $\sqrt{625} = 25$ (da $25 \cdot 25 = 25^2 = 625$)

Die Rechenoperation, die zur Quadratwurzel einer Zahl führt, heißt **Wurzelziehen.**
Quadratwurzeln können nur aus positiven Zahlen oder der Zahl 0 ermittelt werden. Damit das Wurzelziehen eindeutig ist, wird festgelegt, dass eine Wurzel stets positiv oder 0 ist.

Obwohl $4 \cdot 4 = 16$ und $(-4) \cdot (-4) = 16$, ist $\sqrt{16} = 4$ und **nicht** auch noch -4!

Das Quadratwurzelziehen ist für positive Zahlen die Umkehrung des Quadrierens.

$\sqrt{25} = 5$; da $5^2 = 25$
$\sqrt{1} = 1$; da $1^2 = 1$
$\sqrt{2{,}25} = 1{,}5$; da $1{,}5^2 = 2{,}25$
$\sqrt{0} = 0$; da $0^2 = 0$

Merke dir: Aus einer negativen Zahl kann keine Quadratwurzel gezogen werden!

Das Berechnen von Quadraten (wie das Potenzieren überhaupt) und das Quadratwurzelziehen sind ebenfalls Rechenoperationen. Während sich aber die Potenz einer Zahl mit natürlichem Exponenten auf die Multiplikation zurückführen und in endlich vielen Schritten ausführen lässt, geht das beim Quadratwurzelziehen nur dann, wenn sich die Zahl in ein Produkt aus zwei gleichen rationalen Zahlen zerlegen lässt. Dies ist aber z. B. für die natürlichen Zahlen 2; 3; 5 und alle weiteren, die keine Quadratzahlen sind, nicht möglich.

So gibt es keine rationale Zahl, deren Quadrat die Zahl 2 ergibt. Die Zahl $\sqrt{2}$ lässt sich nur näherungsweise, dafür aber mit beliebiger Genauigkeit bestimmen. Dazu können schrittweise die Werte ermittelt werden, deren Quadrate am dichtesten bei 2 liegen.

1. Dezimalstelle:

x	1,1	1,2	1,3	**1,4**	1,5
x^2	1,21	1,44	1,69	1,96	2,25

$x = 1{,}4\ldots$

2. Dezimalstelle:

x	1,40	**1,41**	1,42
x^2	1,96	1,9881	2,0164

$x = 1{,}41\ldots$

3. Dezimalstelle:

x	1,413	**1,414**	1,415
x^2	1,996 569	1,999 396	2,002 225

$x = 1{,}414\ldots$

4. Dezimalstelle:

x	1,4141	**1,4142**	1,4143
x^2	≈ 1,999 679	≈ 1,999 961	≈ 2,000 244

$x = 1{,}4142\ldots$

$\sqrt{2} = 1{,}4142135623731\ldots$

$\sqrt{2}$ ist ein **unendlicher nichtperiodischer Dezimalbruch.** Das Annäherungsverfahren bricht nie ab und es tritt nie eine periodische Wiederholung auf. Unendliche nichtperiodische Dezimalbrüche heißen **irrationale Zahlen.**

Dividieren rationaler Zahlen

Im Bereich der gebrochenen Zahlen ist die Division die Umkehrung der Multiplikation.
Da $3 \cdot 4 = 12$ ist, gilt $12 : 3 = 4$ und $12 : 4 = 3$.
Auch im Bereich der rationalen Zahlen soll die Division die Umkehrung der Multiplikation sein. Da $3 \cdot (-4) = -12$ ist, muss deshalb auch gelten $-12 : 3 = -4$ und $-12 : (-4) = 3$.

Regeln zum Dividieren zweier rationaler Zahlen

Das Dividieren rationaler Zahlen erfolgt analog zu den Regeln für das Multiplizieren rationaler Zahlen.

Die Vorzeichen der Zahlen sind gleich — Beispiele:

- Die Beträge der Zahlen werden dividiert. — (1) $27 : 3 = 9$
- Der Quotient ist immer positiv. — (2) $(-27) : (-3) = 9$

Die Vorzeichen der Zahlen sind verschieden

- Die Beträge der Zahlen werden dividiert. — (3) $(-27) : 3 = -9$
- Der Quotient ist immer negativ. — (4) $27 : (-3) = -9$

Merke dir: Die **Division durch 0** ist auch für rationale Zahlen nicht erklärt.

Verbinden mehrerer Rechenoperationen

Distributivgesetz: Für drei rationale Zahlen a, b, c ($c \neq 0$) gilt:
$(a + b) \cdot c = a \cdot c + b \cdot c$ $\quad$ $(a + b) : c = a : c + b : c$

Verwende das Distributivgesetz zum geschickten Rechnen!

$-98 \cdot 15 = (2 - 100) \cdot 15 = 2 \cdot 15 - 100 \cdot 15 = 30 - 1500 = -1470$

$\frac{1}{7} \cdot (-12) + \frac{1}{7} \cdot 5 = \frac{1}{7} \cdot (-12 + 5) = \frac{1}{7} \cdot (-7) = -1$

Aufgaben

Multiplizieren rationaler Zahlen

Für welche Werte von a entsteht eine wahre Aussage?

a) $-3 \cdot a = 75$ b) $5 \cdot a = -60$ c) $a \cdot (-8) = 56$
d) $-17 \cdot a = 17$ e) $-10 \cdot a = 12$ f) $a \cdot 8 = -0{,}8$
g) $-9 \cdot a = 0$ h) $a^2 = 16$ i) $a^2 = -4$

1. Berechne!

a) $-2 \cdot (-5)$; $+6 \cdot (+7)$; $-3 \cdot (+9)$; $-4 \cdot (-8)$
b) $-8 \cdot (-7)$; $-6 \cdot (-3)$; $+4 \cdot (+5)$; $-3 \cdot (+6)$
c) $+5 \cdot (-15)$; $-10 \cdot (-3)$; $-7 \cdot (+12)$; $-18 \cdot (-4)$
d) $-13 \cdot (-3)$; $-2 \cdot (+27)$; $-25 \cdot (-5)$; $+36 \cdot (+4)$
e) $+0{,}3 \cdot (+3)$; $-5 \cdot (+0{,}6)$; $-9 \cdot (-0{,}2)$; $-0{,}4 \cdot (-5)$
f) $-0{,}9 \cdot (-7)$; $-9 \cdot (-0{,}4)$; $+0{,}5 \cdot (-5)$; $-1 \cdot (-0{,}8)$
g) $+0{,}2 \cdot (+0{,}3)$; $-0{,}6 \cdot (-0{,}4)$; $-0{,}9 \cdot (-0{,}7)$; $-0{,}4 \cdot (+0{,}2)$
h) $-1{,}2 \cdot (-0{,}4)$; $+0{,}01 \cdot (-58)$; $-7{,}5 \cdot (-0{,}2)$; $-2 \cdot (+0{,}1)$

2. Berechne!

a) $17 \cdot (-4)$ b) $2 \cdot 19$ c) $14 \cdot (-3)$ d) $-38 \cdot (-2)$
e) $-24 \cdot 5$ f) $-27 \cdot (-3)$ g) $11 \cdot (-11)$ h) $-21 \cdot (-5)$
i) $-25 \cdot (-25)$ j) $21 \cdot (-0{,}2)$ k) $5 \cdot (-\frac{1}{10})$ l) $-72 \cdot (-\frac{5}{24})$

3. Überprüfe die Aussagen! Berichtige!

a) $3 \cdot (-15) = 45$ b) $-26 \cdot (-2) = -52$ c) $-30 \cdot 25 = -750$
d) $-0{,}2 \cdot (-0{,}3) = 0{,}6$ e) $\frac{3}{2} \cdot (-1{,}5) = -2{,}25$ f) $-2 \cdot (-3) \cdot (-4) = -24$

4. Multipliziere alle folgenden rationalen Zahlen mit –1!

a) 27 b) –19 c) –3,7 d) 1,4 e) –0,9 f) 0 g) $-\frac{5}{6}$ h) $\frac{4}{7}$

5. Bilde das Produkt aus -45 und 11!

6. Multipliziere 13 mit einer Zahl, sodass du -117 erhältst. Wie heißt die Zahl?

7. Mit welcher ganzen Zahl muss -25 multipliziert werden, um 1000 zu erhalten?

8. Berechne! Lege zuerst das Vorzeichen des Ergebnisses fest!

a) $3 \cdot 5 \cdot (-2)$ b) $-4 \cdot (-3) \cdot 6$ c) $-2 \cdot (-5) \cdot (-7)$
d) $-7 \cdot 10 \cdot (-3)$ e) $5 \cdot (-6) \cdot 4$ f) $-9 \cdot (-1) \cdot 8$
g) $-4 \cdot (-2) \cdot (-9)$ h) $-12 \cdot 3 \cdot 2$ i) $-12 \cdot (-5) \cdot (-10)$
j) $-2 \cdot (-3) \cdot (-4) \cdot (-5)$ k) $6 \cdot (-4) \cdot (-10) \cdot (-2)$ l) $5 \cdot 0 \cdot (-4) \cdot (-5) \cdot 8$
m) $-3 \cdot (-5) \cdot (-4) \cdot 6 \cdot (-10)$ n) $-1 \cdot 2 \cdot (-3) \cdot 4 \cdot (-5) \cdot 4 \cdot (-2) \cdot (-10)$

9. Bilde Multiplikationsaufgaben, indem du den ersten Faktor dem linken und den zweiten Faktor dem rechten Feld entnimmst! Löse die Aufgaben!

Linkes Feld: -24; $-0{,}2$; 7; -1; $\frac{3}{4}$

Rechtes Feld: 4; -1; -10; $0{,}5$; $-\frac{2}{3}$

Potenzschreibweise

10. Schreibe als Potenz!

a) $(+2) \cdot (+2) \cdot (+2) \cdot (+2) \cdot (+2)$ b) $(-1) \cdot (-1) \cdot (-1) \cdot (-1) \cdot (-1) \cdot (-1) \cdot (-1)$
c) $(-3) \cdot (-3) \cdot (-3) \cdot (-3)$ d) $(+8) \cdot (+8)$ e) $(-4) \cdot (-4) \cdot (-4)$

11. Schreibe als Produkt!

a) $(-5)^3$ b) $(-1)^6$ c) 6^5 d) $(-10)^4$ e) $(-12)^2$ f) $1{,}2^4$

***12.** Versuche Regeln zu finden, mit denen das Vorzeichen eines Potenzwertes schnell ermittelt werden kann! Löse dazu folgende Aufgaben! Vergleiche dann die Basen, Exponenten und Potenzwerte!

a) 3^2; $(\frac{1}{2})^2$; $(-2)^4$; 2^6; $(-1)^8$; $(-0{,}1)^4$; 3^4; $(-3)^4$
b) 3^3; $0{,}1^5$; 2^3; 2^7; $(\frac{1}{2})^5$; 4^3; 5^3 c) $(-2)^3$; $(-5)^3$; $(-\frac{1}{2})^7$; $(-0{,}1)^5$; $(-2)^7$; $(-3)^3$; $(-1)^9$

13. Berechne folgende Potenzen!

a) 11^2 b) $(-15)^2$ c) $(-10)^5$ d) $(-2)^6$ e) 3^5
f) $(\frac{1}{2})^2$ g) $(-\frac{1}{3})^4$ h) $(-\frac{3}{4})^3$ i) $(\frac{5}{2})^2$ j) $(-\frac{3}{10})^1$

14. Ordne! Beginne jeweils mit der größten Zahl!

a) $(-1)^2$; $(-2)^2$; $(-3)^2$ b) $(-\frac{1}{2})^2$; $(-\frac{1}{3})^2$; $(-\frac{1}{4})^2$ c) $(-1)^3$; $(-1)^4$; $(-1)^5$
d) $(-0{,}5)^3$; $(-0{,}5)^2$; $(-0{,}5)^1$ e) $(-1)^3$; $(-2)^3$; $(-3)^3$ *f) -2^4; $(-2)^4$; $(-4)^2$; -4^2

15. Vergleiche!

a) $(-2)^2$ und $(-2)^3$ b) $(-1)^7$ und $(-1)^5$ c) $(-3)^3$ und $(-3)^4$

16. Berechne!

a) $-2 + (-3)^2$ b) $-1^2 - (-2)^3$ c) $(-3)^2 + (-4)^3$ d) $(-6)^2 - (-7)^2$

Quadratzahl und Quadratwurzel

17. Bestimme zu den gegebenen Zahlen die Quadratzahl im Kopf!

a) 11 b) 30 c) 1,2 d) −0,2 e) $\frac{3}{2}$

f) 16 g) 100 h) −1,8 i) 0,8 j) $\frac{3}{8}$

18. Berechne ohne Rechenhilfsmittel folgende Quadratwurzeln!

a) $\sqrt{9}$ b) $\sqrt{25}$ c) $\sqrt{36}$ d) $\sqrt{100}$ e) $\sqrt{-169}$

f) $\sqrt{1{,}44}$ g) $\sqrt{\frac{81}{49}}$ h) $\sqrt{2{,}56}$ i) $\sqrt{1{,}96}$ j) $\sqrt{0{,}09}$

k) $\sqrt{0{,}36}$ l) $\sqrt{0}$ m) $\sqrt{\frac{16}{25}}$ n) $\sqrt{\frac{36}{169}}$ o) $\sqrt{0{,}25}$

19. Ordne folgende Zahlen! Beginne mit der kleinsten Zahl!

a) $\sqrt{49}$; $\sqrt{121}$; 8; 3^2; $0{,}8^2$; $\sqrt{6{,}25}$ b) $\sqrt{\frac{36}{81}}$; $\sqrt{\frac{1}{4}}$; $\sqrt{\frac{4}{9}}$; $\sqrt{\frac{121}{144}}$; $\sqrt{0{,}01}$; $\sqrt{0{,}09}$

20. Berechne!
a) $15^2 + 25^2$ b) $1{,}4^2 - 1{,}6^2$ c) $\sqrt{19600} - 30^2$ d) $9^2 - \sqrt{36100}$

21. Berechne! Was fällt dir auf? Welchen Zusammenhang vermutest du?
a) $15^2 - 14^2$ b) $21^2 - 20^2$ c) $72^2 - 71^2$ d) $6^2 - 5^2$

22. Vergleiche!
a) -2^2 und $(-2)^2$ b) -4^2 und $(-4)^2$ c) $(-1)^2$ und -1^2
d) $(-\frac{1}{2})^2$ und $(-\frac{1}{2}) \cdot (-\frac{1}{2})$ e) 5^2 und $(-5)^2$ f) $(-\frac{1}{2})^2$ und $(-2)^2$

23. Der Flächeninhalt eines Quadrates soll sich auf das 25fache erhöhen. Wie muss man dann die Seitenlänge des Quadrates verändern?

24. Ein quadratischer Garten ist 200 m^2 groß. Bestimme durch Probieren die Länge einer Seite auf Dezimeter genau!

***25.** Herr Müller möchte den Fußboden seiner 4,50 m langen und 3,53 m breiten Küche fliesen. Es gibt preisgünstig quadratische Fliesen mit einer Seitenlänge von 31,5 cm. Er kann nur ganze Packungen mit je 15 Stück kaufen.

a) Ist es möglich, dass Herr Müller seinen Küchenfußboden fliesen kann, ohne eine Fliese zerschneiden zu müssen?
Welche Fugenbreite muss er einhalten?
Gib die Anzahl der Fliesen an, die auf der kürzeren bzw. längeren Seite liegen!

b) Wie viele Packungen muss Herr Müller kaufen? Berechne den prozentualen Anteil der Fliesen, die er für spätere Reparaturarbeiten übrig hat!

26. Marcos Vati will eine quadratische Spiegelfläche, deren Flächeninhalt 20,25 dm^2 beträgt, mit einem Holzrahmen versehen. Marco soll dafür im Baumarkt Holzleisten mit einer Breite von 6 cm kaufen. Er fertigt sich vorher eine Skizze an.

Skizze:

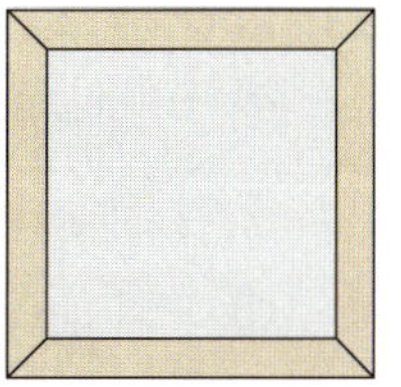

nicht maßstäblich

a) Welche Länge muss jede einzelne Leiste haben?

b) Es gibt im Baumarkt Leisten, die 1,60 m bzw. 2,40 m lang sind. Für welche Leisten soll sich Marco entscheiden, damit der Abfall minimal wird? Berechne den prozentualen Abfall!

Dividieren rationaler Zahlen

27. Berechne! Begründe wie im Beispiel!
Beispiel: $-48 : (-4) = 12$, denn $12 \cdot (-4) = -48$

a) $-45 : (-3)$; $-30 : 15$
b) $100 : (-2)$; $-100 : (-4)$
c) $-0{,}6 : (-0{,}2)$; $-1{,}2 : 4{,}0$
d) $-0{,}5 : (-0{,}25)$; $0{,}9 : (-\frac{1}{2})$
e) $21 : (-7)$; $-32 : (-4)$
f) $-54 : (-3)$; $-75 : (-15)$
g) $-35 : (-7)$; $44 : 4$
h) $-2 : 4$; $+5 : (+20)$
i) $-6 : 3$; $8 : (-2)$; $-9 : 3$
j) $49 : (-7)$; $-64 : 8$; $51 : (-3)$
k) $-36 : 2$; $-75 : 5$; $25 : (-5)$
l) $-100 : (-4)$; $-90 : 6$; $-64 : 16$

28. Berechne!
a) $-63 : (-3)$
b) $50 : (-5)$
c) $-\frac{1}{2} : 2$
d) $-\frac{1}{25} : (-\frac{1}{25})$

29. Für welche Werte von x entsteht eine wahre Aussage? Überlege zuerst, ob die jeweils gesuchte Zahl positiv oder negativ ist!
a) $-96 : x = -8$
b) $-52 : x = 13$
c) $x : (-9) = 9$
d) $x : (-13) = -49$
e) $175 : (-25) = x$
f) $-20 : x = -40$
g) $0 : x = 0$
h) $x : (-18) = 0$

Verbinden mehrerer Rechenoperationen

30. Für welche Werte von x entsteht eine wahre Aussage?
a) $-8 \cdot x = 25 \cdot (-8)$
b) $-63 : 9 = x + 5$
c) $x : (-7) = -6 + 14$
d) $-44 : x = -22 : (-2)$
e) $8 \cdot x = 144 : (-2)$
f) $\frac{x+3}{7} = -\frac{1}{7}$

31. Rechne vorteilhaft mithilfe des Distributivgesetzes!
a) $16 \cdot 3 - 16 \cdot 13$
b) $(-71) \cdot (-3) + 75 \cdot (-3)$
c) $162 \cdot (-25) + (-25) \cdot (-170)$
d) $-26 : 7 + 5 : 7$
e) $(-\frac{1}{6} + \frac{1}{9}) \cdot (-18)$
f) $30 \cdot (-\frac{5}{6} + \frac{6}{5})$

32. Berechne!
a) $(4{,}3 - 5\frac{1}{2}) - (2{,}4 - 0{,}8^2)$
b) $(2{,}5 - 0{,}6 : \frac{1}{2}) \cdot (0{,}8 : [-2] - 0{,}3)$
c) $(-5)^4 - (-4)^3 - (-2)$
d) $-3 + 5 \cdot 4 - 6 : 5 + 5 - 6 - (-7)$

33. Rechne vorteilhaft!

a) $-4 + 3 \cdot (-2)$
$-5 \cdot 7 + 9$
$7 \cdot (-8) - 6$

b) $9 \cdot (-8) + 14$
$-11 - 35 : 7$
$6 + 45 : (-9)$

c) $-12 - 21 : 3$
$16 : (-4) + 7$
$39 : (-13) + 4$

d) $-51 : (-3) - 12 : 6$
$44 - 24 : 8 + 15$
$-16 \cdot (-3) - 26 : (-2)$

e) $-12 \cdot 3 + 4 \cdot (-5)$
$16 - 8 \cdot (-3) - 5$
$-9 : 3 - 18 : (-6)$

f) $-16 + 48 : (-12) - 20$
$51 : (-17) + 17 : (-17)$
$-72 + 9 - 49 : (-7)$

34. Addiere zum Produkt aus -4 und 16 den Quotienten aus 54 und -3!

35. Subtrahiere vom Quotienten aus -72 und 9 die Differenz aus 12 und -4!

36. Multipliziere die Summe aus -21 und -9 mit -5!

37. Multipliziere $-\frac{1}{3}$ zur Summe aus $\frac{1}{5}$ und der zu $\frac{1}{2}$ entgegengesetzten Zahl!

38. Dividiere das Reziproke von $-0{,}3$ durch die Differenz von $\frac{1}{2}$ und $\frac{1}{4}$!

1.4 Gemischte Aufgaben

Überall rationale Zahlen

Die tiefste Stelle des Baikalsees liegt 1 165 m unter dem Meeresspiegel. Sein Wasserspiegel befindet sich 455 m über NN. Die Oberfläche des Toten Meeres liegt 396 m unter dem Meeresspiegel. An seiner tiefsten Stelle ist es 399 m tief.

a) Zeichne die Lage der beiden Gewässer als Streckendiagramm maßstabsgerecht in Bezug zur Meeresoberfläche!
b) Welche Höhendifferenz besteht zwischen den Oberflächen beider Gewässer?
c) Berechne den Höhenunterschied ihrer jeweils tiefsten Stellen!

1. Wenn es in Deutschland 12 Uhr mittags (MEZ) ist, zeigen die Uhren in außereuropäischen Städten andere Zeiten an. Berechne für jede Stadt, um wie viele Stunden die Uhren dort gegenüber der MEZ vorgehen (+) oder nachgehen (–)!

New York

San Francisco

Tokio

Rio de Janeiro

Dakar

Peking

2. Beim Count-down eines Raketenstarts wird die Zeit zurückgezählt. Uhren drehen sich jedoch nicht rückwärts. Wie wird dieses Problem deiner Meinung nach auf den Uhren im Kontrollzentrum gelöst?

3. a) Welcher Stoff hat die niedrigste Schmelz- bzw. Erstarrungstemperatur?
b) Welcher Stoff hat die höchste Schmelz- bzw. Erstarrungstemperatur?
c) Wie groß ist der Unterschied zwischen der höchsten und der niedrigsten Schmelztemperatur?
d) In Sibirien gibt es Temperaturen bis – 60 °C. Warum verwendet man dort kein Quecksilbertermometer?
e) Streusalz setzt den Gefrierpunkt des Wassers um etwa 2,5 °C herab. Bei wie viel Grad Celsius wird es dann auf der Straße erst gefährlich glatt?

Stoff	Schmelz- bzw. Erstarrungstemperatur
Blei	327 °C
Gold	1 063 °C
Zink	419 °C
Wasser	0 °C
Sauerstoff	–219 °C
Stickstoff	–210 °C
Wasserstoff	–259 °C
Quecksilber	–39 °C

4. Der Mount Everest ist der höchste Berg der Erde. Er ist 8 846 m hoch. Der im sibirischen Teil Russlands liegende Baikalsee ist der tiefste Binnensee der Welt. Seine tiefste Stelle liegt 1 620 m unter seiner Wasseroberfläche. Die größte Meerestiefe des Indischen Ozeans beträgt 7 455 m.
a) Bestimme den Höhenunterschied zwischen dem Mount Everest und der tiefsten Stelle des Indischen Ozeans!
b) Welcher Höhenunterschied besteht zwischen dem Gipfel des Mount Everest und der tiefsten Stelle des Baikalsees, wenn dessen Wasserspiegel 455 m über dem Meeresspiegel liegt?
c) Welcher Höhenunterschied besteht zwischen der tiefsten Stelle des Baikalsees und der tiefsten Stelle des Indischen Ozeans?

5. a) Berechne für alle Mannschaften ihre Tordifferenz!
b) Welche Mannschaft hat die größte, welche die kleinste positive Tordifferenz?
c) Wie lautet die größte negative Tordifferenz?
d) Ordne die Mannschaften nach der Tordifferenz!
e) Zeichne eine Zahlengerade und trage die Tordifferenzen aller Mannschaften ein!
f) Mit welchem Ergebnis müsste der FC Erzgebirge Aue in seinem Nachholespiel gewinnen, damit er am FC Rot-Weiß Erfurt „vorbeizieht"?

	Verein	Spiele	Torverhältnis	Punkte
1.	Energie Cottbus	25	66:09	65
2.	FC Rot-Weiß Erfurt	26	56:24	53
3.	FC Erzgebirge Aue	25	46:21	50
4.	Chemnitzer FC	25	50:18	49
5.	Dynamo Dresden	26	45:31	44
6.	1. FC Union Berlin	24	31:23	44
7.	TeBe Berlin	25	40:25	38
8.	Lok/A. Stendal	26	30:25	38
9.	VFC Plauen	25	33:39	32
10.	Sachsen Leipzig	24	40:35	31
11.	Eisenhüttenstadt	24	36:46	31
12.	FC Berlin	25	24:34	29
13.	FCV Reinickendorf	24	25:27	25
14.	Wa. Nordhausen	26	27:52	21
15.	Spandauer SV	25	24:52	21
16.	SC Charlottenburg	25	26:55	15
17.	FSV Velten	25	14:80	5

6. Welches der folgenden Ereignisse liegt am weitesten zurück? Gib eine geordnete Reihenfolge dieser Geschichtsdaten an!

1813	Völkerschlacht bei Leipzig
um 450 v. Chr.	Klassische Zeit Athens
753 v. Chr.	Gründung Roms
800 n. Chr.	Karl der Große wurde zum König gekrönt
580–500 v. Chr.	PYTHAGORAS (griech. Mathematiker)
1190	Sterbejahr von Kaiser Barbarossa
776 v. Chr.	Erste Olympische Spiele
220 v. Chr.	Bau der Chinesischen Mauer

PYTHAGORAS
580 bis etwa 500 v. Chr.

Auf der Zahlengeraden

7. Schreibe je zwei positive und zwei negative Zahlen auf!

a) Ihr Betrag ist größer als 5.
b) Ihr Betrag liegt zwischen 0 und 5.
c) Ihr Betrag ist positiv.
d) 4 ist kleiner als ihr Betrag.
e) 3,5 ist größer als ihr Betrag.
f) Ihr Betrag ist negativ.

8. Welche Zahl liegt in der Mitte zwischen den folgenden Zahlen?

a) -4 und -6
b) -7 und 7
c) 1 und -7
d) -4 und 3,6
e) -5 und 15
f) $-1{,}5$ und 1,6
g) $-\frac{1}{2}$ und 0,25
h) $-\frac{1}{4}$ und 1,2

9. Fische so viele Zahlenpaare wie möglich heraus, die von der angegebenen Mitte gleich weit entfernt sind!

a) Mitte	0:	7	−5	−13	28	13	5	−7
b) Mitte	8:	−1	0	17	−5	16	15	21
c) Mitte	−5:	1	−40	−87	30	−11	87	77
d) Mitte	27:	−27	56	−40	14	−2	81	94
e) Mitte	−58:	−100	−270	−16	−41	144	−75	154

10. a) Nenne alle ganzen Zahlen zwischen $-\frac{20}{3}$ und $\frac{21}{5}$!

b) Berechne die rationale Zahl, die in der Mitte von $-9{,}5$ und $\frac{9}{5}$ liegt!

Geschicktes Rechnen

11. Berechne! (Achte auf die Klammern!)

a) $-2{,}4 + 1{,}6 \cdot 0{,}2 - 3{,}6$
b) $(-2{,}4 + 1{,}6) \cdot 0{,}2 - 3{,}6$
c) $-2{,}4 + 1{,}6 \cdot (0{,}2 - 3{,}6)$
d) $(-2{,}4 + 1{,}6) \cdot (0{,}2 - 3{,}6)$
e) $0{,}5 - \frac{3}{4} \cdot \frac{3}{2} + \frac{1}{4}$
f) $0{,}5 - \frac{3}{4} \cdot (\frac{3}{2} + \frac{1}{4})$
g) $(0{,}5 - \frac{3}{4}) \cdot \frac{3}{2} + \frac{1}{4}$
h) $(0{,}5 - \frac{3}{4}) \cdot (\frac{3}{2} + \frac{1}{4})$

12. Vereinfache und berechne unter Verwendung von Rechengesetzen!

a) $17 \cdot (-12) + 17 \cdot (-7) - 17 \cdot 19$ b) $-3{,}5 - 4{,}8 - \frac{7}{2} + \frac{29}{5}$

c) $\frac{2}{3} \cdot \left(-\frac{8}{9}\right) \cdot \left(-\frac{81}{64}\right)$ d) $-\frac{7}{2} \cdot 10 - 0{,}1 \cdot (-40)$

13. a) Nenne alle ganzen Zahlen zwischen $-\frac{20}{3}$ und $\frac{21}{5}$!

b) Berechne! (1) $a + 2b - \frac{1}{3}c$ für $a = -\frac{1}{2}$; $b = \frac{1}{2}$ und $c = -3$

(2) $x^2 - 4yz$ für $x = -12$; $y = -4$ und $z = 9$

*c) Berechne den Termwert $\frac{x}{|-x|}$ für $x = -\frac{1}{2}$!

Knobeleien und Scherze?

14. Knobelmax behauptet: „Wenn du von einer rationalen Zahl 10 subtrahierst, die Differenz verdoppelst und dann 10 addierst, dieses Ergebnis halbierst und nun noch 5 dazu rechnest, so erhältst du deine ursprüngliche Zahl wieder!"

a) Prüfe die Aussage von Knobelmax mit der Zahl –20 nach!

b) Bestätige durch Aufstellen eines Rechenausdruckes und anschließender Vereinfachung, dass die Aussage für alle rationalen Zahlen zutrifft!

15. Lege jeweils nur ein Hölzchen um, so erhältst du wahre Aussagen!

a) 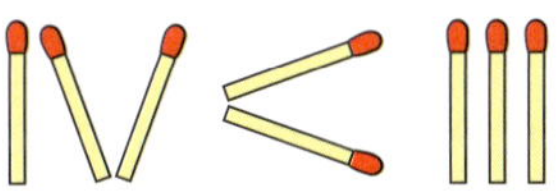

b) 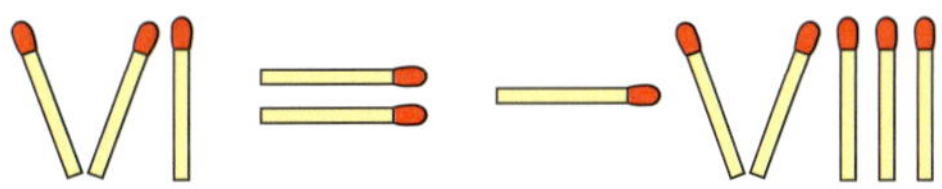

c) 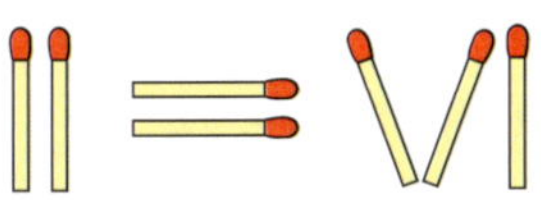

d) 

16. Wir würfeln

Verwendet zwei verschieden farbige Würfel, z. B. einen roten und einen gelben Würfel! Die Augenzahl des gelben Würfels seien die positiven Zahlen, die des roten die negativen. Vereinbart vorher, durch welche Rechenart ihr die zwei Zahlen verknüpfen wollt oder verwendet zusätzlich einen Würfel mit Rechenzeichen. Schreibt das jeweils erhaltene Ergebnis auf! Addiert nach der vereinbarten Spielzeit eure Spielpunkte! (Beachtet dabei die Vorzeichen!)

17. Sophie behauptet, sie könne im Rechenausdruck 30 – 50 – 70 – 90 ein Klammerpaar setzen und erhalte –40. Darauf antwortet Viktor, er müsse zwei Klammerpaare setzen. Wer hat Recht? Begründe!

Rechnen mit rationalen Zahlen

Addieren und Subtrahieren zweier rationaler Zahlen

Auflösen von Klammern:

$+(3) = 3$ $\quad +(-3) = -3$ $\quad -(+3) = -3$ $\quad -(-3) = 3$

Gleiche Vorzeichen:
- Beträge addieren
- Summe ist positiv

$5 + 7 = 12$ $\quad -5 - 7 = -12$

Verschiedene Vorzeichen:
- kleineren Betrag vom größeren Betrag subtrahieren
- Vorzeichen der Zahl mit dem größeren Betrag

$7 - 5 = 2$ $\quad 5 - 7 = -2$

Multiplizieren und Dividieren zweier rationaler Zahlen

Gleiche Vorzeichen:
- Beträge multiplizieren bzw. dividieren
- Ergebnis ist positiv

$3 \cdot 5 = 15$ $\quad (-6):(-2) = 3$

Verschiedene Vorzeichen:
- Beträge multiplizieren bzw. dividieren
- Ergebnis ist negativ

$3 \cdot (-5) = -15$ $\quad (-6):2 = -3$

Bei Produkten mit mehreren Faktoren gilt:

Ist die Anzahl der negativen Faktoren gerade, ist das Produkt positiv.

$-1 \cdot (-2) \cdot (-3) \cdot (-4) = 24$

Ist die Anzahl der negativen Faktoren ungerade, ist das Produkt negativ.

$-2 \cdot (-3) \cdot (-4) = 24$

Rechengesetze:

Kommutativgesetze:	$a + b = b + a$	$a \cdot b = b \cdot a$
Assoziativgesetze:	$a + (b + c) = (a + b) + c$	$a \cdot (b \cdot c) = (a \cdot b) \cdot c$
Distributivgesetze:	$a \cdot (b + c) = a \cdot b + a \cdot c$	$(a + b) : c = a : c + b : c$; $(c \neq 0)$

Rechnen mit 0 und 1

$a + 0 = 0 + a = a$	$a \cdot 1 = 1 \cdot a = a$	$a \cdot 0 = 0 \cdot a = 0$
$a - 0 = a$	$a : 1 = a$	$0 : a = 0 \quad (a \neq 0)$
$0 - a = -a$	$1 : a = \frac{1}{a} \quad (a \neq 0)$	$a : 0$ ist nicht definiert

Bestimmte Terme lassen sich vereinfachen

$-1 \cdot a = -a$	$a + a = 2 \cdot a$	$(-a)^2 = a^2$
$-(-a) = a$	$a - a = 0$	$\sqrt{a^2} = a \quad (a \geq 0)$

2 Zuordnungen

Bei Autofahrten wird in bestimmten Zeitabständen ein entsprechender Weg zurückgelegt, wenn nicht gerade eine Pause dazwischen liegt. Die Abhängigkeit des zurückgelegten Weges von der zugehörigen Zeit kann in einem Diagramm dargestellt werden. Aus der grafischen Darstellung des Zusammenhangs von Weg und Zeit kannst du zum Beispiel ablesen, welche Strecken in bestimmten Zeitabschnitten zurückgelegt wurden, wann Stau oder stockender Verkehr auftrat oder wann eine Pause eingelegt wurde.

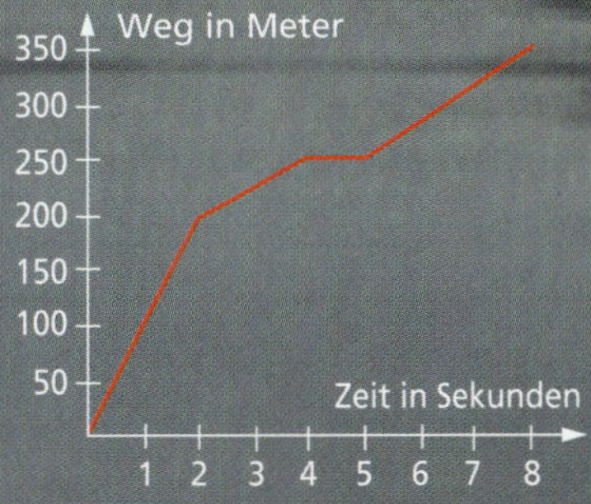

2 Zuordnungen

2.1 Darstellen und Untersuchen von Zusammenhängen

Die Körperlänge eines Menschen hängt vom Lebensalter ab.

Du erkennst, dass in den ersten 20 Lebensjahren eines Menschen gilt:

Je älter der Mensch ist, desto größer wird er.

Ein Mensch wächst jedoch nicht gleichmäßig. In den ersten 4 Lebensjahren ist die Veränderung am größten. Um das 6. Lebensjahr herum ändert sich die Körperlänge nur wenig. Zwischen dem 12. und 16. Lebensjahr steigt die Wachstumskurve wieder steiler an, jedoch nicht so stark wie am Anfang. Bei jedem Einzelnen verläuft das Wachstum etwas anders. Deshalb sind die Zahlenangaben nur Durchschnittswerte.

Jedem Lebensalter kann genau eine durchschnittliche Körperlänge **zugeordnet** werden.

Im Mathematikunterricht hast du bereits zahlreiche **Zuordnungen** kennen gelernt:

- Jeder natürlichen Zahl bis 10 wird ihr Nachfolger zugeordnet.
- Jeder natürlichen Zahl bis 20 werden ihre Teiler zugeordnet.
- Bei einer Verschiebung wird jedem Originalpunkt ein Bildpunkt zugeordnet.

Um Zusammenhänge oder Zuordnungen genauer beschreiben zu können, gibt es verschiedene Möglichkeiten:

a) Angabe einer Tabelle mit den einander zugeordneten Werten
b) Darstellung der Werte in einem Koordinatensystem
c) Beschreibung des Zusammenhangs in Worten

Die Darstellung eines Zusammenhangs in einem Koordinatensystem (Diagramm) nennt man auch **Graph** des Zusammenhangs.

Beschreibungsmöglichkeiten des Zusammenhangs zwischen Lebensalter und durchschnittlicher Körperlänge bei Frauen und Mädchen.

a) Tabelle:

Lebensalter in Jahren	0	2	4	6	8	10	12	14	16	18	20
durchschnittliche Körperlänge in cm	50	90	101	114	125	135	147	158	162	165	168

b) Graph:
Die Achsen des Koordinatensystems werden in günstiger Weise eingeteilt und mit den Größen und ihren Einheiten beschriftet. Dann werden die Wertepaare eingetragen.
In diesem Beispiel können benachbarte Punkte durch eine Linie verbunden werden, da zu jedem Alter eine Körpergröße gehört.

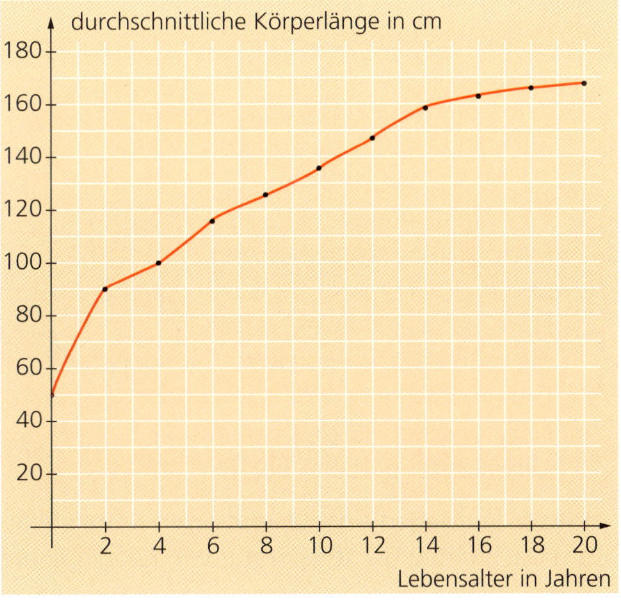

c) Wörtliche Beschreibung:

Ein neugeborenes Baby hat eine durchschnittliche Körperlänge von 50 cm und wächst innerhalb der ersten 4 Lebensjahre auf eine Länge von etwa 1,00 m heran. Am 10. Geburtstag ist ein Mädchen etwa 1,35 m groß. Weitere 6 Jahre später hat die Jugendliche mit durchschnittlich 1,62 m schon fast ihre volle Körpergröße erreicht. Eine zwanzigjährige Frau ist heute im Durchschnitt 1,68 m groß. Die Wachstumsphase ist dann so gut wie abgeschlossen.

Aufgaben

Miss an einem Tag von 8.00 Uhr bis 18.00 Uhr alle zwei Stunden die Lufttemperatur und trage die Werte in eine Koordinatensystem ein!

Beschreibe die Veränderung der Lufttemperatur an diesem Tag mit Worten! Begründe!

Schätze, welche Temperaturen um 9.00 Uhr, 11.00 Uhr, 13.00 Uhr, 15.00 Uhr, 17.00 Uhr und 19.00 Uhr auftraten!

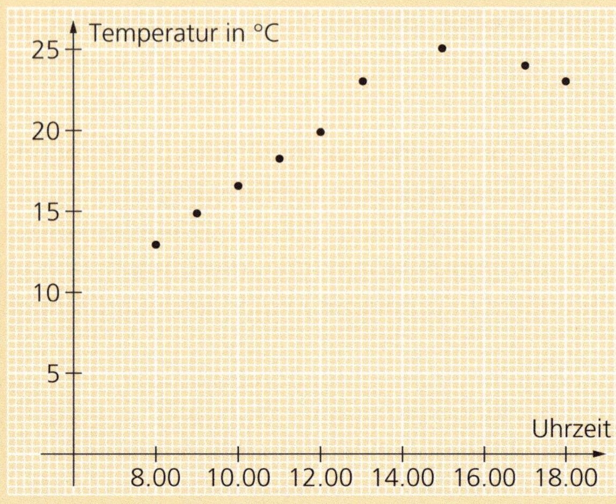

1. Sven und Antje interessieren sich für das Segelfliegen. In einer Zeitschrift finden sie zu diesem Thema folgende Darstellung:

a) Welcher Zusammenhang ist dargestellt? Beschreibe ihn!

b) Wie hoch fliegt das Flugzeug nach 5 min; 15 min; 20 min; 30 min; 45 min; 60 min?

c) Wie ist zu erklären, dass zu Beginn schon eine Höhe von 200 m erreicht ist?

d) Nach welcher Flugzeit wurde die größte Höhe erreicht? Gib diese Höhe an!

e) Nach welcher Flugzeit war das Segelflugzeug 450 m hoch?

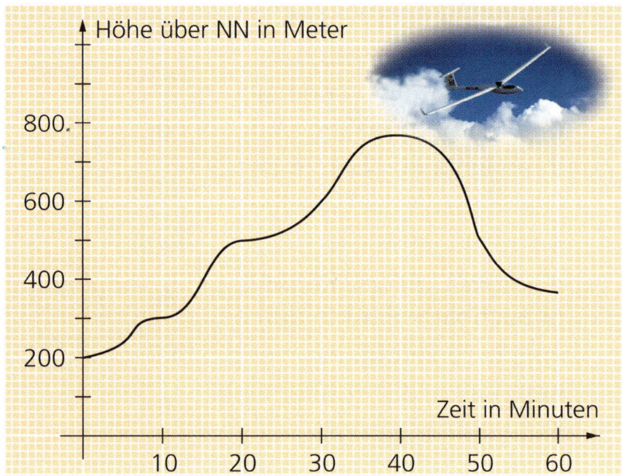

2. Kerstin lag wegen einer Operation im Krankenhaus. Es wurde täglich am Morgen und am Nachmittag die Temperatur von Kerstin gemessen (siehe Tabelle).

Tag	Di		Mi		Do		Fr		Sa		So	
Uhrzeit	6.00	16.00	6.00	16.00	6.00	16.00	6.00	16.00	6.00	16.00	6.00	16.00
ϑ in °C	36,6	36,9	36,5	37,0	37,0	37,5	37,2	37,8	36,9	37,2	36,5	37,0

a) Zeichne ein Diagramm!

b) Beschreibe den Verlauf der Fieberkurve!

c) Miss deine Körpertemperatur in einer Woche jeweils am Morgen und am Nachmittag! Fertige dann mit den Daten ein Diagramm an! Werte die Temperaturkurve aus!

3. Der Pegelstand (größte Wassertiefe) eines Flusses ist in folgender Tabelle dargestellt:

Tag	Do	Fr	Sa	So	Mo	Di	Mi	Do	Fr
Pegelstand in m	1,20	1,25	1,35	2,00	2,70	2,65	2,05	1,50	1,35

a) Fertige eine grafische Darstellung an!
b) Beschreibe den Kurvenverlauf! Gib Ursachen für die Veränderung des Pegelstandes an!
c) Wann wurde der höchste und wann der niedrigste Pegelstand gemessen?
d) An welchen Tagen erfolgte der größte Anstieg?

4. In der Tabelle ist der Preis für ein Kordelband in Abhängigkeit von der Länge des Bandes angegeben.

Länge in m	1,00	2,00	3,00	5,00	1,50	
Preis in €	1,20	2,40	3,60	6,00		4,80

a) Fertige eine grafische Darstellung an! Wähle eine günstige Einteilung der Achsen!
b) Übertrage die Tabelle in dein Heft! Lies die fehlenden Werte aus dem Diagramm ab!

5. Suche jeweils einen Zusammenhang! Beschreibe in Worten!

a)

a	−2	−1	0	1	2	3
	4	1	0	1	4	9

b)

a	−4	3	0	−1	−1,5	28
	4	3	0	1	1,5	28

c)

n	2	3	4	5	6
	/	180°	360°	540°	720°

d)

V	1 cm³	2 cm³	3 cm³	4 cm³	5 cm³
	10,5 g	21 g	31,5 g	42 g	52,5 g

6. Samuel Morse erfand 1844 das Morsealphabet, bestehend aus Punkten und Strichen (oder kurzen und langen Tönen). Jedem Buchstaben bzw. jeder Ziffer wird ein Signal zugeordnet. Aus Folgen von Signalen mit Zwischenräumen können somit „Worte" gebildet werden. Zum Beispiel Haus: ···· ·− ··− ···

Morsealphabet

	Signal		Signal		Signal		Signal		Signal		Signal		Signal
A	·−	E	·	K	−·−	P	·−−·	Ü	··−−	1	·−−−−	7	−−···
Ä	·−·−	F	··−·	L	·−··	Q	−−·−	V	···−	2	··−−−	8	−−−··
B	−···	G	−−·	M	−−	R	·−·	W	·−−	3	···−−	9	−−−−·
C	−·−·	H	····	N	−·	S	···	X	−··−	4	····−	0	−−−−−
CH	−−−−	I	··	O	−−−	T	−	Y	−·−−	5	·····		
D	−··	J	·−−−	Ö	−−−·	U	··−	Z	−−··	6	−····		

a) Ordne den Wörtern *Schule* und *Ferien* die entsprechende Signalfolge zu!
b) Entschlüssele die Signalfolge!

·· −−−− − ·−· · ·· −··· · −−· · ·−· −· ··· ·−−· −−− ·−· −

c) Schreibe einen Satz in Morseschrift!

7. Die grafische Darstellung zeigt den Temperaturverlauf an einem Herbsttag.

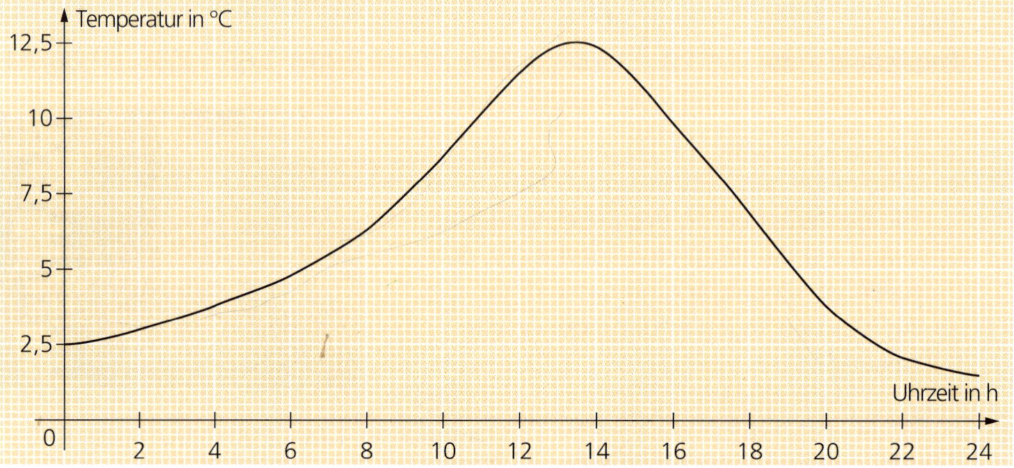

a) Übertrage die Tabelle in dein Heft! Ergänze die Tabelle!

Zeit in h	3	5	7	9	10	11	13	15	16	17	19	21	23
Temperatur in °C													

b) Beschreibe den Temperaturverlauf! In welcher Zeit stieg (fiel) die Temperatur am stärksten? Wann wurde die höchste Temperatur erreicht? In welcher Zeit nahm die Temperatur gleichmäßig zu?

8. Das Diagramm zeigt die Preise der Deutschen Post AG für die Beförderung von Postpaketen im Inland vom April 2003.

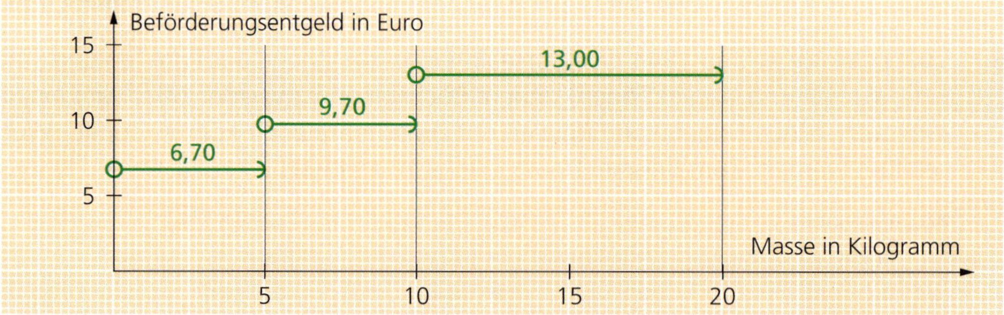

Hinweis: „○⟶" bedeutet, dass der rechte Endpunkt zur Strecke gehört und der linke nicht.

a) Übertrage die Tabelle in dein Heft und fülle sie aus!

Masse in Kilogramm	3	5	7	12,5	18
Preis in Euro					

b) Wie schwer darf ein Paket sein, wenn du 8,00 € zur Verfügung hast? Wie viel Euro Restgeld bleiben übrig?

c) Wie viel Euro müssen bezahlt werden, wenn ein Paket mit 4,5 kg und ein Paket mit 12 kg verschickt werden sollen?

2.2 Proportionale Zusammenhänge

Ein undichter Wasserhahn tropft gleichmäßig. Werden die Tropfen in einem Messbecher aufgefangen und wird 6 Stunden lang stündlich der Wasserverlust gemessen, so erkennt man einen Zusammenhang zwischen dem Wasserverlust und der Zeit.

Zeit in h	1	2	3	4	5	6
Wasserverlust in ml	250	500	750	1000	1250	1500

Zwischen dem *Wasserverlust* und der *Zeit* besteht ein **proportionaler Zusammenhang.** Der Wasserverlust ist proportional zur Zeit. Pro Stunde tropfen immer 250 ml Wasser aus dem Hahn.

Merkmale eines proportionalen Zusammenhanges zwischen zwei Größen

(1) Je *größer* die eine, desto *größer* die andere Größe. Wird eine Größe *verdoppelt* (verdreifacht), *verdoppelt* (verdreifacht) sich auch die andere.

(2) Alle Quotienten einander zugeordneter Werte sind gleich **(Quotientengleichheit).**

(3) Der Wert der einen Größe ist immer das gleiche Vielfache des zugeordneten Wertes der anderen Größe. Der stets gleiche Faktor heißt **Proportionalitätsfaktor k.**

(4) Wird der Zusammenhang zwischen den Größen grafisch dargestellt, so liegen alle Punkte auf einer Geraden, die durch den Koordinatenursprung verläuft und nicht mit den Achsen zusammenfällt.

Beispiel: undichter Wasserhahn

Je *mehr* Zeit vergeht, umso *mehr* Wasser ist herausgetropft. In der *doppelten* (dreifachen) Zeit *verdoppelt* (verdreifacht) sich der Wasserverlust.

$$\frac{250\text{ ml}}{1\text{ h}} = \frac{500\text{ ml}}{2\text{ h}} = \frac{750\text{ ml}}{3\text{ h}} = \frac{1000\text{ ml}}{4\text{ h}} = \frac{1250\text{ ml}}{5\text{ h}} = \frac{1500\text{ ml}}{6\text{ h}} = 250\,\frac{\text{ml}}{\text{h}}$$

lies: „250 Milliliter pro Stunde"

$$250\text{ ml} = 250\,\frac{\text{ml}}{\text{h}} \cdot 1\text{ h}$$

$$500\text{ ml} = 250\,\frac{\text{ml}}{\text{h}} \cdot 2\text{ h}$$

$$\vdots$$

$$1\,500\text{ ml} = 250\,\frac{\text{ml}}{\text{h}} \cdot 6\text{ h} \qquad \mathbf{k = 250\,\frac{ml}{h}}$$

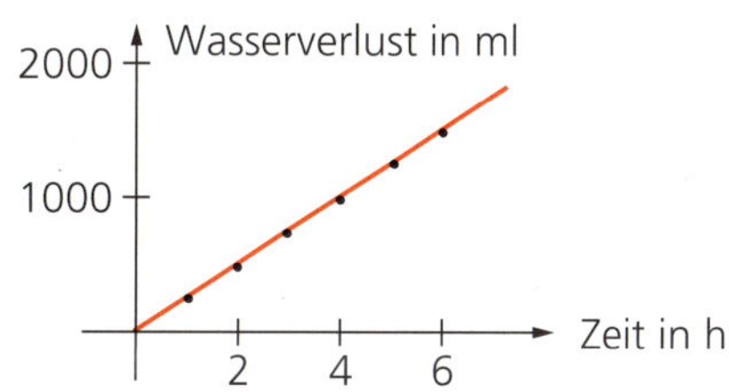

Um festzustellen, ob zwischen zwei Größen ein proportionaler Zusammenhang besteht, genügt es zu überprüfen, ob eines der Merkmale (1) bis (4) erfüllt ist. Manchmal wird der Zusatz „direkt" verwendet. Ein direkt proportionaler Zusammenhang heißt auch **direkte Proportionalität.** Die beiden Größen nennt man **zueinander direkt proportional.**

Aufgaben

Ein Bäcker bietet Brötchen an.
5 Brötchen kosten zusammen 0,65 €.

a) Christiane kauft 10 Brötchen. Sie überlegt: „Wenn ich doppelt so viele Brötchen kaufe, muss ich doppelt so viel zahlen." Wie viel Euro muss sie zahlen?
b) Florian kauft 2 Brötchen. Wie viel Euro muss er zahlen?
c) Welchen Betrag zahlt eine Pension, wenn diese für ihre Gäste 90 Brötchen kauft und keinen Rabatt (Preisnachlass) bekommt?

1. Im Diagramm ist der Zusammenhang zwischen Benzinmenge und dazugehörigem Preis dargestellt.

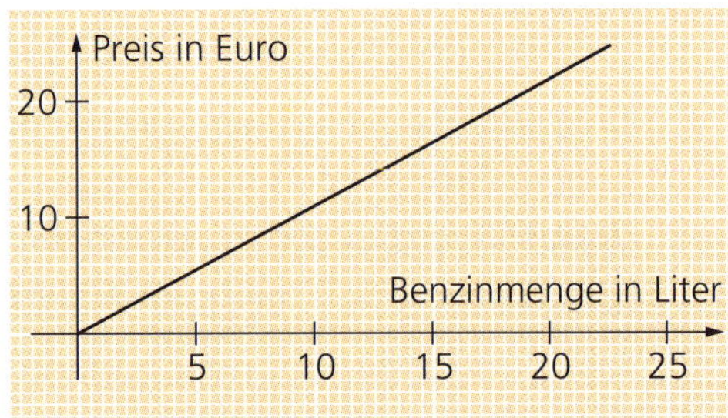

a) Warum handelt es sich um einen proportionalen Zusammenhang?
b) Übertrage folgende Tabelle in dein Heft! Vervollständige die fehlenden Werte mittels des Diagramms!

Benzinmenge in Liter	5	10	15	20	25		
Preis in Euro						9	19
Preis pro Liter in Euro							

c) Berechne für jedes Wertepaar den Quotienten *Preis pro Liter Benzin.* Trage die Werte in die Tabelle ein!

2. Unter welchen Bedingungen sind die folgenden Größen proportional zueinander?
a) Stückzahl und Preis beim Kauf von Bleistiften
b) Gefahrene Kilometer und Benzinverbrauch
c) Zeit und zurückgelegter Weg bei einer Fahrradfahrt
d) Umfang und Seitenlänge eines Vierecks
e) Anzahl der Personen eines Haushalts und Wasserverbrauch

3. Welche der folgenden Abbildungen zeigen proportionale Zusammenhänge?

a)
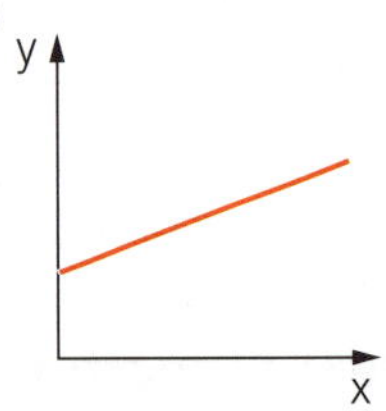

b)
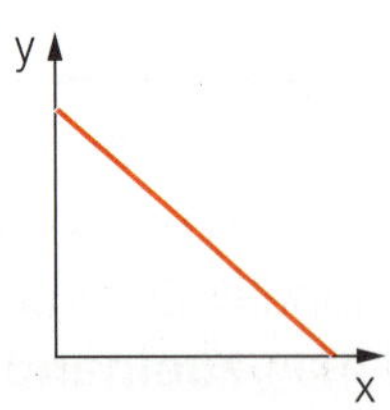

c)
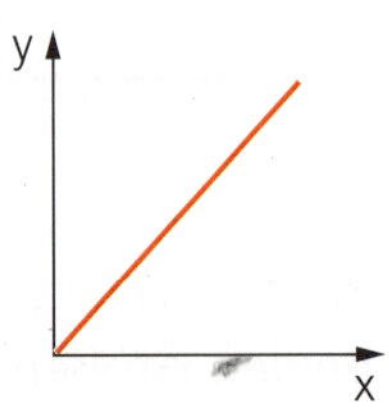

d)
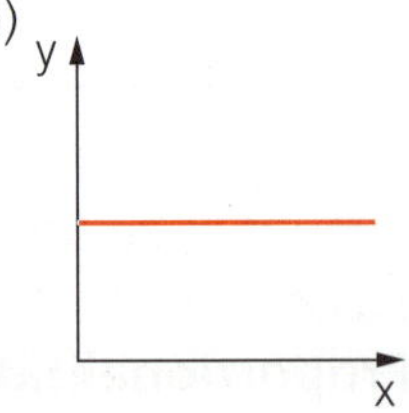

4. a) Nenne drei Sachverhalte, die zur nebenstehenden Abbildung passen könnten!
b) Gib die verwendeten Größen und die Einheiten für beide Achsen an!

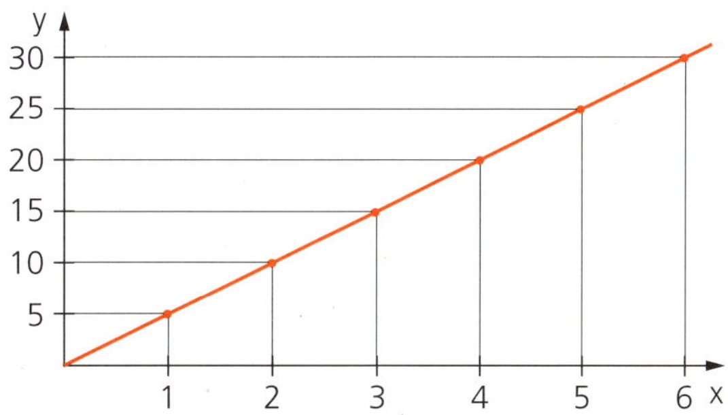

5. Ein PKW fährt auf der Autobahn mit gleich bleibender Geschwindigkeit von 110 km pro Stunde.
a) Begründe, warum der zurückgelegte Weg und die gefahrene Zeit proportional zueinander sind!
b) Übertrage die Tabelle in dein Heft! Berechne die fehlenden Werte!

Zeit in h	1			4	
Weg in km	110	55	220		165

c) Erstelle mithilfe der Werte aus Aufgabe b) ein Diagramm!
*d) Gib den Proportionalitätsfaktor an! Welcher physikalischen Größe entspricht er?

6. Hängt man einen Körper an eine Feder, so ändert sich ihre Länge.

Kraft in N	50	100	150	200	270	330
Längenänderung in mm	5	10	15	20	27	33

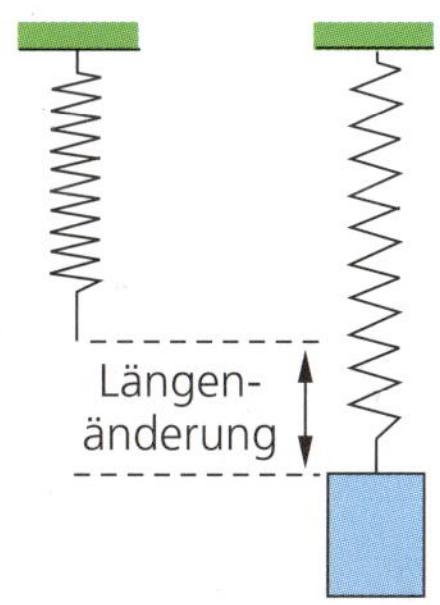

a) Überprüfe, ob ein proportionaler Zusammenhang zwischen Kraft und Längenänderung besteht, indem du die Quotientengleichheit untersuchst!
b) Welche Kraft muss wirken, dass die Feder 4,2 cm gedehnt wird?

7. In einem Einkaufsmarkt werden folgende Angebote gemacht:
a) Berechne alle Preise pro Kilogramm!
b) Stelle den Zusammenhang zwischen Menge und Preis in einem Koordinatensystem dar!
c) Liegt ein proportionaler Zusammenhang zwischen Preis und Menge vor? Begründe!

Orangen im Angebot:
1 kg 1,40 €
2 kg 2,80 €
3 kg 3,75 €

8. Bei einer Kontrollarbeit werden Zensuren nach folgender Tabelle verteilt:

Punkte	12; 11	10; 9	8; 7	6; 5	4; 3	2; 1; 0
Zensur	1	2	3	4	5	6

a) Prüfe, ob die Zuordnung der Zensuren zu den Punkten proportional ist!
b) Zeichne auch eine grafische Darstellung zu dieser Zuordnung!

9. Ob ein Zusammenhang zwischen der Masse und dem Volumen eines Körpers besteht, kann mithilfe einer Messreihe geprüft werden.

Volumen V (in cm^3)	10	25	100	500	1 000
Masse m (in g)	81	200	785	3 995	7 990

a) Untersuche, ob Proportionalität vorliegt!
Hinweis: Berücksichtige mögliche Fehler beim Messen!

b) Welche Einheit besitzt der Quotient beider Größen? Finde mithilfe eines Nachschlagewerkes heraus, aus welchem Stoff die untersuchten Körper bestehen!

10. Ein Radfahrer legt in 15 Minuten durchschnittlich 5 Kilometer zurück. Er fährt ohne Pause 2 Stunden mit gleich bleibender Geschwindigkeit.

a) Fertige eine Tabelle an und stelle den Zusammenhang grafisch dar!

b) Ermittle aus der grafischen Darstellung
- den zurückgelegten Weg nach $1\frac{1}{4}$ Stunden und nach 2 Stunden;
- die Zeit, die der Radfahrer für 20 Kilometer und 32 Kilometer benötigt!

11. Welcher Zusammenhang zwischen Größen liegt in den folgenden Beispielen vor? Begründe!

a) 30 *l* Dieselkraftstoff kosten 20 €.
Wie hoch ist der Preis pro Liter? Wie viel Liter Benzin bekommt man für einen Euro?

b) In 2 Stunden sind zwei Wanderer 10 km gelaufen. Wie viel Kilometer haben sie pro Stunde geschafft? Wie lange brauchen sie für 1 km?

c) 200 g Leberwurst kosten 1,6 €. Berechne den Preis für 100 g und die Menge Leberwurst, die du für 1 € bekommst!

12. Berechne den Wert der einen Größe pro einer Einheit der anderen!

a) Auf 600 km verbraucht ein Auto 48 Liter Kraftstoff.

b) 10 Telefoneinheiten kosten 0,60 €.

c) Ein Schwimmer schwimmt 10 Bahnen in 4 min.

13. Durch die folgenden Aussagen werden Eigenschaften von Zusammenhängen zwischen zwei Größen beschrieben. Nenne jeweils die beiden Größen! Entscheide, ob es sich um einen proportionalen Zusammenhang handelt!

a) Je länger ein Telefongespräch dauert, umso teurer ist es.

b) Je schwerer ein Paket ist, umso höher sind die Versandkosten.

c) Je länger die Parkzeit, umso höher ist die zu zahlende Parkgebühr.

d) Je größer die Anzahl gleicher Limonadenflaschen, umso größer ist die zur Verfügung stehende Getränkemenge.

e) Je mehr Runden ein Sportler läuft, umso größer ist die bisher von ihm gelaufene Zeit.

2.3 Umgekehrt proportionale Zusammenhänge

Schließen sich mehrere Lottospieler zu einer Tippgemeinschaft zusammen, so wird bei gleichen Einsätzen der einzelnen Spieler der Gewinn gleichmäßig auf alle Mitglieder verteilt.
Die Tabelle zeigt, wie ein Gewinn von 24000 € auf die Mitglieder einer Tippgemeinschaft in Abhängigkeit von der Anzahl der Mitglieder verteilt werden muss.

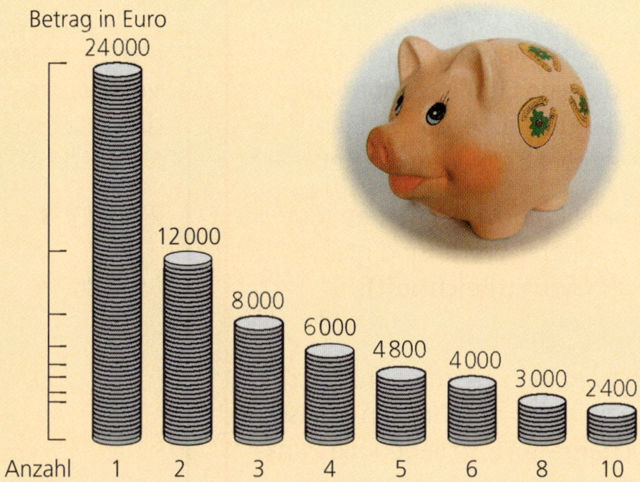

Anzahl der Mitglieder	2	3	4	5	6	8	10
Gewinn pro Mitglied in Euro	12000	8000	6000	4800	4000	3000	2400

Die Punkte dürfen in diesem Beispiel nicht verbunden werden, da die Anzahl der Mitglieder immer durch natürliche Zahlen angegeben wird. Die Kurve, auf der die Punkte liegen, wurde deshalb nur gestrichelt gezeichnet. Zwischen den Größen *Gewinn pro Mitglied* und *Anzahl der Mitglieder* besteht ein **umgekehrt proportionaler Zusammenhang.** Der Gewinn pro Mitglied ist umgekehrt proportional zur Anzahl der Mitglieder.

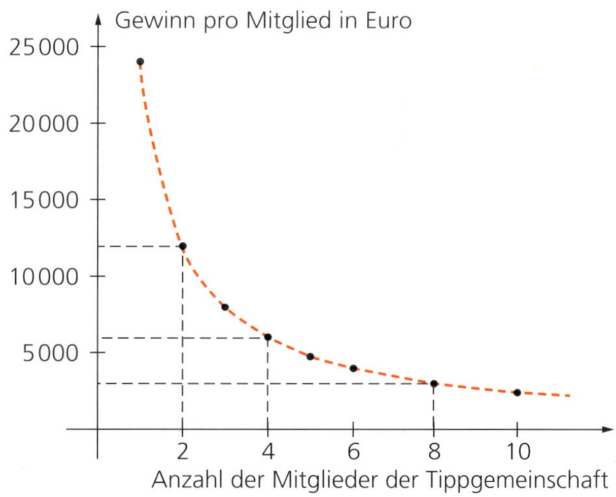

Das Produkt aus der Anzahl der Mitglieder der Tippgemeinschaft und dem Gewinn pro Mitglied ist immer gleich. Es entspricht dem Gesamtgewinn von 24 000 €, der aufgeteilt werden soll.

In der grafischen Darstellung sind Rechtecke erkennbar, deren Flächeninhalte übereinstimmen. Die Seitenlängen der Rechtecke bilden die zugehörigen x- und y-Koordinaten. Bei 2 Mitgliedern erhält jedes Mitglied 12 000 € Gewinn, bei 4 Mitgliedern sind es 6 000 €, bei 8 Mitgliedern sind es 3 000 €.

Merkmale eines umgekehrt proportionalen Zusammenhangs

(1) Je *größer* die eine, desto *kleiner* die andere Größe. Wird die eine Größe *verdoppelt* (verdreifacht), so wird die andere *halbiert* (gedrittelt).

(2) Alle Produkte einander zugeordneter Werte sind gleich **(Produktgleichheit).**

(3) Wird der Zusammenhang zwischen den Größen grafisch dargestellt, so liegen die Punkte nicht auf einer Geraden, sondern auf einer gekrümmten Linie.

Beispiel: Gewinnaufteilung bei Tippgemeinschaften

Je *mehr* Mitglieder die Tippgemeinschaft hat, umso *weniger* erhält jeder vom Gewinn. *Verdoppelt* sich die Anzahl der Mitglieder, dann *halbiert* sich der Gewinn in Euro pro Mitglied.

$2 \cdot 12000\,€ = 3 \cdot 8000\,€$
$= 4 \cdot 6000\,€ = 24000\,€$
$5 \cdot 4800\,€ = 6 \cdot 4000\,€$
$= 8 \cdot 3000\,€ = 24000\,€$

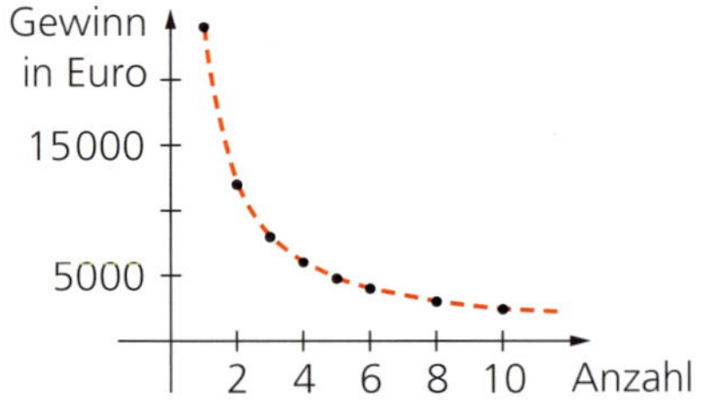

Um festzustellen, ob zwischen zwei Größen ein umgekehrt proportionaler Zusammenhang besteht, musst du überprüfen, ob das Merkmal (1) oder (2) erfüllt ist. Aus Merkmal (3) kann ein umgekehrt proportionaler Zusammenhang nur vermutet werden.

Analog zum Merkmal (3) der direkten Proportionalität gilt für einen umgekehrt proportionalen Zusammenhang: z. B. $12\,000\,€ = 24\,000\,€ \cdot \frac{1}{2}$

Stets gleicher Wert: 24 000 €

Für „umgekehrt proportional" sagt man auch „indirekt proportional". Ein umgekehrt proportionaler Zusammenhang heißt auch **umgekehrte Proportionalität.** Die beiden Größen nennt man **zueinander umgekehrt proportional.**

Typische Beispiele für:

proportionale Zusammenhänge	umgekehrt proportionale Zusammenhänge
– Zusammenhang zwischen der Warenmenge und dem Gesamtpreis, wenn kein Rabatt gewährt wird	– Zusammenhang zwischen der Anzahl von Maschinen und der Zeit, die zum Verrichten einer bestimmten Arbeit notwendig ist, wenn alle Maschinen mit gleicher Leistung arbeiten
– Zusammenhang zwischen zurückgelegtem Weg und dazu benötigter Zeit, wenn die Geschwindigkeit konstant ist	– Zusammenhang zwischen der Geschwindigkeit und der Zeit, die man für eine bestimmte Strecke bei gleichbleibender Bewegung benötigt

Aufgaben

Ein Orchester soll sich zum Marschieren in Reihen aufstellen.

a) Untersuche für alle Mitgliedsstärken von 20 bis 30 Musikern, wie viele Möglichkeiten es dafür gibt!

b) Untersuche den Zusammenhang zwischen der Anzahl der Reihen und der Stärke der Reihe bei einer bestimmten Orchesterstärke!

c) Welche Einteilung würdest du als sinnvoll erachten?

1. Martina hat die einander zugeordneten Werte eines umgekehrt proportionalen Zusammenhangs berechnet.

x-Wert	3	5	6	9	10	12
y-Wert	6	3,6	2	3	1,8	1,5

a) Überprüfe, ob Martina diese Zuordnung fehlerfrei aufgeschrieben hat, indem du die Werte in ein Koordinatensystem einträgst!

b) Korrigiere eventuelle Fehler, indem du die Produktgleichheit anwendest!

2. Hannes versorgt seinen Wellensittich und weiß, dass er mit einer Packung Futter für seinen Wellensittich etwa 30 Tage reicht. Als sein Freund Sven in den Urlaub fährt, nimmt Hannes auch noch dessen Sittich in Pflege. Er überlegt, wie lange er jetzt mit einer Packung Futter reicht.

a) Um den Zusammenhang welcher Größen geht es?

b) Untersuche, ob die Größen umgekehrt proportional zueinander sind! Nach wie vielen Tagen sollte Hannes neues Futter kaufen?

*c) Was gibt das Produkt der beiden Größen an?

3. Entscheide, ob umgekehrte Proportionalität vorliegt! Überlege dazu, was eine Verdoppelung des Wertes der ersten Größe für den Wert der zweiten Größe bedeutet!

a) Preis eines Heftes und Anzahl der Hefte, die für 10 € gekauft werden können

b) Anzahl der Kinder bei einer Geburtstagsfeier und Anzahl der Bonbons aus einer Tüte, die jedes Kind bei gleichmäßiger Aufteilung erhält

c) Anzahl der Kinder bei einer Geburtstagsfeier und Anzahl der Preise, die die Eltern des Geburtstagskindes einkaufen müssen

d) Anzahl der Tage, die das Taschengeld reichen soll, und Betrag, der pro Tag an Ausgaben geplant ist

*e) Länge des bereits abgebrannten Teils eines Streichholzes und restliche Brennzeit

4. Welche Zusammenhänge in den folgenden Beispielen sind umgekehrt proportional? Begründe! Gib gegebenenfalls Bedingungen an, sodass der Zusammenhang umgekehrt proportional wird! Verwende Merkmal (1) oder (2)!

a) Anzahl der Maler, die ein Haus streichen – benötigte Zeit bis zur Fertigstellung
b) Anzahl der Tiere – Zeit, für die ein bestimmter Futtervorrat reicht
c) Anzahl der Bagger – Zeit, in der eine Baugrube ausgehoben werden soll
d) Anzahl von Personen – Zeit, die sie für einen Spaziergang benötigen

5. Während einer Fahrt auf der Autobahn liest Jan als Mitfahrer näherungsweise die Tankfüllung und die gefahrenen Kilometer ab und erstellt die folgende Tabelle:

gefahrene Strecke (km)	0	150	300	450	600
Tankinhalt	voll ≙ 1	$\frac{3}{4}$	$\frac{1}{2}$	$\frac{1}{4}$	0

a) Fertige eine grafische Darstellung an!
b) Prüfe, ob zwischen Fahrstrecke und Tankinhalt umgekehrte Proportionalität vorliegt!

6. Bilde das Produkt beider Größen und überlege, was es angibt! Nenne Bedingungen, sodass bei Verdoppelung der einen Größe die andere halbiert wird!

a) Ein Rechteck ist 7 cm lang und 5 cm breit.
b) Eine Treppe hat 8 Stufen. Jede ist 18 cm hoch.
c) Zum Abfahren von Bauschutt müssen 2 gleiche Container je 6-mal gefüllt werden.
d) 10 Personen müssen zusammen 180 € zahlen.

7. Eine Band mit sechs Musikern braucht bei einer Studioaufnahme für einen Titel fünf Minuten. Wegen Krankheit fehlen drei Musiker.
Wie viel Minuten benötigen die restlichen Musiker zum Spielen des gleichen Titels?

8. Eine Busfahrt wird geplant. Die Kosten betragen 400,00 €. Es sollen 25 Personen an dieser Fahrt teilnehmen.

a) Wie hoch sind die Kosten pro Person?
b) Tatsächlich nehmen jedoch nur 18 Schüler und 2 Erwachsene teil.
Sie sind verärgert. Warum?

9. In Zeitungsausschnitten findest du häufig Zusammenhänge und Zuordnungen beschrieben und oft auch grafisch dargestellt.

a) Suche aus Tageszeitungen Beispiele für proportionale und nicht proportionale Zusammenhänge heraus und fertige für diese jeweils eine grafische Darstellung an!
b) Erläutere die gefundenen Zusammenhänge!
c) In welcher Darstellung können Zusammenhänge und Zuordnungen auftreten?
Nenne Vor- und Nachteile!

2.4 Sachaufgaben zu proportionalen Zusammenhängen

Ein Schwimmbecken kann mit 2 gleich starken Pumpen in etwa 20 Stunden mit Wasser gefüllt werden. Wie lange dauert es, wenn insgesamt 5 Pumpen der gleichen Art verwendet werden? Es wird sicher weniger als 10 Stunden dauern, wenn 5 Pumpen gleichzeitig arbeiten.

Bei proportionalen oder umgekehrt proportionalen Zusammenhängen wird aus drei gegebenen Größenangaben häufig eine vierte Größenangabe berechnet.

Beachte folgende Hinweise zum Analysieren der Aufgabe und Finden von Lösungsideen!

1. *Frage zuerst:*
   (1) Um welche beiden Größen geht es in der Aufgabe?
   (2) Wie kann ich Angaben geeignet erfassen?
2. *Untersuche dann, ob die beiden Größen proportional oder umgekehrt proportional zueinander sind! Du kannst fragen:*
   (1) Wie ändert sich die eine Größe bei Änderung der anderen?
   (2) Was bleibt gleich, der Quotient oder das Produkt der beiden Größen?
3. *Berechne erst dann den gesuchten Wert! Es gibt vier mögliche Lösungswege:*
   (1) Schließen auf die Einheit einer Größe
   (2) Nutzen der Gleichheit der Quotienten oder der Produkte
   (3) Rechnen mit dem Proportionalitätsfaktor
   (4) Anfertigen einer grafischen Darstellung

Den Weg über den Schluss auf eine Einheit bezeichnet man als **Dreisatz.**

Aufgabe 1:

Anja hat für 4 kg Kartoffeln 3,92 € bezahlt. Wie viel kosten 3 kg der gleichen Sorte?

Ich frage:	Ich antworte und rechne:
Um welche Größen geht es?	Es geht um die Masse und den Preis von Kartoffeln.
Wie kann ich die Angaben erfassen?	4 kg ≙ 3,92 € 3 kg ≙ ? €

Masse	4 kg	…	3 kg
Preis	3,92 €	…	x €

Möglichkeiten zur Untersuchung des Zusammenhangs:

(1) Wie ändert sich die eine Größe bei Änderung der anderen?	Wenn ich *weniger* kaufe, muss ich auch *weniger* bezahlen. Wenn ich halb so viel kaufe, muss ich auch nur halb so viel bezahlen.
(2) Was bleibt gleich?	Der Preis pro Kilogramm bleibt gleich (Quotient).
Welcher Zusammenhang besteht?	Die Größen sind proportional zueinander.

Geeignete Lösungswege:

(1) Kann ich auf die *Einheit* einer Größe schließen?

a) Wenn 4 kg genau 3,92 € kosten,
kostet 1 kg so viel wie der vierte Teil. $3{,}92 : 4 = 0{,}98$
3 kg kosten dreimal so viel wie 1 kg. $3 \cdot 0{,}98 = 2{,}94$

b)
4 kg ≙ 3,92 €
(:4) 1 kg ≙ 0,98 € (:4)
(·3) 3 kg ≙ 2,94 € (·3)

c)

	:4 →	·3 →	
Masse in kg	4	**1**	3
Preis in €	3,92	**0,98**	x
	:4 →	·3 →	

$x = 3 \cdot 0{,}98$
$x = 2{,}94$

(2) Welcher Quotient bleibt gleich?

Der Preis pro Kilogramm bleibt gleich.

$\frac{3{,}92\ €}{4\ \text{kg}} = 0{,}98\ \frac{€}{\text{kg}}$ $\frac{x\ €}{3\ \text{kg}} = 0{,}98\ \frac{€}{\text{kg}}$ $x = 3 \cdot 0{,}98 = 2{,}94$

Anwortsatz: 3 kg der gleichen Sorte Kartoffeln kosten 2,94 €.

Manchmal ist es möglich und vorteilhaft, beim Dreisatz nicht auf die Einheit zu schließen.
8 Stück Kuchen kosten 14 €. Wie viel Euro kosten dann 12 Stück?
Wenn 8 Stück 14 € kosten, kosten 4 Stück 7 €, dann kosten 12 Stück 21 €.

Aufgabe 2:

6 Mähdrescher mähen ein Roggenfeld in 2 Tagen ab. Wie viele Tage würden 4 Mähdrescher mit der gleichen Tagesleistung für das Feld benötigen?

Ich frage:	Ich antworte und rechne:
Um welche beiden Größen geht es in der Aufgabe?	Es geht um die Anzahl der Mähdrescher und die Anzahl der Tage zum Mähen eines Roggenfeldes.
Wie kann ich die Angaben geeignet erfassen?	6 Mähdr. ≙ 2 Tage 4 Mähdr. ≙ ? Tage

Anzahl der Mähdr.	6	…	4
Anzahl der Tage	2	…	x

Möglichkeiten zur Untersuchung des Zusammenhangs:

(1) Wie ändert sich die eine Größe bei Änderung der anderen?	Je *weniger* Mähdrescher eingesetzt werden, desto *mehr* Zeit wird benötigt. Halb so viel Mähdrescher benötigen doppelt so viel Zeit.
(2) Was bleibt gleich?	Die Getreidemenge, die während der Tage von den Mähdreschern abgeerntet wurde, bleibt gleich. Diese Menge entspricht dem Produkt aus der Anzahl der Mähdrescher und der Anzahl der Tage.
Welcher Zusammenhang besteht?	Die Größen sind umgekehrt proportional zueinander.

Geeignete Lösungswege:

(1) Kann ich auf die *Einheit* einer Größe schließen?

a) Wenn 6 Mähdrescher 2 Tage benötigen, braucht *ein* Mähdrescher sechsmal so lange, also 12 Tage, denn $6 \cdot 2 = 12$.

4 Mähdrescher benötigen ein Viertel der Zeit von *einem* Mähdrescher, also 3 Tage, denn $12 : 4 = 3$.

b)

	6 Mähdr. ≙ 2 Tage		
:6 ↓	1 Mähdr. ≙ 12 Tage	↓ ·6	
·4 ↓	4 Mähdr. ≙ 3 Tage	↓ :4	

c)

	:6 →	·4 →	
Mähdr. (Anzahl)	6	**1**	4
Tage (Anzahl)	2	**12**	x
	·6 →	:4 →	

$x = 12 : 4$
$x = 3$

(2) Welche Produkte sind gleich?

$6 \cdot 2 = 12$ $\qquad 12 = 4 \cdot x$ $\qquad x = 3$

Anwortsatz: 4 Mähdrescher würden für das gleiche Feld 3 Tage benötigen.

In vielen Fällen, bei denen es um umgekehrt proportionale Zusammenhänge geht, ist ein Verwenden des Dreisatzes umständlich. Dann kann die Produktgleichheit genutzt werden.

Beispiel: Zum Umgraben eines Gartens brauchen 4 gleichkräftige Arbeiter 10 Stunden. Wie lange würden 5 Arbeiter (mit gleicher Leistung) brauchen?

Lösung: Insgesamt wurden 40 Stunden benötigt, denn $4 \cdot 10 = 40$.
Diese Zeit auf 5 Personen verteilt, ergibt 8 Stunden, denn $40 : 5 = 8$.

Aufgaben

Proportionale Zusammenhänge

Bei Verwendung moderner Hohllochziegel, die ohne Mörtel miteinander verzahnt werden können, braucht ein Maurer für 10 m^2 Mauerwerk nur noch etwa 2,5 Stunden.
Wie lange würde der Maurer für das Mauern der insgesamt 40 m langen und 7 m hohen Außenwände eines Hauses ohne Beachtung der Fenster und Türen benötigen?

1. Bei den folgenden Beispielen handelt es sich um proportionale Zusammenhänge. Rechne im Kopf!
a) 2 kg Äpfel kosten 4 €. Wie viel Euro kostet 1 kg?
b) 6 Flaschen Mineralwasser kosten 2,40 €. Was kostet eine Flasche?
c) 10 Eier kosten 1,50 €. Wie viel Cent kostet ein Ei?
d) In 1,5 Stunden legt ein Radfahrer eine Strecke von 30 km zurück. Wie viel Kilometer schafft er in einer Stunde?
e) Ein 4 m langer Holzbalken hat eine Masse von 42 kg. Welche Masse hat ein entsprechender Balken von 1 m Länge?
f) 800 g Schweinefleisch kosten 3,20 €. Wie viel Euro kosten 100 g?
*g) Eine Seilbahn überwindet auf einer Strecke von 520 m einen Höhenunterschied von 260 m. Auf welcher Strecke beträgt der Höhenunterschied 100 m?

2. Bei den folgenden Beispielen handelt es sich um proportionale Zusammenhänge. Rechne im Kopf! Erläutere dein Vorgehen!
a) 1 kg Tomaten kostet 1,35 €. Wie viel Euro kosten 2 kg?
b) 1 Flasche Saft kostet 1,04 €. Wie viel Euro kosten 6 Flaschen?
c) Ein Ei kostet 9 Cent. Wie viel kosten 12 Eier?
d) Ein Dampfer fährt in einer Stunde 30 km. Wie weit kommt er in 1,5 Stunden?
e) 1 m^3 Holz wiegt 1,2 t. Wie schwer sind 4 m^3?
f) Eine Straße steigt auf einer Länge von 100 m um 8 m. Wie groß ist der Höhenunterschied bei einer Länge von 900 m?
g) 1 kg Rindfleisch kostet 6,46 €. Wie viel Euro kosten 500 g?

3. Ein Grillfest wird geplant. Herr und Frau Meyer erwarten 16 Gäste. Als Beilage soll es Kartoffelsalat geben. Frau Meyer benötigt für 4 Portionen Kartoffelsalat 1 kg Kartoffeln. Wie viel Kilogramm Kartoffeln muss sie zur Vorbereitung des Grillfestes kaufen, wenn sie für alle Teilnehmer gleich große Portionen einplant?

4. In einer Erdölraffinerie werden 9,7 Mio t Erdöl im Jahr verarbeitet. Wie viele Tonnen sind das täglich?

5. 7 Rosen kosten 2,80 €. Wie viel Euro kosten 5 Rosen der gleichen Sorte? Wie viele Rosen der gleichen Sorte können gekauft werden, wenn 12,50 € zur Verfügung stehen?

6. Um die Havarie einer Heizungsanlage zu beseitigen, benötigt ein Heizungsmonteur 4 Stunden. Die Rechnung weist für Arbeitsleistung einen Betrag von 150,00 € aus. Wie hoch ist der Stundenlohn des Monteurs?

7. Auf der Autobahn benötigt ein PKW 20 min für 30 km. Welche Strecke legt er bei gleicher Geschwindigkeit in einer Stunde (in 100 min, in 50 min, in 70 min) zurück?

8. Am Obststand eines Supermarktes werden Äpfel angeboten. 6 kg Äpfel kosten 9,00 €. Bärbel kauft 3 kg, Melanie 4 kg, Marco 5 kg. Wie viel muss jeder bezahlen? Lege eine Tabelle an!

9. Um den Bedarf an Vitamin C zu decken, sollte man täglich 75 mg dieses Vitamins zu sich nehmen. In der Abbildung kannst du den Vitamin-C-Gehalt verschiedener Beerensorten pro 100 g ablesen. Wie viel Gramm jeder Sorte decken jeweils deinen täglichen Bedarf an Vitamin C? Runde vor der Rechnung sinnvoll!

10. Helmut sagt zu seinen Freunden: „Das schaffe ich in 50 Minuten."
Wie groß ist seine Geschwindigkeit in Kilometer pro Stunde, wenn er mit gleich bleibender Geschwindigkeit fährt?

11. Ein Mähdrescher erntet ein Feld von 2 ha in 4 Stunden ab.
a) Welche Fläche erntet er in 2 Stunden ab?
b) Welche Fläche erntet er in 6,5 Stunden ab?
c) Welche Zeit benötigt der Mähdrescher für das Abernten eines Feldes von 5,25 ha?

12. In einer Zuckerfabrik werden aus 100 kg Zuckerrüben etwa 15 kg Zucker gewonnen.
a) Wie viel Kilogramm Zucker werden aus 10 kg (aus 50 kg, aus 150 kg, aus 75 kg, aus 130 kg) Zuckerrüben gewonnen?
*b) Wie viel Kilogramm Zuckerrüben werden benötigt, um 40 kg Zucker herzustellen?

13. In einer Herberge bezahlt eine Gruppe von 21 Schülern für 3 Tage 866,25 €. Wie viel muss eine Gruppe von 18 Schülern bezahlen, wenn sie für den gleichen Tagessatz 4 Tage in der Herberge bleibt?

14. Löse die folgenden Aufgaben vorteilhaft! Rechne möglichst wenig! Erläutere!

a) Ein Fahrzeug benötigt 9 Liter Benzin für 150 km.
Wie viel Liter Benzin sind bei gleicher Fahrweise für 100 km erforderlich?

b) 15 gleichartige Würfel wiegen 36 g. Wie viel Gramm wiegen 35 dieser Würfel?

c) In 6 Stunden legt ein Fahrzeug 390 km zurück.
Welche Strecke schafft es bei gleicher Fahrweise in 4 Stunden?

d) Unter 3 500 kontrollierten Fahrgästen waren 75 ohne gültigen Fahrausweis. Mit wie vielen „Schwarzfahrern" kann man bei der Kontrolle von 4 200 Fahrgästen rechnen?

e) Eine Straße steigt auf 800 m um 36 m an. Welche Höhe ist nach 600 m erreicht, wenn die Steigung als gleichmäßig angenommen wird?

15. Der Schall legt in Luft in 3 Sekunden ungefähr eine Strecke von 1000 Metern zurück. Misst du die Zeit zwischen dem Sehen des Blitzes und dem Hören des Donners, so kannst du damit annähernd die Entfernung des Gewitters bestimmen. Wie weit ist ein Gewitter entfernt, wenn der Donner 7 s nach dem Aufleuchten des Blitzes von einem Beobachter gehört wird? Runde!

***16.** Für den Urlaub tauscht Stefanie bei einer Bank 250 € in Dollar um! Wie viel Dollar bekommt sie für ihr Geld (ohne Umtauschgebühren), wenn man für 90,60 € an diesem Tage 100 Dollar bekommt?

17. Auf einer Wanderkarte im Maßstab 1 : 50 000 werden von der Klasse 7a folgende Entfernungen ermittelt. Vom Schullandheim

zur Badestelle:	4 cm
zum Grillplatz:	0,5 cm
zur Bahnstation:	8 cm

a) Berechne die Entfernungen in Wirklichkeit!

b) Die Klasse will bei einer Wanderung auf einem Naturlehrpfad nach 6 km ihren Standort eintragen. Wie lang ist die Wanderstrecke in der Karte?

18. Miss dein Zimmer (den Klassenraum) aus und zeichne den Grundriss davon im Maßstab 1 : 100 in dein Heft!

19. Eine Firma stellt maßstabgerechte Spielzeugmodelle her. Berechne die Originallängen der Objekte aus den Angaben!

PKW:	45 cm;	Maßstab:	1 : 10
LKW:	12,5 cm;	Maßstab:	1 : 50
Lok:	41 cm;	Maßstab:	1 : 30
Motorrad:	8,4 cm;	Maßstab:	1 : 25

Umgekehrt proportionale Zusammenhänge

Bauer Schulze will seinen Roggen ernten. Mit einem Mähdrescher benötigt er dazu 8 Stunden. Er bittet seinen Sohn, ihm mit dem zweiten Mähdrescher zu helfen. In welcher Zeit ist das Feld abgeerntet, wenn beide Mähdrescher die gleiche Arbeitsleistung besitzen?

20. Bei den folgenden Beispielen handelt es sich um umgekehrt proportionale Zusammenhänge. Rechne im Kopf! Gib nur das Ergebnis an!

a) 2 Arbeiter brauchen für eine bestimmte Arbeit 3 Stunden. Wie lange braucht ein Arbeiter für die gleiche Arbeit?

b) 2 gleichstarke Pumpen füllen ein Schwimmbecken in 7 Stunden. Wie lange braucht eine Pumpe dafür?

c) Wenn sich 4 Personen ein Taxi teilen, muss jeder 7,05 € bezahlen. Was muss eine Person allein bezahlen?

d) Wenn man eine Klasse in Dreiergruppen teilt, entstehen 8 Gruppen. Wie groß ist die gesamte Klasse?

e) Wenn Gerd 5 € pro Tag ausgibt, reicht sein Urlaubsgeld 10 Tage. Wie lange reicht es, wenn er 1 € pro Tag ausgibt?

f) Wenn Frau Krause es schafft, in jeder Woche 800 g abzunehmen, hat sie ihr Idealgewicht in 6 Wochen erreicht. Wie lange dauert es, wenn sie 400 g pro Woche abnimmt?

g) Bei einer Geschwindigkeit von 50 $\frac{km}{h}$ braucht man mit dem Auto bis zum Bahnhof 10 min. Wie lange braucht man dafür bei einer Geschwindigkeit von 10 $\frac{km}{h}$?

21. Bei den folgenden Beispielen handelt es sich um umgekehrt proportionale Zusammenhänge. Löse die Aufgaben im Kopf!

a) Ein Maler braucht zum Streichen eines Zaunes 9 Stunden. Wie lange brauchen 3 Maler für die gleiche Arbeit?

b) Eine Pumpe pumpt ein Becken in 7 Stunden leer. Wie lange brauchen 2 Pumpen?

c) Eine Fahrt mit einem Taxi zum Bahnhof kostet 9 €. Wie viel muss jeder zahlen, wenn sich 3 Personen für diese Fahrt ein Taxi teilen?

d) Eine Klasse besteht aus 24 Schülern. Wie viele Möglichkeiten gibt es, sie in Gruppen gleicher Größe einzuteilen?

e) Wenn sich Gerd jeden Tag ein Softeis kauft, reicht sein Taschengeld 30 Tage. Wie lange reicht es, wenn er jeden Tag drei kauft?

f) Wenn Herr Krause jeden Tag durchschnittlich 100 g zunimmt, hat er in 10 Wochen ein Gewicht von 93 kg. Wie lange dauert dies bei einer durchschnittlichen täglichen Gewichtszunahme von 200 g?

22. Der Futtervorrat für 16 Schweine reicht 9 Tage. Wie lange reicht der gleiche Vorrat für 12 Tiere, wenn alle pro Tag die gleiche Menge bekommen?

23. Wird ein Bassin mit Wasser gefüllt, so dauert dies bei Benutzung einer Wasserleitung 12 Stunden. Wie lange dauert es, wenn statt dessen 2 Wasserleitungen gleicher Leistung zum Füllen zur Verfügung stehen?

24. Die maximale Belastung eines Fahrstuhls ist mit 900 kg angegeben. Wie viele Personen dürfen ihn höchstens benutzen, wenn das durchschnittliche Gewicht 45 kg (bzw. 60 kg; 70 kg; 75 kg; 80 kg) beträgt? Runde deine Ergebnisse!

25. Für eine Exkursion mieten zwei Klassen einen Bus. Der Preis beträgt 330 €.

a) Wie viel muss jeder der 50 Exkursionsteilnehmer bezahlen?

b) Durch Nichtteilnahme einiger Schüler erhöht sich der zu zahlende Betrag pro Teilnehmer um 0,90 €. Wie viele Schüler nehmen an der Exkursion nicht teil?

26. Zu einer Geburtstagsparty wird ein großes Blech (72 cm lang und 72 cm breit) Pizza gebacken.

a) Wie viele Portionen erhält man, wenn jedes Stück 12 cm lang und 6 cm breit ist?

b) Es werden 24 Gäste erwartet. Wie lang und wie breit könnten die Pizzastücke sein, wenn jeder Gast genau ein Stück bekommen soll? Welche Längen bzw. Breiten für ein Pizzastück sind sinnvoll?

2.5 Gemischte Aufgaben

Kettenschaltungen haben verschiedene Übersetzungen. So dreht sich z. B. das kleine Zahnrad (hinten) neunmal, wenn sich das große Zahnrad (vorn) dreimal dreht.

a) Warum liegt bei den Umdrehungen der Zahnräder ein proportionaler Zusammenhang vor?!

b) Gib den Proportionalitätfaktor für das Beispiel an!

c) Wie oft dreht sich das kleine Zahnrad, wenn sich das große Zahnrad 180-mal dreht?

1. Stelle jeweils in einem Koordinatensystem dar! Welche Zuordnungen sind proportional, umgekehrt proportional bzw. keines von beiden? Prüfe auch durch Rechnung!

a)

x	2	4	0,5	3
y	4	16	0,25	9

b)

x	10	5	1	2
y	1	2	10	0,5

c)

x	2	3	1,5	3,5
y	4	6	3	7

d)

x	0,5	4	5	10
y	8	1	0,8	0,4

2. Berechne den in Klammern angegebenen Wert!
a) Ein Monteur bekommt für 8 Stunden 152 €. (Stundenlohn)
b) 6 m Stoff kosten 36 €. (Meterpreis)
c) 5 m^3 Wasser kosten 6,25 € . (Kubikmeterpreis)
d) Ein Radfahrer schafft 50 km in 2,5 h. (Geschwindigkeit)

3. Untersuche die Zusammenhänge zwischen Dividend, Divisor und Quotient bei einer Divisionsaufgabe unter Beachtung der folgenden Bedingungen!
Bilde dazu jeweils eine Aufgabenserie zur Untersuchung des Zusammenhangs, z.B. 16 : 16; 16 : 8; 16 : 4; 16 : 2; 16 : 1!
a) Der Dividend bleibt gleich.
b) Der Divisor bleibt gleich.

4. Welche Aufgaben kannst du mit dem Dreisatz lösen und welche nicht?
Ermittle (wenn möglich) die Lösungen der Aufgaben!
a) Zum Streichen einer 4 m x 3 m großen Wandfläche benötigt man 2,4 kg Farbe. Wie viel Kilogramm der gleichen Farbe werden für eine 5 m x 3 m große Wandfläche benötigt?
b) Aus einer bestimmten Menge Zinn werden 250 Zinnfiguren zu je 15 g gegossen. Wie viele Pferde mit Reiter können aus der gleichen Menge Zinn gegossen werden, wenn man für eine dieser Figuren 25 g Zinn benötigt?
c) Claudia, Uwe, Jens und Maren spielen „Mensch ärgere dich nicht". Nach 25 Minuten hat Claudia eine Figur, Uwe 2 Figuren, Jens keine Figur und Maren alle 4 Figuren im Spiel. Welche Aussage kannst du über das Spielgeschehen nach 50 Minuten treffen?
d) Eine Schülerin löst eine Mathematikaufgabe in 9 Minuten. Wie lange brauchen 3 Schülerinnen zum Lösen dieser Aufgabe?
e) Hannes geht einkaufen. Am Wurststand sieht er, dass seine Lieblingswurst gerade im Angebot ist. Er kauft 225 g davon und bezahlt dafür 1,80 €. Wie viel kosten 100 g dieser Wurst?
f) 6 Eier bekommt man für 90 Cent. Wie viele Eier bekommt man für 1 €?
g) Martin läuft 400 m in etwa 100 s. Wie lange braucht er unter den gleichen Bedingungen für 800 m, für 1000 m, für 5000 m bzw. für 10000 m?
h) Vor 10 Jahren war Onkel Karl 40 Jahre alt. Wie alt war er vor 20 Jahren?
i) 3 Katzen fangen 3 Mäuse in 3 Minuten. Wie viele Katzen fangen 30 Mäuse in 30 Minuten?

5. Berechne die Masse pro Kubikzentimeter der folgenden Stoffe! Vergleiche!
- Ein Goldbarren von 90 cm^3 wiegt 1737 g.
- Eine Marmorplatte mit einem Volumen von 5 dm^3 hat eine Masse von 7,5 kg.
- 300 cm^3 Balsaholz wiegen 45 g.
- Eine Bleikugel mit einem Durchmesser von 4 cm hat ein Volumen von 33,5 cm^3 und eine Masse von 381,9 g.
- Ein Platinstück von 0,5 cm^3 wiegt 10,7 g.

6. 6 Maschinen benötigen zur Herstellung von 18 000 Schrauben 4 Stunden. Eine Maschine mit gleicher Leistung kauft die Firma dazu. Wie viele Schrauben können jetzt in 40 Stunden hergestellt werden?

Aus Küche und Keller

7. In einem Dampfentsafter lassen sich 4,5 kg Obst entsaften. Familie Kirsch erntet 22,5 kg Sauerkirschen und will Saft daraus herstellen.

a) Wie viele Male muss der Dampfentsafter gefüllt werden?

b) Aus 2 kg Sauerkirschen erhält man 1,3 Liter Saft. Wie viel Saft ergeben die 22,5 kg Kirschen?

c) Wie viele Flaschen benötigt Frau Kirsch, wenn sie den Saft in Flaschen von 0,75 l (von 0,5 l) Fassungsvermögen einfüllt?

8. Im Kochbuch steht ein Eierkuchenrezept für 4 Personen. Folgende Zutaten werden benötigt: $\frac{1}{2}$ Liter Milch, 250 g Mehl, 2 Eier, Bratfett.

a) Welche Zutaten muss man für das Backen von Eierkuchen für 6 Personen bereitstellen?

b) Wie viel Zutaten würdest du verwenden, wenn lediglich ein Ei zur Verfügung steht?

9. Auf einem Haushaltsmessbecher sind Einteilungen für die Volumenmessung sowie für eine bestimmte Menge Mehl, Zucker und Grieß enthalten. Die folgende Tabelle enthält den Zusammenhang von Füllhöhe und Volumen des Messbechers.

Volumen in cm^3	100	200	300	400	500	600	700	800	900	1000
Füllhöhe in cm	1,8	3,1	4,5	5,8	7,1	8,2	9,4	10,5	11,6	12,6

a) Stelle den Zusammenhang in einem Koordinatensystem dar! Untersuche, ob direkte Proportionalität vorliegt! Trage auf der x-Achse das Volumen und auf der y-Achse die Füllhöhe ab!

*b) Untersuche bei Messzylindern und Messbechern aus Haushalt oder Schule den Zusammenhang zwischen Füllhöhe und Volumen!

10. Mutters Gurkenrezept:
(*Hinweis:* 1 Pfund sind 500 g.)

a) Stelle eine Tabelle zum Herstellen einer Lösung für 5 kg, für 4 kg, für 3 kg, für 2 kg, für 1 kg Gurken zusammen!

b) Wie viel Zwiebeln und Gewürze sind notwendig, um 15 Gläser Gurken einzuwecken?

c) Wie viel Gurken können eingeweckt werden, wenn 1,5 Liter Essig vorhanden sind?

d) Für wie viele Gurkengläser reichen 50 Pfefferkörner?

> Für 10 Pfund Gurken wird eine Lösung aus $2\frac{1}{2}$ Liter Wasser, $1\frac{1}{4}$ Liter Essig, $\frac{3}{4}$ Pfund Zucker und 3 Esslöffel Salz benötigt.
> Die Gurken werden 24 Stunden in Salzwasser gelegt.
> In jedes Gurkenglas kommen 6 Pfefferkörner, 3 Pimentkörner, 6 kleine Zwiebeln, 3 Nelken, 1 Lorbeerblatt, 1 Teelöffel Senfkörner und Dill.

In der Wohnung

11. Der Fußboden eines 2,40 m x 3,60 m großen Bades soll gefliest werden. Beim Aussuchen der Fliesen muss sich Familie Kluge zwischen Fußbodenfliesen der Größe 20 cm x 20 cm zum Preis von 6,95 € pro 1 m^2 und 30 cm x 30 cm zum Preis von 8,45 € pro 1,5 m^2 entscheiden. Da ihnen beide Sorten gleich gut gefallen, entscheiden sie sich für die billigeren Fliesen. Welche sind das?

***12.** Ein Zimmer ist 4,50 m lang; 3,25 m breit und 2,80 m hoch. Die Wände und die Decke sollen tapeziert werden. Auf einer Packung des Tapetenkleisters sind folgende Angaben zu lesen:

Verwendungszweck	Ansatz	Packungsinhalt in Liter Wasser	Reichweite für ca. m^2	Rollen
Tapeten	1 : 20	4	22–26	4–5

a) Was bedeuten diese Angaben?

b) Wie viele Packungen Tapetenkleister müssen mindestens gekauft werden?

c) Eine Rolle Tapete ist 50 cm breit. Aus ihr erhält man 3 Bahnen, da mit Verschnitt gerechnet werden muss. Wie viele Rollen Tapete werden für die Wände benötigt?

d) Wie viele Rollen Tapete werden zum Tapezieren der Decke benötigt, wenn die Bahnen in „Längsrichtung" geklebt werden?

e) Wie viele Rollen Tapete werden zum Tapezieren der Decke benötigt, wenn die Bahnen in „Querrichtung" geklebt werden?

13. Eine vierköpfige Familie verbraucht durchschnittlich 280 Liter Wasser am Tag. Wie viel Liter Wasser werden etwa in einer Woche (7 Tage) verbraucht?
Um wie viel Liter senkt sich der Wasserverbrauch pro Woche, wenn täglich 20 Liter eingespart werden?

*14. Mark ist begeisterter Aquarianer. Regelmäßig säubert er sein Aquarium, das 75 cm lang, 20 cm breit und 40 cm hoch ist. Er füllt das Wasser stets bis zu einer Höhe von 35 cm ein. Einmal im Jahr wird das Becken ganz und gar geleert. Dazu setzt Mark Pflanzen und Fische in ein anderes Aquarium mit einer Grundfläche von 1800 cm^2 und einer Höhe von 40 cm ein. Wie hoch steht das Wasser in diesem Aquarium, wenn er die gesamte Wassermenge umfüllt?

15. Menschliches Haar wächst durchschnittlich etwa 0,4 mm pro Tag, Fingernägel wachsen etwa 0,1 mm pro Tag.
   a) Wie viel Millimeter wachsen die Haare und die Fingernägel in einer Woche (in einem Monat, in einem Jahr)?
   b) Wie lange dauert es, bis
      - Zöpfe von 20 cm Länge,
      - Fingernägel von 2 cm Länge,
      - Rapunzels Haar 20 Ellen, etwa 12 m,
      gewachsen sind?

Über Stock und Stein

16. Der Tank des PKW von Herrn Klaus fasst 60 Liter Benzin. Nach 522 km ist der Tank leer. Zum Glück hat Herr Klaus einen Reservekanister mit 5 Liter Benzin im Kofferraum, denn die nächste Tankstelle ist 55 km entfernt. Wird er es bis zur Tankstelle mit den 5 Liter Benzin schaffen?

17. Ein Taxiunternehmen nimmt für eine Taxifahrt einen Mindestpreis von 1,85 €. Für jeden gefahrenen Kilometer müssen dazu 0,90 € bezahlt werden.
   a) Berechne jeweils den Fahrpreis für eine Strecke von 2 km (von 4 km; von 6 km; von 8 km; von 10 km; von 12 km; von 14 km; von 100 km; von 140 km)!
   b) Stelle den Zusammenhang zwischen Fahrpreis und gefahrener Strecke in einem Koordinatensystem dar!
   *c) Was meinst du zum Werbespruch des Unternehmens: „Je mehr man fährt, umso billiger wird es!“

18. Olaf erzählt: „Ich bin in 4 Stunden 20 km gewandert." Er fertigt dann die folgenden Diagramme an:

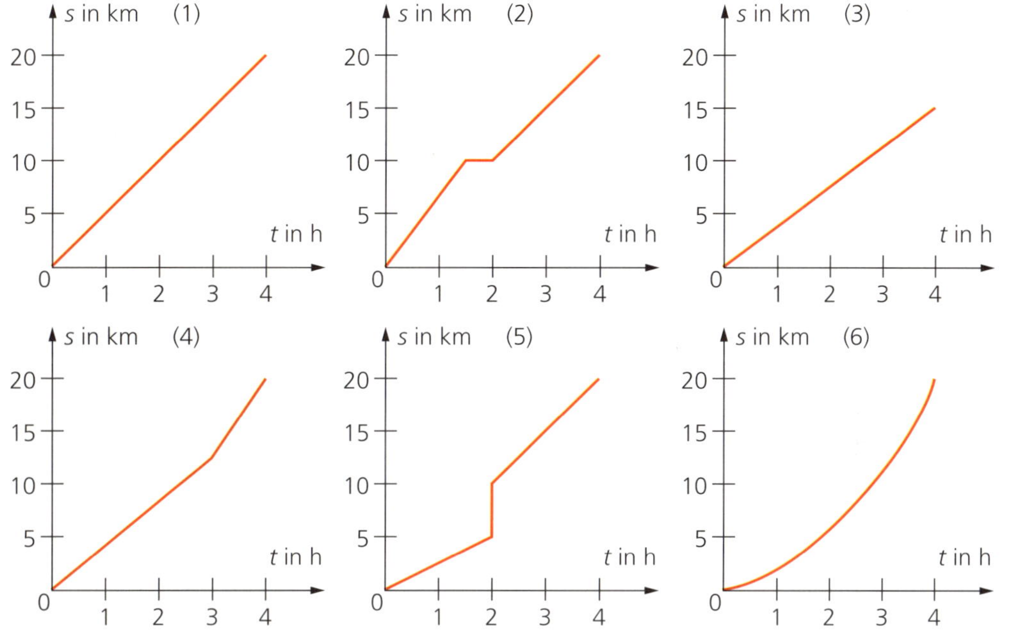

a) Welche Diagramme passen zur Erzählung von Olaf und welche passen nicht dazu? Begründe deine Entscheidung!

b) Olaf berichtet weiter: „Auf dem Rückweg ging ich zunächst langsamer. Doch plötzlich fing es an zu regnen. Da beeilte ich mich wieder, um schnell nach Hause zu kommen." Welches Diagramm passt zu dieser Beschreibung? Begründe deine Entscheidung!

c) Erfinde Erzählungen, die zu den Diagrammen (1), (2) und (3) passen!

d) Beschreibe Diagramm (5)!

e) Beschreibe einen möglichen Bewegungsablauf, der zum Diagramm (6) passt!

***19.** Bei einer gleichförmigen Bewegung gilt für den Zusammenhang von Weg s, Zeit t und Geschwindigkeit v die Beziehung $v = \frac{s}{t}$. Untersuche die folgenden Zusammenhänge zwischen den gegebenen Größen!

a) Weg und Zeit bei gleich bleibender Geschwindigkeit

b) Weg und Geschwindigkeit bei gleich bleibender Zeit

c) Zeit und Geschwindigkeit bei gleich bleibendem Weg

Hinweis: Betrachte Zahlenbeispiele, z.B. $8\ \frac{\text{km}}{\text{h}} = \frac{32\ \text{km}}{4\ \text{h}}$.

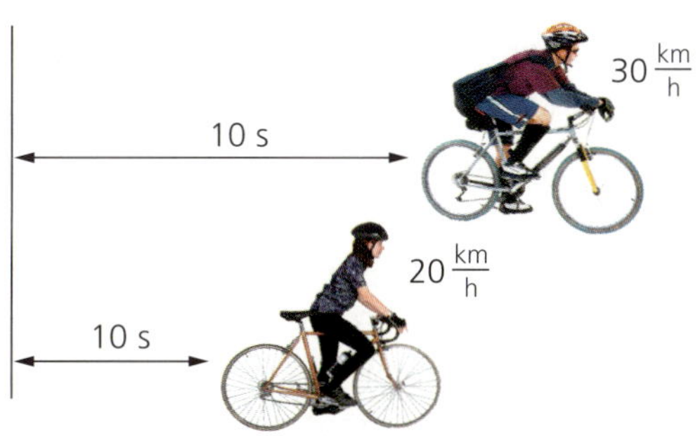

Gleiche Zeit – unterschiedliche Geschwindigkeit

Aus der Geographie

20. Der Nil ist mit 6670 Kilometern der längste Fluss der Erde. Viele Jahrtausende wurde das Leben am Nil durch seinen unterschiedlichen Wasserstand bestimmt. Die Tabelle enthält Wasserstände bei Kairo aus dieser Zeit.

Zeitpunkt	Jan.	Febr.	März	April	Mai	Juni	Juli	Aug.	Sept.	Okt.	Nov.	Dez.
Wasserstand in m	2,10	1,80	1,00	0,80	0,40	0,80	2,00	5,00	6,20	7,00	5,80	3,00

a) Trage die Werte in ein Koordinatensystem ein! Welche Auswirkungen hatten die starken Schwankungen des Wasserstandes? Informiere dich in einem Geschichts- oder Geographiebuch! Warum wurde das Jahr zur Zeit der Pharaonen in drei Abschnitte gegliedert?

b) Der 1971 fertig gestellte Assuan-Damm veränderte das Leben der Menschen am Nil grundlegend. Seitdem beträgt der Wasserstand während des ganzen Jahres konstant 3 m. Der Damm brachte viele Vorteile (z. B. 3 Ernten im Jahr, keine Überschwemmungen und Dürreperioden mehr), aber auch zahlreiche Nachteile (z. B. Ausbleiben des fruchtbaren Nilschlamms, Versalzung des Bodens).
Trage den jetzigen Wasserstand in das Diagramm ein! Vergleiche mit den früheren Wasserständen! Berechne den mittleren Wasserstand vor 1971! Vergleiche mit dem Wert von 3 m!

21. Miss an fünf aufeinander folgenden Tagen zu jeweils drei gleichen Zeiten die Außentemperatur am gleichen Ort!
a) Trage deine Messwerte in eine Tabelle ein und untersuche den Zusammenhang zwischen Temperatur und Tageszeit!
b) Beschreibe den Zusammenhang mit Worten!

22. Der höchste Berg der Erde, der Mount Everest, ist fast 9 km hoch. Wie hoch würde dieser Berg auf einem plastischen Globus mit 40 cm Durchmesser bei maßstabsgerechter Abbildung erscheinen? Schätze vor dem Rechnen! Nimm den Durchmesser der Erde mit rund 13 000 km an!

23. Jemand möchte ein maßstabsgerechtes Modell der Erde und des Mondes herstellen. Der Durchmesser der Erde beträgt etwa 12 700 km, der des Mondes 3 500 km. Die Entfernung zwischen beiden Himmelskörpern ist ungefähr 380 000 km. Die Erde soll eine Kugel mit 3 cm Durchmesser sein.
a) Wie groß muss dann der Durchmesser der Kugel für den Mond sein?
b) Welchen Abstand müssen beide Kugeln haben?
*c) Wie ändern sich die Maße des Modells, wenn die Erde 6 cm Durchmesser hat?

***24.** Grundrisse von Landkarten werden maßstäblich angefertigt. Häufig verwendete Maßstäbe sind: 1 : 20; 1 : 50; 1 : 10000; 1 : 25000; 1 : 50000; 1 : 200000; 1 : 1000000;

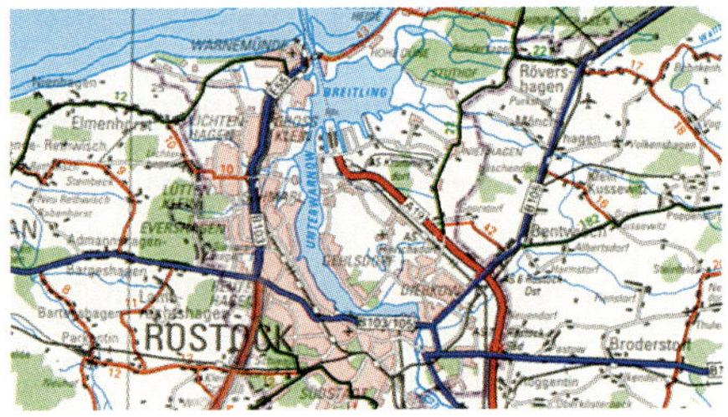

a) Übertrage die Tabelle in dein Heft! Vervollständige diese! Verwende geeignete Streckenlängen!

Maßstab	Strecke auf der Karte	Strecke in Wirklichkeit
1 : 20	1 cm	
1 : 50		1 m
1 : 10000	1 cm	
1 : 25000		1 km
1 : 50000	1 cm	
1 : 200000		1 km
1 : 1000000	1 cm	

b) Ermittle bei einer selbstgewählten Karte drei Entfernungen und die zugehörigen Werte in der Wirklichkeit! Gib auch den Maßstab an!

c) Zeichne den Grundriss deines Schulgeländes in drei unterschiedlichen Maßstäben! Wähle geeignete Maßstäbe! Miss die dazu erforderlichen Wert!

***25.** Die Abbildung zeigt einen Kartenausschnitt einer Wanderkarte. Aus den eingezeichneten Höhenlinien kann auf das Profil des Geländes geschlossen werden. Die eingetragenen Zahlenwerte geben die jeweilige Höhe in Meter an.

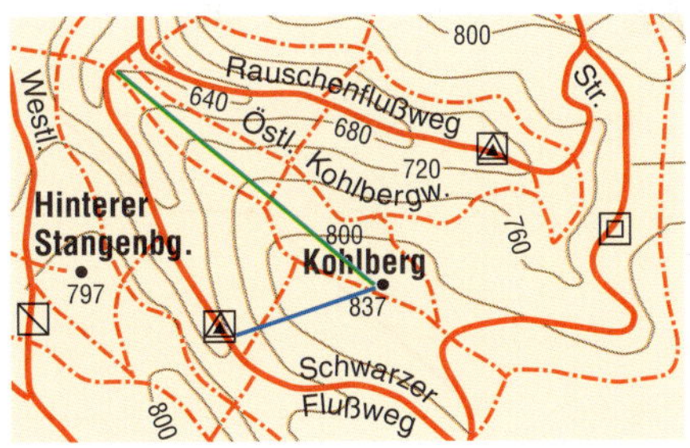

a) Gib die höchste Erhebung auf der Karte an!

b) Wie groß ist der Höhenunterschied vom Kohlberg bis zum Schwarzen Flussweg (blaue Linie)?

c) Fertige eine Tabelle an, in der dem gewanderten Weg die erreichte Höhe zugeordnet wird (grüne Linie)! Miss die Entfernung von einer Höhenlinie zur anderen!

d) Prüfe, welcher Zusammenhang zwischen Wanderweg und Höhe vorliegt! Begründe!

26. Eine Polarexpedition ist mit Proviant für ihre 16 Schlittenhunde so versorgt, dass sie 20 Tage reisen könnte. Nach 5 Tagen verliert die Expedition durch ein Unglück vier ihrer Hunde. Für wie viele Tage (vom Beginn der Expedition an gerechnet) reicht das Futter jetzt?

Proportionalitätenquiz

27. Beantworte die Aufgaben I bis V und schreibe dir den „Lösungsbuchstaben" auf! Bei jeder Aufgabe ist jeweils eine Antwort richtig. Die Buchstaben ergeben in umgekehrter Reihenfolge gelesen das Lösungswort.
Sortiere deine „Lösungsbuchstaben" richtig und gib das Lösungswort an!

I. Welche Aussage passt zu der Tabelle?

1995	1996	1997	1998	1999
17	18	19	20	21

a) Im Jahre 1999 versuchte Astrid Kumbernuss im Kugelstoßen über eine Weite von 21 m zu kommen. **A**

b) Im Jahre 1998 hatte mein Bruder Steffen am 20. Mai Geburtstag, den er am darauffolgenden Wochenende feierte. **E**

c) Im Jahre 1998 war meine Klassenlehrerin Frau Müller genau 20 Jahre im Schuldienst. **O**

d) Untersuchungen ergaben, dass in eine Realschulklasse im Jahre 1995 durchschnittlich 17 Schüler gingen. **U**

II. Rebecca fährt mit dem Fahrrad bis zum Tierpark, kauft sich eine Eintrittskarte und spaziert dann gemütlich den Hauptgang entlang.
Welches Diagramm passt zu der Geschichte?

a) **R**

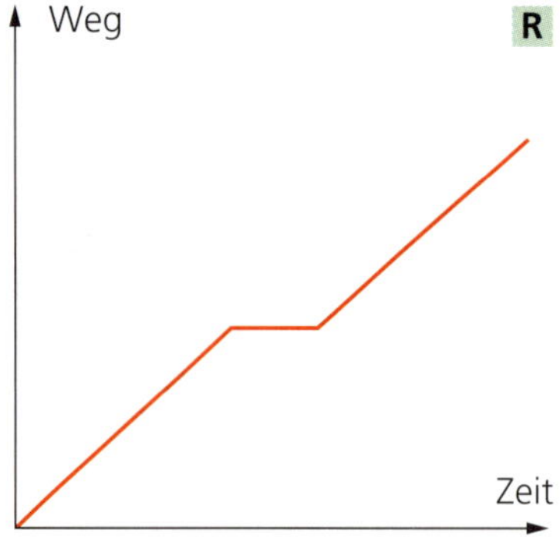

b) **S**

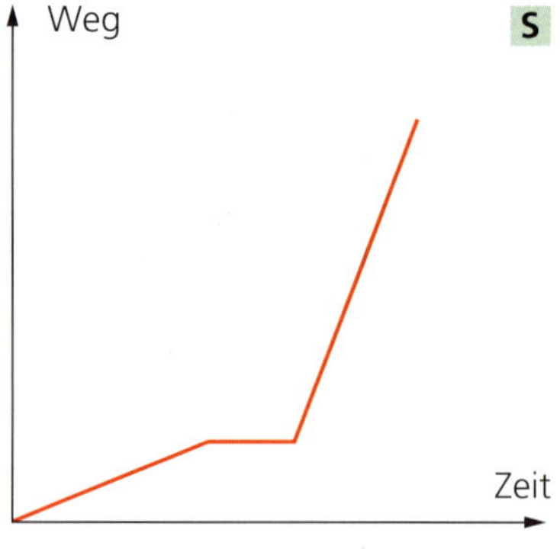

c) **V**

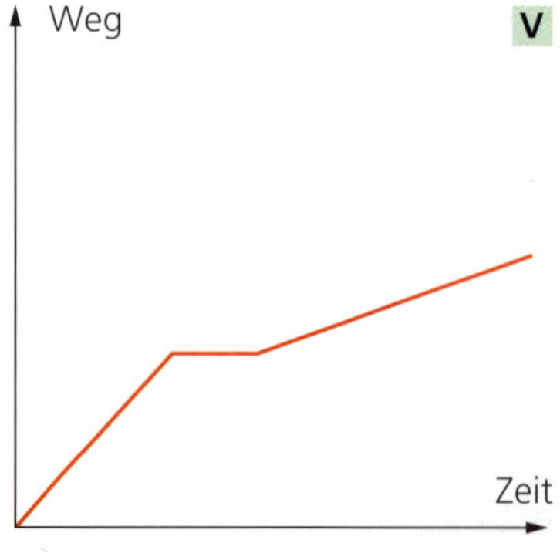

d) **W**

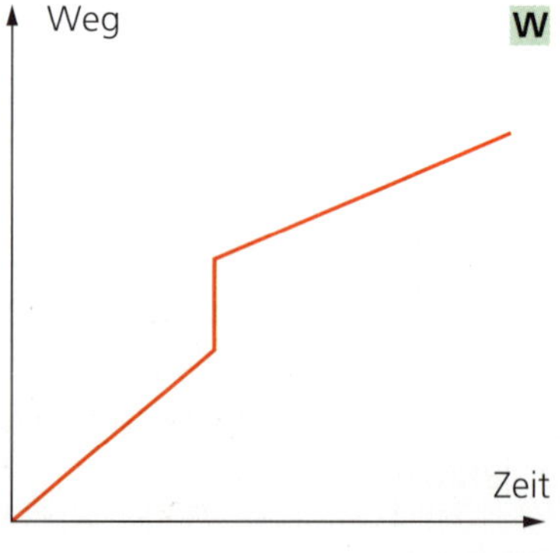

III. Welche Aussage passt zu folgender Kurve?

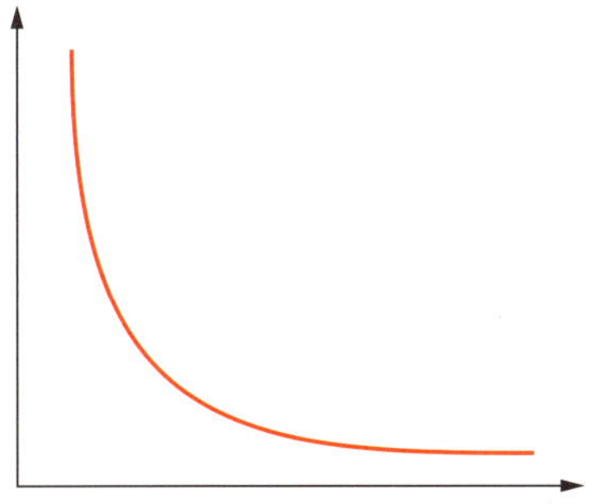

a) Je mehr Arbeiter einen Graben ausheben, umso eher ist der Graben fertig. **A**

b) Je länger ein Maurer arbeitet, umso mehr Geld verdient er. **E**

c) Je mehr Lose man kauft, umso größer sind die Gewinnchancen. **I**

d) Je weniger man schreibt, umso weniger Fehler macht man. **O**

IV. Welche der folgenden Aussagen stimmt für ein Quadrat?

a) Bei Verdopplung der Seitenlänge eines Quadrates verdoppelt sich auch der Flächeninhalt. **P**

b) Bei Verdopplung der Seitenlänge eines Quadrates vervierfacht sich der Umfang. **L**

c) Bei Verdopplung des Umfangs eines Quadrates verdoppelt sich auch der Flächeninhalt. **S**

d) Der Flächeninhalt eines Quadrates verdoppelt sich, wenn sich die Seitenlänge des Quadrates vervierfacht. **T**

e) Der Flächeninhalt eines Quadrates vervierfacht sich, wenn sich der Umfang des Quadrates verdoppelt. **R**

V. Welche der folgenden Aufgaben enthält einen proportionalen oder umgekehrt proportionalen Zusammenhang?

a) Auf dem Bauernhof von Bauer Redlich sind 3 Küken in 5 Minuten geschlüpft. Wie lange brauchen dann 6 Küken? **D**

b) Die beiden Freundinnen Anja und Marlis laufen zusammen 3 Minuten bis zum Strand.
Wie lange braucht Anja für sich allein? **F**

c) Fährt Frank mit seinem Fahrrad mit einer durchschnittlichen Geschwindigkeit von 20 $\frac{km}{h}$ zur Schule, dann benötigt er 30 Minuten.
Welche Zeit ist erforderlich, wenn er es durchschnittlich in 25 $\frac{km}{h}$ schafft? **B**

d) Die Anzahl der Seerosen auf einem Teich verdoppelt sich im Juni jeden Tag. Nach 10 Tagen ist der halbe Teich bedeckt.
Wie lange dauert es, bis der ganze Teich bedeckt ist? **G**

Zusammenhänge

Direkte Proportionalität (Quotientengleichheit)

Eine Zuordnung heißt direkt proportional, wenn die einander entsprechenden Werte zweier veränderlicher Größen x und y immer den gleichen Quotienten k haben. Der Quotient k ist der Proportionalitätsfaktor. Man sagt, y ist proportional zu x.

Merkmale:

(1) Je größer die eine Größe, desto größer die andere Größe. Wird eine Größe verdoppelt (verdreifacht usw.), so verdoppelt (verdreifacht usw.) sich auch die andere Größe.

(2) Alle Quotienten einander zugeordneter Werte sind gleich. ($\frac{y}{x} = k$)

(3) Der Wert der einen Größe ist immer das gleiche Vielfache des zugeordneten Werts der anderen Größe. ($y = k \cdot x$)

(4) Bei der grafischen Darstellung liegen alle Punkte auf einer Geraden durch den Koordinatenursprung. Die Gerade darf nicht mit den Achsen zusammenfallen.

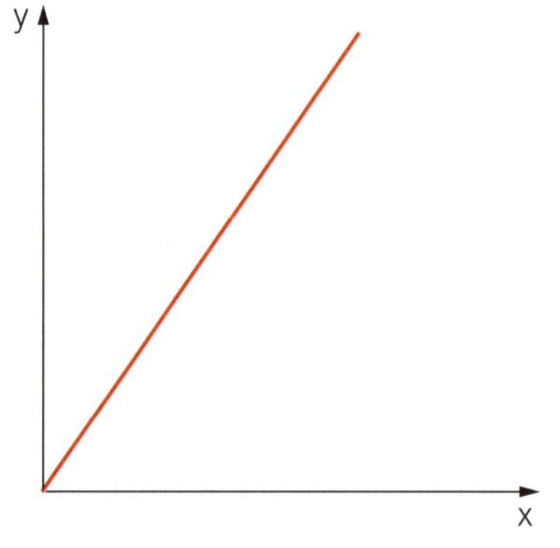

Umgekehrte Proportionalität (Produktgleichheit)

Eine Zuordnung heißt umgekehrt proportional (indirekt proportional), wenn die einander entsprechenden Werte zweier veränderlicher Größen x und y immer das gleiche Produkt k haben.
Man sagt, y ist umgekehrt proportional zu x.

Merkmale:

(1) Je größer die eine Größe, desto kleiner die andere Größe. Wird eine Größe verdoppelt (verdreifacht usw.), so wird die andere Größe halbiert (gedrittelt usw.).

(2) Alle Produkte einander zugeordneter Werte sind gleich. ($y \cdot x = k$)

(3) Es gilt: $y = k \cdot \frac{1}{x} = \frac{k}{x}$

(4) Bei der grafischen Darstellung liegen alle Punkte auf einer gekrümmten Linie.

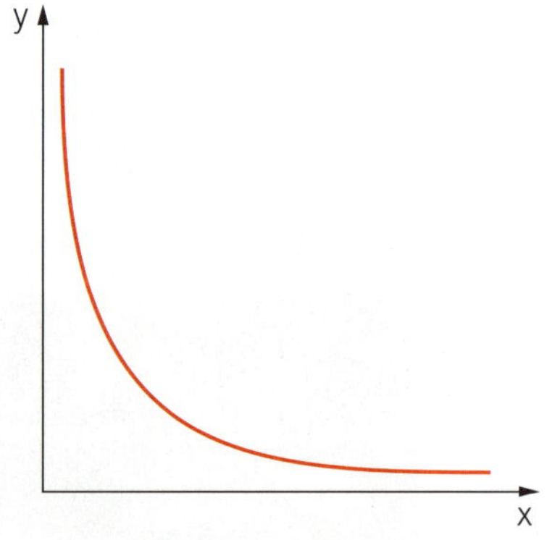

3 Prozent- und Zinsrechnung

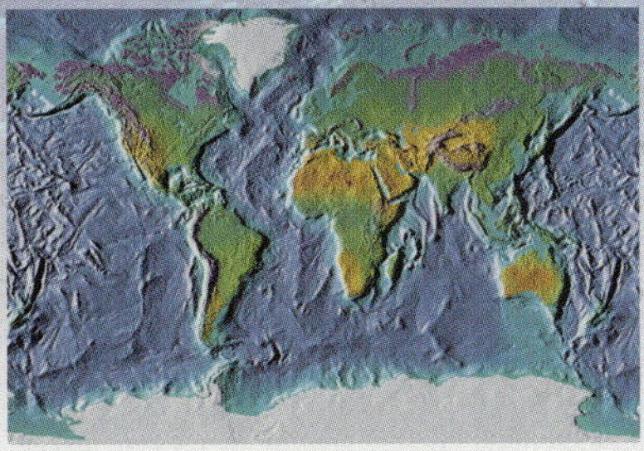

Die Fläche des Festlandes beträgt etwa $\frac{3}{10}$ oder 30 %, die Fläche der Weltmeere etwa $\frac{7}{10}$ oder 70 % der Erdoberfläche. Die Anteile der Kontinente an der Festlandsfläche können ebenfalls in Prozent ausgedrückt und veranschaulicht werden. Mit Prozentangaben lassen sich Bruchteile eines Ganzen durch Zahlen von 0 bis 100 günstig dargestellen.

3 Prozent- und Zinsrechnung

Rückblick

Zehnerbrüche sind Brüche mit dem Nenner 10; 100; 1000; …

$$\frac{2}{10};\ \frac{23}{100};\ \frac{7}{1000}$$

Sie können direkt in Dezimalbrüche umgewandelt werden und umgekehrt.

$$\frac{23}{100} = 0{,}23 \qquad 0{,}007 = \frac{7}{1000}$$

Manche Brüche lassen sich auf Zehnerbrüche erweitern oder kürzen.

$$\frac{3}{4} \overset{\cdot 25}{=} \frac{75}{100} = 0{,}75 \qquad \frac{210}{300} \overset{:3}{=} \frac{70}{100} = 0{,}70$$

Jeder Bruch kann durch Division des Zählers durch den Nenner in einen Dezimalbruch umgewandelt werden.

$$\frac{12}{15} = 12:15 = 0{,}8 \qquad \frac{2}{9} = 2:9 = 0{,}\overline{2}$$

Bruchteile einer Größe können in zwei Schritten ermittelt werden:

1. Dividieren des Wertes durch den Nenner des Bruches.
2. Multiplizieren des Zwischenergebnisses mit dem Zähler des Bruches.

$$\frac{3}{4} \text{ von } 48 \text{ km} \xrightarrow{\frac{3}{4}\cdot 48 \text{ km}} 36 \text{ km}$$

$$\frac{48 \text{ km}}{4} \searrow 12 \text{ km} \nearrow 12 \text{ km} \cdot 3$$

$$\text{kurz: } \frac{3 \cdot \cancel{48}^{\,12} \text{ km}}{\cancel{4}_{\,1}} = 36 \text{ km}$$

Aufgaben

1. Erweitere oder kürze jeweils zu einem Zehnerbruch!

a) $\frac{1}{2}$ b) $\frac{3}{4}$ c) $\frac{2}{5}$ d) $\frac{14}{20}$ e) $\frac{3}{25}$ f) $\frac{15}{50}$ g) $\frac{16}{50}$ h) $\frac{10}{8}$ i) $\frac{26}{40}$

2. Schreibe als (gemeinen) Bruch und kürze, wenn möglich!

a) 0,7 b) 0,2 c) 1,5 d) 0,25 e) 0,55 f) 0,17 g) 0,75 h) 0,125

3. Schreibe als Dezimalbruch!

a) $\frac{3}{10}$ b) $\frac{99}{100}$ c) $\frac{8}{10}$ d) $\frac{30}{100}$ e) $\frac{15}{100}$ f) $\frac{2}{10}$ g) $\frac{8}{20}$ h) $\frac{25}{40}$ i) $\frac{15}{75}$

4. Verwandle in einen Dezimalbruch! Runde die Ergebnisse auf drei Dezimalstellen!

a) $\frac{1}{9}$ b) $\frac{7}{11}$ c) $\frac{5}{7}$ d) $\frac{2}{3}$ e) $\frac{4}{11}$ f) $\frac{67}{13}$ g) $\frac{11}{21}$ h) $\frac{123}{45}$ i) $\frac{222}{333}$

5. Verwandle in einen periodischen Dezimalbruch!

a) $\frac{1}{3}$ b) $\frac{7}{11}$ c) $\frac{5}{9}$ d) $\frac{7}{6}$ e) $\frac{1}{7}$ f) $\frac{20}{11}$ g) $\frac{8}{33}$ h) $\frac{111}{45}$ i) $\frac{222}{666}$

6. Welche der folgenden Aussagen sind wahr, welche falsch? Begründe!

a) $\frac{3}{6} = 0{,}5$ b) $\frac{1}{5} > \frac{1}{4}$ c) $0{,}3 < 0{,}\overline{3}$ d) $\frac{4}{5} < 0{,}8$

e) $7{,}0 < 7{,}00$ f) $\frac{65}{100} < 0{,}6$ g) $\frac{1}{8} < 0{,}1$ h) $\frac{101}{100} < \frac{1010}{1000}$

7. Berechne zuerst $\frac{1}{4}$ und dann $\frac{3}{4}$ von folgenden Größen!

a) 12 km b) 80 m c) 1 200 l d) 4,4 t e) 0,8 s f) 2 g g) 18 kg

8. Berechne folgende Anteile zuerst von 12 und dann von 180!

a) $\frac{1}{6}$ b) $\frac{2}{3}$ c) $\frac{3}{2}$ d) $\frac{1}{4}$ e) $\frac{3}{4}$ f) $\frac{1}{12}$ g) $\frac{1}{10}$ h) $\frac{6}{8}$ i) $\frac{12}{16}$

9. Gib die folgenden Anteile durch möglichst einfache Brüche an!
Eine Reisegruppe besteht aus 40 Personen.

a) darunter sind 8 Kinder
b) 25 der Personen sind männlich
c) alle kommen aus Deutschland
d) 10 Personen sind älter als 60 Jahre

10. Berechne das Ganze!

a) $\frac{1}{2}$ sind 8 m b) $\frac{1}{4}$ sind 12 m c) $\frac{1}{5}$ sind 13 m

11. Gib von folgenden Zahlen zuerst den zehnten Teil und dann den hundertsten Teil an!

a) 300 b) 40 c) 150 d) 9 e) 1997 f) 145 g) 88,5 h) 4,3 i) $0,\overline{6}$

3.1 Prozentbegriff

Prozentangaben werden verwendet, um Anteile anzugeben bzw. zu vergleichen, indem man die Vergleichszahl 100 benutzt.

3,9 % der Milch bestehen aus Fett.
Von 100 g sind 3,9 g Fett.

Die nördlichen Bundesländer nehmen 24,6 % der Fläche Deutschlands ein.

Grundbegriffe

Prozent heißt „von hundert" oder „hundertstel". Prozentzeichen: %

1 % heißt 1 von 100. 7 % heißt 7 von 100. p % heißt p von 100.

1 % einer Größe sind $\frac{1}{100}$ von der Größe. p % einer Größe sind $\frac{p}{100}$ von der Größe.

Eine Prozentangabe wie p % nennt man **Prozentsatz.**

Hinweis: „Von hundert" heißt lateinisch „pro centum". Das Prozentzeichen ist aus dem Wort cento (hundert) entstanden.

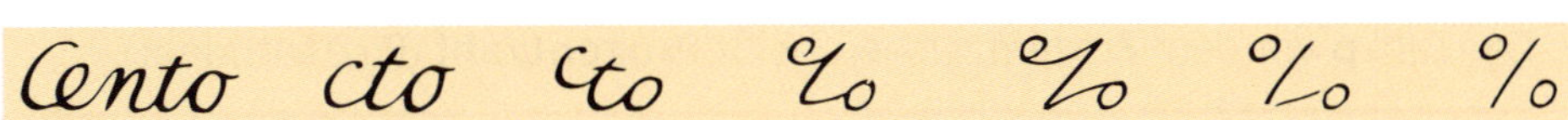

Anteile lassen sich unterschiedlich darstellen.

in Worten	1 mm² von 100 mm²	15 cm von 100 cm	1 von 4 Dreiecken	180° von 360°
zeichnerische Darstellung	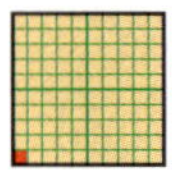			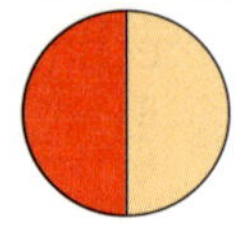
Bruch-darstellung	$\frac{1}{100}$	$\frac{15}{100}$	$\frac{1}{4} = \frac{25}{100}$	$\frac{180°}{360°} = \frac{1}{2} = \frac{50}{100}$
Angabe in Prozent	1 % von 100 mm²	15 % von 100 cm	25 % von 4 Dreiecken	50 % von 360°

Prozentsätze ermöglichen den Vergleich von Anteilen bei verschiedenen Grundgesamtheiten.

Die Klasse 7a besteht aus 11 Mädchen und 14 Jungen, die Klasse 7b dagegen aus 9 Mädchen und 11 Jungen.

Der Anteil der Mädchen an der Gesamtzahl der Schüler beträgt

in der Klasse 7a: 11 von 25 oder $\frac{11}{25} = \frac{44}{100} = 44\,\%$,

in der Klasse 7b: 9 von 20 oder $\frac{9}{20} = \frac{45}{100} = 45\,\%$.

Obwohl es in der Klasse 7a mehr Mädchen gibt als in der Klasse 7b, ist der Anteil der Mädchen in der Klasse 7b größer als in der Klasse 7a.

Prozentangaben sind nur in Verbindung mit einer Bezugsgröße sinnvoll. Sie stellen immer ein Verhältnis von zwei Größenangaben dar.

Frage immer:

Worauf bezieht sich eine Prozentangabe oder eine Teilgröße?

Teilgröße	Bezugsgröße	Verhältnis	p %
1 Schüler	2 Schüler	$\frac{1}{2}$	50 %
2 Schüler	4 Schüler	$\frac{2}{4} = \frac{1}{2}$	50 %
50 Schüler	100 Schüler	$\frac{50}{100} = \frac{1}{2}$	50 %
163 Schüler	326 Schüler	$\frac{163}{326} = \frac{1}{2}$	50 %

Die verwendete Bezugsgröße wird auch **Grundwert** (Gesamtwert) genannt und mit **G** abgekürzt. Sie entspricht immer einem Prozentsatz von 100 %.

Der Wert, der dem Prozentsatz entspricht, wird **Prozentwert** genannt und mit **W** abgekürzt.

Die Zahl **p** vor dem Prozentzeichen heißt **Prozentzahl** (Prozentpunkt).

Bei Prozentsätzen unter 100 % ist der Prozentwert kleiner als der Grundwert.
Bei Prozentsätzen über 100 % ist der Prozentwert größer als der Grundwert.

Wenn Katrin von ihren 15 € Taschengeld 7,50 € für ein Geburtstagsgeschenk ausgibt, sind das genau 50 %. Wenn ihr Taschengeld verdoppelt wird, erhält sie 30 € und somit 200 % des ursprünglichen Betrages.

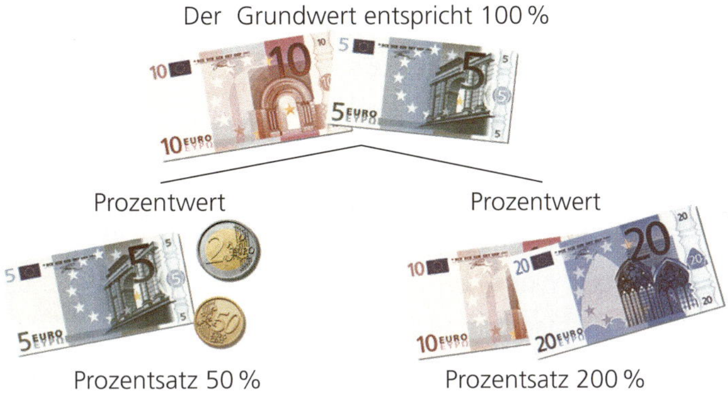

Bequeme Prozentsätze

Wenn ein Prozentsatz einem einfachen Bruch entspricht, liegt ein „bequemer" Prozentsatz vor. In der folgenden Tabelle sind die Teile eines Ganzen als Brüche und als „bequeme" Prozentsätze dargestellt.

zeichnerische Darstellung	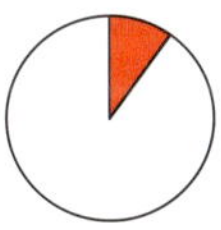	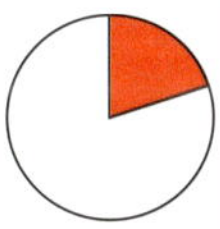	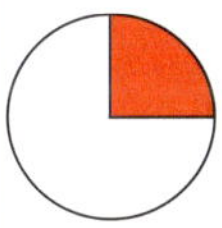	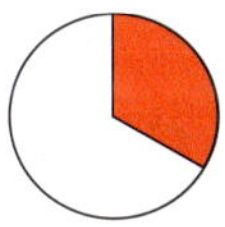	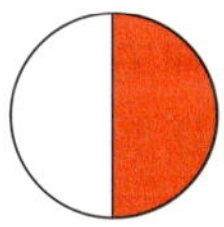	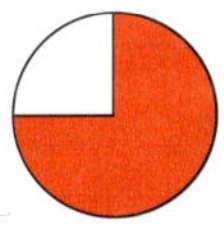	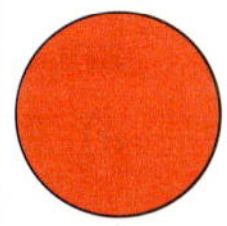
Bruchdarstellung	$\frac{1}{10}$	$\frac{1}{5}$	$\frac{1}{4}$	$\frac{1}{3}$	$\frac{1}{2}$	$\frac{3}{4}$	1
Prozentsatz	10 %	20 %	25 %	$33\frac{1}{3}$ %	50 %	75 %	100 %

Weitere „bequeme" Prozentsätze sind:

$5\,\% = \frac{1}{20}$; $12{,}5\,\% = \frac{1}{8}$; $66\frac{2}{3}\,\% = \frac{2}{3}$; $80\,\% = \frac{4}{5}$; $150\,\% = 1{,}5$; $200\,\% = 2$

Das Rechnen mit Prozentangaben kann auf das Rechnen mit Brüchen zurückgeführt werden.

10 % von 720 km sind $\frac{1}{10}$ von 720 km, d. h. $\frac{1}{10} \cdot 720\text{ km} = 72\text{ km}$.
3 kg sind 25 %, bzw. $\frac{1}{4}$ des Grundwertes. Der Grundwert beträgt $4 \cdot 3\text{ kg} = 12\text{ kg}$.

Soll eine Prozentangabe berechnet werden, so bestimme die Bezugsgröße, bilde das entsprechende Verhältnis und ersetze den Bruch durch den Prozentsatz.

15 m von 20 m sind $\frac{15}{20} = \frac{3}{4} = 75\,\%$.

Aufgaben

Prozentangaben kannst du dir oft besser vorstellen, wenn du die Formulierung „von Hundert" verwendest.
In welchen Fällen ist dies sinnvoll?

a) 20 % der Bälle sind grün.

b) 56 % der Wähler stimmten mit „Ja".

c) 25 % der Menschen sind Chinesen.

d) Der Preis wurde um 20 % gesenkt.

e) Der Fruchtsaftanteil beträgt 50 %.

1. Finde heraus, was die folgenden Wörter mit „hundert" zu tun haben!
Zentimeter, Zentner, century (engl.), centime (franz.), centurio (lat.)

2. Erläutere folgende Angaben ohne Benutzung des Prozentbegriffs!

a) 50 % aller Schüler sind Mädchen.
b) Bei 10 % der Unfälle war Alkohol im Spiel.
c) 20 % des Urlaubs waren verregnet.
d) 75 % der Spiele endeten unentschieden.
e) Es wurden 150 % von dem verkauft, was vorher erwartet wurde.

3. Gib den jeweiligen Bruch (möglichst gekürzt) an, mit dem du anstelle der Prozentangabe rechnen kannst!

a) 10 % b) 20 % c) 25 % d) $33\frac{1}{3}$ % e) 50 % f) 75 %

g) 5 % h) 12,5 % i) 60 % j) $66\frac{2}{3}$ % k) 80 % l) 150 %

4. Gib jeweils den Prozentsatz an, der dem Bruch entspricht!

a) $\frac{1}{2}$ b) $\frac{1}{100}$ c) $\frac{3}{4}$ d) $\frac{1}{5}$ e) $\frac{2}{3}$ f) $\frac{1}{10}$ g) $\frac{1}{8}$ h) $\frac{1}{3}$

5. Gib für jede Figur den grün gefärbten Anteil jeweils als Bruch und als Prozentsatz an!

a) 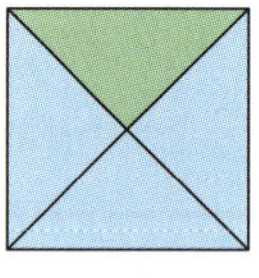

b) 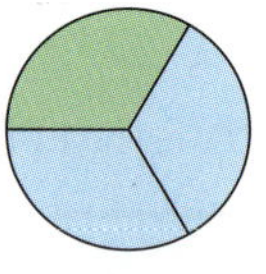

c) 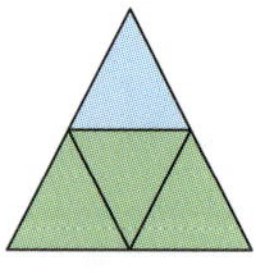

d) 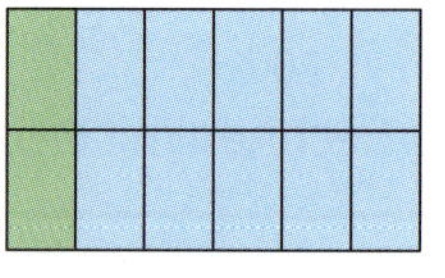

e) 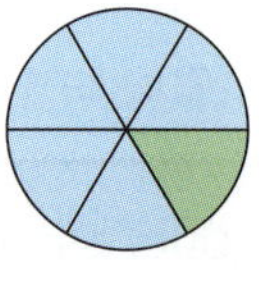

f) 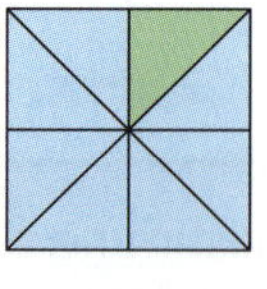

g) 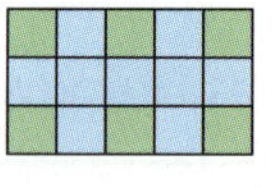

h) 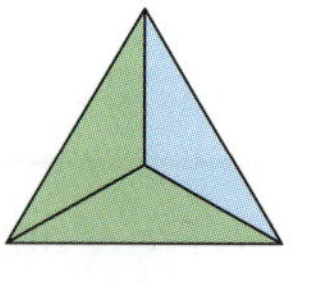

6. Zeichne zwei Rechtecke, das erste mit 3 mal 6 Kästchen und das zweite mit 4 mal 5 Kästchen! Färbe folgende Anteile! Wähle dazu jeweils eine der beiden Figuren aus!

a) $\frac{1}{3}$ % b) 25 % c) 10 % d) $66\frac{2}{3}$ % e) 75 %

7. Für Überschläge ist es oft zweckmäßig, den Prozentsatz durch einen „in der Nähe liegenden" bequemen Prozentsatz zu ersetzen. Welchen Bruch würdest du bei folgenden Prozentsätzen als Näherungswert verwenden?
a) 23,5 % b) 52,1 % c) 8,9 % d) 73,7% e) 34 %

8. Ermittle von folgenden Angaben zuerst 10 % und danach $33\frac{1}{3}$ %!
a) 30 Schüler b) 900 Stück c) 6 Schüler d) 1 500 000 Stück

9. Ermittle von den Zahlen 400; 30 und 12 jeweils folgende Werte!
a) 1 % b) 10 % c) 200 % d) 50 % e) 20 %

10. Gib an, wie viel Prozent von 30 m die folgenden Längenangaben darstellen!
a) 3 m b) 15 m c) 90 m d) 6 m e) 30 m

11. Gib an, wie viel Prozent 12 m von folgenden Längenangaben sind!
a) 48 m b) 120 m c) 36 m d) 60 m e) 6 m

12. Gib an, wie viel Prozent den folgenden Anteilen entsprechen!
a) 5 von 20 b) 70 von 280 c) 0,6 von 2,4 d) $\frac{1}{4}$ von 1
e) 15 von 20 f) 210 von 280 g) $\frac{3}{4}$ von 1 *h) 1,8 von 24

13. Berechne folgende Anteile! Verwende bei den Ergebnissen kleinere Einheiten, sodass keine Dezimalbrüche auftreten!
a) 1 % von 1 m b) 10 % von 1 t c) 25 % von 1 h
d) 1 % von 1 kg e) 10 % von 1 h f) 75 % von 1 h
g) 60 % von 1 kg h) 60 % von 1 h i) $33\frac{1}{3}$ % von 1 h

14. 30 cm^2 einer Fläche entsprechen den folgenden Anteilen. Wie groß ist diese Fläche?
a) 10 % b) 50 % c) $33\frac{1}{3}$ % d) 75 %
e) 150 % f) 200 % g) 1 % *h) 1,5 %

15. Vergleiche folgende Angaben miteinander!
a) 25 % von G und $\frac{1}{5}$ von G b) 60 % von G und $\frac{1}{2}$ von G
c) $\frac{1}{8}$ von G und 10 % von G d) $\frac{3}{4}$ von G und 75 % von G

16. Gib x an!
a) 50 kg sind 10 %; x sind 15 % b) 3 m sind 50 %; x sind 75 %
c) 4 m^2 sind 20 %; x sind 5 % d) 1 h sind 200 %; x sind 100 %

17. Die Abbildung zeigt zwei Flächen (1) und (2), von denen Teile grün gefärbt sind.
Wie viel Prozent sind grün gefärbt?
a) von der Fläche (1)
b) von der Fläche (2)
c) von der Summe der Flächen (1) und (2)

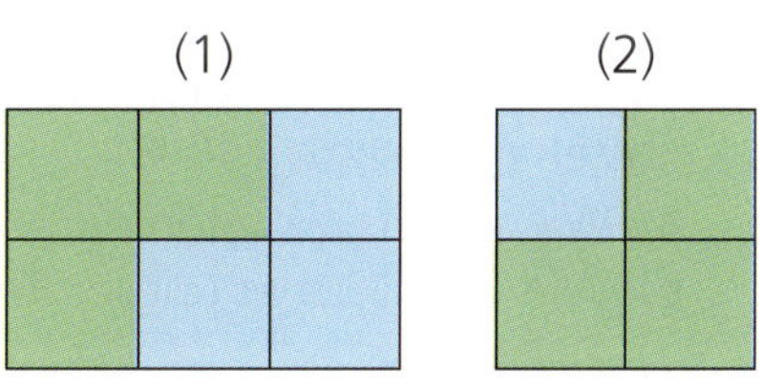

18. Herr Nicolai gibt 25 % seines Einkommens und Herr Weber gibt 20 % seines Einkommens für Miete aus. Beurteile folgende Aussagen! Betrachte dazu Zahlenbeispiele!

a) Herr Nicolai hat eine höhere Miete als Herr Weber.
b) Herrn Webers Miete könnte genauso hoch sein wie Herrn Nicolais Miete.
c) Zusammen geben beide 45 % ihres Einkommens für Miete aus.
d) Im Durchschnitt geben beide 22,5 % ihres Einkommens für Miete aus.

19. Gib zu jedem der folgenden Sachverhalte an, welche Angaben den Prozentsatz, welche den Prozentwert und welche den Grundwert kennzeichnen!

a) Von 480 Schülern kommen 168 mit dem Bus. Das sind 35 % aller Schüler.
b) Eine Legierung enthält 58 % reines Gold. In 500 g sind demnach 290 g Gold.
c) 5 % aller Kraftfahrzeuge fuhren bei einer Kontrolle mit überhöhter Geschwindigkeit. Das waren 26 von den insgesamt 520 kontrollierten Fahrzeugen.

20. Formuliere zu folgenden Sachverhalten je eine Aufgabe!

a) Es soll der Prozentsatz ermittelt werden.
b) Der Prozentwert ist unbekannt.
c) Es soll nach dem Grundwert gefragt werden.

(1) In einer Klassenarbeit erhielten 3 Schüler eine Eins. Das waren 12 % der 25 Schüler dieser Klasse.
(2) In den 7 Monaten der Aufzucht ihres Jungen verliert ein Blauwalweibchen rund 30 t (25 %) ihrer durchschnittlichen Masse von 120 t.

21. Berechne den Preis für 1 kg der folgenden Waren!

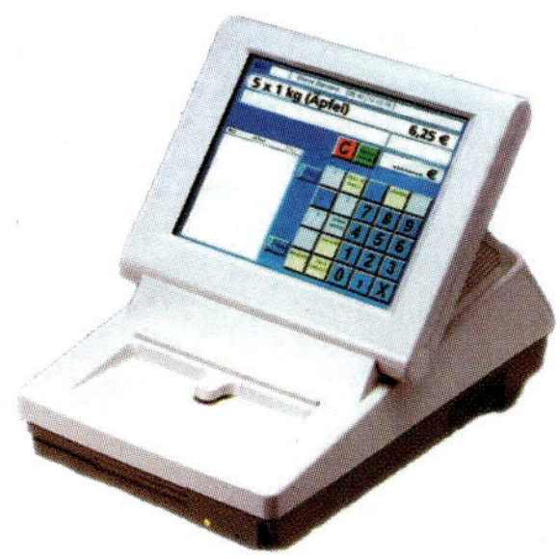

a) 5 kg Äpfel kosten 6,25 €
b) 5 kg Käse kosten 4,75 €
c) 5 kg Tomaten kosten 2,12 €
d) 5 kg Brot kosten 4,96 €

22. Frau Hurtig legt in einer Stunde mit ihrem Wagen 60 km zurück.
Welche Strecke schafft sie bei gleicher Geschwindigkeit in 2 Stunden, in 3 Stunden, in $1\frac{1}{2}$ Stunden?

23. Bei 5 Fahrten transportiert ein LKW insgesamt 15 Tonnen Sand.

a) Wie viel Tonnen Sand können bei gleicher Beladung mit 7 Fahrten und wie viel mit 3 Fahrten befördert werden?
b) Wie viele Fahrten sind für den Transport von 35 Tonnen Sand und wie viele für 34 Tonnen Sand notwendig?

24. Acht Bücher einer Romanreihe, die alle den gleichen Preis haben, kosten insgesamt 140 €.

a) Wie viel Euro kosten dann 12 Bücher und wie viel 10 Bücher dieser Reihe?
b) Wie viele Bücher (dieser Reihe) können für 35 € und wie viele für 100 € gekauft werden?

3.2 Grundaufgaben der Prozentrechnung

In 200 g Messing sind 130 g Kupfer enthalten. Das sind 65 %. Zu diesem Sachverhalt gibt es drei Aufgabenstellungen, die man **Grundaufgaben der Prozentrechnung** nennt.

1. 200 g Messing enthalten 130 g Kupfer. Wie hoch ist der Kupferanteil?
2. 200 g Messing besteht zu 65 % aus Kupfer. Wie viel Gramm Kupfer sind das?
3. 130 g Kupfer sind 65 % eines Messingteils. Wie schwer ist das ganze Teil?

Den Zusammenhang zwischen Prozentwert W, Prozentsatz p % und Grundwert G gibt die **Grundgleichung der Prozentrechnung** an.

Prozentwert = Prozentsatz · Grundwert $\quad W = p\,\% \cdot G \quad$ oder $\quad W = \frac{p \cdot G}{100}$

Berechnen von Prozentwerten

Prozentwerte kannst du mit dem **Dreisatz** berechnen. Überlege dazu, welcher Wert 100 % entspricht. Berechne dann den Wert für 1 %.

Du kannst auch mit der Grundgleichung der Prozentrechnung arbeiten.

In einer Klasse von 25 Schülern haben 36 % der Schüler schon das Geld für den Klassenausflug bezahlt. Wie viele Schüler sind das?

Lösung mit dem Dreisatz:

$$\begin{array}{lll} & 100\,\% \triangleq 25 \text{ Schülern} & \\ :100 & 1\,\% \triangleq \frac{25}{100} \text{ Schülern, also } 0{,}25 \text{ Schülern} & :100 \\ \cdot 36 & 36\,\% \triangleq 36 \cdot 0{,}25 \text{ Schülern, also } 9 \text{ Schülern} & \cdot 36 \end{array}$$

Lösung mit der Grundgleichung:

geg.: G = 25 Schüler; p % = 36 %

ges.: W

$W = p\,\% \cdot G = 36\,\% \cdot 25$

$W = 0{,}36 \cdot 25 = 9$

9 Schüler haben das Geld für den Ausflug schon bezahlt.

Führe einen Überschlag mit bequemen Prozentsätzen durch!

$36\ \% \approx \frac{1}{3}$ 36 % von 25 Schülern sind $\approx \frac{1}{3} \cdot 25 \approx 8$ Schüler.

Einen Prozentsatz kann man formal in einen Dezimalbruch umwandeln und umgekehrt. Das Komma wird um 2 Stellen nach links bzw. nach rechts verschoben.

Prozentsatz	1 %	23 %	0,7 %	48,3 %	115 %
Dezimalbruch	0,01	0,23	0,007	0,483	1,15

Berechnen von Prozentsätzen

Zum Berechnen von Prozentsätzen bilde das Verhältnis von gegebener Größe und der entsprechenden Bezugsgröße. Die Bezugsgröße ist der Wert, dem 100 % entspricht.

Eine Geschwindigkeitskontrolle bei einer zulässigen Höchstgeschwindigkeit von $60\ \frac{km}{h}$ ergab eine Geschwindigkeit von $82\ \frac{km}{h}$. Wie viel Prozent der zulässigen Höchstgeschwindigkeit sind das?

Bezugsgröße (Grundwert): $60\ \frac{km}{h}$

gegebene Größe (Prozentwert): $82\ \frac{km}{h}$

Verhältnis (Prozentsatz): $\frac{82\ \frac{km}{h}}{60\ \frac{km}{h}} = \frac{82}{60} = 1{,}3\bar{6} = 136{,}\bar{6}\ \%$

Die Geschwindigkeit betrug ca. 140 % der Höchstgeschwindigkeit, also 40 % zu viel.

Diese Berechnung von Prozentsätzen entspricht der Anwendung der Grundgleichung der Prozentrechnung, wenn diese in folgender Form aufgeschrieben wird:

$\text{Prozentsatz} = \frac{\text{Prozentwert}}{\text{Grundwert}}$ $p\ \% = \frac{W}{G}$ oder $p = \frac{W}{G} \cdot 100$

Du kannst den Prozentsatz auch mit dem Dreisatz berechnen.

Bezugsgröße: $60\ \frac{km}{h} \mathrel{\widehat{=}} 100\ \%$

$1\ \frac{km}{h} \mathrel{\widehat{=}} \frac{100}{60}\ \%$

$82\ \frac{km}{h} \mathrel{\widehat{=}} 82 \cdot \frac{100}{60}\ \% = 136{,}\bar{6}\ \%$

Mache einen Überschlag mit bequemen Prozentsätzen!

$\frac{82}{60} \approx \frac{80}{60} \overset{:20}{=} \frac{4}{3} = 1\frac{1}{3} = 133\frac{1}{3}\ \%$

Treten Brüche auf, deren Nenner Teiler oder Vielfache von 100 sind, kannst du diese allein durch Erweitern oder Kürzen leicht in Prozentangaben umrechnen.

$\frac{3}{20} \overset{\cdot 5}{=} \frac{15}{100} = 15\ \%$; $\frac{150}{200} \overset{:2}{=} \frac{75}{100} = 75\ \%$

Berechnen von Grundwerten

Grundwerte kannst du ebenfalls mit dem Dreisatz berechnen. Überlege genau, welche Werte einander entsprechen. Berechne dann den Wert für 1 %.

Für die Planung eines Hauses verlangt ein Architekt 7 % der Bausumme als Honorar. Familie Häuser überweist ihm 14700 €. Berechne die Bausumme für das Haus!

Lösung:

$7\,\% \mathrel{\hat{=}} 14700\text{ €}$

$1\,\% \mathrel{\hat{=}} \frac{14700}{7}\text{ €}$

$100\,\% \mathrel{\hat{=}} \frac{14\,700 \cdot 100}{7}\text{ €} = 210\,000\text{ €}$

Das Haus kostet 210 000 €.

Grundwerte können mit der Grundgleichung der Prozentrechnung berechnet werden.

$\text{Grundwert} = \frac{\text{Prozentwert}}{\text{Prozentsatz}}$ $\quad G = \frac{W}{p\,\%}$ oder $G = \frac{W \cdot 100}{p}$

geg.: $p\,\% = 7\,\%$; $W = 14700\text{ €}$ *ges.:* G

Lösung:

$G = \frac{W}{p\,\%}$

$G = \frac{14\,700\text{ €}}{7\,\%} = \frac{14700}{0{,}07}\text{ €}$

$G = 210\,000\text{ €}$

Promille

Zur Angabe oder zum Vergleich sehr kleiner Anteile wird häufig nicht die Bezugszahl 100, sondern die Bezugszahl 1000 verwendet.

Promille heißt „von eintausend" (lat. pro mille).

13 ‰ heißt 13 von 1000. gesprochen: 13 Promille

13 ‰ von G sind $\frac{13}{1000}$ von G. p ‰ nennt man Promillesatz.

Es gilt folgende Grundgleichung: Promillewert = Promillesatz · Grundwert

Hinweis: Beim Auftreten von Brüchen mit dem Nenner 1 000 000 wird die Abkürzung ppm (parts per million) verwendet. ($13\text{ ppm} = \frac{13}{1\,000\,000}$)

Darstellen von Prozentsätzen

Prozentsätze können mithilfe von Diagrammen anschaulich dargestellt werden. Bezeichnungen für die verschiedenen Diagrammarten sind aber nicht immer einheitlich.

Kreisdiagramm	Blockdiagramm (Prozentstreifen)	Streifendiagramm
100 % ≘ 360°	100 % ≘ 5,0 cm	1960 ≘ 100 %
45 % ≘ 162°	45 % ≘ 2,25 cm	1970 ≘ 80 %
25 % ≘ 90°	25 % ≘ 1,25 cm	1980 ≘ 70 %
20 % ≘ 72°	20 % ≘ 1,0 cm	1990 ≘ 60 %
10 % ≘ 36°	10 % ≘ 0,5 cm	

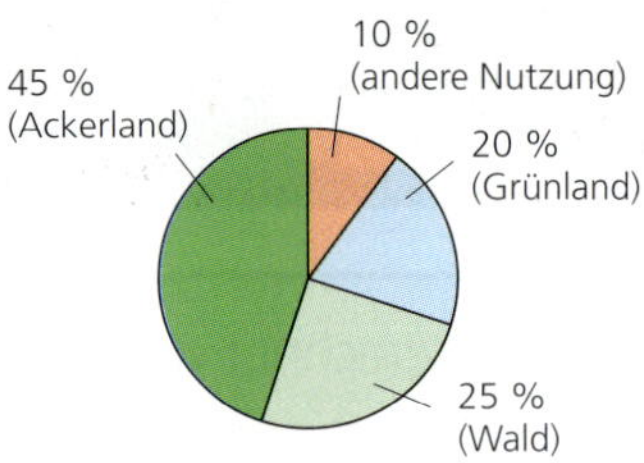

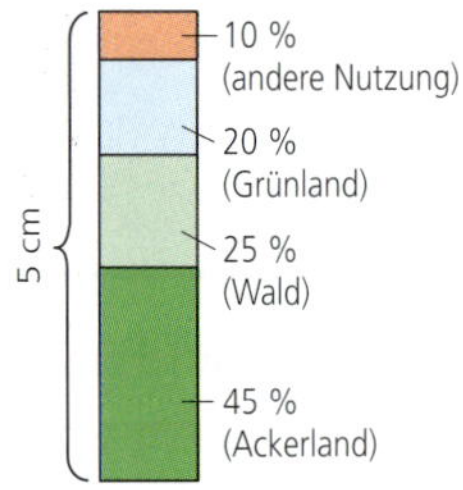

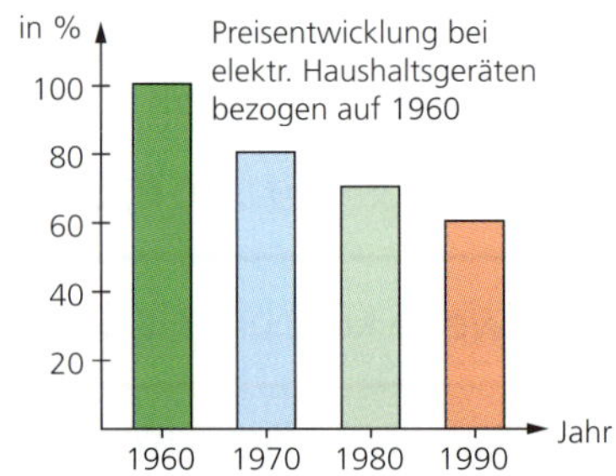

Aufgaben

Input: „Du handelst mit Schmuck? Wie hoch ist dein Gewinn?"
Output: „2 %."
Input: „Davon kannst du leben?"
Output: „Natürlich, ich kaufe zum Beispiel einen Ring für 100 Drachmen und verkaufe ihn für 300 Drachmen. Von den 2 % kann ich gut leben."

Berechnen von Prozentwerten

1. Gib von den folgenden Schülerzahlen 2 % an!

a) 700 b) 300 c) 50 d) 450 e) 1 000 f) 1 100
g) 30 h) 70 i) 350 j) 620 k) 7 850 l) 26 300

2. Berechne von 600 km die gegebenen Anteile!

a) 2 % b) 12 % c) 112 % d) 1,2 % e) 120 % f) 140 %
g) 4 % h) 40 % i) 400 % j) 0,4 % *k) $\frac{1}{4}$ % *l) $\frac{1}{40}$ %

3. Berechne!
a) 45 % von 720 b) 75 % von 324 c) 24,3 % von 780
d) 250 % von 189,54 e) 47,3 % von 85 f) 40 % von 1 800

4. Berechne!
a) 48 % von 55 b) 5,5 % von 480 c) 24 % von 110
d) 2,2 % von 1 200 e) 5 % von 528 f) 6 % von 440

5. Berechne und vergleiche die Ergebnisse der folgenden Aufgaben!
a) 20 % von 300 b) 19 % von 310 c) 18 % von 320
d) 17 % von 330 e) 16 % von 340 f) 15 % von 350

6. Vergleiche! Setze das richtige Zeichen (<; =; >)!
a) 27 % von 520 und 25 % von 560 b) 220 % von 36 und 36 % von 220
c) 16,6 % von 72 und 12,5 % von 96 d) 1,7 % von 350 und 17 % von 35

7. Gib von folgenden Massen jeweils 15 % an! Subtrahiere diesen Wert vom Grundwert!
a) 200 kg b) 60 kg c) 42 kg d) 127 kg

8. Gib von folgenden Längenangaben jeweils 40 % an! Welche Strecke erhält man insgesamt, wenn dieser Wert zum Grundwert addiert wird?
a) 69 km b) 51,60 km c) 128 km d) 73,99 km

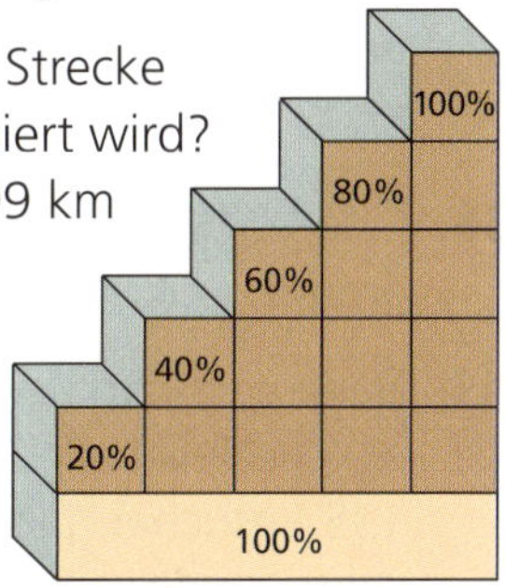

9. Wie ändert sich jeweils der Prozentwert?
a) Der Grundwert bleibt gleich, der Prozentsatz wird größer.
b) Der Grundwert wird kleiner, der Prozentsatz bleibt gleich.

10. Berechne! Kontrolliere die Ergebnisse! Vergleiche dazu alle Endwerte!
a) 14,5 % von 490 b) 85,5 % von 490 c) 8,55 % von 490
d) 6 % von 42,5 e) 106 % von 42,5 f) 10,6 % von 42,5

11. Berechne!
a) Führe jeweils einen Überschlag durch! Verwende dazu „bequeme Prozentsätze"!
b) Ermittle die genauen Werte und gib die Abweichung zum Überschlag an!
(1) 24,1 % von 370 (2) 48,5 % von 64,2 (3) 77,5 % von 428
(4) 21,8 % von 35 (5) 9,6 % von 176 (6) 52 % von 32 600

12. Ordne die Lösungen den entsprechenden Aufgaben zu, ohne schriftlich zu rechnen oder den Taschenrechner zu benutzen! Die Lösungen sind gerundet.

(A) 16,3 % von 350 (1) 39,4 (B) 91 % von 212 (3) 125,8 (4) 192,9
(C) 48 % von 262 (2) 57,1 (D) 2,4 % von 1 640

13. Wie viel Gramm Fett enthalten 60 g Butter, 130 g Wurst und 400 g Brot insgesamt, wenn in der Butter 80 %, in der Wurst 40 % und im Brot 1 % Fett enthalten sind?

14. Der Autor eines Buches erhält laut Vertrag 8 % vom Ladenpreis jedes verkauften Buches, der 11,75 € beträgt. Im Laufe eines Jahres werden 13 500 Bücher verkauft. Wie viel Euro hat der Autor zu erhalten?

15. In manchen Ländern gibt es bei Wahlen die 5 %-Klausel. Danach erhalten nur die Parteien oder Vereinigungen Abgeordnetenmandate, die mindestens 5 % der abgegebenen Stimmen für sich verbuchen können.
Wie viele Stimmen muss eine Partei oder Vereinigung bei Abgabe folgender Anzahl von Stimmen mindestens erhalten, um die 5 %-Hürde zu überspringen?
a) 35 Millionen b) 1,6 Millionen c) 120 000

16. In einer Klassenarbeit erhielten 10 % der Schüler eine Eins, $33\frac{1}{3}$ % eine Zwei, 20 % eine Drei, ebenso viele eine Vier und $16\frac{2}{3}$ % eine Fünf.
Wie viele Schüler erhielten bei dieser Arbeit eine Sechs?

17. Ermittle mithilfe des nebenstehenden Diagramms die fehlenden drei Massen m_1, m_2 und m_3 sowie die zugehörigen Prozentsätze x_1, x_2 und x_3!

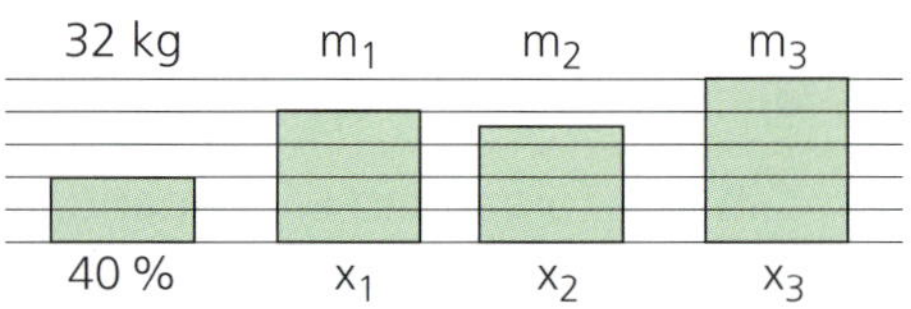

18. Eine Sorte Messing enthält 34 % Zink, 64 % Kupfer und 2 % Zinn. Wie viel Kilogramm Zink und wie viel Kilogramm Kupfer sind in 3,5 kg Messing enthalten?

19. Nach einer Zirkusveranstaltung wurden die Zuschauer befragt, welche Teile der Vorstellung ihnen besonders gefallen haben. 135 Besucher gaben ihre Stimme mit folgendem Ergebnis ab. Wie viele Stimmen erhielt jede der genannten Darbietungen?

Darbietung	Prozentsatz
Zauberkünstler	31,1 %
Clowns	28,1 %
Tierdressur	20,7 %
Trapeznummer	14,1 %
Kunstschützen	5,9 %

Berechnen und Darstellen von Prozentsätzen

20. Das Kreisdiagramm zeigt die Aufteilung der Nutzfläche eines Gartens.
a) Wie viel Prozent der gesamten Nutzungsfläche entfallen auf die einzelnen Arten?
b) Berechne die Größen der Teilflächen, wenn die gesamte Nutzfläche 540 m^2 beträgt!

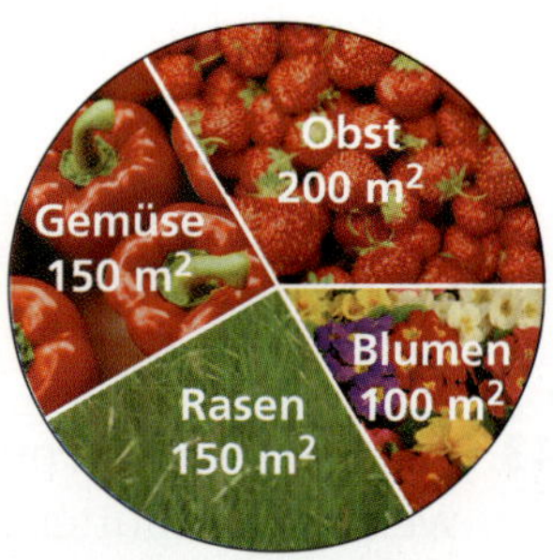

21. Wie viel Prozent von 400 km entsprechen folgende Längenangaben?
a) 80 km b) 120 km c) 600 km d) 48 km e) 170 km f) 1 km

22. Wie viel Prozent sind 15 m von den folgenden Längenangaben?
a) 150 m b) 30 m c) 7,5 m d) 45 m e) 3 000 m f) 1 m

23. Gib die folgenden Verhältnisse von Stückzahlen in Prozent an!
a) $\frac{3}{10}$ b) $\frac{7}{10}$ c) $\frac{50}{1000}$ d) $\frac{8}{100}$ e) $\frac{9}{50}$ f) $\frac{4}{25}$ g) $\frac{19}{20}$ h) $\frac{18}{9}$
i) $\frac{0}{75}$ j) $\frac{4}{5}$ k) $\frac{3}{15}$ l) $\frac{21}{28}$ m) $\frac{4}{12}$ n) $\frac{2}{16}$ o) $\frac{5}{50}$ p) $\frac{15}{20}$

24. Berechne jeweils den Prozentsatz!
a) 619,2 m von 1 720 m b) 17,29 g von 45,5 g
c) 72,4 t von 181 t d) 3 150 m von 7 500 m

25. Gib in Prozent an!
a) 1 g von 1 kg b) 1 ha von 1 km^2 c) 1 mm von 1 cm
d) 1 min von 1 h e) 1 h von 1 Tag f) 1 Tag von 1 Jahr

26. Berechne die Prozentsätze! Runde das Ergebnis auf eine Dezimalstelle!
a) 4,7 von 13,5 b) 812 von 852 c) 62,5 von 170,3
d) 0,62 von 31 e) 572 von 275 f) 83,6 von 120
g) 49 von 243 h) 39,5 von 164 i) 123 von 32,1

27. Gib x und y an! Ermittle das Produkt von x und y! Was stellst du fest?
a) 62 von 310 sind x % – 310 von 62 sind y %
b) 31,5 von 42 sind x % – 42 von 31,5 sind y %
c) 160 von 95 sind x % – 95 von 160 sind y %

28. A von B sind 250 %. Wie viel Prozent sind dann B von A?

29. In einer Klasse von 30 Schülern sind 18 Mädchen und 12 Jungen.
Stelle den Sachverhalt in einem Prozentstreifen dar!

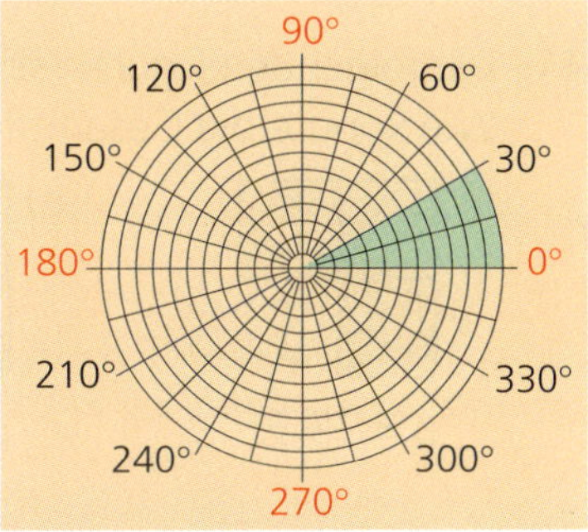

30. Bei einem Kreisdiagramm entsprechen 100 % einem Winkel von 360°. Welche Winkelgrößen entsprechen den folgenden Prozentsätzen? Runde auf ganze Grad!
a) 10 % b) 85 % c) 14,3 % d) 48,7 %

31. Bei einem Kreisdiagramm entspricht einem Winkel von 360° der Wert 100 %. Welche Prozentsätze werden durch folgende Winkelgrößen dargestellt?
a) 72° b) 162° c) 2° d) 230°

32. Zeichne einen Kreis und färbe 60 % davon blau, 30 % rot und 10 % grün!

33. Luft enthält etwa 77 % Stickstoff, etwa 21 % Sauerstoff und als Rest 2 % andere Gase. Zeichne zu diesem Sachverhalt ein Kreisdiagramm!

34. Eine Seemeile entspricht 1 852 m. Wie groß ist die Abweichung (in Prozent), wenn auf folgende Werte gerundet wird?
a) auf 1 850 m   b) auf 1 900 m   c) auf 1 800 m   d) auf 2 000 m

35. Wahr oder falsch?
a) Wenn bei gleich bleibendem Grundwert der Prozentwert größer wird, steigt auch der Prozentsatz.
b) Wenn der Prozentwert gleich bleibt und der Grundwert kleiner wird, erhöht sich der Prozentsatz.
c) Bei gleich bleibendem Grundwert sind Prozentsatz und Prozentwert zueinander proportional.

36. Wie viel Prozent beträgt der Anteil der Primzahlen unter den natürlichen Zahlen in den folgenden Bereichen?
a) von 1 bis 10   b) von 21 bis 30
c) von 71 bis 80   d) von 91 bis 100

1	2	3	4	5	6	7	8	9	10
11	12	13	14	15	16	17	18	19	20
21	22	23	24	25	26	27	28	29	30
31	32	33	34	35	36	37	38	39	40
41	42	43	44	45	46	47	48	49	50
51	52	53	54	55	56	57	58	59	60
61	62	63	64	65	66	67	68	69	70
71	72	73	74	75	76	77	78	79	80
81	82	83	84	85	86	87	88	89	90
91	92	93	94	95	96	97	98	99	100

37. Wie viel Prozent der Monate eines Jahres haben 31 Tage, wie viel Prozent haben 30 Tage?

38. Bronze ist eine Legierung, die aus Kupfer und Zinn besteht. In 2,2 kg dieser Legierung sind 1,9 kg Kupfer enthalten. Wie viel Prozent beträgt der Kupferanteil?

39. Ben schätzt die Höhe eines Turmes auf 40 m. Es stellt sich heraus, dass die wirkliche Höhe 32,6 m beträgt. Bei einem zweiten Turm, der genau 36,8 m hoch ist, schätzt Kevin die Höhe auf 30 m. Welche Schätzung hältst du für die bessere? Begründe!

40. Verena hat in ihrer Klasse 27 Mitschülerinnen und Mitschüler. Wie viel Prozent der „Klassenstärke" bildet Verena selbst? Wie viel Prozent deiner Klasse stellst du dar?

Berechnen von Grundwerten

41. Die folgenden Figuren sind jeweils Teil einer Gesamtfigur. Wie könnte die Gesamtfigur aussehen? Zeichne!

a) 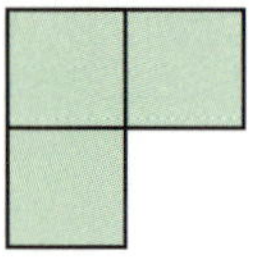
p = 75 %

b) 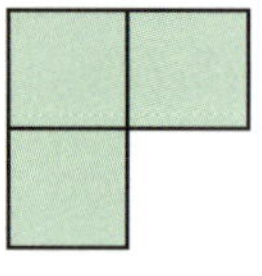
p = 25 %

*c) 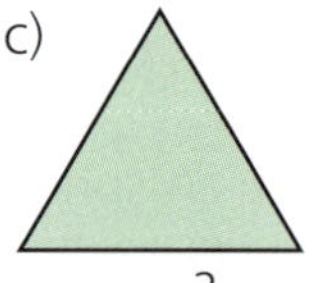
$p = 66\frac{2}{3}$ %

d) 
p = 60 %

42. Gib jeweils an, wie viel 100 % sind!
a) 10 % sind 18 kg   b) 50 % sind 18 kg   c) 200 % sind 18 kg
d) 60 % sind 18 kg   e) 0,5 % sind 18 kg   f) $33\frac{1}{3}$ % sind 18 kg
g) 75 % sind 240 €   h) 20 % sind 24 Teile   i) 25 % sind 90 Tage

43. Gib jeweils den Grundwert an!

a) 18 t sind 80 % b) 162 t sind 80 % c) 1 t sind 80 %
d) 36 t sind 72 % e) 5,6 t sind 72 % f) 56 t sind 72 %

44. Berechne jeweils 100 %! Runde die Ergebnisse auf Ganze!

a) 75,9 % sind 4 500 cm b) 3,7 % sind 225 cm c) 18,6 % sind 1 212 cm
d) 105 % sind 7 400 cm e) 0,3 % sind 21,50 cm f) 16 % sind 1 280 cm

45. Gesucht ist der Grundwert, wenn Folgendes bekannt ist:

(1) 26 % ≙ 137 (2) 1,4 % ≙ 211 (3) 210 % ≙ 4 500 (4) 19,5 % ≙ 292,5

a) Führe jeweils einen Überschlag durch und entscheide, welche Ergebnisse zwischen 1 000 und 2 000 liegen!
b) Ermittle für diese Angaben den genauen Wert!

46. Was kann über den Prozentsatz ausgesagt werden? Es gilt:

a) Der Grundwert ist kleiner als der Prozentwert.
b) Der Grundwert und der Prozentwert sind gleich groß.
c) Der Grundwert wird größer und der Prozentwert wird kleiner.
d) Der Grundwert wird kleiner und der Prozentwert wird größer.

47. Bei einer Verkehrskontrolle wurde 27 Personen der Führerschein wegen Alkoholmissbrauchs entzogen. Das waren 3,6 % der kontrollierten Fahrer.
Wie viele Personen wurden kontrolliert?

48. Für eine Fahrbahnerneuerung eines Autobahnabschnitts werden im ersten Bauabschnitt 25 % der Gesamtstrecke, das sind 48 km, fertiggestellt. Der zweite Bauabschnitt umfasst ein Drittel der Gesamtstrecke, der dritte Bauabschnitt den Rest der Strecke. Gib die Länge des gesamten Autobahnabschnitts und die Längen der einzelnen Bauabschnitte an!

49. Anita und Britta unterhalten sich.
Anita: „Hast du das Buch schon ausgelesen?"
Britta: „Nein, ich bin erst bis Seite 168 gekommen."
Anita: „Dann hast du ja schon 80 % geschafft."
Britta: „Ja, $\frac{1}{5}$ des Buchs muss ich noch lesen."
Wie viele Seiten hat das Buch?

Promille

50. Gib jeweils in Promille an!

a) 9,4 % b) 1,2 % c) 0,4 % d) 0,02 % e) $\frac{1}{4}$ % f) $\frac{3}{10}$ %

51. Gib jeweils in Prozent an!

a) 14 ‰ b) 3 ‰ c) 0,6 ‰ d) 0,01 ‰ e) $\frac{1}{10}$ ‰ f) 144 ‰

52. Berechne von den folgenden Werten sowohl 1 ‰ als auch 1,5 ‰!

a) 1 700 m b) 36 000 g c) 7 Mill. cm d) 6,0 Liter e) 45 325 ha

53. Gib jeweils in Promille an!

a) 4,5 von 900	b) 4,5 von 450 000	c) 4,5 von 0,9
d) 1,8 von 22 500	e) 1,8 von 1,8	f) 1,8 von 18

54. Welche der folgenden Angaben bedeuten das Gleiche?

a) 3 % von 30	b) 3 ‰ von 3	c) 0,3 ‰ von 300
d) 3 ‰ von 30	e) 30 % von 30	f) 3 ‰ von 300

55. Ein Mensch besitzt etwa 6 Liter Blut.

a) Bei einem Autofahrer wurden bei einer Kontrolle 1,5 ‰ Alkohol im Blut festgestellt. Wie viel Milliliter Alkohol sind das?

b) Jemand hat 20 ml Alkohol im Blut. Wie viel Promille sind das?

*c) Wie viel Wein mit einem Alkoholgehalt von 10 % muss ein Autofahrer mindestens getrunken haben, wenn er dadurch 0,8 ‰ Alkohol im Blut hat?

56. Bei der Hausratversicherung „Hausglück" beträgt der Jahresbeitrag 2,25 ‰ der Versicherungssumme, die sich aus dem Wert der Haushaltsgegenstände ergibt.

a) Wie hoch ist der Jahresbeitrag bei einer Versicherungssumme von 30 000 € bzw. bei einer Versicherungssumme von 22 500 €?

b) Jemand zahlt jährlich einen Beitrag von 180 €, ein anderer von 72 €. Wie hoch ist jeder der beiden versichert?

57. Es wird eine Hausratversicherung über 22 500 € für jährlich 59 € angeboten. Wie viel Promille der Versicherungssumme sind das?

58. Rosenöl ist ein sehr kostbarer Stoff. Um 1 kg Rosenöl zu gewinnen, müssen 5 000 kg Rosenblätter ausgepresst werden. Wie viel Promille beträgt die Ausbeute?

***59.** Die Umlaufzeit der Erde um die Sonne beträgt nicht genau 365 Tage (wie ein Kalenderjahr), sondern 365,256360 Tage.

a) Wie viel Promille beträgt die Abweichung des Kalenderjahres vom siderischen Jahr?

b) Wegen der genannten Differenzen werden Schaltjahre eingeführt. Wie groß ist die Abweichung in einem Zyklus von 4 Jahren, unter denen ein Schaltjahr ist?

60. Die Geschwindigkeit des Lichtes beträgt 299 792,458 $\frac{km}{s}$. Um wie viel Promille ist der gerundete Wert 300 000 $\frac{km}{s}$ größer?

61. Die Entfernung Erde – Mond ist nicht konstant. Sie liegt zwischen 363 500 km und 406 000 km. Um wie viel Promille weichen diese Grenzwerte vom Durchschnittswert ab, der mit 384 000 km angegeben wird?

3.3 Prozentuale Veränderungen

Zum Nettopreis einer Ware kommt bei ihrem Verkauf noch die Mehrwertsteuer hinzu, die an das Finanzamt abgeführt wird. Der Steuersatz beträgt zur Zeit 16 %, für einige Waren, z. B. Lebensmittel nur 7 %.

Kostet eine Ware 200 €, so erhöht sich dieser Preis beim Verkauf *um* 16 % *auf* 116 %, also *um* 32 € *auf* 132 €.

Da $200 + 0{,}16 \cdot 200 = 200 \cdot (1 + 0{,}16) = 1{,}16 \cdot 200$; kann der Verkaufspreis auch durch Multiplikation des Nettopreises mit 1,16 berechnet werden.

Veränderungen von Größen werden oft in Prozent angegeben. Formulierungen wie „vermindert um", „vergrößert um", „gesenkt auf", „gesteigert auf" und ähnliche drücken dies aus. Die Prozentsätze oder die Prozentwerte können subtrahiert bzw. addiert werden. Skizzen sind zur Lösungsfindung häufig günstig. Bestimme immer zuerst die Bezugsgröße!

Der Nettopreis eines Computers beträgt 1725 €.

a) Er wird um 20 % gesenkt.
Wie hoch ist er danach?

b) Zum Nettopreis kommen noch 16 % Mehrwertsteuer hinzu.
Wie hoch ist der Verkaufspreis?

c) Kann auch erst die Mehrwertsteuer hinzugerechnet und dann der Preis um 20 % gesenkt werden?

a)

alter Preis: 1725 € (100 %)	
neuer Preis	Preissenkung (20 %)

Lösungsweg I:
100 % – 20 % = 80 %
80 % von 1725 € = 1380 €

Lösungsweg II:
20 % von 1725 € = 345 €
1725 € – 345 € = 1380 €

b)

Nettopreis: 1380 € (100 %)	MWSt. (16 %)
Verkaufspreis	

Lösungsweg I:
100 % + 16 % = 116 %
116 % von 1380 € = 1600,80 €

Lösungsweg II:
16 % von 1380 € = 220,80 €
1380 € + 220,80 € = 1600,80 €

c) Da $3450 \cdot 0{,}8 \cdot 1{,}16 = 3450 \cdot 1{,}16 \cdot 0{,}8 = 1600{,}80$; ist die Reihenfolge von Preissenkung und Steueraufschlag beliebig.

Aufgaben

Welche Meinung hast du zu folgendem Gespräch?

„Mein Vater hat mir in diesem Monat 50 % mehr Taschengeld gegeben als im vergangenen Monat, damit ich mir die Videokassette *‚Die Schule fällt aus'* kaufen kann. Danach bekomme ich dann aber 50 % weniger Taschengeld als in diesem Monat."

„Dein Vater ist ja Klasse, aber auch ganz schön clever."

1. Vermehre die folgenden Größenangaben jeweils um 12 % bzw. auf 112 %!
a) 200 m b) 120 dt c) 48 g d) 9,6 cm^2 e) 15,30 km

2. Vermindere die folgenden Größenangaben jeweils um 12 % bzw. auf 88 %!
a) 400 m b) 240 dt c) 96 g d) 19,2 m^2 e) 30,60 km

3. Vermehre!
a) 150 um 10 % b) 8 800 auf 112 % c) 84 um 45 %
d) 3 440 auf 149 % e) 52 um 4,5 % f) 29,7 um 3,6 %

4. Welche der folgenden Aufgaben haben das gleiche Ergebnis?
a) Berechne 120 % von 42! b) Multipliziere 42 mit 1,2!
c) Berechne $\frac{6}{5}$ von 42! d) Vergrößere die Zahl 42 um 20 %!
e) Vergrößere 42 um ein Fünftel! f) Addiere 42 und 8,4!

5. Vergrößere!
a) 43,2 um 31,7 % b) 31,7 auf 143,2 % c) 17,5 um 17,5 %

6. Auf viele Waren wird eine Mehrwertsteuer von 16 % oder von 7 % des Grundbetrages erhoben. Berechne die jeweiligen Mehrwertsteuern in Euro und den Preis (Grundbetrag + Mehrwertsteuer)!
a) 30,00 € b) 275 € c) 1 900,00 €
d) 0,54 € e) 128,50 € f) 250 000 €

7. Die folgenden Preise werden um 15 % gesenkt. Was kosten die Waren nach der Preissenkung?
a) 30,00 € b) 16,00 € c) 51,00 €
d) 17,50 € e) 199,90 € f) 999,00 €

8. Die folgenden Angaben sind Preise nach einer Preissenkung um 15 %. Was kosteten die Waren vor der Preissenkung?
a) 30,00 € b) 16,00 € c) 51,00 €
d) 17,50 € e) 199,90 € f) 999,00 €

9. Rindfleisch verliert beim Braten etwa 20 % seiner Masse.

a) Wie viel Gramm bleiben beim Braten von 200 g Fleisch noch übrig?

b) Es werden 200 g Fleisch serviert. Wie viel Gramm mussten dazu gebraten werden?

c) Ein Stück Rindfleisch wird beim Braten 200 g leichter. Wie schwer war es vorher?

10. Prozentuale Veränderungen (Erhöhungen bzw. Verminderungen) können graphisch veranschaulicht werden.

Beispiel: Der Preis einer Ware wurde um 2,50 € erhöht. Das entsprach einer Steigerung um 20 %. Wie teuer war die Ware vor der Steigerung?

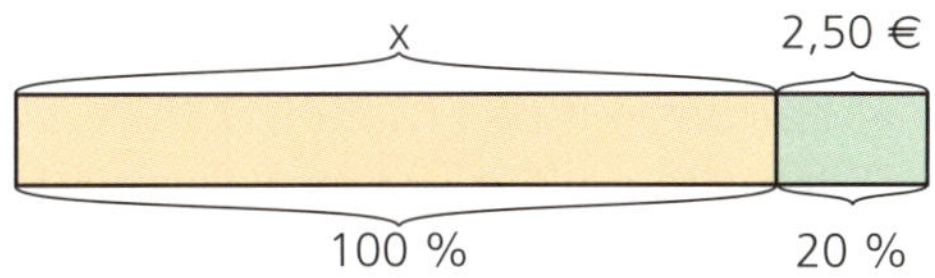

Bilde Aufgaben, die folgenden Abbildungen entsprechen!

a)

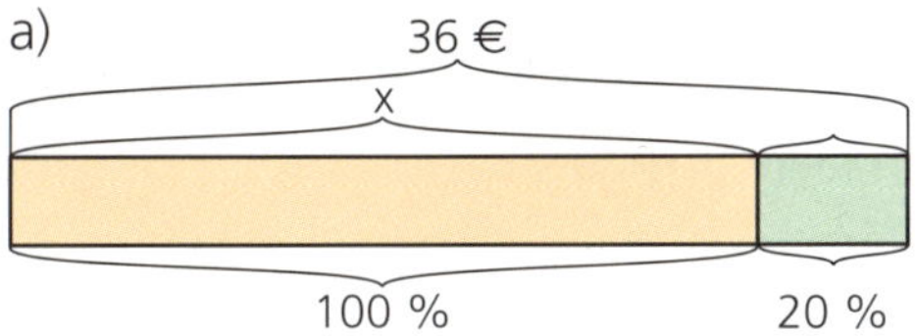

b)

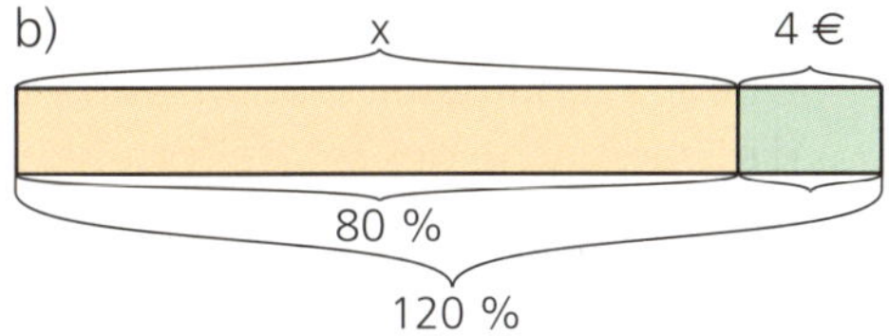

11. Stelle folgende Sachverhalte in gleicher Weise wie in Aufgabe 10 gezeigt dar und ermittle die fehlenden Größen!

a) Ein Preis wurde um 8 % erhöht und die Ware verteuerte sich so um 60,48 €.

b) Ein Preis wurde um 8 % erhöht und betrug danach 60,48 €.

c) Ein Preis wurde auf 115 % erhöht und stieg dadurch auf 51,75 €.

d) Ein Preis wurde auf 115 % erhöht und stieg dadurch um 51,75 €.

12. Stelle folgende Sachverhalte in gleicher Weise wie in Aufgabe 10 dar und ermittle die fehlenden Größen!

a) Ein Preis wurde um 8 % gesenkt und verringerte sich so um 60,48 €.

b) Ein Preis wurde um 8 % gesenkt und betrug danach 60,48 €.

c) Ein Preis wurde auf 85 % gesenkt und fiel dadurch auf 51,75 €.

d) Ein Preis wurde auf 85 % gesenkt und fiel dadurch um 51,75 €.

13. Berechne x und y!

a)

Der Preis der Krawatte wurde um x % auf y % gesenkt.

b)

Der Stuhl kostet nach der Preissenkung x Euro. Beim Kauf werden y Euro gespart.

c)

Die Uhr kostete früher x Euro. Beim Kauf werden y Euro gespart.

14. Ein Rechteck ist 8 cm lang und 3 cm breit. Um wie viel Prozent vergrößert oder verkleinert sich sein Flächeninhalt bei folgenden Veränderungen?

a) Jede Seite wird um 1 cm verlängert. b) Jede Seite wird um 1 cm verkürzt.

c) Die Länge wird um 1 cm vergrößert, die Breite jedoch um 1 cm verkleinert.

d) Die Länge wird um 1 cm verringert, die Breite jedoch um 1 cm verlängert.

e) Sowohl die Länge als auch die Breite werden gleichzeitig verdoppelt.

***15.** Eine Firma verkauft Schokolade in kleinen Kartons mit den Maßen 3 cm × 3 cm × 7 cm. Jemand schlägt vor, stattdessen würfelförmige Kartons mit der Kantenlänge 4 cm zu verwenden, um bei etwa gleich bleibendem Rauminhalt Verpackungsmaterial zu sparen. Um wie viel Quadratzentimeter und um wie viel Prozent ist die Oberfläche des würfelförmigen Kartons kleiner als die des bisher verwendeten Quaders?

16. In einer Gaststätte wird ein Bedienungszuschlag von 10 % erhoben. Diesen Zuschlag erhält der Kellner. Am Ende eines Tages hat der Kellner 550,00 € abgerechnet. Wie viel Euro Bedienungsgeld gehören ihm?

17. Am Mittwoch stieg der Kurs einer Aktie um 5 % gegenüber dem Vortag, am Donnerstag fiel der Kurs dieser Aktie um 5 % gegenüber dem Vortag. Vergleiche den Kurs am Donnerstag mit dem am Dienstag! Was stellst du fest?

18. Ein Geldbetrag von 100 € wird um den angegebenen Prozentsatz erhöht. Wie hoch ist der Geldbetrag nach der Erhöhung und auf das Wievielfache ist er gestiegen?

a) 10 % b) 20 % c) 100 % d) 3 % e) 7,5 % f) p %

19. Der Preis einer Ware stieg von 46,00 € auf 48,76 €.

a) Auf wie viel Prozent stieg der Preis?

b) Um wie viel Prozent stieg der Preis?

c) Auf das Wievielfache stieg der Preis?

20. Ein Schelm, der Böses dabei denkt,
wenn Zirkus „Schnell" die Preise senkt.
Um 30 %, das ist ja fein,
in der Kasse wird trotzdem gleich viel sein.
Es kann nur stimmen, wenn ihr wisst, um wie viel
Prozent die Anzahl der Besucher gestiegen ist!

21. Welche der folgenden Aufgaben haben das gleiche Ergebnis? Denke dir eine Zahl z!

a) Multipliziere z mit 1,25! b) Erhöhe z um 25 %! c) Berechne 0,25z + z!

d) Bilde 125 % von z! e) Vergrößere z um ein Viertel!

3.4 Zinsrechnung

Zinsen für Guthaben werden von Banken oder Sparkassen jährlich ausgezahlt. Sie sind von der Höhe des im Laufe eines Jahres auf dem Konto befindlichen Geldes und vom festgelegten Prozentsatz abhängig. Umgekehrt müssen vom Kunden beim Aufnehmen eines Kredites Zinsen an die Bank oder Sparkasse gezahlt werden.

Grundaufgaben

Die Zinsrechnung ist eine Anwendung der Prozentrechnung im Bankwesen. Die im Bankwesen verwendeten Begriffe entsprechen denen der Prozentrechnung.

Der Grundwert wird **Kapital** (Guthaben) genannt und mit **K** abgekürzt. Der Prozentsatz wird **Zinssatz** genannt und mit **p %** abgekürzt. Die **Zinsen** sind die dem Zinssatz entsprechenden Prozentwerte und werden mit **Z** abgekürzt. Die Grundgleichung der Zinsrechnung zur Berechnung der Jahreszinsen für ein festes Guthaben lautet:

Zinsen = Zinssatz · Kapital $\qquad Z = p\,\% \cdot K \qquad$ oder $\qquad Z = \frac{p \cdot K}{100}$

Maren hat auf ihrem Sparbuch 1800 € für ein Jahr fest angelegt.
Wie viel Zinsen erhält sie bei einem Zinssatz von 3,5 % am Jahresende ausgezahlt?

Lösung mit dem Dreisatz:

$100\,\% \mathrel{\widehat{=}} 1\,800$ €

$1\,\% \mathrel{\widehat{=}} \frac{1800}{100}$ € $= 18$

$3{,}5\,\% \mathrel{\widehat{=}} 3{,}5 \cdot 18$ € $= 63$ €

Die Zinsen betragen 63 €.

Herr Reichenbach erhielt am Jahresende für seine Schatzbriefe 565,44 € Zinsen. Wie viel Geld hatte er angelegt, wenn der Zinssatz 4,8 % betrug?

Lösung mit der Grundgleichung:

$Z = p\,\% \cdot K = \frac{p \cdot K}{100}$

$K = \frac{Z}{p\,\%} = \frac{565{,}44\text{ €}}{4{,}8\,\%} = \frac{565{,}44\text{ €}}{0{,}048}$

$K = 11\,780$ €

Er hatte 11 780 € angelegt.

Hinweise:
- Im Bankwesen werden nur ganze Eurobeträge verzinst.
- Zinsen werden jährlich abgerechnet und bei Guthaben immer auf Cent abgerundet bzw. bei Darlehen auf Cent aufgerundet.
- Einzahlungen werden erst vom darauf folgenden Tag an verzinst, Abhebungen dagegen bereits am gleichen Tag berücksichtigt.
- „Für ein Jahr" wird im Bankwesen mit p.a. (lat. per annum) abgekürzt.

Monats- und Tageszinsen

Beim Berechnen von Zinsen für Teile eines Jahres wird mit 360 Tagen für ein Jahr und mit 30 Tagen für einen Monat gerechnet.

Die Jahreszinsen werden mit den entsprechenden Anteilen eines Jahres (der Laufzeit) multipliziert.

Fünf Monate sind $\frac{5}{12}$ eines Jahres,

72 Tage sind $\frac{72}{360} = \frac{1}{5}$ eines Jahres.

Zur Berechnung von Tageszinsen lautet die Grundgleichung:

$$\text{Zinsen} = \text{Zinssatz} \cdot \text{Kapital} \cdot \frac{\text{Anzahl der Tage}}{360} \qquad Z = p\,\% \cdot K \cdot \frac{n}{360}$$

Herr Knauser nimmt bei seiner Hausbank für 65 Tage einen Kredit von 15 000 € zu einem Zinssatz von 11 % auf. Welche Zinsen sind für den Kredit zu zahlen?

Lösung mit dem Dreisatz:

Jahreszinsen:

$100\,\% \mathrel{\hat=} 15\,000$ €

$1\,\% \mathrel{\hat=} \frac{15000\text{ €}}{100} = 150$

$11\,\% \mathrel{\hat=} 11 \cdot 150$ €.

$= 1650$ €

Tageszinsen:

360 Tage $\mathrel{\hat=}$ 1 650 €

1 Tag $\mathrel{\hat=} \frac{1650\text{ €}}{360} = 4{,}58\overline{3}$ €

65 Tage $\mathrel{\hat=} 65 \cdot 4{,}58\overline{3}$ €

$= 297{,}91\overline{6}$ €

Lösung mit der Grundgleichung:

geg.: $K = 15\,000$ €; $p\,\% = 11\,\%$; $n = 65$ Tage ges.: Z

$Z = 11\,\% \cdot 15000\text{ €} \cdot \frac{65}{360} = \frac{0{,}11 \cdot 15000 \cdot 65}{360}$ € $\qquad Z = 297{,}91\overline{6}$ €

Herr Knauser muss insgesamt 297,92 € Zinsen zahlen.

Zinseszinsrechnung

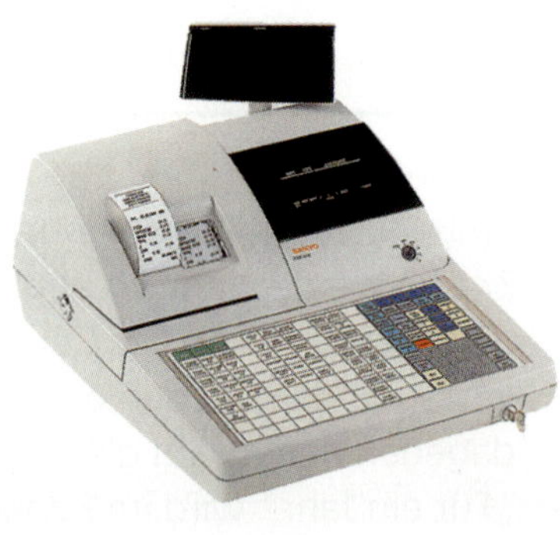

Die Laufzeit von Sparguthaben geht häufig über mehrere Jahre. Dabei werden Zinsen zum Guthaben addiert und wieder verzinst.
Zinsen von Zinsen nennt man **Zinseszinsen.** Das Anfangskapital wächst dabei um einen bestimmten Faktor.

Wachstum eines Guthabens von 100 € bei einem Zinssatz von 10 %

Jahr	Guthaben am Jahresanfang	Zinsen	Guthaben am Jahresende	Wachstum
1.	100 €	10,00 €	110,00 €	100,00 · **1,1** = 110,00
2.	110,00 €	11,00 €	121,00 €	110,00 · **1,1** = 121,00
3.	121,00 €	12,10 €	133,10 €	121,00 · **1,1** = 133,10
4.	133,10 €	13,31 €	146,41 €	133,10 · **1,1** = 146,41
5.	146,41 €	14,64 €	161,05 €	146,41 · **1,1** = 161,05
...	...	...	...	...

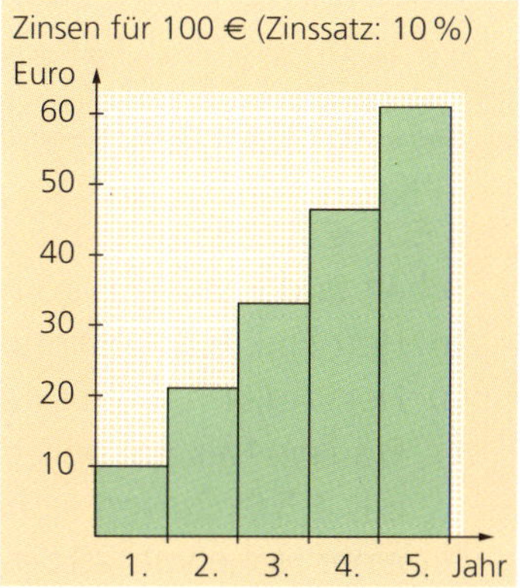

Das Anfangsguthaben von 100 € wächst in jedem Jahr auf 110 %, also auf das 1,1fache. Nach 7 Jahren hat es sich fast verdoppelt.

Bei einem Anfangskapital K_0 und einem Zinssatz von p % ergibt sich nach n Jahren ein Endkapital K_n mit $K_n = K_0 \cdot q^n$; $q = 1 + p\,\%$ (Zinsfaktor).

Im oben angegebenen Beispiel ist $q = 1{,}1$. Es folgt somit: $K_5 = 100 \cdot 1{,}1^5 = 161{,}05$

Aufgaben

Manche Firmen haben besondere Angebote. Familie Naumann kauft eine Waschmaschine, die mit 750 € ausgepreist ist. Bei Anzahlung von 100 € wird geliefert, der Rest muss binnen Jahresfrist mit 9 % Zinsen bezahlt werden. Familie Paul kauft die gleiche Maschine, bezahlt bar und erhält deshalb einen Abschlag (Skonto) von 3 % des Preises.

a) Wie viel Euro spart Familie Paul gegenüber Familie Naumann?

b) Erkundige dich in einem Geschäft nach den Bedingungen für den Kauf einer Waschmaschine in Raten und stelle Preisvergleiche an!

1. Auf ein Guthaben zahlt eine Bank 3,5 % Zinsen. Wie viel Zinsen erhält man im Jahr für folgende Spareinlagen?

a) 6 000 € b) 9 500 € c) 450 € d) 7 802 €

2. Eine Bank hat einen Zinssatz von 3,75 %. Wie viel Euro mehr erhält man auf die in Aufgabe 1 genannten Guthaben bei dieser Bank?

3. Eine Bank zahlt ihren Kunden für Einlagen 3,5 % Zinsen und verlangt für Kredite 12 % Zinsen. Welchen Gewinn macht sie damit aus 25 000 €?

4. Von Zinsen werden 25 % durch die „Zinsabschlagsteuer" einbehalten. Man kann auf einen „Freistellungsantrag" hin davon befreit werden, wenn insgesamt nicht mehr als 1 601 € Zinsen pro Jahr anfallen (Stand 2003). Stelle fest, wie viel Jahreszinsen man erhält und wie viel Euro man einspart, wenn die Freistellung beantragt wurde!
a) Herr Fink hat Gesamteinlagen von 85 000 €, die mit 3 % verzinst werden.
b) Herr Adler hat ein Kapital von 87 500 € bei 3,5 % Verzinsung angelegt.
c) Fräulein Falk hat bei einer Bank ein langfristig angelegtes Guthaben von 45 000 €, das 4,5 % Zinsen einbringt. Bei einer anderen Bank hat sie noch Spareinlagen in einer Höhe von 20 000 € zu 3 % Zinsen.

5. Für einen Kredit von 40 000 € müssen jährlich 12 % Zinsen gezahlt werden.
a) Welcher Betrag muss nach einem Jahr an die Bank zurückgezahlt werden?
b) Wie hoch ist die tägliche Belastung durch die Zinsen?

6. Frau Grünberg erhält für eine Spareinlage von 3600 € nach einem Jahr 108 € Zinsen ausgezahlt. Herr Berndt bekommt auch 108 € Zinsen ausgezahlt. Er hat jedoch nur 2 700 € auf seinem Konto. Wie kann das sein?

7. Familie Christensen will für ein Jahr ein Darlehen von 15 000 € aufnehmen. Herr Christensen hat eine Bank gefunden, die ihm diesen Betrag für 12,5 % Zinsen leiht. Frau Christensen schaut sich ebenfalls um und findet ein Angebot, in dem nur 12 % Zinsen gefordert werden. Wie viel Euro könnte Familie Christensen pro Jahr einsparen?

8. Banken gewähren häufig einen „Dispositionskredit". Dabei dürfen ohne Antrag bis zu einer gewissen Grenze bei der Bank Schulden gemacht werden. Für solche Beträge werden allerdings Zinsen erhoben. Berechne für folgende Angaben die anfallenden Zinsbeträge, wenn der Zinssatz 11,5 % beträgt!

	Höhe	Dauer
a)	632,00 €	45 Tage
b)	3 400,16 €	2 Monate
c)	1 785,50 €	25 Tage
d)	137,20 €	3 Mon. 10 Tage
e)	3 400,16 €	60 Tage

9. Preisnachlässe (Rabatt, Skonto) sind bei Barzahlung üblich. Frau Forsch kauft einen Wagen, dessen Preis 9 995 € beträgt. Berechne und vergleiche!
a) Sie zahlt sofort bar und erhält 4 % Skonto.
b) Sie zahlt ohne Preisnachlass und nimmt für ein halbes Jahr ein Darlehen von 5 000 € zu 12 % Zinsen auf.

10. Ein Sparkonto von 35000 € wird 5 Jahre lang mit 5,5 % Jahreszinsen verzinst.
a) Die Zinsen werden am Jahresende jeweils abgehoben. Wie viel Zinsen sind das insgesamt in den 5 Jahren?
b) Die Zinsen werden nicht abgehoben, sondern im folgenden Jahr auch verzinst (Zinseszinsen). Auf wie viel Euro ist das Konto nach 5 Jahren angewachsen?

3.5 Gemischte Aufgaben

Formuliere zu folgenden Sachverhalten Aufgaben und löse diese!

a) Ein Schüler deckt mit etwa 250 mg Vitamin C seinen täglichen Bedarf.

Vitamin C- Gehalt

Erdbeere:	0,06 %
Orange:	0,08 %
Petersilie:	0,15 %

b) Jährlich werden in der BRD etwa 20 Mill. Tonnen Abgase erzeugt.

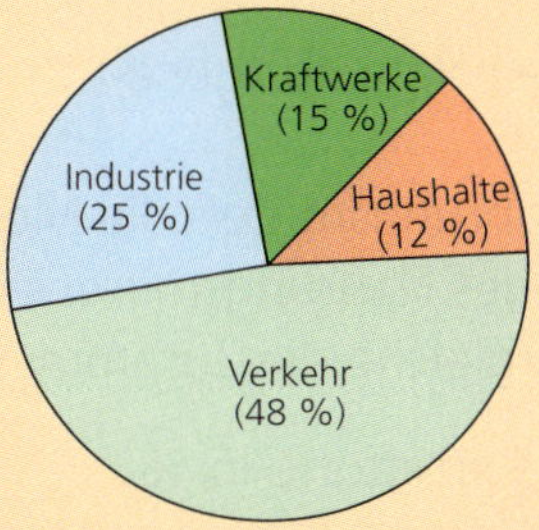

c) Bei Verminderung der Zimmertemperatur um 1 Grad können durchschnittlich 8 % der Heizkosten gespart werden.

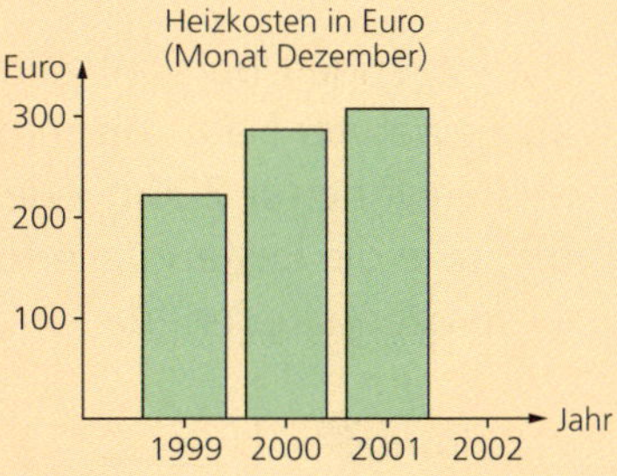

Suche aus einer Tageszeitung Beispiele für die Verwendung von Prozentangaben heraus und formuliere dazu Aufgaben zur Berechnung weiterer Werte!

Alltägliches

1. Ein Mantel wird für 50 € eingekauft und für 100 € verkauft. Ein Kunde empört sich: „Das sind ja 200 % des ursprünglichen Preises!" Eine Kundin pflichtet ihm bei: „100 % Aufschlag, das ist doch etwas viel."
Der Händler beschwichtigt die beiden: „Ich erhalte beim Verkauf doch nur 50 % der Einnahmen als Gewinn." Wer hat Recht?

2. Werte die folgende Zeitungsmeldung:
„Fußballspieler sind die reinsten Pechvögel. Sie verursachen fast die Hälfte der jährlich rund eine Million Sportunfälle. Nach einer Studie liegen sie mit etwa 43,6 % vor den Handballspielern mit ungefähr 10,8 % und den Skifahrern mit ca. 8,5 %."

3. Von 230 Schülern einer Schule kommen 110 zu Fuß, 45 mit dem Fahrrad, 63 mit dem Bus zum Unterricht. Der Rest wird mit dem Auto gebracht.
a) Berechne die prozentualen Anteile jeder Gruppe!
b) Stelle die Werte in einem geeigneten Diagramm dar!

4. Nachdem ein Mitglied seiner Gruppe während einer Reserveübung verletzt wurde, bittet ein Offizier um Verstärkung. Die Gruppe bestand aus 7 Personen. Nach mehreren vergeblichen Versuchen wählt er eine andere Methode.
Er meldet: „14 Prozent meines Personals ist nicht mehr einsatzfähig."
Danach bekam er mehr Verstärkung, als er brauchen konnte. Wie ist das erklärbar?

5. Ein Fahrer kann schon bei einem Promille Alkohol im Blut fahruntüchtig sein. Gib an, welche Menge ausreicht, um 1 ‰ Alkohol im Blut eines Erwachsenen (etwa 6 Liter) nachzuweisen, unter der Voraussetzung, dass der Alkohol vollständig in den Blutkreislauf geht!

a) Bier enthält ca. 4,8 % Alkohol.
b) Wein enthält etwa 11 % Alkohol.
c) Weinbrand enthält ungefähr 36 % Alkohol.

6. Die folgende Übersicht zeigt den Nährstoffgehalt ausgewählter Nahrungsmittel:

a) Berechne für 200 g jedes Nahrungsmittels die Menge der Bestandteile!
b) Stelle die Bestandteile für jedes Nahrungsmittel in einem Blockdiagramm (Prozentstreifen) dar und vergleiche die Zusammensetzung!

Nahrungsmittel	Nährstoffe in %			Wasser/Sonstiges in %
	Eiweiß	Fett	Kohlenhydrate	
Camembert	25	27	2	46
Speisequark	17	40	2	41
Magerquark	17	1	2	80
Schokolade	10	32	56	2
Schlagsahne	1	15	1	83

7. Eine Zeitungsmeldung:
Kürzlich wurden insgesamt 3 250 Personen befragt, welchen Standort sie für den Bau eines Großflughafens vorziehen würden. 1 105 Personen (34 %) entschieden sich für Knattersbusch, während 2 745 Personen (66 %) für Ballershausen stimmten. Was ist an dieser Meldung fehlerhaft? Wie könnte der Fehler entstanden sein?

8. Von den Eintrittskarten für ein Konzert wurden am ersten Tag 36 %, am zweiten Tag 25 % und am dritten Tag 15 % von der ursprünglichen Gesamtanzahl verkauft. Danach waren noch 60 Karten übrig. Wie viele Karten standen anfangs zur Verfügung?

9. Der Anteil reinen Saftes (direkt aus Früchten gepresst) muss bei Fruchtsaft 100 %, bei Nektar mindestens 25 % und bei Fruchtsaftgetränken mindestens 6 % betragen.

a) Wie viel Liter reinen Saft enthalten die beiden Behälter mit Orangensaft?
b) Wie viele Päckchen einer Sorte können aus 500 Liter reinen Orangensaftes hergestellt werden? Wie viel Liter Wasser werden dazu benötigt?

Rund ums Geld

10. Beim Vertrieb einer Musik-CD mit einem Ladenpreis von 17,50 € treten u.a. die folgenden Kostenbereiche auf (Werte gerundet). Zeichne ein Kreisdiagramm und vergleiche die Kosten!

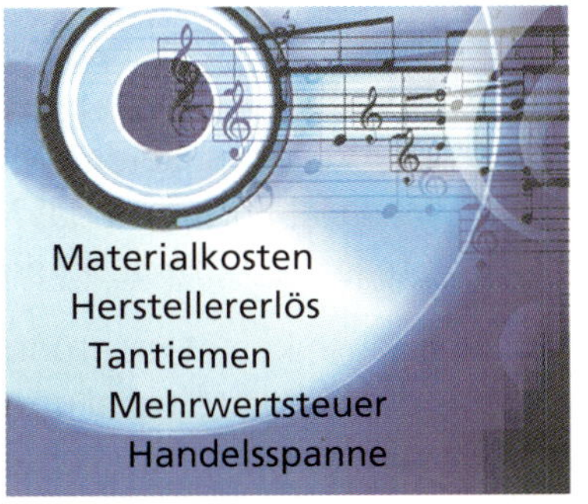

Materialkosten:	1,50 €
Erlös für den Hersteller:	4,00 €
Tantiemen für Komposition:	2,00 €
Mehrwertsteuer:	1,85 €
Handelsspanne:	4,20 €

11. Jaqueline legt von ihren monatlichen 15 € Taschengeld jeweils 2,50 € zurück.
a) Wie viel Prozent ihres monatlichen Taschengeldes legt sie zurück?
b) Wie viel Prozent ihres jährlichen Taschengeldes legt sie zurück?

12. Um wie viel Prozent würde sich der Preis einer Ware verteuern, wenn die Mehrwertsteuer um 2 Prozentpunkte von 16 % auf 18 % angehoben wird?

13. Ein Händler gewährt wegen eines Fehlers 20 % Rabatt beim Kauf einer Jacke. Was ist für den Händler günstiger? (Prüfe an einem selbst gewählten Beispiel!)
a) Er zieht den Rabatt vom Nettopreis ab und berechnet danach die Mehrwertsteuer?
b) Er berechnet zuerst die Mehrwertsteuer und gewährt dann erst den Rabatt?

***14.** Das Gehalt im öffentlichen Dienst in den neuen Bundesländern betrug 1993 noch 80 % des Gehaltes der westlichen Kollegen. 1997 wurden die Gehälter auf 85 % des Westniveaus angehoben. Um wie viel Prozent haben sich die Gehälter in den neuen Bundesländern von 1993 zu 1997 erhöht?

15. In den folgenden Abbildungen (nicht maßstabsgerecht) sind prozentuale Veränderungen von Geldbeträgen dargestellt. Formuliere zu jeder Skizze drei passende Aufgaben zur Berechnung der unbekannten Werte und löse sie!

a)

90 € (100 %)	x Euro (7 %)
y Euro (z %)	

b)

1700 € (100 %)	x Euro (y %)
z Euro (116 %)	

c)

960 € (100 %)	
x Euro (y %)	z Euro (20 %)

d)

x Euro (100 %)	
y Euro (z %)	48 € (40 %)

e)

x Euro (100 %)	52 € (8 %)
y Euro (z %)	

*f)

x Euro (100 %)	
y Euro (94 %)	84 € (z %)

16. Werte folgende Aussage!
Wenn der Preis einer Ware von 150 € zuerst um 10 % erhöht und danach wieder um 10 % gesenkt wird, ist der danach erhaltene Betrag größer als bei einer 10 %igen Senkung und einer anschließenden 10 %igen Erhöhung.

17. Eine Familie hat im Monat Ausgaben von 1200 €.
Davon: 25 % für Miete, 30 % für Nahrungsmittel, 10 % für Fahrkosten, 8 % für Körperpflege, 6 % für Energie und 3,5 % für Theater/Kino.
a) Berechne, wie viel Euro für die einzelnen Positionen ausgegeben werden!
b) Der Rest des Geldes wird für Reisen, Anschaffungen usw. gespart. Wie viel Euro sind das? Wie viel Prozent beträgt der Sparanteil?
c) Stelle die Aufteilung der Ausgaben in einem Diagramm dar!

18. Eine Bluse kostet ursprünglich 32,00 €. Der Preis wurde um 25 % gesenkt. Dann wurde sie noch einmal um 25 % gesenkt, und danach noch einmal um 25 %. Wie viel Prozent des ursprünglichen Preises kostet die Bluse nach jeder Preissenkung?

19. Ein Museum erhöhte die Eintrittspreise um 20 %. Daraufhin ging die Besucheranzahl um 20 % zurück. Welche Wirkung hatte das auf die Einnahmen des Museums?

20. Herr Taube benötigt für ein Jahr ein Darlehen und vergleicht dazu die Angebote von zwei Banken. Bank A verlangt 13 % Zinsen. Bank B dagegen nur 11 %, zusätzlich jedoch eine Bearbeitungsgebühr von 125 €.
a) Vergleiche beide Angebote, wenn Herr Taube 5 000 € bzw. 15 000 € benötigt!
b) Ab welchem Geldbetrag wird das Angebot der Bank B günstiger als das der Bank A?

21. a) Herr Adler erhält zu seinem Gehalt von 1720 € eine Gehaltserhöhung von 5 %. Wie viel Gehalt bekommt Herr Adler künftig?
b) Frau Fink erhält auch eine Gehaltserhöhung von 5 % und wird künftig 1859 € bekommen. Wie hoch war das Gehalt von Frau Fink vor der Gehaltserhöhung?
c) Frau Falk erhielt eine Gehaltserhöhung um 5 % und verdient dadurch 91 € mehr. Welches Gehalt bekam Frau Falk vorher? Welches bekommt sie jetzt?

22. Auf einem Konto werden 10 000 € mehrere Jahre gespart. Welchen Betrag erhält man nach 10 Jahren bei einem Zinssatz von 4,5 %, bzw. nach 5 Jahren bei einem Zinssatz von 2,25 % einschließlich Zinseszinsen?

***23.** Herr Wiesel hat ein Sparkonto, das sich innerhalb eines Jahres wie folgt ändert:

Datum	Veränderung	Kontostand
30.12.1999		17 350 €
16.02.2000	Einzahlung 720 €	18 070 €
19.04.2000	Rückzahlung 405 €	17 665 €
01.08.2000	Einzahlung 3140 €	20 805 €
17.11.2000	Einzahlung 916 €	21 721 €

Bis Jahresende tritt keine Änderung mehr ein. Die Bank zahlt 4 % Zinsen. Bei Einzahlungen wird vom darauf folgenden Tag, bei Abhebungen vom gleichen Tag an der neue Betrag zu Grunde gelegt. Gib die am Ende des Jahres zu zahlenden Zinsen an!

Natur und Technik

24. Pilze verlieren beim Trocknen 80 % Masse.
a) Wie viel Gramm getrocknete Pilze erhält man aus 2 kg frischen Pilzen?
b) Wie viel Kilogramm frische Pilze sind nötig, um 2 kg getrocknete Pilze zu erhalten?

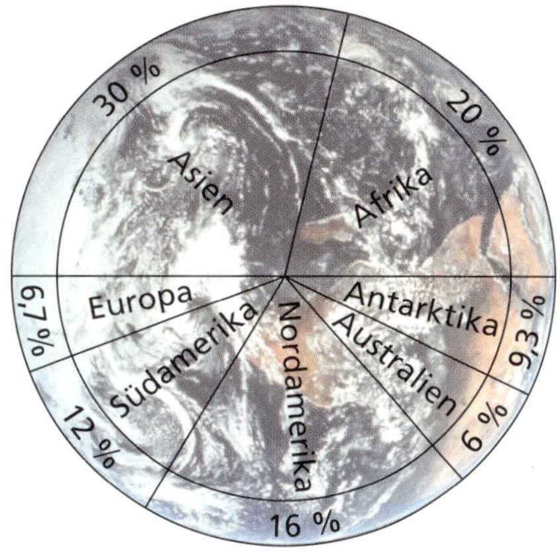

25. Die Festlandsfläche der Erde beträgt etwa 150 Millionen km^2. Berechne mithilfe der Prozentangaben die ungefähre Größe der Kontinente! Vergleiche mit den genauen Angaben!

26. Der menschliche Körper besteht aus Wasser, Eiweiß, Fett und anderen Stoffen.
a) Stelle die Angaben in nebenstehender Tabelle in einem Kreis- und in einem Blockdiagramm (Prozentstreifen) dar!
b) Gib jeweils die prozentualen Anteile an!

Stoffe	Masse
Wasser	30 kg
Eiweiß	10 kg
Fett	7 kg
andere Stoffe	3 kg

27. Eine Messinglegierung soll 65 % Kupfer und 35 % Zink enthalten. Wie viel Gramm dieser Legierung können aus 450 g Kupfer und 350 g Zink hergestellt werden?

Interessante Zusammenhänge

28. Drei Quadrate mit den Seitenlängen 6 cm; 5 cm bzw. 4 cm sollen jeweils um 0,5 cm verkleinert werden. Um wie viel Prozent verkleinert sich jeweils ihr Flächeninhalt?

***29.** a) Wie viele Jahre muss ein Sparguthaben von 1 000 € bei einem Zinssatz von 4,5 % auf dem Konto bleiben, damit sich das Guthaben verdoppelt? Die Zinsen sollen immer am Jahresende dem Guthaben hinzugefügt werden.
b) Wie ändert sich die Sparzeit bei einem Zinssatz von 4,5 % und einem Anfangsguthaben von 2 000 €, 4 000 € bzw. 8 000 €?

30. Ein Auto fährt nacheinander an den beiden Verkehrszeichen vorbei. Ermittle die Höhenunterschiede! (10 % Steigung bedeutet, dass auf 100 m ein Höhenunterschied von 10 m erreicht wird.)

Prozentrechnung

Grundbegriffe

Ein Prozent einer Größe sind $\frac{1}{100}$ von dieser Größe.
p % einer Größe sind $\frac{p}{100}$ von dieser Größe.
Die Bezugsgröße wird auch Grundwert genannt und mit G abgekürzt.
Sie entspricht einem Prozentsatz von 100 %.
Die Angabe p % heißt Prozentsatz. Die Zahl p (vor dem Prozentzeichen) heißt Prozentzahl (Prozentpunkt).
Der Wert, der dem Prozentsatz entspricht, heißt Prozentwert und wird mit W abgekürzt.

20 %	von	400 €	sind	80 €
↕		↕		↕
p %		G		W

40 m	von	200 m	sind	20 %
↕		↕		↕
W		G		p %

Grundgleichung der Prozentrechnung

Prozentwertberechnung

$$W = p\,\% \cdot G = \frac{p \cdot G}{100}$$

Grundwertberechnung

$$G = \frac{W}{p\,\%} = \frac{W \cdot 100}{p}$$

Prozentsatzberechnung

$$p\,\% = \frac{W}{G} \quad \text{oder} \quad p = \frac{W \cdot 100}{G}$$

Prozentuale Veränderungen

Wird ein Grundwert G um p % vermehrt, so beträgt der vermehrte Grundwert $G \cdot (100\,\% + p\,\%) = G \cdot (1 + \frac{p}{100})$.

Wird ein Grundwert G um p % vermindert, so beträgt der verminderte Grundwert $G \cdot (100\,\% - p\,\%) = G \cdot (1 - \frac{p}{100})$.

Zinsrechnung

Prozentrechnung:	Grundwert G	Prozentsatz p %	Prozentwert W
↕	↕	↕	↕
Zinsrechnung:	Kapital K	Zinsatz p %	Zinssatz Z

4 Geometrie in der Ebene

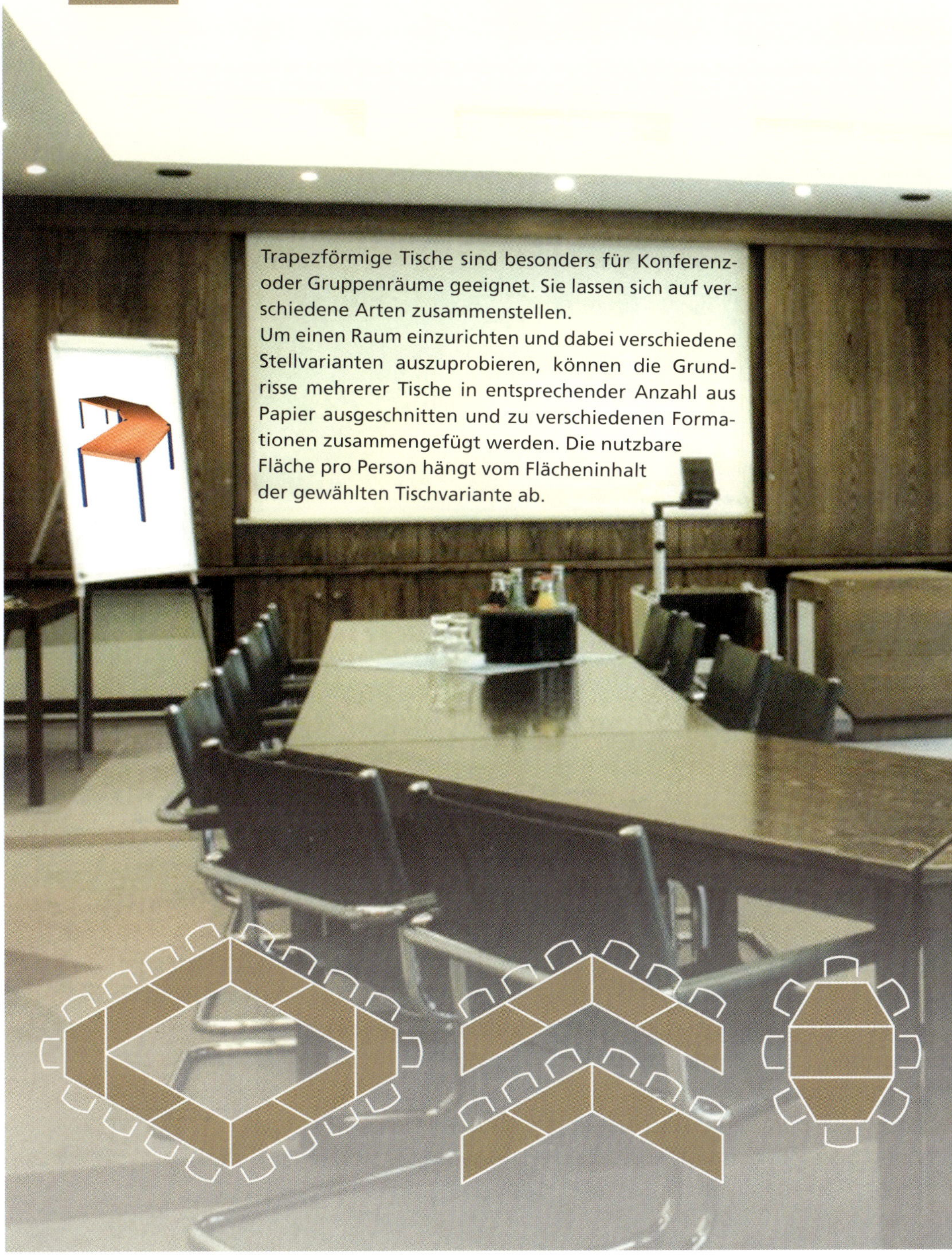

Trapezförmige Tische sind besonders für Konferenz- oder Gruppenräume geeignet. Sie lassen sich auf verschiedene Arten zusammenstellen.
Um einen Raum einzurichten und dabei verschiedene Stellvarianten auszuprobieren, können die Grundrisse mehrerer Tische in entsprechender Anzahl aus Papier ausgeschnitten und zu verschiedenen Formationen zusammengefügt werden. Die nutzbare Fläche pro Person hängt vom Flächeninhalt der gewählten Tischvariante ab.

4 Geometrie in der Ebene

Rückblick

Dreiecke

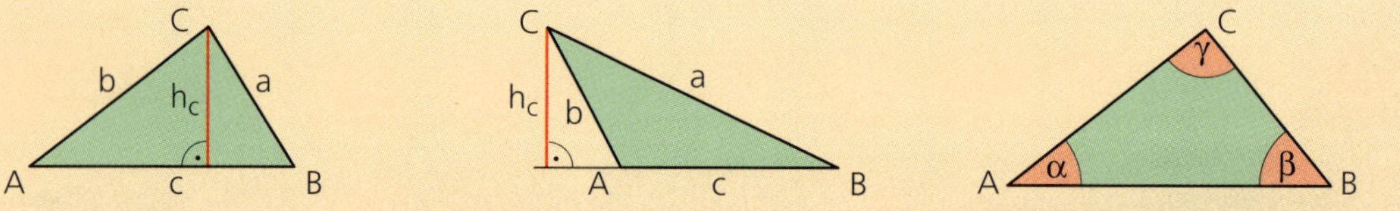

Die **Höhen** eines Dreiecks sind die Lote von den Eckpunkten auf die gegenüberliegenden Seiten bzw. deren Verlängerungen.

Die Summe der **Innenwinkel** beträgt 180°.
$\alpha + \beta + \gamma = 180°$

Besondere Dreiecke

gleichschenklig | gleichseitig | rechtwinklig

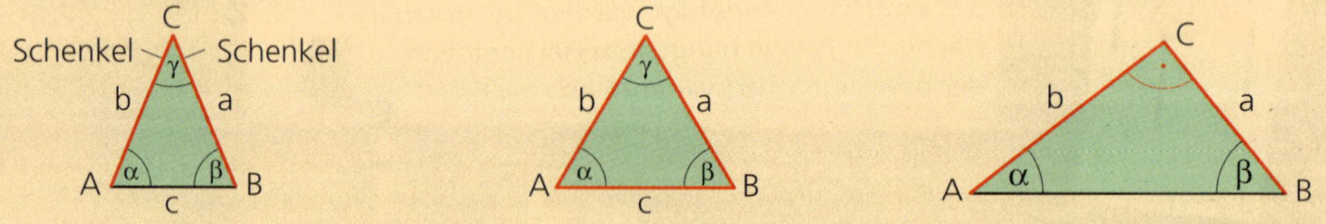

gleichschenklig: $a = b;\ \alpha = \beta$

gleichseitig: $a = b = c;\ \alpha = \beta = \gamma = 60°$

rechtwinklig: $a \perp b;\ \alpha + \beta = 90°$

Winkel an Geraden

Scheitelwinkel | Nebenwinkel | Stufenwinkel | Wechselwinkel

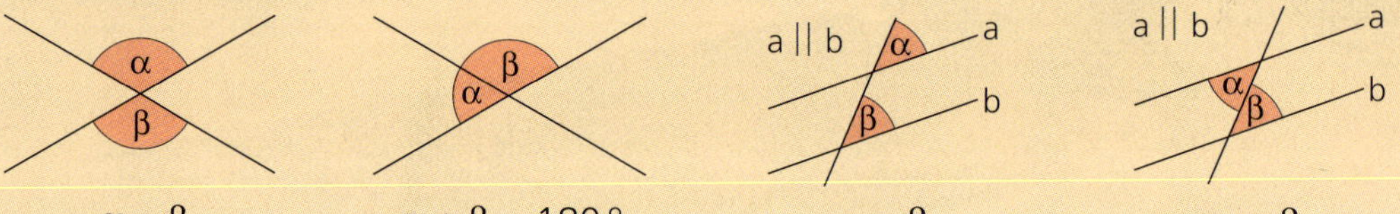

Scheitelwinkel: $\alpha = \beta$

Nebenwinkel: $\alpha + \beta = 180°$

Stufenwinkel: $\alpha = \beta$

Wechselwinkel: $\alpha = \beta$

Kongruenz von Figuren

Zwei Figuren F_1 und F_2 sind **kongruent (deckungsgleich) zueinander,** wenn sie die gleiche Form und Größe haben (Bezeichnung: $F_1 \cong F_2$).
Sie lassen sich durch eine Verschiebung, eine Spiegelung, eine Drehung oder eine Zusammensetzung aus ihnen aufeinander abbilden. Alle einander entsprechenden Strecken und Winkel sind gleich groß.

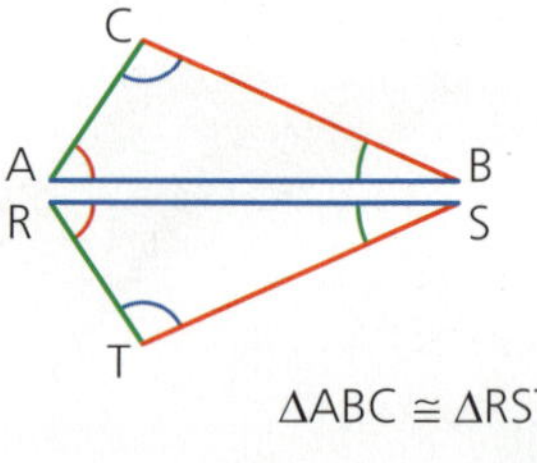

$\Delta ABC \cong \Delta RST$

Umfang und Flächeninhalt von Rechteck und Quadrat

Rechteck

$u = 2 \cdot (a + b)$

$A = a \cdot b$

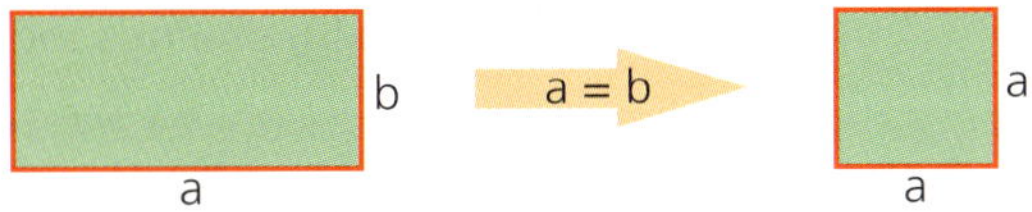

Quadrat

$u = 4 \cdot a$

$A = a^2$

Flächeninhalt rechtwinkliger Dreiecke

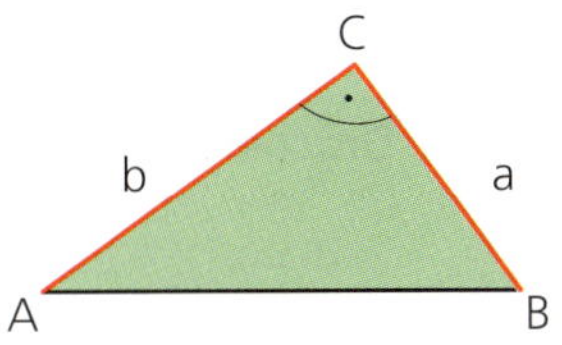

$A = \frac{1}{2} a \cdot b$

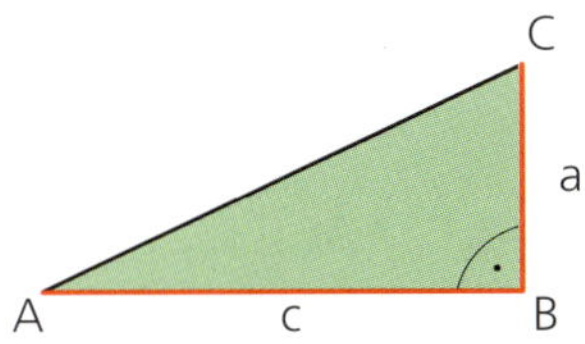

$a = h_c$

$A = \frac{1}{2} c \cdot h_c$

Kreise

Kreise lassen sich mithilfe von Zirkeln, Schablonen, durch Umfahren runder Gegenstände und (z. B. im Freien) mithilfe einer Schnur und zwei Stäben zeichnen.

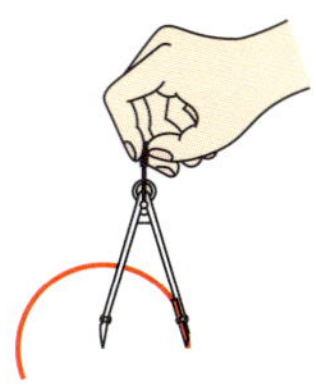

Jeder **Kreis** hat einen **Mittelpunkt** sowie beliebig viele **Radien** und **Durchmesser.**
Alle Radien bzw. alle Durchmesser sind gleich lang. Ein Durchmesser ist doppelt so lang wie ein Radius. Eine Strecke $\overline{AB}$, deren Endpunkte A und B auf dem Kreis liegen, heißt **Sehne** des Kreises.

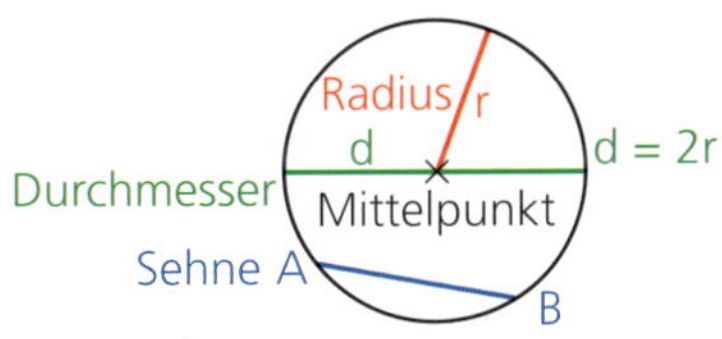

Umkreis von Dreiecken

Jedes Dreieck hat einen *Umkreis,* der durch die drei Eckpunkte des Dreiecks geht. Sein Mittelpunkt ist der Schnittpunkt der Mittelsenkrechten des Dreiecks.

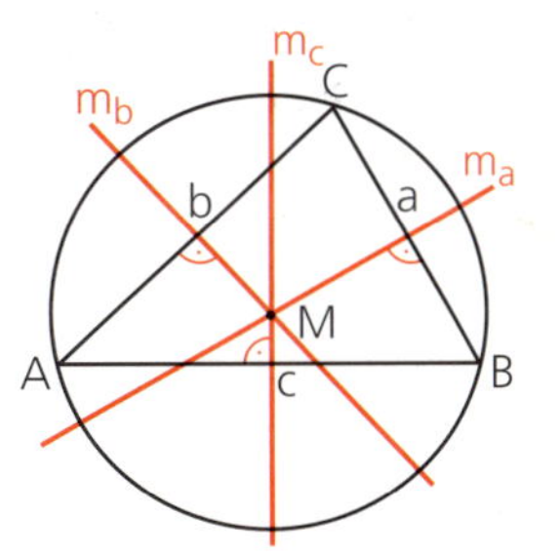

Inkreis von Dreiecken

Jedes Dreieck hat einen Inkreis. Er berührt die drei Seiten des Dreiecks. Sein Mittelpunkt ist der Schnittpunkt der Winkelhalbierenden des Dreiecks.

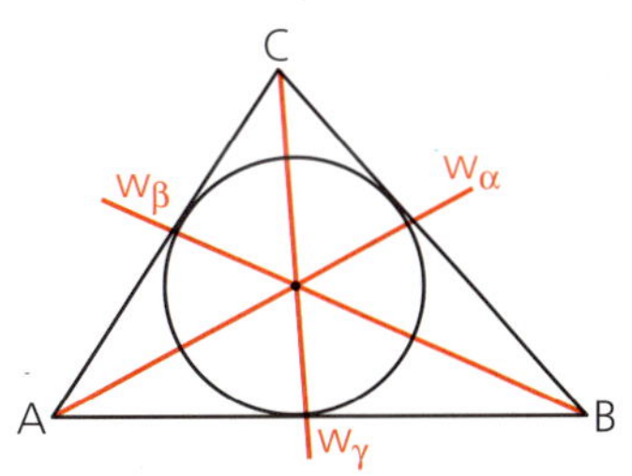

Vierecksarten

allgemeines Viereck

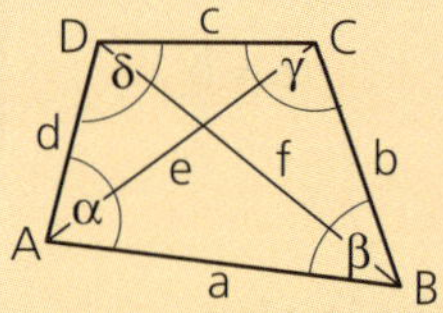

$\alpha + \beta + \gamma + \delta = 360°$

e, f … Diagonale

Trapez

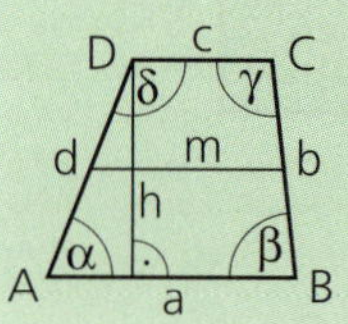

$\overline{AB} \parallel \overline{CD}$

$\alpha + \delta = 180°$

$\beta + \gamma = 180°$

h … Höhe

m … Mittellinie

Drachenviereck

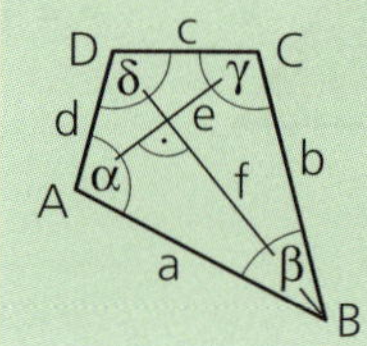

$a = b;\ c = d$

$\alpha = \gamma$

$e \perp f$

gleichschenkliges Trapez

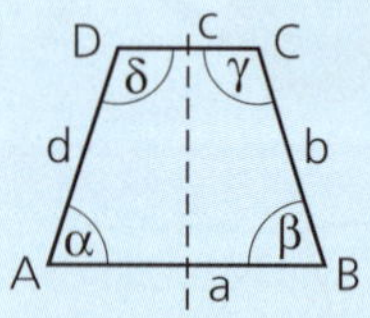

Symmetrieachse

$b = d$

$\alpha = \beta;\ \gamma = \delta$

Parallelogramm

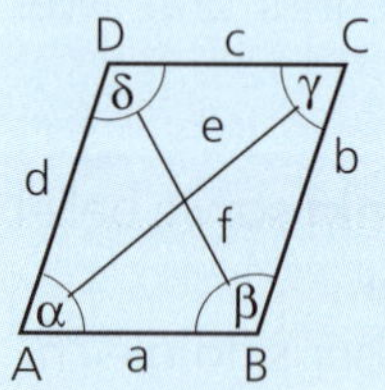

$\overline{BC} \parallel \overline{AD}$

$a = c;\ b = d$

$\alpha = \gamma;\ \beta = \delta$

e und f halbieren einander

Rechteck

$\alpha = \beta = \gamma = \delta = 90°$

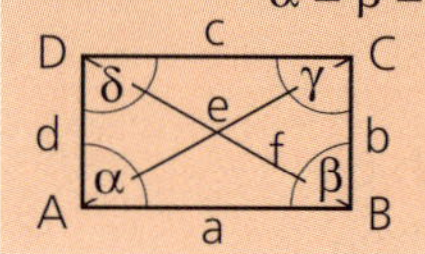

$e = f$

Rhombus

$a = b = c = d$

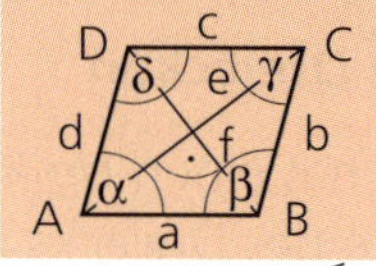

Quadrat

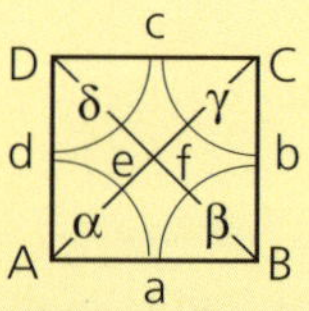

Hinweis: In jedem Kästchen sind nur die für die Teilmenge von Vierecken neuen Eigenschaften aufgeführt. Da z. B. jedes Quadrat gleichzeitig auch ein Rechteck und ein Rhombus ist, treffen alle Eigenschaften vom Rechteck und vom Rhombus auch auf Quadrate zu.

Aufgaben

In einem gleichseitigen Dreieck ABC wurde durch den Fußpunkt E der Höhe h_b eine Senkrechte zur Seite $\overline{AB}$ gezeichnet. Sie schneidet die Seite $\overline{AB}$ in F und die Verlängerung der Strecke $\overline{BC}$ in D.
Suche in nebenstehender Figur möglichst viele Dreiecke und gib deren Art an!
Berechne alle Innenwinkel der Figur!
Gib alle Strecken an, die gleichzeitig Höhen eines Dreiecks sind!

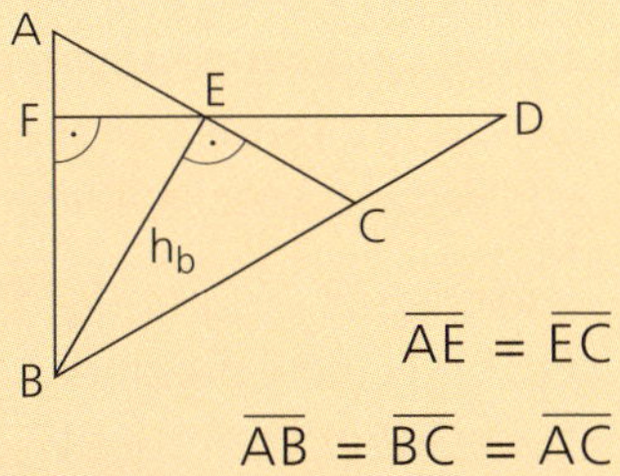

1. Zeichne die angegebenen Dreiecke! Trage in jedes Dreieck alle Höhen ein!
a) ein gleichseitiges Dreieck
b) ein gleichschenkliges Dreieck
c) ein unregelmäßiges Dreieck
d) ein spitzwinkliges Dreieck
e) ein stumpfwinkliges Dreieck
f) ein rechtwinkliges Dreieck

2. Vom Dreieck ABC sind drei Größen bekannt. Berechne jeweils den fehlenden Innenwinkel und zeichne das Dreieck!

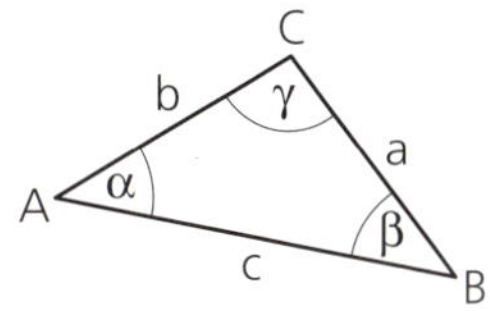

a) $\alpha = 73°$, $\beta = 24°$, $c = 5$ cm
b) $\alpha = 69°$, $\gamma = 101°$, $b = 5$ cm
c) $\beta = 91°$, $\gamma = 89°$, $a = 5$ cm
*d) $\beta = 1{,}5 \cdot \alpha$, $\gamma = 2{,}5 \cdot \alpha$, $a = 5$ cm

3. Das Dreieck ABC sei ein gleichschenkliges Dreieck mit $a = b$.
Berechne jeweils die Innenwinkel!

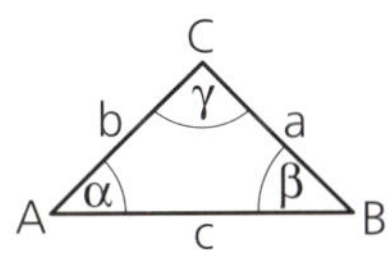

a) $\alpha = 62°$ b) $\gamma = 54°$ c) $\gamma = 101°$
d) $\alpha = \gamma$ *e) $\alpha = 2 \cdot \gamma$ *f) $\gamma = 2 \cdot \alpha$

4. Von einem gleichschenkligen Dreieck ABC ist bekannt:
a) a und b sind die Schenkel, sie schließen den Winkel $\gamma = 80°$ ein.
b) b ist die Basis und der Winkel α ist 75° groß.
c) γ ist der Winkel an der Spitze, seine Größe beträgt 48°.
d) Der Winkel β zwischen Basis und Schenkel ist 34° groß.
Berechne jeweils die beiden nicht gegebenen Winkel!

5. Welche Winkel sind spitze Winkel, stumpfe Winkel, rechte Winkel, gestreckte Winkel, Nebenwinkel, Scheitelwinkel, Stufenwinkel bzw. Wechselwinkel!

a)
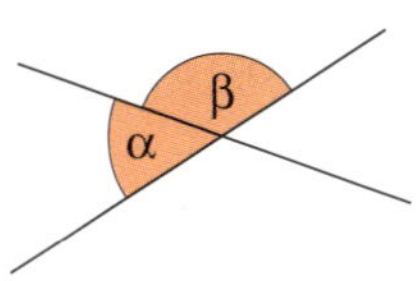

b)
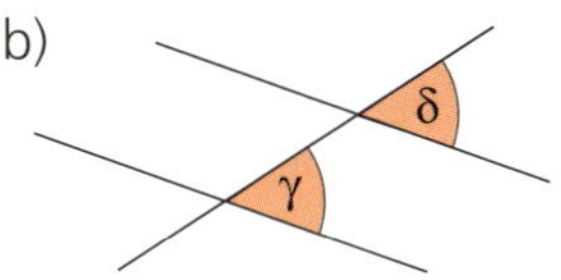

c)
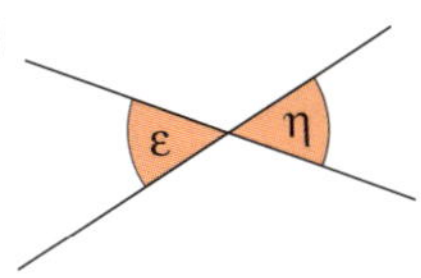

d)
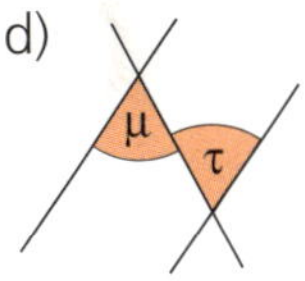

e)
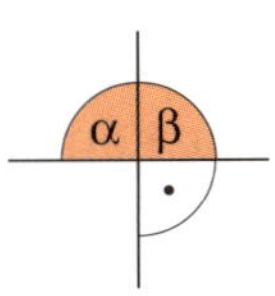

f)
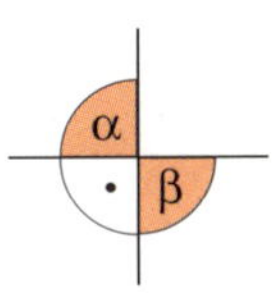

g)
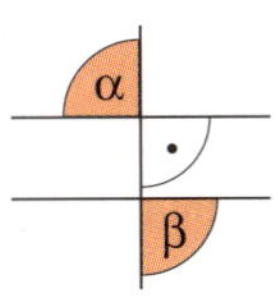

h)
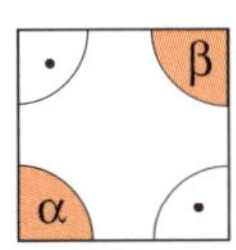

6. Nenne Winkelpaare für die folgende Eigenschaft gilt!
a) Sie sind Nebenwinkel.
b) Sie sind Scheitelwinkel.
c) Sie sind Stufenwinkel.
d) Sie sind Wechselwinkel.

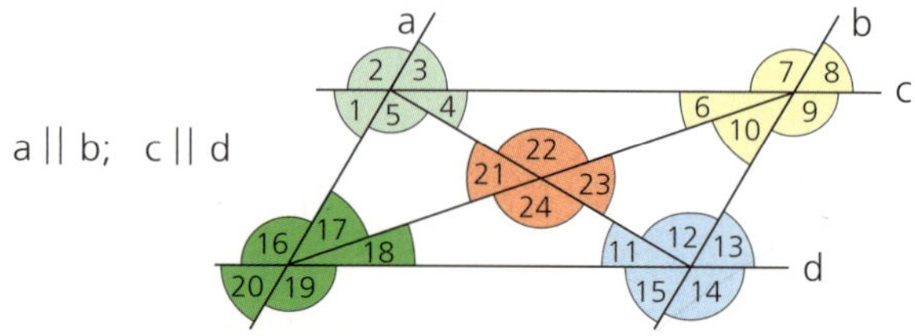

7. Welche der Figuren F_1; F_2; F_3; F_4; F_5 bzw. F_6 sind zueinander kongruent? Begründe!
Gib einander entsprechende Strecken und Winkel in den gefundenen kongruenten Figuren an!

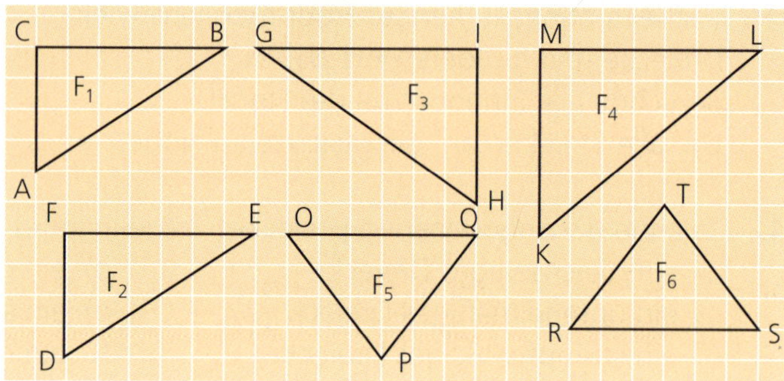

8. Lassen sich aus folgenden Stücken Dreiecke konstruieren? Begründe!

a)	b)	c)	d)
a = 3,8 cm	a = 4 cm	a = 5 cm	a = 4 cm
b = 5,9 cm	b = 6 cm	b = 5 cm	b = 4 cm
c = 2,1 cm	$\alpha = 60°$; $\beta = 40°$	c = 5 cm	$\alpha = 30°$; $\beta = 60°$
	$\gamma = 80°$	$\alpha = 70°$	$\gamma = 90°$

9. Konstruiere alle Dreiecke ABC aus den gegebenen Stücken!

a)	b)	c)	d)
a = 3 cm	b = 5,2 cm	a = 3,5 cm	a = 3 cm
b = 4 cm	$\alpha = 70°$	b = 4,9 cm	b = 4 cm
c = 5 cm	$\gamma = 70°$	$\gamma = 104°$	$\alpha = 45°$

10. Konstruiere jeweils alle Dreiecke ABC aus folgenden Stücken! Gib einen Lösungsplan an!

a)	b)	c)	*d)
c = 4,0 cm	c = 5,5 cm	a = 4,0 cm	c = 5,3 cm
h_c = 1,5 cm	h_a = 4,0 cm	h_b = 3,5 cm	h_b = 4,7 cm
$\alpha = 30°$	a = 6,0 cm	b = 2,0 cm	$\gamma = 50°$

11. Berechne Umfang und Flächeninhalt folgender Rechtecke!

a)	b)	c)	d)
a = 11 cm	a = 2,1 cm	a = 1,3 cm	a = 5,1 cm
b = 12 cm	b = 11 cm	b = 2,4 cm	b = 5,1 cm

12. Berechne den Flächeninhalt der rechtwinkligen Dreiecke!

a)	b)	c)	d)
b = 16 cm	a = 10 cm	a = 8 cm	b = 3,5 cm
a = 5 cm	c = 10 cm	$\alpha = 45°$	c = 3,5 cm
$\gamma = 90°$	$\beta = 90°$	$\gamma = 90°$	$\alpha = 90°$

13. Nadine erzählt:
„Ich habe Bello neulich ein Stück Wurst zugeworfen, aber schlecht gezielt. Es fiel 3 m von ihm entfernt auf den Boden. Er konnte es sich holen, obwohl seine Kette nur 2 m lang ist." Ist das möglich?

14. Zeichne auf Kästchenpapier folgende Figuren! Erfinde weitere Figuren!

15. Von Kreisen ist der Radius bekannt. Berechne den Durchmesser!
a) 17 cm b) 39,5 m c) 0,75 km d) $\frac{1}{4}$ m e) 1,17 cm f) $4\frac{1}{2}$ mm

16. Zeichne Kreise um einen gemeinsamen Mittelpunkt! (Radius: 2 cm; 1,5 cm; 33 mm)

17. Zeichne Kreise mit den Durchmessern 5 cm; 6,8 cm; 88 mm; 9,4 cm und 7,4 cm um einen gemeinsamen Mittelpunkt!

18. Zeichne jeweils einen Kreis mit dem Radius 38 mm und der angegebenen Sehne! Bestimme dann jeweils den Abstand der Sehne vom Kreismittelpunkt M!
a) $\overline{AB} = 24$ mm b) $\overline{CD} = 3{,}5$ cm c) $\overline{EF} = 0{,}9$ cm d) $\overline{GH} = 48$ mm

19. Zeichne einen Kreis mit r = 3,2 cm! Lege auf dem Kreis einen beliebigen Punkt A fest und zeichne vom Punkt A eine Sehne, die genauso lang wie der Radius ist! Jeder „Endpunkt“ der Sehne sei Anfangspunkt einer neuen Sehne. Welche Figur entsteht?

20. Zeichne einen Kreis mit r = 2,5 cm und einen beliebigen Punkt P auf der Kreislinie!
a) Konstruiere Sehnen $\overline{PQ}$ mit einer Länge von 3,5 cm! Wie viele solcher Sehnen lassen sich konstruieren?
b) Konstruiere Sehnen, die von P einen Abstand von 3,5 cm haben!

21. In einer Parkanlage stehen drei Bäume. In der Zeichnung sind sie mit A, B und C bezeichnet. Es soll ein kreisförmiger Weg angelegt werden, der an den Bäumen vorbeiführt. Übertrage die Zeichnung in einem geeigneten Maßstab in dein Heft! Konstruiere den Kreis!

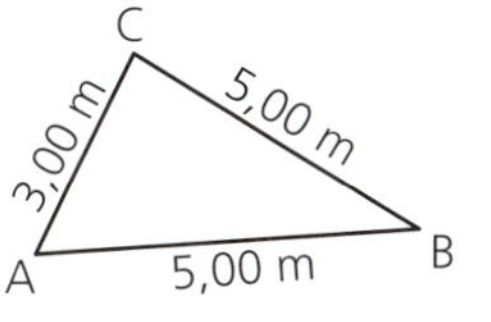

22. Es seien die Punkte A(2; 1), B(8; 2) und C(3; 6) gegeben. Zeichne das Dreieck ABC! Konstruiere alle Mittelsenkrechten und den Umkreis des Dreiecks!

23. Von einem Dreieck ABC sind c = 6,2 cm; $\alpha = 34°$ und $\beta = 66°$ bekannt. Zeichne das Dreieck ABC! Konstruiere alle Winkelhalbierenden und den Inkreis des Dreiecks!

***24.** Zwischen drei einander kreuzenden Wegen (entsprechend der nebenstehenden Abbildung) soll ein möglichst großes kreisförmiges Beet angelegt werden. Fertige eine Zeichnung im geeigneten Maßstab an! Ermittle durch Messung den Durchmesser dieses Kreises!

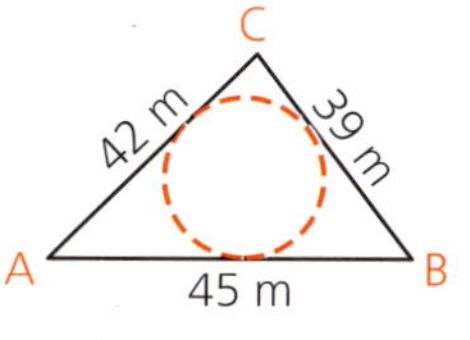

4.1 Dreiecke

Für den Bau eines Autobahnkreuzes muss eine Fläche in Form eines Sechsecks vorbereitet werden. Jede Kante ist 190 m lang. Durch Einzeichnen von Diagonalen entstehen sechs zueinander kongruente Dreiecke. Die Höhe eines Dreiecks beträgt rund 165 m.
Zur Berechnung kann die Figur in ein flächengleiches Rechteck verwandelt werden.

$A = 3 \cdot 190\ \text{m} \cdot 165\ \text{m}$
$A \approx 94\,000\ \text{m}^2$
$A \approx 9{,}4\ \text{ha}$

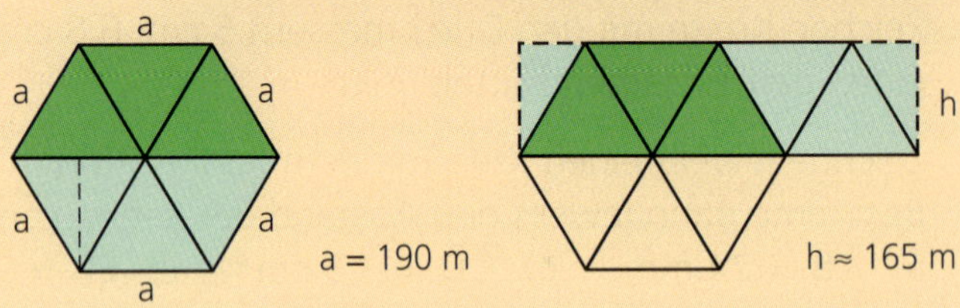

Kongruenzsätze für Dreiecke

Drei an den Enden vernagelte Bretter bilden eine stabile Figur. Dies wird zum Beispiel zur Stabilisierung von Holztüren genutzt. Das rot gekennzeichnete Dreieck ist durch die Länge der Bretter festgelegt. Aus drei gegebenen Seitenlängen, von denen je zwei Seitenlängen größer als die dritte Seitenlänge sind, lässt sich eindeutig ein Dreieck konstruieren.

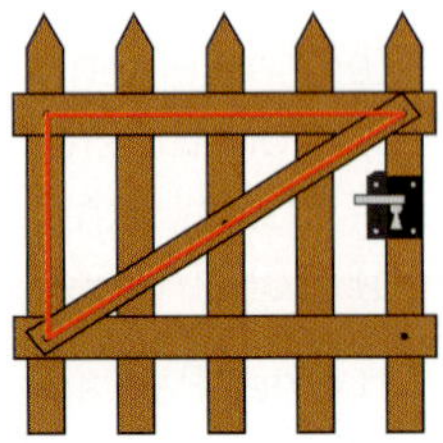

Konstruiere alle Dreiecke aus $a = 2$ cm; $b = 4$ cm und $c = 4{,}5$ cm!

Planfigur:

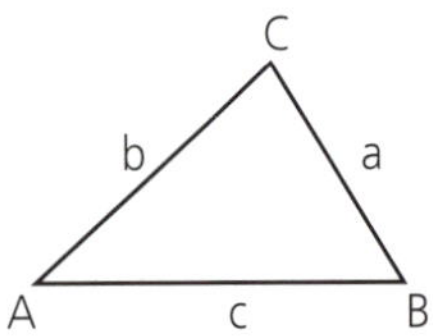

Lösungsplan:
- A und B sind durch $c = 4{,}5$ cm festgelegt.
- C liegt auf einem Kreis um A mit $r_1 = b = 4$ cm und auf einem Kreis um B mit $r_2 = a = 2$ cm.

Konstruktion:

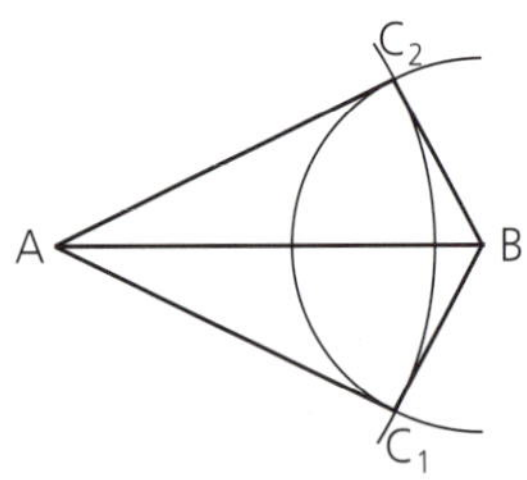

Anzahl der Lösungen:
Die Figur AC_1BC_2 ist ein Drachenviereck, da jede Seite eine gleichlange Nachbarseite hat. $\overline{AB}$ ist also Symmetrieachse und $\Delta AC_1B \cong \Delta ABC_2$.

Kongruenzsätze für Dreiecke

Zwei Dreiecke sind kongruent zueinander, wenn

1. die Dreiecke in allen drei Seiten übereinstimmen (sss),
2. die Dreiecke in zwei Seiten und dem eingeschlossenen Winkel übereinstimmen (sws),
3. die Dreiecke in einer Seite und den beiden anliegenden Winkeln übereinstimmen (wsw),
4. die Dreiecke in zwei Seiten und dem der größeren Seite gegenüberliegenden Winkel übereinstimmen (SsW).

Ein Dreieck ist eindeutig festgelegt, wenn die in den Kongruenzsätzen genannten Stücke gegeben sind.

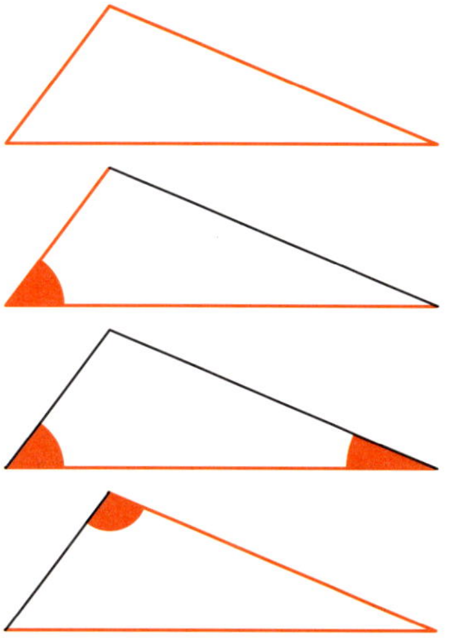

Mithilfe der Kongruenzsätze kannst du die Gleichheit von Strecken und Winkeln **beweisen.** Ein mathematischer **Beweis** für eine Behauptung ist eine lückenlose Kette von Begründungen. Dabei dürfen nur bewiesene mathematische Sätze verwendet werden.

Bei der Suche nach der Idee für einen Beweis ist es oft hilfreich, die Gedankenkette vom Ende, d. h. von der Behauptung her, schrittweise rückwärts aufzubauen.
Frage zum Beispiel:
- Woraus würde die Behauptung unmittelbar folgen?
- Welche Sätze mit einer gleichen Behauptung kenne ich?

Aussage: Die Diagonalen eines Rhombus sind zueinander senkrecht.
Voraussetzung: AB || CD; BC || AD; $\overline{AB} = \overline{BC}$
Behauptung: $\sphericalangle ASB = 90°$
Finden des Beweises:

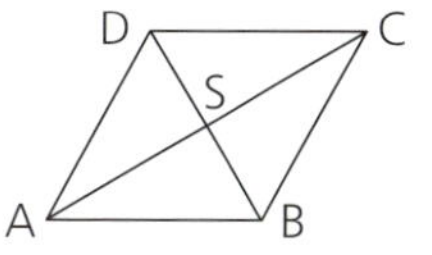

Folgende Fragen sind möglich:	Anwort:
Woraus würde folgen, dass $\sphericalangle ASB = 90°$ ist?	…, wenn $\sphericalangle ASB = \sphericalangle BSC$ wäre.
Woraus würde folgen, dass $\sphericalangle ASB = \sphericalangle BSC$ ist?	…, wenn die Dreiecke ABS und BCS kongruent wären.
Woraus würde folgen, dass die Dreiecke ABS und BCS kongruent zueinander sind?	…, wenn sie in drei Stücken übereinstimmen würden.
In welchen Stücken stimmen die Dreiecke überein?	$\overline{AS} = \overline{SC}$ (Diagonalen im Parallelogramm halbieren einander) $\overline{AB} = \overline{BC}$ $\overline{BS} = \overline{BS}$

Daraus ergibt sich folgende *Darstellung des Beweises:*

Feststellung	Begründung
(1) $\overline{AS} \cong \overline{SC}$	halbe Diagonalen eines Parallelogramms
(2) $\overline{AB} \cong \overline{BC}$	gleich lange Seiten des Rhombus
(3) $\overline{BS} \cong \overline{BS}$	gleiche (identische) Strecke
(4) $\triangle ABS \cong \triangle BCS$	nach Kongruenzsatz sss
(5) $\sphericalangle ASB \cong \sphericalangle BSC$	folgt aus (4)
(6) $\sphericalangle ASB \cong \sphericalangle BSC = 90°$	nach (5) und beide Winkel zusammen 180°

Manchmal gelingt es nicht oder nicht sofort, eine lückenlose Kette von exakten Begründungen zu finden. Um sich von der Richtigkeit einer Behauptung zu überzeugen, können konkrete Beispiele oder Spezialfälle herangezogen werden, die für die Behauptung sprechen.

Um nachzuweisen, dass die Summe der Außenwinkel in einem Dreieck 360° beträgt, lässt sich folgendes Gedankenexperiment durchführen:
Stelle dir vor, du läufst auf den Seiten eines Dreiecks entlang, bis du wieder am Ausgangspunkt angelangt bist.
Laufe vom Punkt A über die Punkte B und C wieder zum Punkt A. Du schaust danach wieder in die gleiche Richtung, hast dich also um 360° gedreht. Deine Richtungsänderung in jedem Eckpunkt entspricht der Größe des jeweiligen Außenwinkels.
Es sind drei Drehungen um α', β' und γ'. Die gesamte Richtungsänderung von 360° ist also gleich der Summe der Außenwinkel.

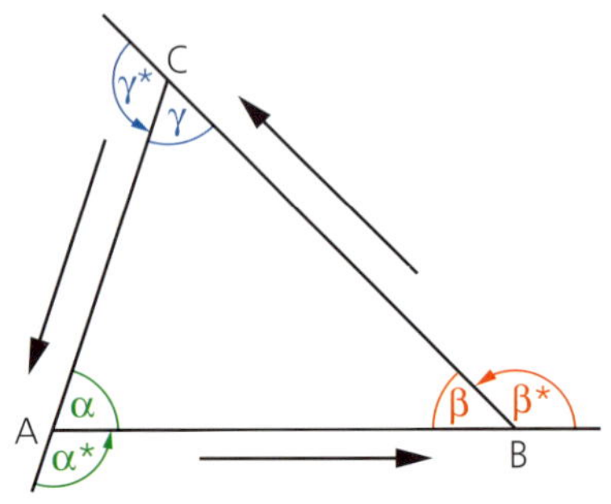

$\alpha' + \beta' + \gamma' = 360°$

Dieses Gedankenexperiment ist im mathematischen Sinne aber kein Beweis. Es kann lediglich dazu dienen, Vermutungen aufzustellen oder Begründungen zu finden.

Die **Widerlegung** einer Behauptung ist dagegen bereits durch ein Gegenbeispiel möglich.

Du kannst oft auch Begründungen finden, indem du Spiegelungen, Verschiebungen oder Drehungen von Figuren oder Teilfiguren betrachtest. Das Ausschneiden der Figuren oder das Übertragen auf Folie kann bei der Suche nach geeigneten Abbildungen helfen.

Um die Eigenschaften eines Rhombus zu untersuchen, zeichne einen Rhombus. Beim Falten längs einer Diagonalen stellt man fest, dass die gegenüberliegenden Eckpunkte zusammenfallen. Die Diagonale ist Symmetrieachse. Somit ist die zweite Diagonale senkrecht zur Symmetrieachse, also senkrecht zur ersten Diagonalen.

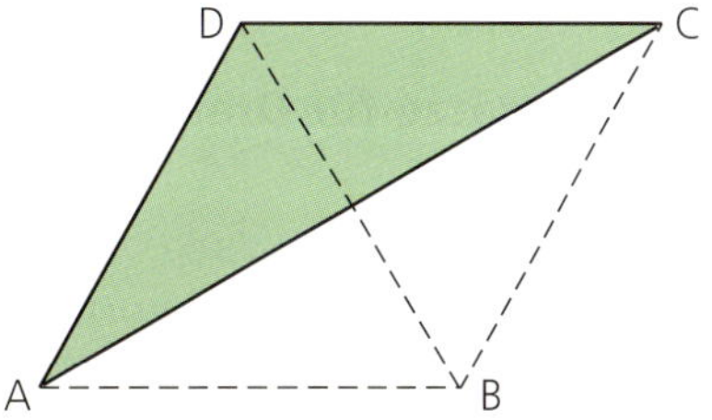

Man muss nur zeigen, dass D das Bild von B bei einer Spiegelung an AC ist. Dazu muss die Kongruenz der Dreiecke ΔABC und ΔACD nachgewiesen werden. Das ist mit dem Kongruenzsatz sss möglich.

Flächeninhalt von Dreiecken

Die Höhe h_c teilt ein spitzwinkliges Dreieck in zwei rechtwinklige Dreiecke. Der Flächeninhalt des Dreiecks ABC ergibt sich als Summe der Flächeninhalte A_1 und A_2 der Teildreiecke.

$$A = \frac{1}{2} \cdot c_1 \cdot h_c + \frac{1}{2} \cdot c_2 \cdot h_c = \frac{1}{2} \cdot (c_1 + c_2) \cdot h_c = \frac{1}{2} \cdot c \cdot h_c$$

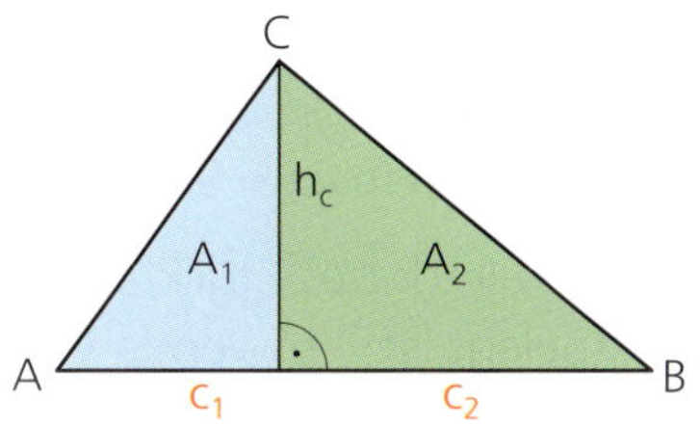

Eine analoge Überlegung kann für jedes stumpfwinklige Dreieck angestellt werden. Häufig wird die Seite c auch als **Grundseite g** bezeichnet.

Der **Flächeninhalt** eines Dreiecks ist gleich der Hälfte des Produkts aus einer Seite und der zugehörigen Höhe.

$$A = \frac{g \cdot h_g}{2} = \frac{1}{2} \cdot g \cdot h_g$$

Der **Umfang** eines Dreiecks ist gleich der Summe aller Seitenlängen. $u = a + b + c$

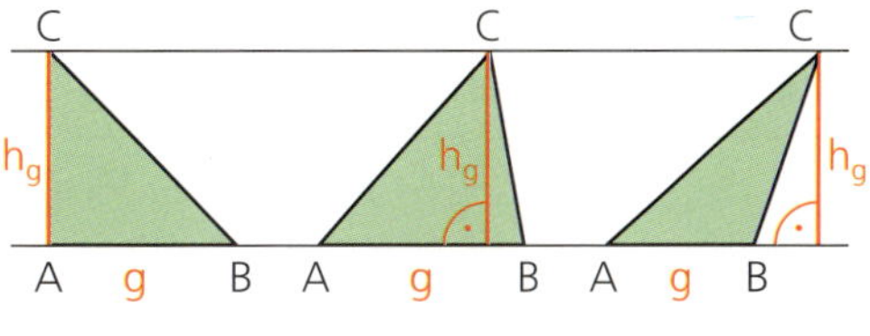

Von einem Dreieck ABC sind die Seitenlängen a, b, c und die Höhe h_c gegeben. Ermittle den Umfang und den Flächeninhalt des Dreiecks!

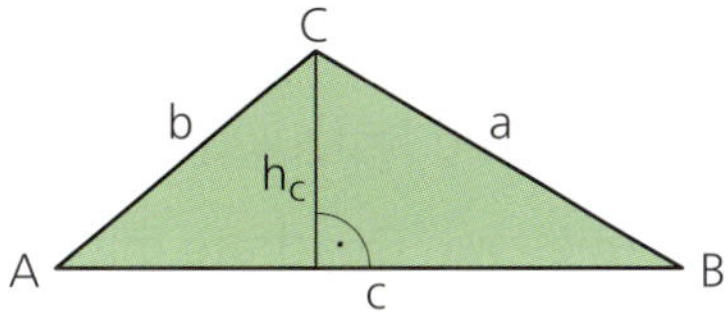

geg.:	ges.:	Lösung:	
$c = 9{,}0$ cm	u; A	$u = a + b + c$	$A = \frac{1}{2} \cdot g \cdot h_g = \frac{1}{2} \cdot c \cdot h_c$
$b = 5{,}8$ cm		$u = 7{,}8$ cm $+ 5{,}8$ cm $+ 9{,}0$ cm	$A = 0{,}5 \cdot 9{,}0$ cm $\cdot 5{,}0$ cm
$a = 7{,}8$ cm		$u = 22{,}6$ cm	$A = 22{,}5$ cm^2
$h_c = 5{,}0$ cm			

Aufgaben

Kongruenzsätze für Dreiecke

Entfernungs- und Winkelmessungen im Gelände sind z.B. notwendig, um Übersichtskarten anzufertigen.
Beim Vermessen von Dreiecken brauchen nur 2 der 3 Innenwinkel gemessen zu werden. Warum ist das so?
Wann reicht das Messen eines Winkels und einer Seite im Dreieck aus?

1. Untersuche mithilfe der Kongruenzsätze, ob mit folgenden Stücken Dreiecke eindeutig festgelegt sind!
a) $c = 5{,}2$ cm; $a = 3{,}1$ cm; $\beta = 18°$
b) $a = 6$ cm; $b = 7{,}2$ cm; $c = 5$ cm
c) $b = 4{,}7$ cm; $\alpha = 38°$; $\beta = 45°$
d) $c = 5{,}9$ cm; $a = 4$ cm; $\alpha = 50°$

2. Gib je ein drittes Stück an, sodass das Dreieck nach einem Kongruenzsatz eindeutig festgelegt ist! Verwende verschiedene Kongruenzsätze und gib sie in Kurzform an!
a) $a = 5$ cm; $c = 6$ cm
b) $\beta = 40°$; $b = 4$ cm
c) $\beta = 65°$; $\gamma = 70°$
d) $c = 5{,}2$ cm; $\gamma = 90°$

3. Drei Lehrlinge haben von Werkstücken, die die Form eines gleichschenkligen Dreiecks haben, folgende Stücke gemessen, um davon eine Zeichnung zu machen:

Lehrling 1	Lehrling 2	Lehrling 3	Lehrling 4
a, α	b, c, β	a, c, α, γ	α, γ

Was meinst du dazu?

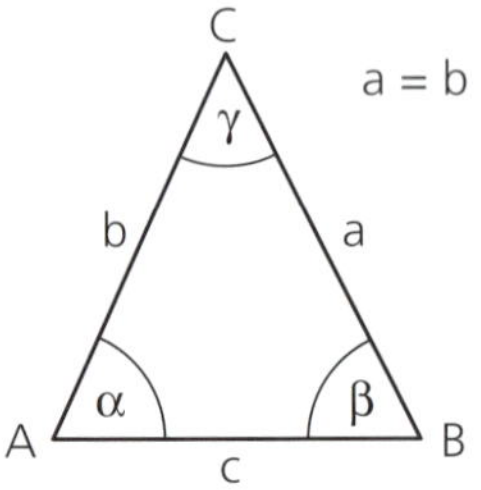

4. a) Zeichne das Dreieck in dein Heft! Verwende so wenig Maße wie möglich!
*b) Gib weitere Möglichkeiten an, drei Maße auszuwählen, um mit diesen das Dreieck eindeutig festzulegen!

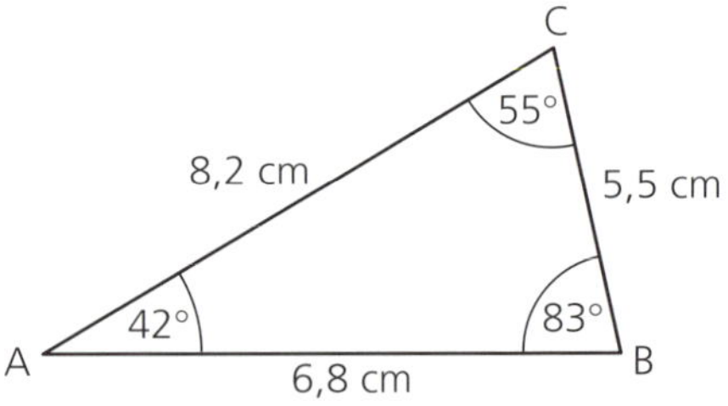

5. Zeichne zwei Quadrate mit einer Seitenlänge von je 4 cm! Zerlege jeweils eins der Quadrate in folgende Teilfiguren!
a) in 2 zueinander kongruente Dreiecke
b) in 4 zueinander kongruente Dreiecke

6. Zeichne folgende Figuren in dein Heft! Zerlege sie jeweils in vier zueinander kongruente Dreiecke!
a) A(1; 1), B(5; 1), C(5; 4), D(1; 4)
b) A(1; 1), B(4; 4), C(1; 4)

7. Die folgenden Paare von Dreiecken stimmen in den markierten Stücken überein. Prüfe, in welchen Fällen aus der Übereinstimmung der markierten Stücke auf die Kongruenz der Dreiecke geschlussfolgert werden kann! Gib jeweils den entsprechenden Kongruenzsatz in Kurzform an!

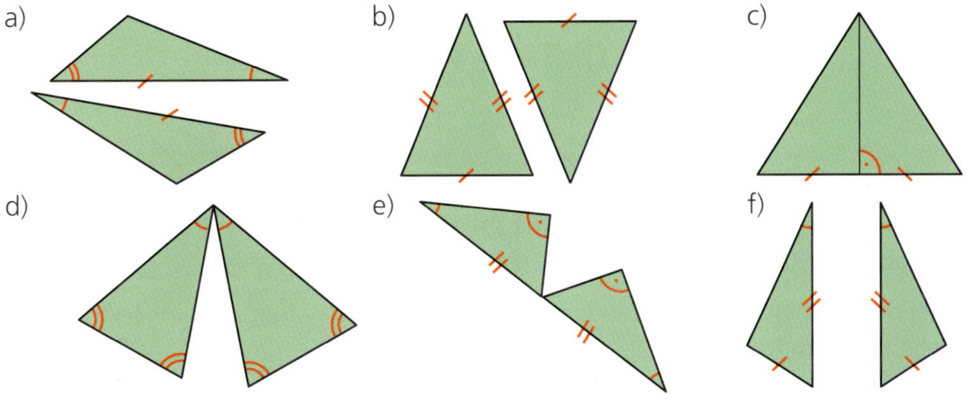

8. Untersuche, welche der folgenden Dreiecke zueinander kongruent sind! Gib jeweils den entsprechenden Kongruenzsatz an! Stücke, die auf gleiche Weise gekennzeichnet sind, sollen gleich sein.

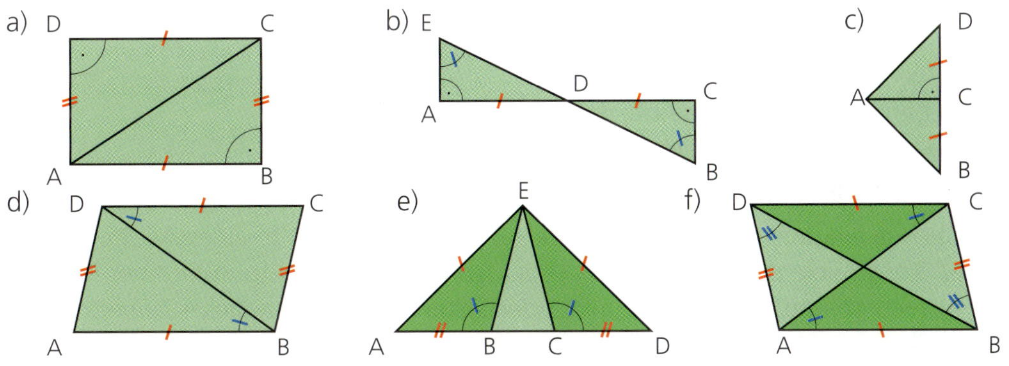

9. Kongruenzsätze für Dreiecke vereinfachen sich, wenn sie auf Sonderformen angewendet werden. Gib für folgende Fälle den jeweiligen Kongruenzsatz in Kurzform an! Gib drei weitere Sonderfälle an!

a) Gleichseitige Dreiecke sind zueinander kongruent, wenn sie in einer Seite übereinstimmen.
b) Gleichschenklige Dreiecke sind zueinander kongruent, wenn sie in einem Schenkel und einem Basiswinkel übereinstimmen.
c) Rechtwinklige Dreiecke sind zueinander kongruent, wenn sie in beiden Katheten übereinstimmen.

***10.** Christiane sagt: *„Jedes gleichseitige Dreieck kann in 2; in 3; in 4; in 6; in 8; in 9; … zueinander kongruente Dreiecke zerlegt werden."*
Überprüfe diese Aussage! Setze die Reihe fort!

11. Von einer Verstrebung sind die angegeben Maße bekannt.
a) Suche nach Begründungen dafür, dass die grünen Streben gleich lang sind!
b) Beweise, dass die Dreiecke AMD und CMB zueinander kongruent sind!

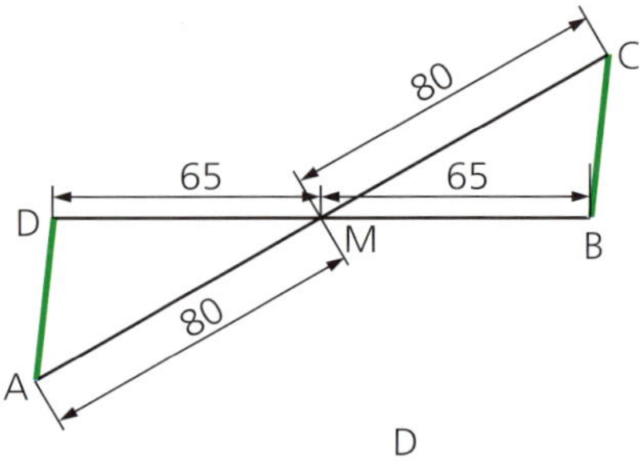

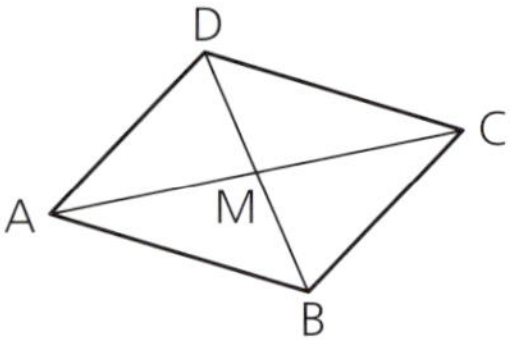

***12.** Beweise folgenden Satz:
In einem Parallelogramm ABCD halbieren die Diagonalen $\overline{AC}$ und $\overline{BD}$ einander.

13. Zeichne die folgenden Figuren mit selbst gewählten Maßen in dein Heft! Stelle Vermutungen über die Kongruenz von Winkeln, Strecken bzw. Dreiecken auf!
a) Beweise bei Figur I, dass die Dreiecke AMD und BMC zueinander kongruent sind!
b) Beweise bei Figur II, dass $\overline{AE}$ und $\overline{BF}$ gleich lang sind! Nutze dazu die Kongruenz von Dreiecken!

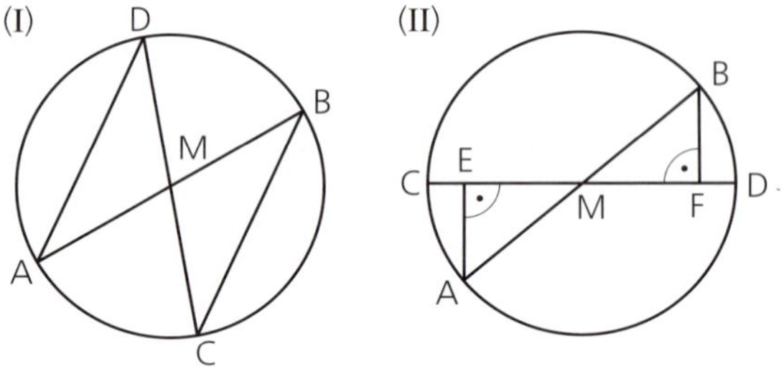

14. Beweise! Wenn in einem Viereck die Gegenseiten gleich lang sind, dann ist dieses Viereck ein Parallelogramm.
(Zeichne eine Diagonale ein und nutze die Kongruenz von Dreiecken!)

15. Zeichne ein unregelmäßiges Dreieck ABC! Es soll die Hälfte eines A4-Blattes haben!
a) Konstruiere den Schnittpunkt H der Höhen, den Schnittpunkt M der Mittelsenkrechten und den Schnittpunkt S der Seitenhalbierenden dieses Dreiecks!
b) Zeichne die Gerade durch die Punkte H und M!
c) Beschreibe die Lage des Punktes S bezüglich dieser Gerade!

Hinweis: Die Gerade heißt nach dem schweizer Mathematiker LEONHARD EULER (1707 bis 1783) auch eulersche Gerade.

Flächeninhalt von Dreiecken

16. Begründe die Gültigkeit der Flächeninhaltsformel für jedes Dreieck!

a)
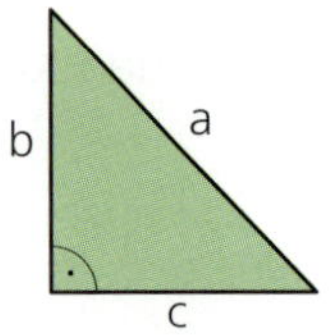

$A = \frac{b \cdot c}{2}$

b)
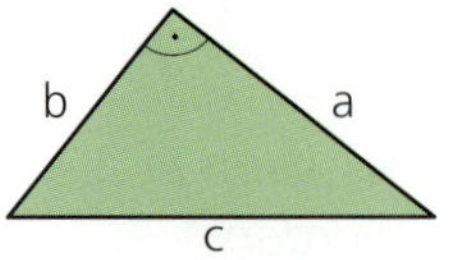

$A = \frac{a \cdot b}{2}$

c)
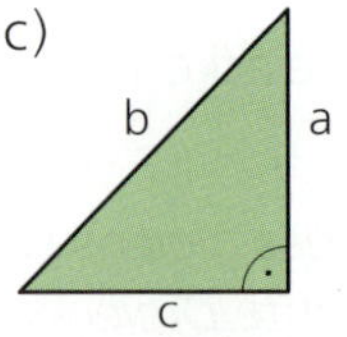

$A = \frac{c \cdot a}{2}$

d)
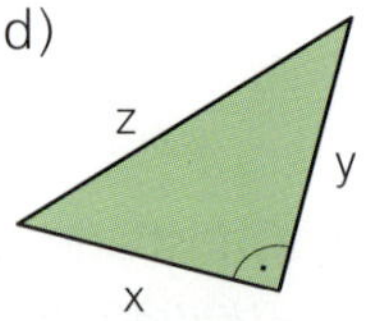

$A = \frac{x \cdot y}{2}$

17. Berechne jeweils den Flächeninhalt folgender Dreiecke!

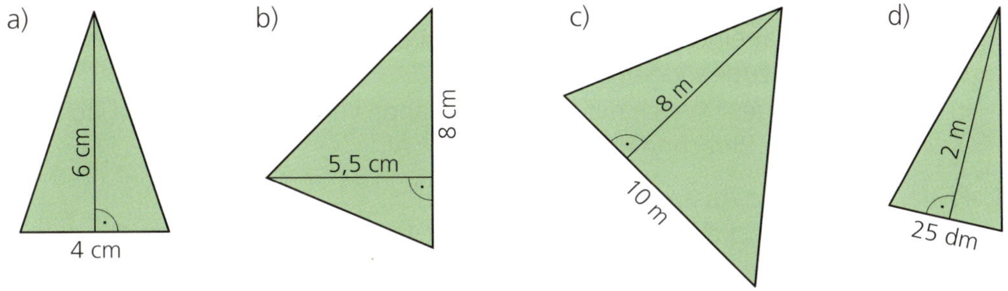

18. Berechne jeweils den Flächeninhalt der Dreiecke! Wähle dazu notwendige Stücke aus!

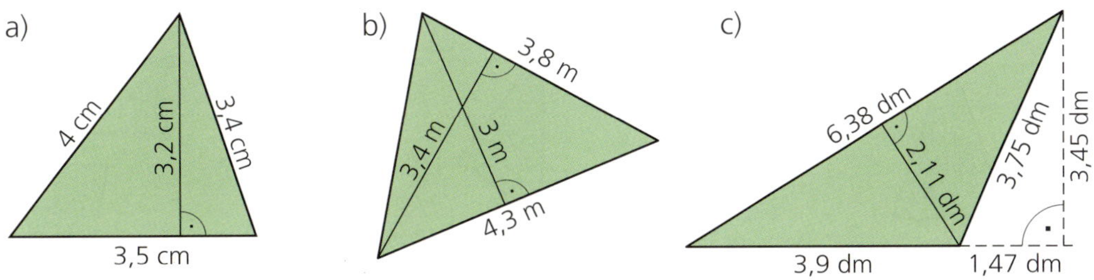

19. Berechne den Flächeninhalt des Dreiecks ABC!

a) $c = 3{,}8$ cm, $h_c = 2{,}4$ cm
b) $b = 57$ m, $h_b = 81$ m
c) $\overline{AC} = 64$ cm, $h_b = 2{,}5$ dm
d) $\overline{AB} = 1{,}2$ km, $h_c = 950$ m

20. In einem Dreieck ABC wurde im Abstand $\frac{h_c}{2}$ eine Parallele zur Seite $\overline{AB}$ gezeichnet.
Begründe, warum das Dreieck ABC und das Rechteck ABHD den gleichen Flächeninhalt besitzen!

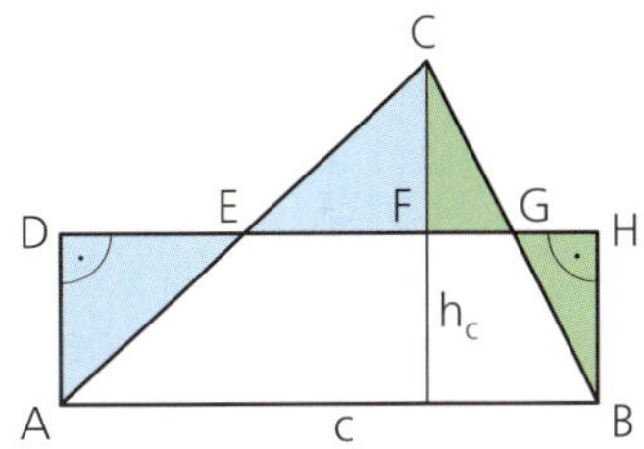

21. a) Warum kann man nicht von der Höhe eines beliebigen Dreiecks sprechen?
b) In welchen Dreiecken sind alle Höhen gleich lang?
c) Welche Dreiecke haben zwei gleich lange Höhen?

22. Gib für folgende farbige Dreiecke mögliche Formeln zur Berechnung des Flächeninhalts an! Verwende zur Bezeichnung der Strecken deren Endpunkte!

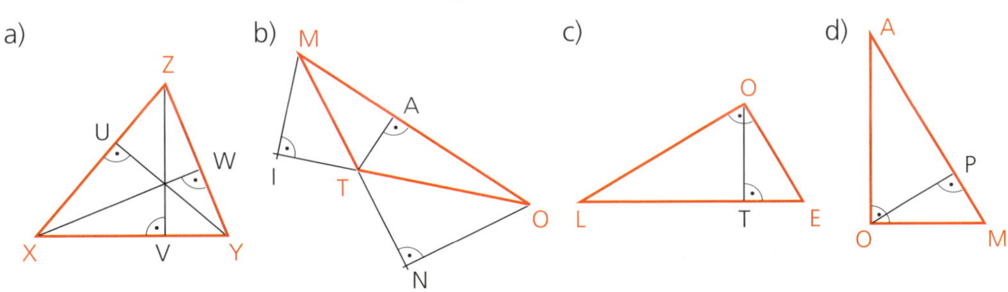

23. a) Ein rechtwinkliges Dreieck hat einen Flächeninhalt von 20 cm^2. Wie lang können die beiden aufeinander senkrecht stehenden Seiten sein?
b) Ein Dreieck hat einen Flächeninhalt von 14 cm^2. Eine Seite ist 4 cm lang. Berechne die zugehörige Höhe!
c) Ein gleichseitiges Dreieck mit einer Seitenlänge von 5 cm hat einen Flächeninhalt von 10,8 cm^2. Berechne die Länge der Höhe!

24. Prüfe, ob folgende Aussagen wahr sind!
a) Sind zwei Dreiecke zueinander kongruent, haben sie den gleichen Flächeninhalt.
b) Haben zwei Dreiecke den gleichen Flächeninhalt, sind sie zueinander kongruent.

25. Welche Dreiecke haben den gleichen Flächeninhalt? Begründe, ohne zu rechnen!

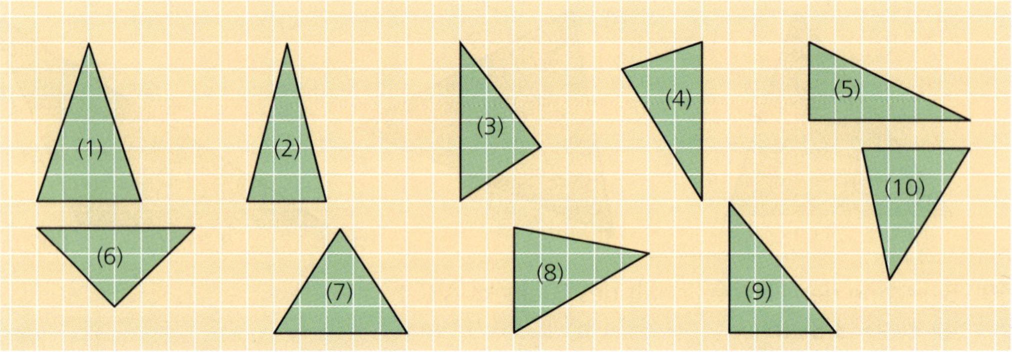

26. Zeichne ein Koordinatensystem (Einheit: 1 cm)!
Zeichne die folgenden Dreiecke ein und berechne jeweils deren Flächeninhalt!

a) A(1;1), B(3;1), C(2; 3) b) D(2,5; 5), E(2,5; 9), F(0; 6,5)
c) G(4,5; 2), H(7,5; 5), I(4; 5,5) d) K(4,5; 6,5), L(8; 7), M(4,5; 8,5)

27. a) Ein Rasenstück hat die Form eines rechtwinkligen Dreiecks. Die Seiten sind 18 m, 24 m bzw. 30 m lang. Wie groß ist die Rasenfläche?
b) Ein Dachgiebel in Form eines gleichschenkligen Dreiecks hat eine Höhe von 2,5 m. Seine 12,5 m^2 große Fläche wurde mit Holz verkleidet. Wie breit ist der Giebel?
*c) Die Länge der Grundkante einer quadratischen Pyramide beträgt 45 cm, eine Seitenfläche ist 1125 cm^2 groß. Berechne die Höhe einer Seitenfläche!

28. Ein gleichschenkliges Dreieck hat einen Flächeninhalt von 15 cm^2. Die Basis hat eine Länge von 6 cm. Konstruiere das Dreieck!

29. Berechne die Inhalte einer blauen und einer grünen Teilfläche und vergleiche beide! Begründe, dass dieser Zusammenhang für jedes Rechteck gilt!

a)
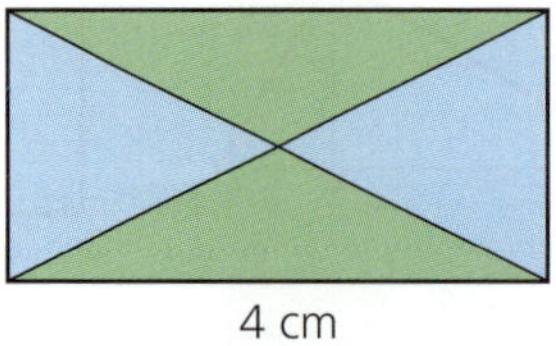

b)
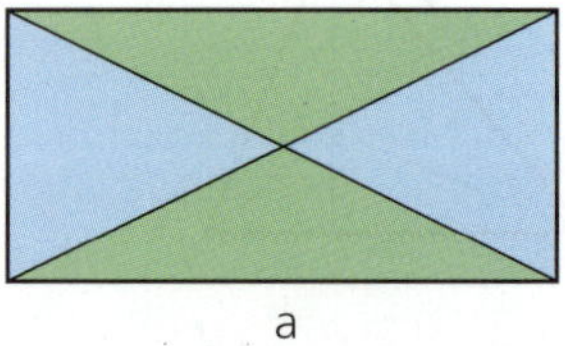

30. In folgenden Zeichnungen ist die Gerade g parallel zur Geraden h.
a) Vergleiche die Flächeninhalte der Dreiecke ABC, ABD und ABE!
b) Begründe deine Feststellung!

I)
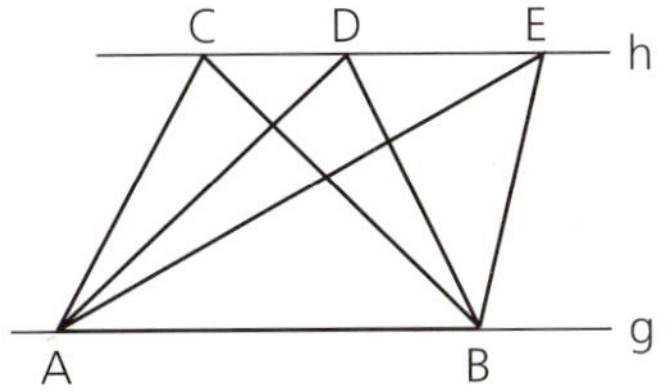

II)
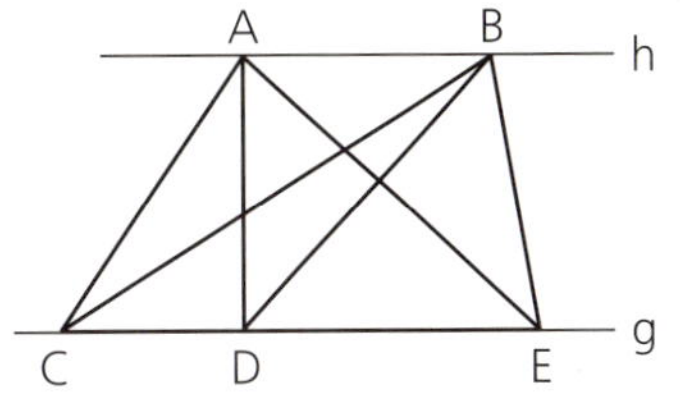

31. Gegeben ist ein Dreieck ABC. Berechne die fehlenden Größen!

	a)	b)	c)	*d)	*e)	*f)
a	6,3 cm	4,4 cm		7,1 m	36 dm	80 cm
b	4,7 cm		25,1 m		34 dm	75 cm
c	6 cm	4 cm	37,2 m	14,2 m	31 dm	
h_a		3 cm	22 m			
h_b						80 cm
h_c	4,5 cm			7 m		50 cm
A			462 m^2		486 dm^2	
u		11,9 cm		36,1 mm		

32. a) Zeichne das Dreieck in dein Heft, zeichne alle Höhen ein und miss deren Längen!
b) Miss alle Seitenlängen und gib den Umfang des Dreiecks an!
c) Berechne den Flächeninhalt, indem du einmal die Seite a, einmal die Seite b und einmal die Seite c als Grundseite verwendest!

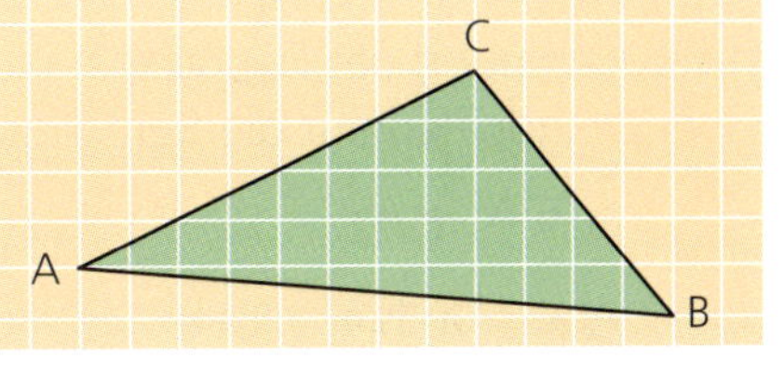

33. Weise nur mithilfe der Flächeninhaltsformel für ein rechtwinkliges Dreieck nach, dass für ein beliebiges stumpfwinkliges Dreieck gilt:
$A = \frac{c \cdot h_c}{2}$

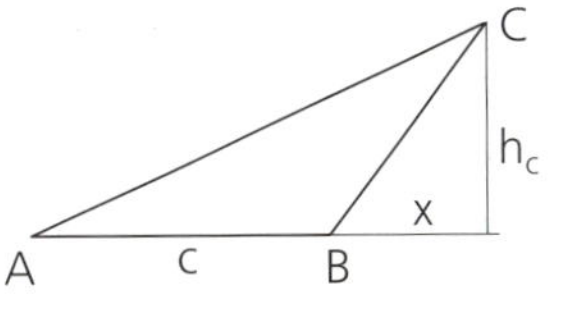

***34.** a) Begründe mithilfe der nebenstehenden Zeichnung, dass man den Flächeninhalt eines Drachenvierecks mit der Formel $A = \frac{e \cdot f}{2}$ berechnen kann!
b) Berechne den Flächeninhalt der Dreiecke CMB, CMD, DMA und BMA sowie des gesamten Drachenvierecks!
geg.: $f = \overline{BD} = 3$ cm $e = \overline{AC} = 7$ cm $\overline{CM} = 3$ cm

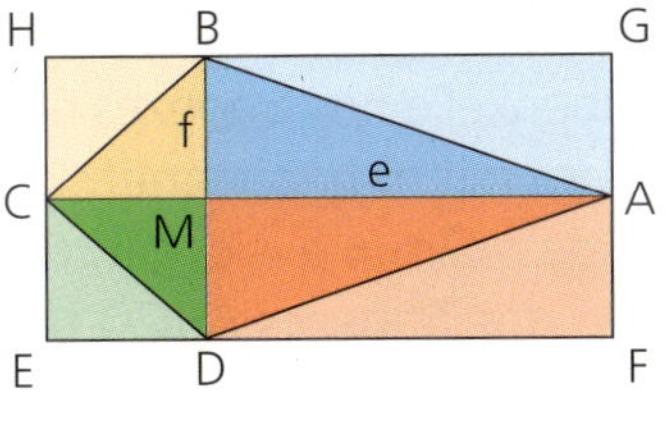

4.2 Vierecke und Vielecke

Bei der Planung eines Baugebietes müssen die Grundstücksflächen in geeigneter Weise aufgeteilt werden.
Der Grundstückspreis ergibt sich aus dem Preis pro Quadratmeter und der Größe des jeweiligen Grundstücks. Grundstücke haben oft eine rechteckige Form.
Es treten aber auch andere Vierecksarten und Figuren mit fünf oder mehr Ecken auf.

Ein Viereck ABCD hat vier Innenwinkel α, β, γ, δ und die Diagonalen $\overline{AC}$ bzw. $\overline{BD}$.
In jedem Viereck beträgt die Summe der vier Innenwinkel 360°.

$\alpha + \beta + \gamma + \delta = 360°$

Der Flächeninhalt eines Vierecks kann mithilfe einer Formel (so wie beim Dreieck) berechnet werden.

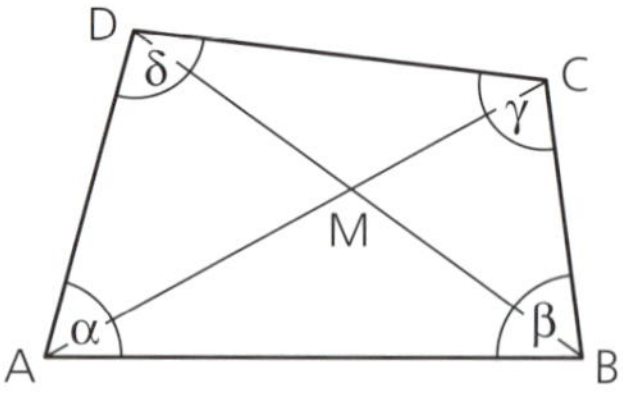

Flächeninhalt von Vierecken

Die Berechnung des Flächeninhalts eines beliebigen *Trapezes* lässt sich durch Einzeichnen einer Diagonalen auf die Berechnung des Flächeninhalts von Dreiecken zurückführen.

$$A = A_1 + A_2$$

$$A = \frac{1}{2}\,a \cdot h + \frac{1}{2}\,c \cdot h$$

$$A = \frac{1}{2} \cdot (a + c) \cdot h$$

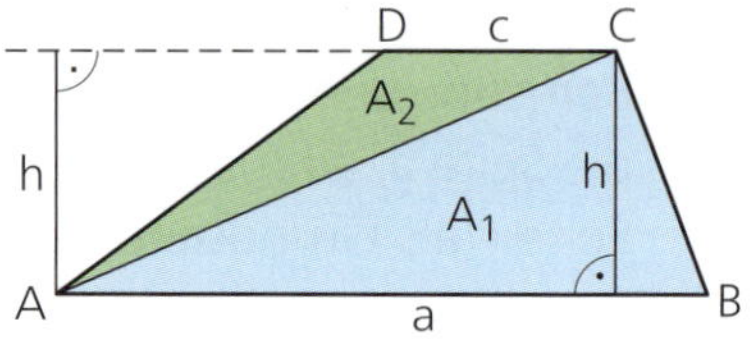

Der **Flächeninhalt** eines **Trapezes** ist gleich der Hälfte des Produkts aus der Summe der parallelen Seiten und der Höhe.

$$A = \frac{1}{2} \cdot (a + c) \cdot h$$

Die Verbindungsstrecke der Mittelpunkte der Schenkel eines Trapezes heißt Mittellinie und wird mit m bezeichnet. Die Abbildung zeigt, dass $2m = a + c$ gilt, denn beim Drehen des Trapezes ABCD um N mit 180° entsteht ein Parallelogramm.
Somit gilt für den Flächeninhalt eines Trapezes auch: $A = m \cdot h$

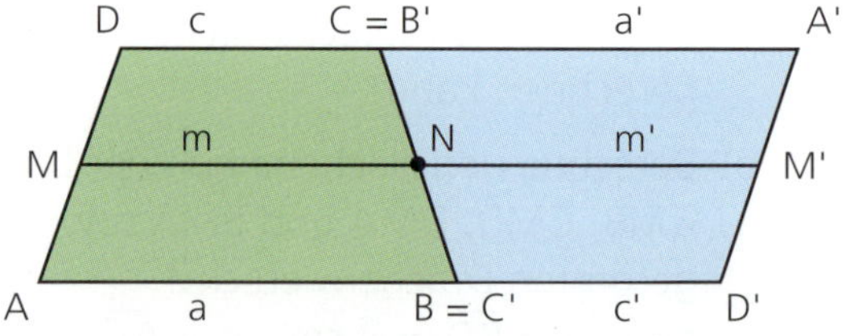

Da ein *Parallelogramm* ein spezielles Trapez mit gleich langen Gegenseiten ist, gilt für seinen Flächeninhalt:

$$A = \frac{1}{2} \cdot (a + c) \cdot h_a = \frac{1}{2} \cdot 2a \cdot h_a = a \cdot h_a$$

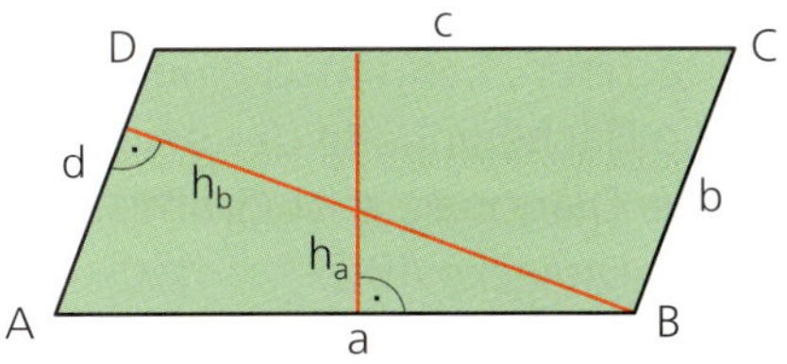

Der **Flächeninhalt** eines **Parallelogramms** ist gleich dem Produkt einer Seite und der dazugehörigen Höhe.

$$A = a \cdot h_a \qquad A = b \cdot h_b$$

Hinweis: Die Formel kannst du dir auch in der Form $A = g \cdot h_g$ merken.

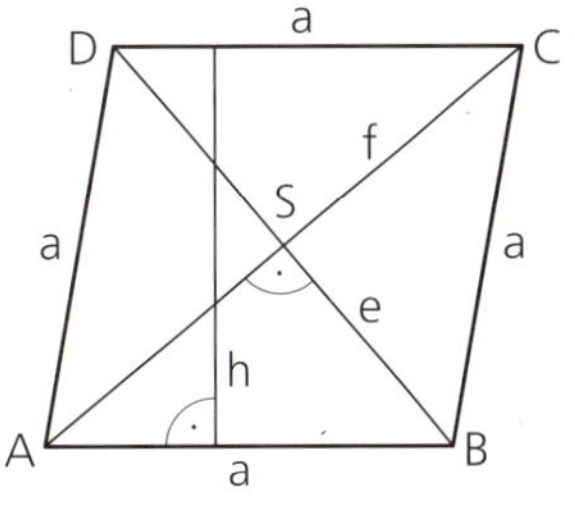

Ein *Rhombus* ist ein spezielles Parallelogramm. Deshalb ist die Flächeninhaltsformel für Parallelogramme auch auf Rhomben anwendbar.
Da der Abstand der parallelen Seiten gleich ist, hat ein Rhombus nur eine Höhe.

Der **Flächeninhalt** eines **Rhombus** ist gleich dem Produkt einer Seite und der Höhe.

$$A = a \cdot h$$

Zur Berechnung des Flächeninhalts eines *Drachenvierecks* kann es in zwei Dreiecke zerlegt werden, die beide die Grundseite e und die Höhe $\frac{f}{2}$ haben.

Die Summe der Flächeninhalte der Teildreiecke ergibt den Flächeninhalt des Drachenvierecks.

Es gilt: $A = 2 \cdot \frac{1}{2} e \cdot \frac{f}{2}$ also $A = \frac{1}{2} ef$.

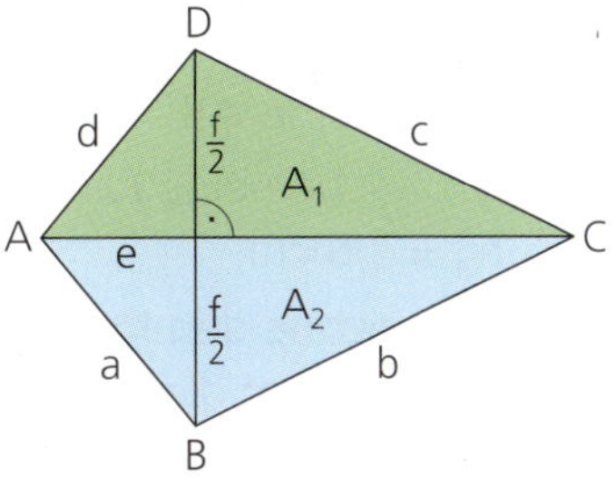

Der **Flächeninhalt** eines **Drachenvierecks** ist gleich der Hälfte des Produktes der Diagonalen.

$$A = \frac{1}{2} \cdot e \cdot f$$

Da der Rhombus ein Sonderfall des Drachenvierecks ist, gilt die Formel auch für den Flächeninhalt von Rhomben.

Der **Flächeninhalt** eines **Rhombus** ist gleich der Hälfte des Produktes der Diagonalen.

$$A = \frac{1}{2} \cdot e \cdot f$$

Um den Flächeninhalt eines unregelmäßigen Vierecks zu berechnen, kann man eine Diagonale einzeichnen und die Flächeninhalte der beiden Teildreiecke ermitteln. Die Diagonale e ist Grundseite des Dreiecks ACD und des Dreiecks ABC.

$$A = A_1 + A_2 = \frac{1}{2} \cdot e \cdot h_1 + \frac{1}{2} \cdot e \cdot h_2 = \frac{1}{2} \cdot e \cdot (h_1 + h_2)$$

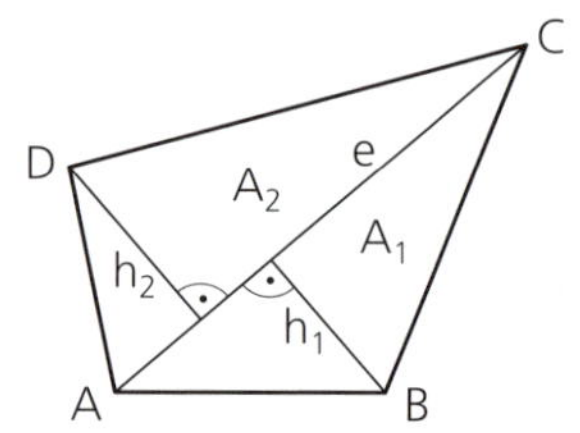

Konstruktion von Vierecken

Die Konstruktion von Vierecken kannst du analog zur Konstruktion von Dreiecken nach der Methode der Bestimmungslinien durchführen.

Konstruiere ein Parallelogramm mit $a = 6{,}0$ cm, $b = 3{,}5$ cm, $h_a = 3{,}0$ cm!

Konstruktionsplan:

- Die Punkte A und B sind durch die Seite a bestimmt.
- Der Punkt C liegt auf der Parallelen zu AB im Abstand $h_a = 3$ cm und auf dem Kreis um B mit dem Radius $b = 3{,}5$ cm.
- Der Punkt D liegt auf der Parallelen zu AB im Abstand $h_a = 3$ cm und auf dem Kreis um C mit dem Radius $a = 6{,}0$ cm.

Planfigur:

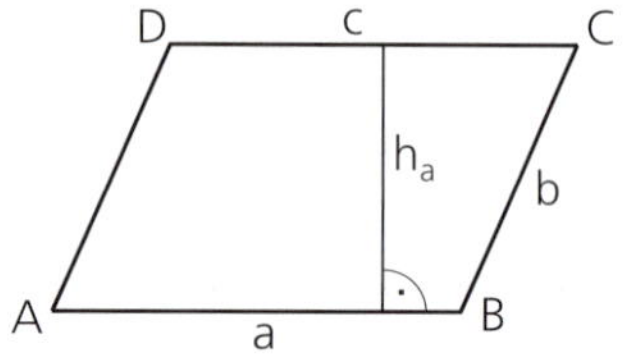

Konstruktionsbeschreibung:

(1) Ich zeichne $\overline{AB} = a = 6{,}0$ cm.

(2) Ich zeichne eine Parallele zu AB im Abstand $h_a = 3{,}0$ cm.

(3) Ich zeichne den Kreis um B mit $r = b = 3{,}5$ cm. Er schneidet die gezeichnete Parallele in den Punkten C_1 und C_2.

(4) Ich trage auf der Parallelen von C_1 und C_2 aus nach links Strecken von 6 cm Länge ab. Es entstehen die Punkte D_1 und D_2.

(5) Ich verbinde A mit D_1 und D_2 und B mit C_1 und C_2.

Die Parallelogramme ABC_1D_1 und ABC_2D_2 erfüllen die Bedingungen der Aufgabe. Sie sind zueinander kongruent.

Konstruktion:

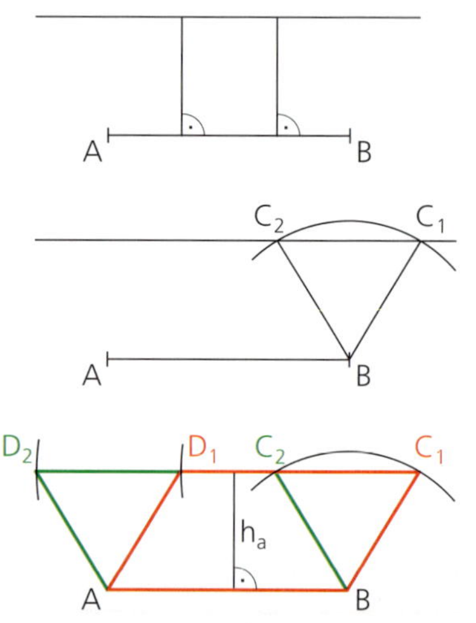

Bei der Formulierung „konstruiere *ein* Parallelogramm (oder *ein* Dreieck; *ein* Trapez…)" ist gemeint, *alle* Figuren zu bestimmen, die die Bedingungen der Aufgabe erfüllen und nicht zueinander kongruent sind. Es kann mehrere Lösungen geben.

Vielecke

Es gibt neben den Vierecken geradlinig begrenzte geometrische Figuren, die fünf, sechs oder mehr Eckpunkte haben.
Diese Figuren heißen **Vielecke** oder **n-Ecke.**
Eine Bienenwabe ist sechseckig, ein Fußball besteht aus Fünfecken und Sechsecken.

Um den **Flächeninhalt von Vielecken** zu berechnen, kannst du sie in Dreiecke oder Vierecke (z. B. in Trapeze) zerlegen und die Flächeninhalte der Teilfiguren addieren. Dabei ist es günstig, von einer Diagonalen auszugehen. Der **Umfang eines Vielecks** ist die Summe seiner Seitenlängen.

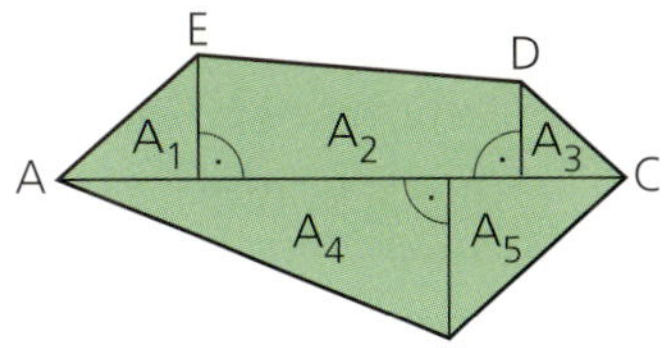

$A = A_1 + A_2 + A_3 + A_4 + A_5$

Ein Vieleck heißt **regelmäßig,** wenn alle Seiten gleich lang sind und alle Eckpunkte auf einem Kreis (dem Umkreis) liegen.

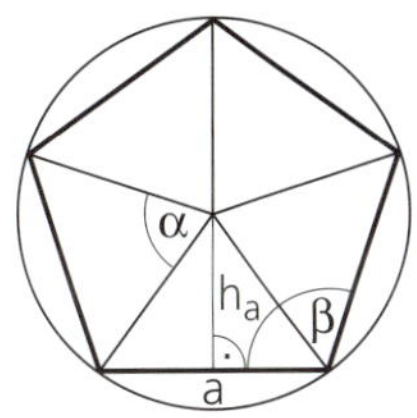

Für den **Mittelpunktswinkel** α der Teildreiecke eines regelmäßigen n-Ecks gilt: $\alpha = \frac{360°}{n}$

Für den **Innenwinkel** β gilt: $\beta = 180° - \alpha$

Der **Flächeninhalt** eines regelmäßigen Vielecks ist die Summe der Flächeninhalte seiner Teildreiecke.

$$A_{n\text{-Eck}} = n \cdot \frac{1}{2} \cdot a \cdot h_a$$

Ein regelmäßiges Vieleck kannst du konstruieren, indem du einen Kreis zeichnest und ausgehend von einem beliebigen Radius n-mal den Mittelpunktswinkel α anträgst.

regelmäßiges Vieleck	Anzahl der Ecken	Anzahl der Teildreiecke	α	β	Innenwinkelsumme
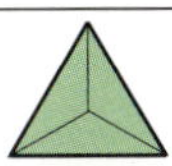 Dreieck	3	3	120°	60°	3 · 60° = 180°
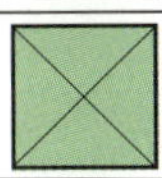 Viereck	4	4	90°	90°	4 · 90° = 360°
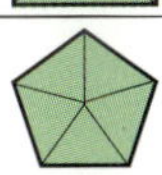 Fünfeck	5	5	72°	108°	5 · 108° = 540°
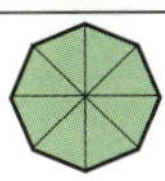 Achteck	8	8	45°	135°	8 · 135° = 1 080°

Aufgaben

Flächeninhalt von Vierecken

Querschnitte von Dämmen sind häufig gleichschenklige Trapeze.

a) Konstruiere den Querschnitt eines Dammes aus den gegebenen Stücken in einem geeigneten Maßstab! Ermittle die restlichen Angaben zum Damm aus der Zeichnung! (Dammkrone 6 m, Höhe 4 m, Böschungslänge je 8 m)

b) Ermittle den Flächeninhalt des Dammquerschnittes!

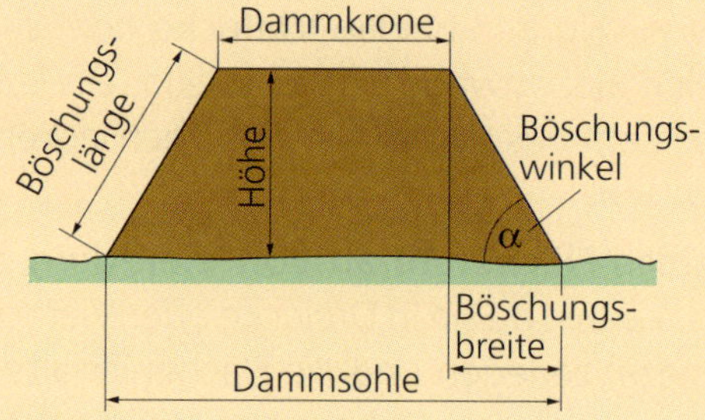

1. Von Vierecken sind die Größen von drei Innenwinkeln gegeben.

	I	II	III	IV	V
α	90°	111°	60°		40°
β	120°		94°	50°	40°
γ	50°	62°		130°	140°
δ		77°	86°	50°	

a) Gib jeweils die Größe des vierten Winkels an!

b) In einigen Fällen liegt eine spezielle Vierecksart vor. Gib diese an!

***2.** Von einem Viereck sei bekannt, dass der Winkel β doppelt so groß wie der Winkel α, der Winkel γ dreimal so groß wie der Winkel α und der Winkel δ viermal so groß wie der Winkel α ist. Gib die Größen der vier Innenwinkel des Vierecks an!

3. Ermittle jeweils den Flächeninhalt des Trapezes ABCD!

a) $a = 6$ cm, $c = 5$ cm, $h = 4$ cm

b) $a = 2{,}7$ cm, $c = 3{,}9$ cm, $h = 1{,}4$ cm

c) $a = 5{,}4$ cm, $c = \frac{a}{2}$, $h = 3{,}8$ cm

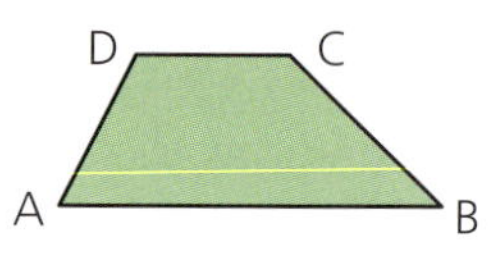

4. Zeichne die folgenden Trapeze in ein Koordinatensystem und berechne jeweils deren Flächeninhalt!

a) A(0; 0), B(7; 0), C(4; 5), D(2; 5)

b) A(2; 1), B(8; 1), C(10; 6), D(3; 6)

c) A(2; 0), B(9; 0), C(9; 7), D(2; 5)

d) A(2; 0,5), B(7; 0,5), C(6; 7,5), D(0; 7,5)

5. a) Zeichne ein Drachenviereck mit folgenden Maßen!
$f_1 = 5{,}2$ cm; $f_2 = 2{,}8$ cm; $e_1 = e_2 = 3{,}2$ cm

b) Berechne den Flächeninhalt dieses Drachenvierecks!

c) Wie ändert sich der Flächeninhalt des Drachenvierecks, wenn sich seine Diagonalenlängen verdoppeln?

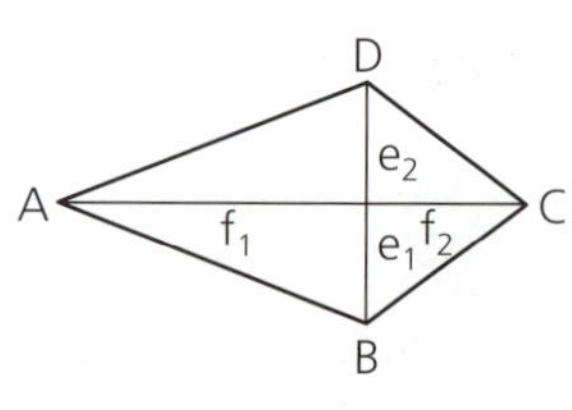

6. Ermittle die fehlenden Größen rechnerisch!

a) A_{ABCD}, β und γ

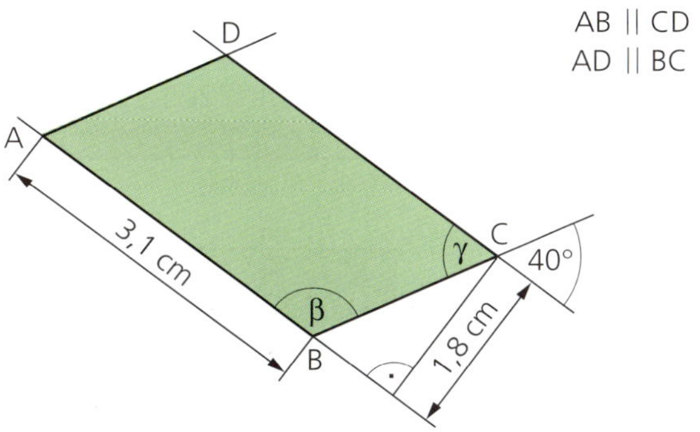

b) α, β, ε, A_{ABCD} und A_{EBCD}

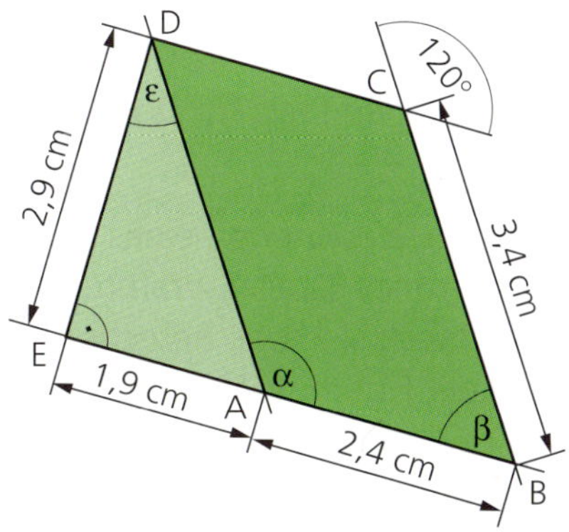

7. Berechne den Flächeninhalt der Drachenvierecke!

a) $e = 12{,}7$ cm; $f = 5{,}9$ cm

b) $e_1 = 4{,}7$ cm; $f_1 = 3{,}0$ cm; $e_2 = 6{,}5$ cm; $f_2 = 3{,}0$ cm

c) $e = 10{,}65$ cm; $f = \frac{2}{3}e$

*d) $\overline{AM} = 7$ cm; $b = 2{,}5$ cm; $f_2 = 2$ cm; $e = \frac{4}{5}b$

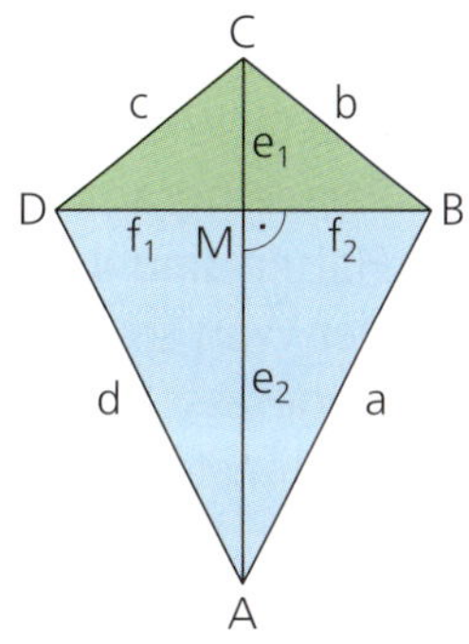

8. Berechne den Flächeninhalt und den Umfang der folgenden Parallelogramme!

a) $a = 7{,}8$ cm; $b = 4{,}7$ cm; $h_a = 3{,}6$ cm

b) $b = 6{,}3$ cm; $\overline{DC} = 5{,}1$ cm; $h_b = 4{,}8$ cm

9. Vierecke können durch die Koordinaten ihrer Eckpunkte im Koordinatensystem festgelegt werden. Ergänze den vierten Punkt so, dass ein Parallelogramm entsteht! Ermittle dann den Flächeninhalt der Parallelogramme! Messen ist erlaubt!

a) A (0; 0), B (5; 0), C (7; 6)

b) A (2; 7), B (4; 2), C (6; 5)

c) A (2; –2), B (5; –2), C (8; 1)

d) A (4; –3,5), B (7,5; –3,5), C (5; 0,5)

10. Zeichne in ein Koordinatensystem das durch seine Koordinaten gegebene Drachenviereck! Wo liegt der vierte Eckpunkt des Drachenvierecks! Berechne den Flächeninhalt des Drachenvierecks!

a) A(4; 8), B(0; 4), C(4; 0)

b) A(6; 6), B(6; 1), C(8; 3,5)

11. Herr Werner möchte die Seitenwand seines Schuppens neu streichen.

a) Für wie viel Quadratmeter Fläche muss er Farbe einkaufen? (Fensterfläche: $1{,}5\ m^2$)

*b) Der Schuppen ist 6 m breit. Wie viel Quadratmeter Wand muss Herr Werner streichen, wenn er alle Außenwände des Schuppens mit einem neuen Anstrich versehen will? Für Tür und Fenster sind insgesamt $4\ m^2$ Fläche abzuziehen.

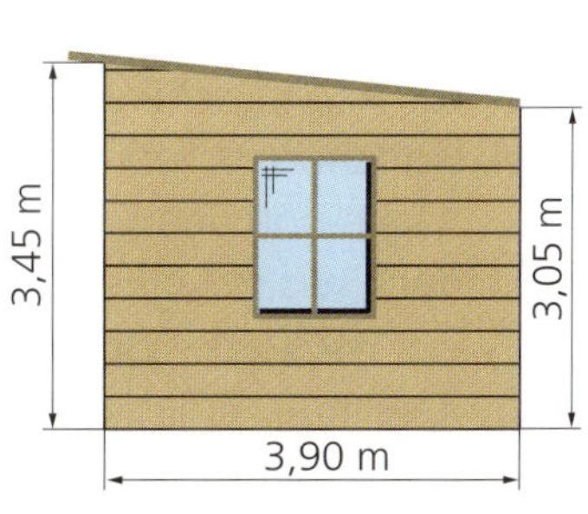

12. Familie Stein möchte ganz besondere Fensterscheiben im Dachgeschoss haben. Das Fensterglas kostet 36 Euro pro Quadratmeter.

a) Wie teuer ist das Glas für alle drei Fenster?

b) Gib den Preis für Doppelfenster an!

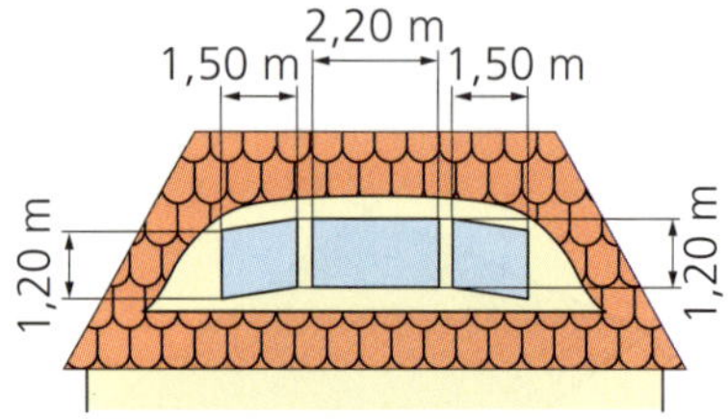

13. Beim Herausziehen eines Schiebers wird innen ein grünes Parallelogramm und außen ein blaues Rechteck sichtbar. Berechne den Flächeninhalt beider Figuren! Was stellst du fest?

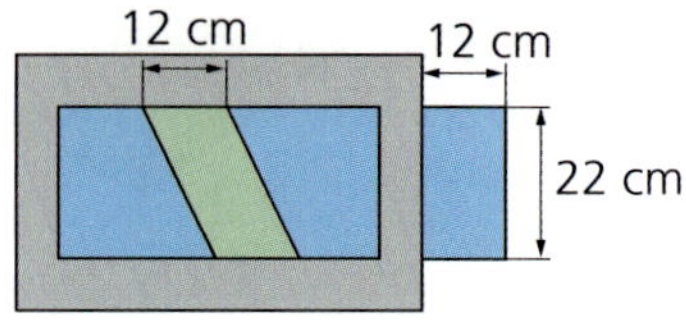

14. Ein Weg in einem Park hat die Form eines Parallelogramms. Er soll 220 m lang werden.

a) Wie viel Quadratmeter Weg ist zu bauen?

b) Wie viele Gehwegplatten (in Form von Parallelogrammen) werden benötigt? Die Platten sind 40 cm breit und 60 cm lang!

c) Der Weg soll mit Rasenkantensteinen eingefasst werden. Wie viel laufende Meter Kantensteine werden benötigt?

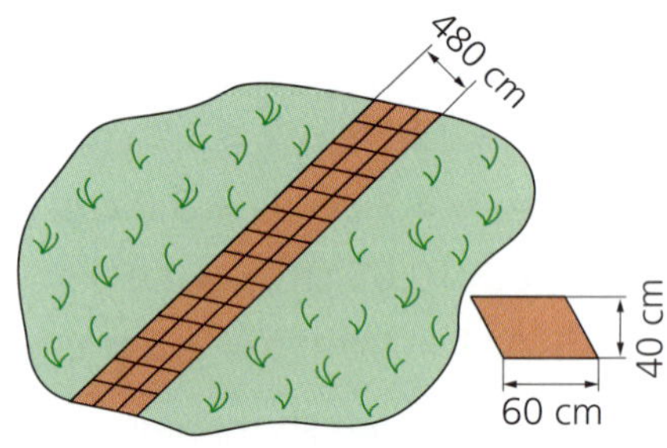

15. a) Berechne die Größe jeder Gartenparzelle! Entnimm die Maße der Skizze! (Maßangaben in Meter)

b) Prüfe, ob die Gartenflächen von Herrn Samtens, Frau Heyer und Herrn Graz zusammen größer oder kleiner sind als die von Frau Krause, Frau Jahn und Herrn Möbius zusammen?

c) Gib die Gesamtfläche aller Parzellen an!

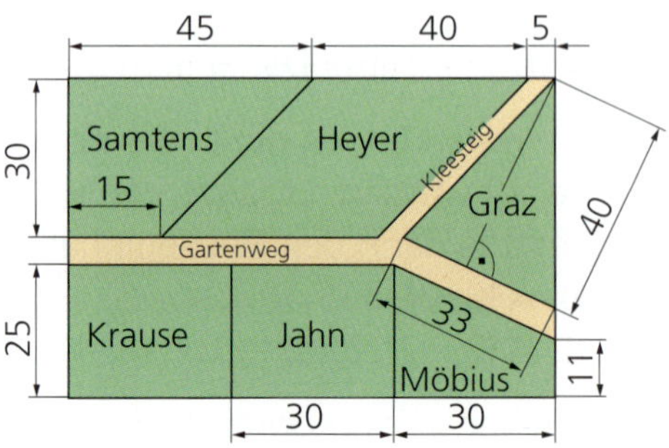

16. Ein Rechteck-Tisch von 80 cm x 160 cm kostet 122,50 €. Ein Trapeztisch der 80 cm bzw. 160 cm lang und 60 cm breit ist, kostet 162,50 €.

a) Fertige eine maßstäbliche Zeichnung der auf Seite 107 abgebildeten Stellvarianten für Trapeztische an!

b) Berechne für jede Stellvariante die Gesamtfläche und den Gesamtpreis! Vergleiche den Preis mit einer entsprechenden Fläche aus Rechteck-Tischen!

c) Berechne für jede Stellvariante die vorhandene Tischfläche pro Schüler!

Konstruktion von Vierecken

17. Konstruiere ein Trapez ABCD aus den folgenden Stücken!

a) $a = 5{,}0$ cm; $b = 2{,}5$ cm; $d = 4{,}0$ cm; $\alpha = 30°$

b) $a = 6{,}0$ cm; $b = 3{,}0$ cm; $d = 3{,}5$ cm; $h = 2{,}5$ cm

18. Die Abbildung zeigt die Skizze zweier Querschnitte (gleichschenklige Trapeze).

a) Konstruiere die Querschnitte in einem geeigneten Maßstab!

b) Bestimme die Flächeninhalte der beiden Querschnitte!

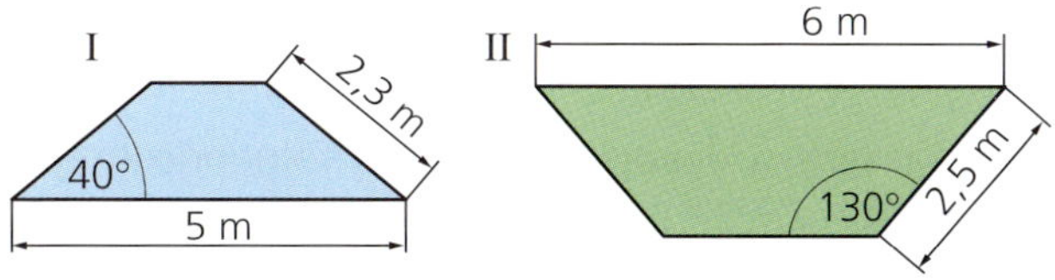

19. a) Konstruiere Parallelogramme ABCD aus den folgenden Stücken!
$a = 4{,}5$ cm; $b = 3{,}5$ cm; $\beta = 130°$

b) Beschreibe die Konstruktion! Benutze dazu die folgenden Vorgaben!
(1) Ich zeichne die Strecke...
(2) Ich trage an...
(3) Ich trage auf dem freien Schenkel...
(4) Ich zeichne ...

20. Konstruiere ein Dreieck ABC mit $a = 4{,}0$ cm, $b = 3{,}0$ cm und $c = 5{,}0$ cm! Ergänze das Dreieck zum Parallelogramm!

a) Die Seite c sei eine Diagonale des zu zeichnenden Parallelogramms.

b) Die Seite b sei eine solche Diagonale.

c) Die Seite a sei eine solche Diagonale.

21. Konstruiere Parallelogramme aus den gegebenen Stücken!

a) $\overline{DC} = 5{,}8$ cm; $\overline{AD} = 4{,}4$ cm; $e = 7{,}5$ cm

b) $\overline{AB} = 5{,}5$ cm; $\overline{AM} = 3{,}0$ cm; $\varepsilon = 60°$

c) $\overline{AC} = 5{,}0$ cm; $\overline{BD} = 6{,}0$ cm; $\varepsilon = 50°$

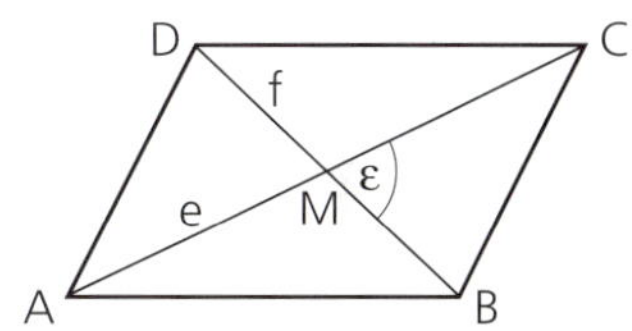

22. Konstruiere jeweils einen Rhombus aus den gegebenen Stücken!

a) $a = 4{,}5$ cm, $\alpha = 55°$

b) $\overline{AC} = 5{,}0$ cm, $\overline{BD} = 6{,}0$ cm

(Die Diagonalen im Rhombus stehen senkrecht aufeinander.)

23. Ein schwer begehbares Moor wird vermessen. Ermittle durch Konstruktion die Entfernung der Punkte C und D voneinander!

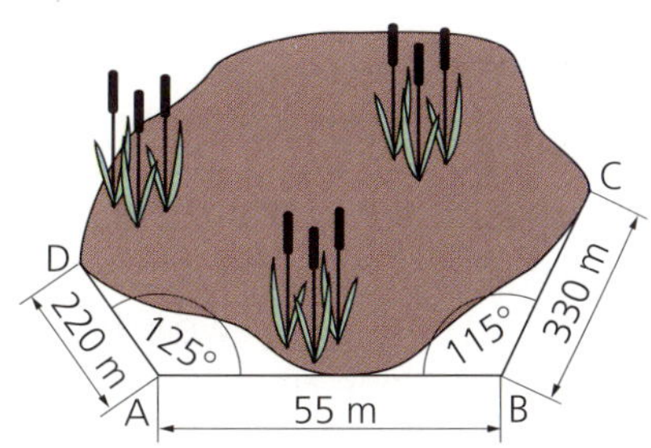

24. Konstruiere Drachenvierecke aus den gegebenen Stücken!

a) $a = 5{,}6$ cm; $b = 4{,}4$ cm; $\gamma = 50°$

b) $b = 7{,}6$ cm; $\alpha = 85°$; $\beta = 105°$

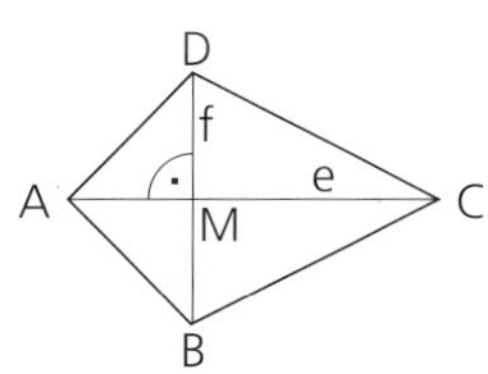

25. Das Bild zeigt die Seitenansicht eines Wäschetrockners.

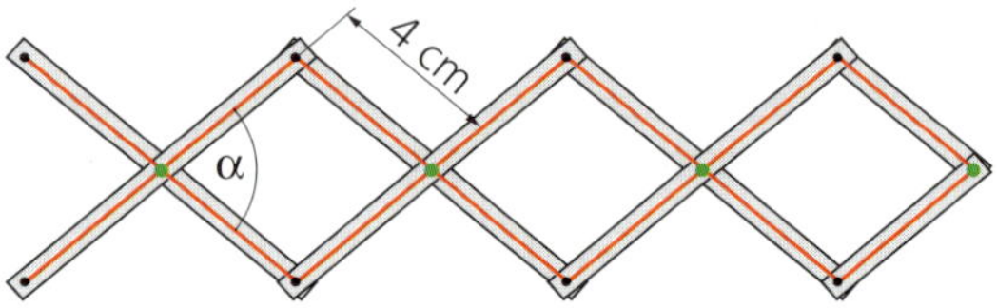

a) Wie weit hängt die Wäsche auf den Stangen auseinander, wenn der Winkel $\alpha = 80°$ groß ist und eine Rhombenseite 4 cm misst?

b) Wie weit von der Wand ist die letzte Wäschestange entfernt? (Die Dicke der Halterung soll unberücksichtigt bleiben.)

26. Von einem Viereck ABCD sind folgende Angaben bekannt:
$a = 4{,}5$ cm; $c = 6{,}0$ cm; $d = 2{,}5$ cm; $\beta = 110°$; $\overline{AC} = e = 6{,}5$ cm

a) Konstruiere dieses Viereck!

b) Berechne den Flächeninhalt des Vierecks! Entnimm die erforderlichen Werte der Zeichnung! Trage auch Hilfslinien ein!

27. Damit man eine Parallele durch den Punkt P zur Geraden g zeichnen kann, ist ein zweiter Punkt Q der Parallele erforderlich. Wie kann der Punkt Q gefunden werden, wenn nur ein Zirkel zur Verfügung steht?

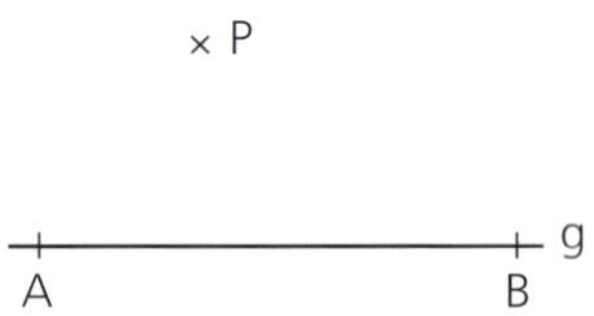

28. Falte ein A4-Blatt so, dass zwei gleichgroße Rechtecke entstehen. Schneide von den dem gefalteten Blatt mit nur einem Schnitt so viel ab, dass nach dem Aufklappen ein gleichschenkliges Trapez entsteht!

29. Von einem 3 cm breiten Papierstreifen sollen zwei Rhomben mit je einer Seitenlänge von 4 cm abgeschnitten werden.

a) Beschreibe, wie man dabei vorgehen kann!

b) Bestimme die Innenwinkelgrößen der Rhomben!

Vielecke

30. Konstruiere ein regelmäßiges Sechseck, dessen Eckpunkte alle auf dem Kreis um M mit dem Radius 3 cm (4,2 cm) liegen!

31. Zeichne ein Quadrat mit $a = 3{,}5$ cm! Zeichne den Umkreis des Quadrates! Die Mittelsenkrechten der Seiten schneiden den Umkreis in vier Punkten. Verbinde diese vier Punkte mit den jeweils benachbarten Eckpunkten des Quadrates! Wie heißt die entstandene Figur?

32. a) Zeichne ein regelmäßiges Sechseck und trage alle Symmetrieachsen ein! Wie viele sind es?

b) Wie viele Symmetrieachsen hat ein regelmäßiges 8-Eck (10-Eck)?

33. Gib den Mittelpunktswinkel α und den Innenwinkel β der regelmäßigen Vielecke an!

a) 12-Eck b) 16-Eck c) 18-Eck d) 23-Eck

4.3 Der Kreis

Linien am Kreis

Definition des Kreises

Im alltäglichen Sprachgebrauch begegnen uns Begriffe wie „Familienkreis", „Freundeskreis", „Landkreis", „Kreisstadt", „im Kreise Gleichgesinnter" usw. Dieser Sprachgebrauch des Wortes „Kreis" hat nur im übertragenen Sinne mit dem geometrischen Objekt „Kreis" etwas zu tun. Kreise in der Natur und Technik haben gemeinsame Eigenschaften und können genau beschrieben werden.

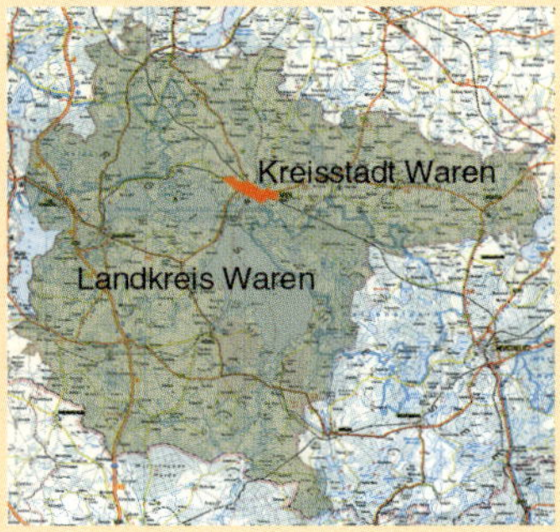

Beispiele reichen nicht aus, um geometrischen Figuren genau festzulegen. Für eine exakte Definition des Begriffes *Kreis* gibt es mehrere Möglichkeiten. Man kann den Begriff *Kreis* durch einen Oberbegriff und durch artspezifische Merkmale festlegen, oder angeben, wie ein Kreis entsteht.

Der **Kreis** ist die Menge aller Punkte einer Ebene, die von einem festen Punkt M dieser Ebene den gleichen Abstand haben.

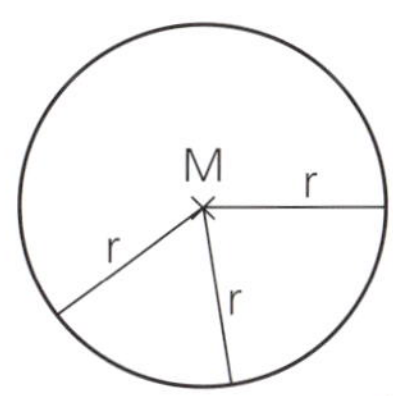

M heißt **Mittelpunkt.** Der Abstand heißt **Radius** und wird mit r bezeichnet.

Ein Kreis entsteht, wenn eine Strecke in einer Ebene um einen ihrer Endpunkte rotiert. Dieser Endpunkt entspricht dem Punkt M und die Streckenlänge entspricht dem Radius. Alle Lagen des anderen Endpunktes P der Strecke bilden den Kreis.

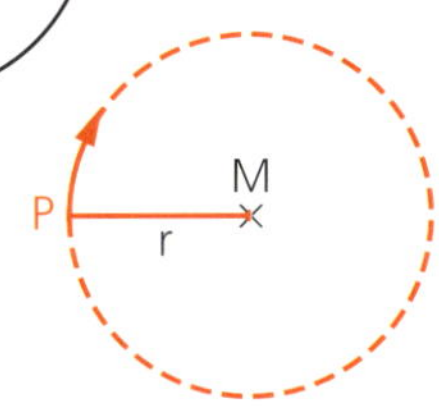

Alle Strecken durch den Mittelpunkt des Kreises, deren Endpunkte auf dem Kreis liegen, sind **Durchmesser.** Als Radien bzw. Durchmesser werden sowohl diese Strecken als auch die Längen dieser Strecken bezeichnet. Man spricht deshalb von „dem Radius", obwohl ein Kreis unendlich viele Radien besitzt.

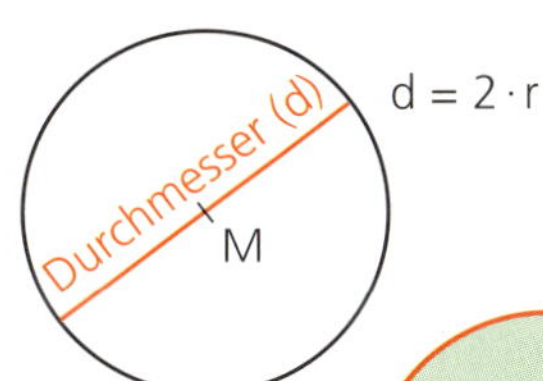

Alle Punkte innerhalb eines Kreises bilden die **Kreisfläche.** Der Rand wird auch als **Kreislinie** bzw. als **Peripherie** bezeichnet.

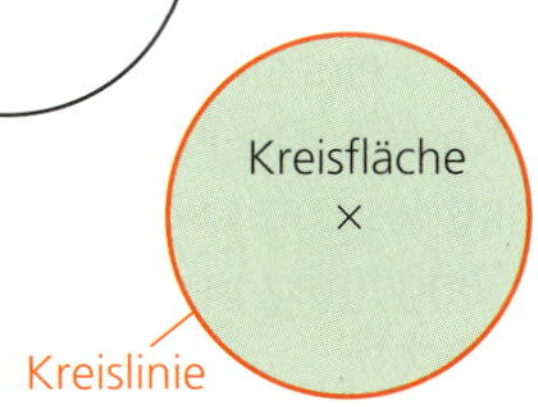

Kreisbogen

Der Teil der Kreislinie, der zwischen zwei Punkten A und B des Kreises liegt, wird als **Kreisbogen AB** (Bogen AB) bezeichnet.
Schreibweise: $\overset{\frown}{AB}$
Die Bezeichnung eines Kreisbogens erfolgt entgegen dem Uhrzeigersinn. Ist $\overline{AB}$ ein Durchmesser, so heißt $\overset{\frown}{AB}$ **Halbkreis.**
Da alle Geraden durch den Mittelpunkt eines Kreises Symmetrieachsen des Kreises sind, gehen die Mittelsenkrechten aller Sehnen durch den Mittelpunkt. Man kann den Mittelpunkt einer gegebenen Kreislinie bestimmen, indem zu zwei beliebigen Sehnen ihre Mittelsenkrechten konstruiert werden.

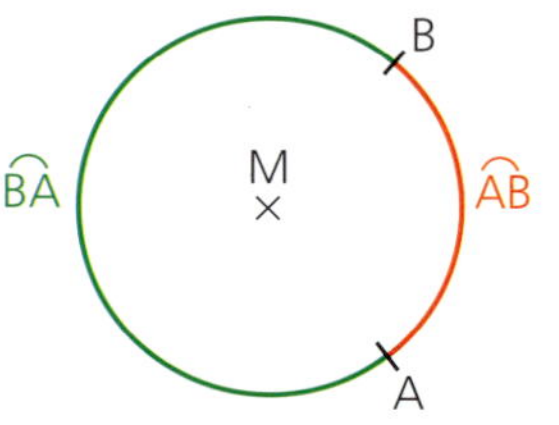

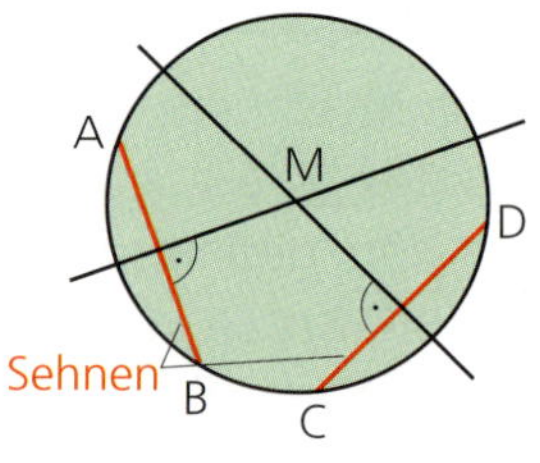

Kreis und Gerade

Geraden und Kreise können verschiedene Lagen zueinander haben.
- Eine Gerade, die den Kreis in *zwei* Punkten schneidet, heißt **Sekante.**
- Eine Gerade, die den Kreis in *einem* Punkt berührt, heißt **Tangente.**
- Eine Gerade, die mit dem Kreis *keinen* Punkt gemeinsam hat, heißt **Passante.**

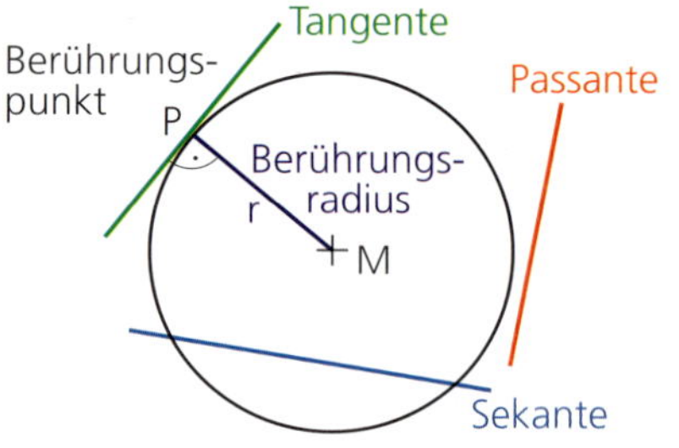

Die Verbindungsstrecke vom Mittelpunkt des Kreises zum Berührungspunkt einer Tangente wird **Berührungsradius** genannt.

Es gilt der Satz:

Der Berührungsradius ist senkrecht zur Tangente.

Alle Punkte der Tangente, außer der Berührungspunkt P, liegen außerhalb des Kreises.
Da der Abstand von Punkten außerhalb des Kreises größer als der Radius ist, ist der Berührungsradius der kürzeste Abstand eines Punktes der Tangente vom Mittelpunkt M des Kreises. Deshalb ist der Berührungspunkt P der Fußpunkt des Lotes vom Mittelpunkt M auf die Tangente t. Die Tangente t und der Berührungsradius r sind zueinander senkrecht.

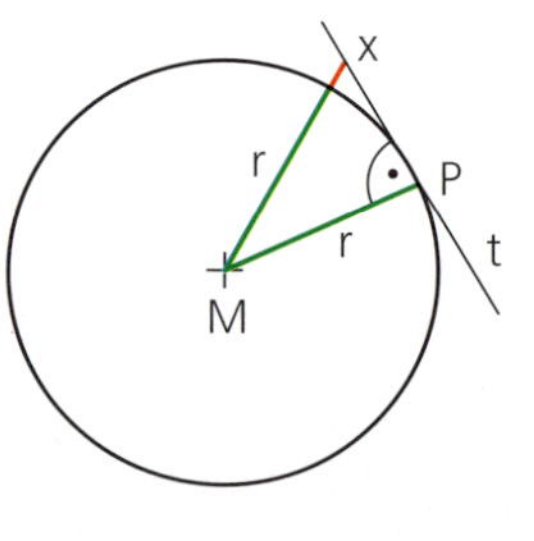

Sehnenvierecke

Jedes Dreieck hat einen Umkreis. Der Mittelpunkt ist Schnittpunkt der Mittelsenkrechten.

Vierecke haben nur dann einen Umkreis, wenn alle Eckpunkte gleich weit von einem gemeinsamen Punkt M entfernt sind, d. h. auf einem gemeinsamen Kreis liegen. Die Seiten sind also Sehnen und ein solches Viereck heißt **Sehnenviereck.**

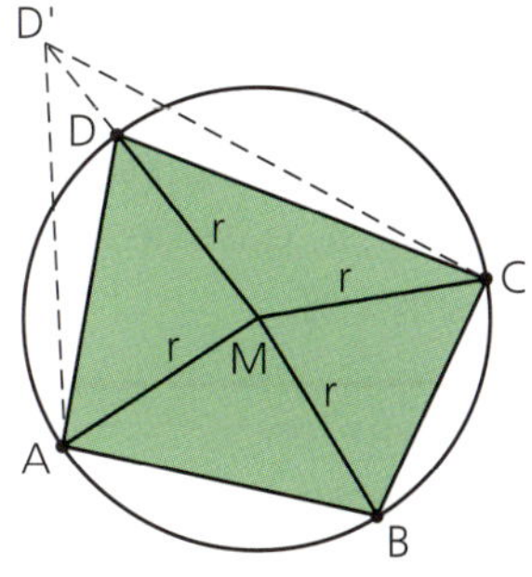

Jedes Sehnenviereck kann in gleichschenklige Dreiecke zerlegt werden, deren Basiswinkel gleich groß sind. Durch Untersuchung von Beispielen lässt sich vermuten, dass die gegenüberliegenden Winkel in einem Sehnenviereck zusammen immer 180° betragen.

Satz über die Gegenwinkel im Sehnenviereck

> In jedem Sehnenviereck ist die Summe der gegenüberliegenden Winkel 180°.

Mit einer lückenlosen Kette von Feststellungen und Begründungen wird der Satz bewiesen. Als Beweisidee kann vom Satz über die Innenwinkelsummen in Vierecken ausgegangen werden.

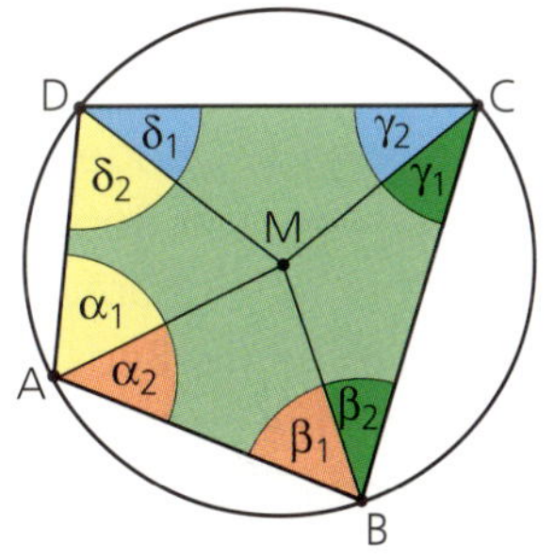

Voraussetzung:
Das Viereck ABCD ist ein Sehnenviereck.
Es gilt: $\overline{AM} = \overline{BM} = \overline{CM} = \overline{DM} = r$

Behauptung: $\alpha + \gamma = 180°$ und $\beta + \delta = 180°$

Beweis:

Feststellung	Begründung
(1) $\alpha_1 + \alpha_2 + \beta_1 + \beta_2 + \gamma_1 + \gamma_2 + \delta_1 + \delta_2 = 360°$	Innenwinkel im Viereck ABCD
(2) $\alpha_2 = \beta_1$; $\beta_2 = \gamma_1$; $\gamma_2 = \delta_1$; $\delta_2 = \alpha_1$	Basiswinkel im gleichschenkligen Dreieck
(3) $\alpha_1 + \alpha_1 + \gamma_1 + \gamma_1 + \gamma_2 + \gamma_2 + \alpha_2 + \alpha_2 = 360°$	(1) und (2)
(4) $\alpha + \gamma + \gamma + \alpha = 360°$	(3) und Voraussetzung
(5) $\alpha + \gamma = 180°$	Division durch 2 bei (4)

Somit gilt auch: $\beta + \delta = 180°$

Liegt der Mittelpunkt des Umkreises auf einer Seite des Sehnenvierecks oder außerhalb des Sehnenvierecks, kann der Beweis analog geführt werden.
Auch die *Umkehrung* des Satzes ist wahr:
Wenn in einem Viereck die Summe der gegenüberliegenden Winkel 180° beträgt, so ist es ein Sehnenviereck.

Tangentenvierecke

Vierecke, die einen Inkreis besitzen, heißen Tangentenvierecke. Ihre Seiten sind Tangenten an einen gemeinsamen Kreis. Durch die Berührungspunkte werden die Seiten eines Tangentenvierecks in zwei Abschnitte zerlegt.
Jeweils zwei dieser Abschnitte sind gleich lang.
Du erkennst, dass deshalb gilt:
$a + c = b + d$

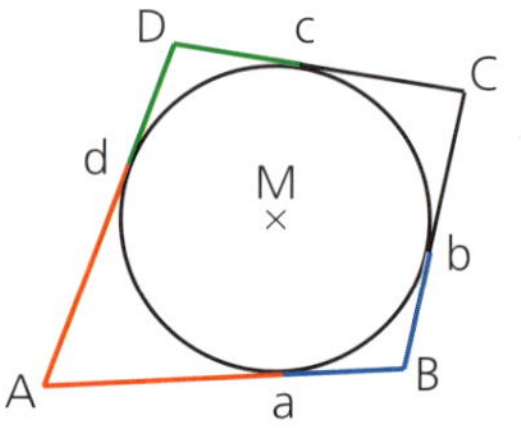

> In jedem Tangentenviereck sind die Summen der Längen gegenüberliegender Seiten gleich groß.

Auch die *Umkehrung* dieses Satzes ist wahr.
Wenn in einem Viereck die Summen der Längen gegenüberliegender Seiten gleich groß sind, so ist es ein Tangentenviereck.

Aufgaben

Die Begriffe „Bogen" und „Sehne" sind sowohl in der Sportart Bogenschießen als auch in der Mathematik gebräuchlich.
Vergleiche die Bedeutung der Begriffe *Bogen* und *Sehne* in der Mathematik und beim Bogenschießen!

1. Gehört der Mittelpunkt eines Kreises zum Kreis selbst? Begründe!

2. Gibt es eine Linie, deren sämtliche Punkte von einem (festen) Punkt M gleich weit entfernt sind, die aber trotzdem kein Kreis ist? Was meinst du dazu? Begründe!

3. Für welche der rot dargestellten Punktmengen treffen die Beschreibungen zu?
(A) „Alle Punkte einer Ebene, die von einem Punkt M den gleichen Abstand haben."
(B) „Eine Menge von Punkten, die von einem Punkt M den gleichen Abstand haben."
(C) „Alle Punkte, die von einem Punkt M den gleichen Abstand haben."

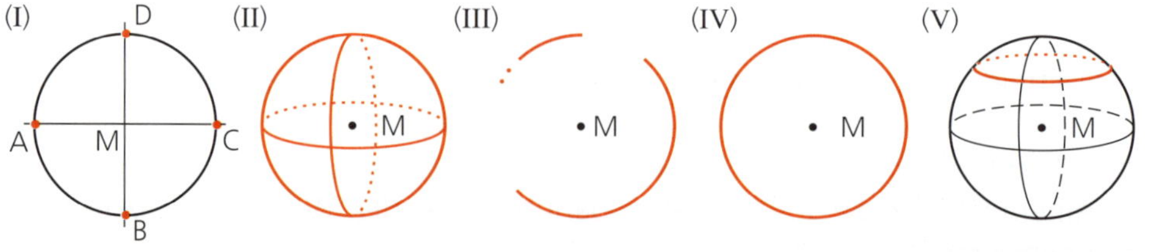

4. Eine Gerade kann mit zwei Kreisen k_1 und k_2 (zusammen) mehrere Punkte gemeinsam haben. Gib die Anzahl der Punkte an, für die diese Aussage wahr ist!

5. Zeichne in einen Kreis mit dem Radius 3,6 cm einen beliebigen Durchmesser d ein! Zeichne drei Parallelen zu d so, dass die eine Parallele eine Sekante, die zweite Parallele eine Tangente und die dritte Parallele eine Passante des Kreises k ist! Miss den Abstand der drei Parallelen zu M!

6. Gegeben seien zwei Kreise mit den Mittelpunkten M_1 bzw. M_2 und den Radien r_1 bzw. r_2. Gib unter Verwendung dieser Größen an, wovon die Anzahl der gemeinsamen Punkte dieser Kreise abhängt! Fertige jeweils eine Skizze an!

7. Beantworte die folgenden Fragen! Begründe deine Antworten!
a) Wie viele Sehnen kann ein Kreis haben?
b) Wie viele Tangenten kann ein Kreis besitzen?
c) Wie viele Tangenten durch einen Punkt P außerhalb eines Kreises kann man an den Kreis zeichnen?
d) Wie viele Tangenten kann man durch einen Punkt Q des Kreises zeichnen?

8. Zeichne eine Gerade g und auf ihr einen Punkt P! Zeichne fünf Kreise, die g in P berühren! Welche gemeinsamen Eigenschaften haben die Mittelpunkte dieser Kreise?

9. Zeichne einen Kreis k um M mit r = 3 cm und einen Durchmesser d des Kreises! Zeichne je zwei Tangenten an k, die parallel zu d sind bzw. die senkrecht zu d sind! Welche Figur entsteht bei der Konstruktion?

10. Zeichne in ein Koordinatensystem die Punkte M(5; 3) und A(9; 0) sowie den Kreis um M, der durch A geht! Gib mindestens sechs Punkte an, die auf dem Kreis liegen und gleichzeitig ganzzahlige Koordinaten haben!

11. Gegeben ist ein Kreis um den Punkt M mit einem Radius von 3 cm und ein Punkt P auf der Kreislinie.
a) Finde Punkte, die von P den Abstand 1,5 cm und von M den Abstand 2 cm haben!
b) Wie viele solcher Punkte gibt es? Begründe!

12. Zeichne die Strecke $\overline{AB}$ = 5 cm! Kennzeichne alle Punkte farbig, die folgende Bedingungen erfüllen!
a) Die Punkte sind von A höchstens 2,5 cm und von B höchstens 3,5 cm entfernt.
b) Die Punkte sind von A mindestens 2,5 cm und von B höchstens 3,5 cm entfernt.

13. Zeichne eine Gerade g und auf der Geraden g einen Punkt M! Kennzeichne die Fläche farbig, deren Punkte P folgende Bedingungen erfüllen:
a) Der Abstand $\overline{PM}$ beträgt höchstens 2 cm.
b) Der Abstand von P zu g beträgt höchstens 1 cm.

***14.** Zeichne einen Winkel von 40° mit dem Scheitelpunkt S! Konstruiere einen Kreis, der die Schenkel des Winkels als Tangenten und den Radius r = 2 cm hat!

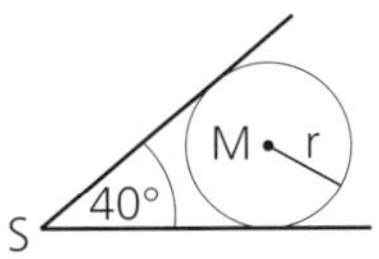

15. Welche Form hat die Fläche, die eine Ziege auf einer Wiese abgrasen kann, wenn sie wie abgebildet angebunden wird?

a) Sie wird mit einer Leine an einen Pflock angebunden.

b) Zwischen zwei Pflöcken wird eine Leine gespannt, auf der ein Ring entlang gleiten kann, an dem die Ziege mit einer Leine angebunden ist.

16. Zeichne für jede Aufgabe einen Kreis mit dem Radius 2 cm! Zeichne dann das Viereck so ein, dass seine Eckpunkte auf dem Kreis liegen!

a) ein Quadrat   b) ein Rechteck   c) ein Trapez

d) ein Rhombus   e) ein Parallelogramm   f) ein Drachenviereck

17. Das Viereck ABCD sei ein Sehnenviereck mit den üblichen Bezeichnungen. Berechne die fehlenden Winkelgrößen!

a) $\alpha = 40°$; $\beta = 70°$ b) $\alpha = 68°$; $\delta = 116°$ c) $\alpha = \delta = 105°$

d) $\beta = 70°$; $\delta = 110°$ e) $\alpha = 72°$; $\beta = 108°$ f) $\alpha = \delta = \gamma$

18. Kann das Viereck ABCD mit den Winkeln α, β, γ und δ ein Sehnenviereck sein?

a) $\alpha = 110°$; $\beta = 30°$; $\gamma = 70°$ b) $\alpha = 130°$; $\beta = 50°$; $\gamma = 150°$

*c) $\beta = 2{,}5\alpha$; $\gamma = 5\alpha$; $\delta = 105°$ *d) $\alpha = \beta$; $\gamma = \delta$; $\alpha \neq \gamma$

19. Berechne die fehlenden Innenwinkelgrößen der Sehnenvierecke!

a)

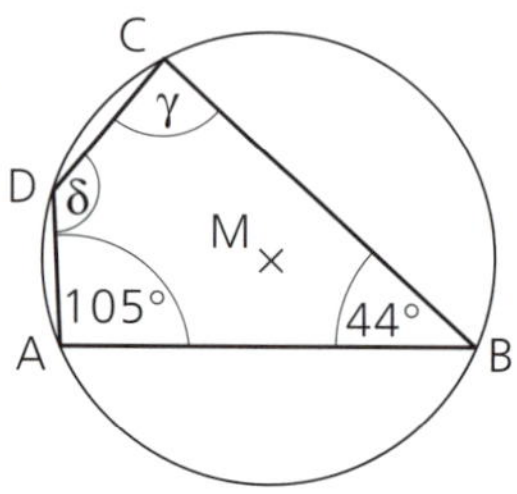

b)

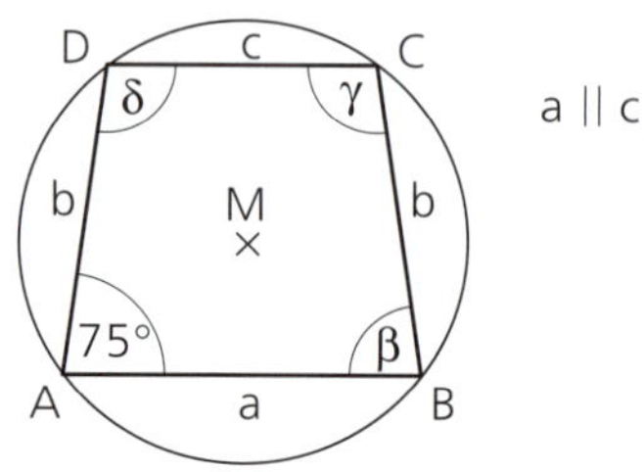

20. Begründe folgende Aussagen!

a) Wenn ein Parallelogramm einen Inkreis besitzt, dann ist es ein Rhombus.

b) Zeige, dass in nebenstehender Zeichnung $\overline{QP_1} = \overline{QP_2}$ gilt!

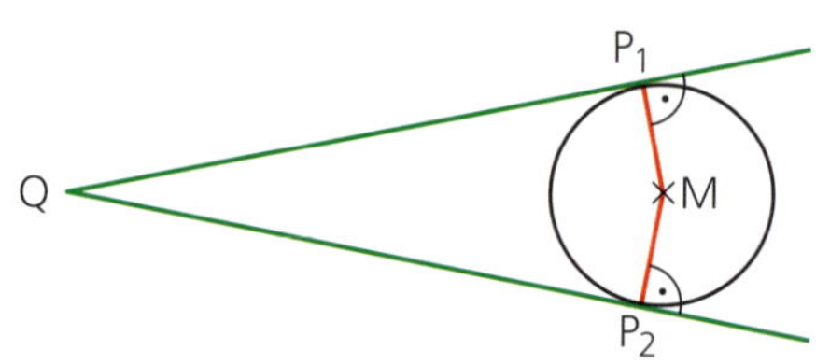

21. Welches Viereck ist zugleich:

a) ein Rechteck und ein Rhombus,

b) ein Parallelogramm und ein Drachenviereck,

c) ein Sehnenviereck und ein Trapez,

d) ein Sehnenviereck und ein Tangentenviereck,

e) ein Sehnenviereck und ein Rechteck?

Satz des THALES

THALES VON MILET (um 624 v. Ch. bis 546 v. Ch.) hat als erster griechischer Mathematiker der Antike allgemeine Aussagen für mathematische Objekte aufgestellt und in Ansätzen logische Begründungen dafür angegeben. Er zählt damit neben seinem Schüler PYTHAGORAS zu den Wegbereitern einer neuen Entwicklungsetappe der Mathematik.

Als er bei einem Aufenthalt in Ägypten herausfand, dass man in einen Halbkreis immer ein rechtwinkliges Dreieck zeichnen kann, soll er für diese Entdeckung einen Ochsen geopfert haben.

Zeichne den Durchmesser $\overline{AB}$ eines Kreises und mehrere Dreiecke ABC, deren dritter Eckpunkt innerhalb, außerhalb und genau auf der Kreislinie liegt. Du kannst feststellen, dass der Winkel $\sphericalangle BCA$ von innen nach außen immer kleiner wird. Zuerst ist er stumpf, dann spitz. In einem Fall tritt ein rechter Winkel auf.

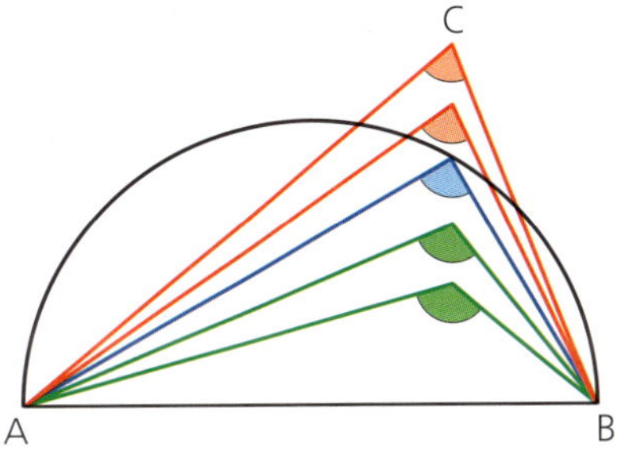

Da die Winkelsumme im Dreieck 180° beträgt, wäre der Winkel γ genau 90°, wenn er so groß wie α und β zusammen wäre. Um dies nachzuweisen, kann er durch den Radius $\overline{MC}$ in die Teilwinkel γ_1 und γ_2 zerlegt werden.

Da die Dreiecke AMC und CMB gleichschenklig sind, ist $\gamma_1 = \alpha$ und $\gamma_2 = \beta$, also $\gamma = \alpha + \beta = 90°$.

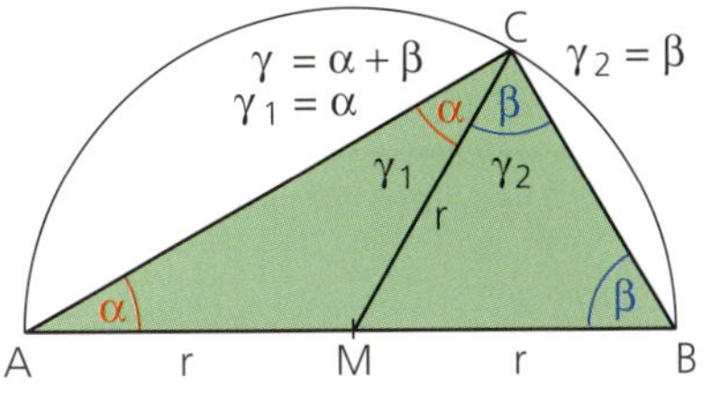

Satz des THALES

Wenn in einem Dreieck ABC der Punkt C auf einem Kreis mit dem Durchmesser $\overline{AB}$ liegt, so ist das Dreieck rechtwinklig mit einem rechten Winkel bei C.

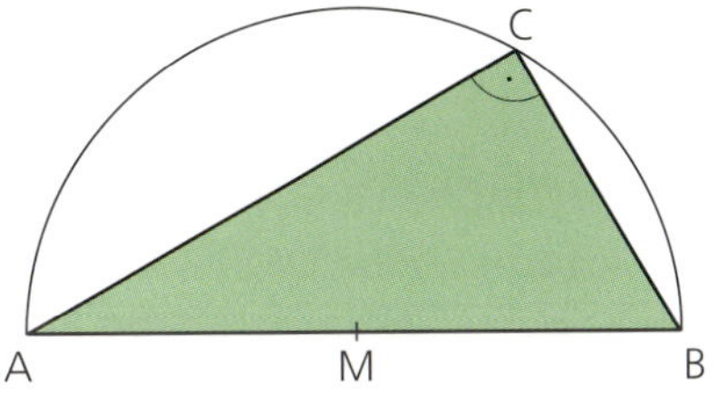

Wann ist die Freude am größten? - Wenn du das Gewünschte erreichst.

THALES VON MILET

Umkehrung des Thalessatzes

Wenn du eine Reihe von rechtwinkligen Dreiecken mit gleicher Hypotenuse $\overline{AB}$ zeichnest, kannst du die Vermutung gewinnen, dass alle Eckpunkte C auf einem Kreis liegen. Diese Vermutung stellt die Umkehrung des Thalessatzes dar. Sie ergibt sich durch Vertauschen von Voraussetzung und Behauptung.

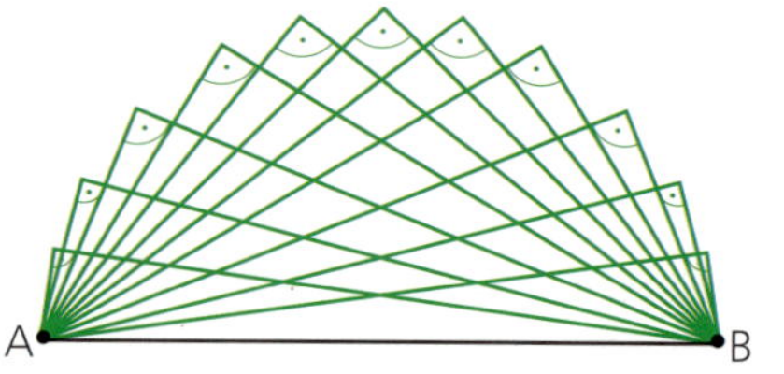

Ist ein Dreieck ABC rechtwinklig mit dem rechten Winkel bei C, dann liegt C auf dem Kreis mit dem Durchmesser $\overline{AB}$. Dieser Kreis heißt auch **Thaleskreis.**

Anwendungen des Thalessatzes beim Lösen von Konstruktionsaufgaben

Wenn man sagt, eine Strecke $\overline{AB}$ erscheint von einem Punkt P aus unter einem Winkel γ, so ist damit der Winkel $\sphericalangle$ BPA gemeint.

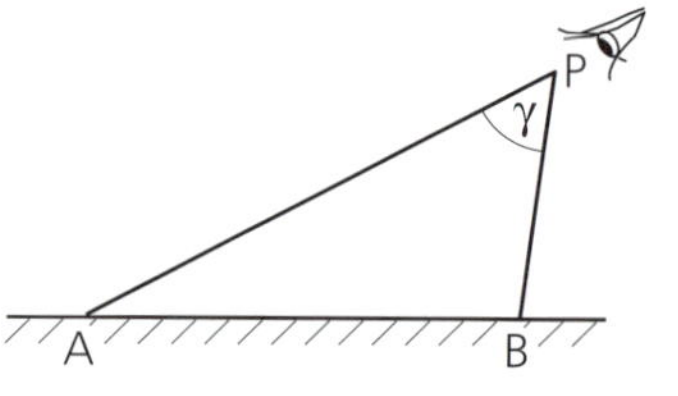

Durch die Umkehrung des Thalessatzes ergibt sich:

Die Menge aller Punkte, von denen aus eine Strecke $\overline{AB}$ unter einem Winkel von 90° erscheint, ist ein Kreis mit $\overline{AB}$ als Durchmesser.

Der Thaleskreis kann als *Bestimmungslinie* für Punkte verwendet werden, die Scheitelpunkt eines rechten Winkels sind.

Konstruiere ein Dreieck ABC aus $c = 4{,}0\,\text{cm}$; $h_c = 1{,}8\,\text{cm}$ und $\gamma = 90°$!

Planfigur:

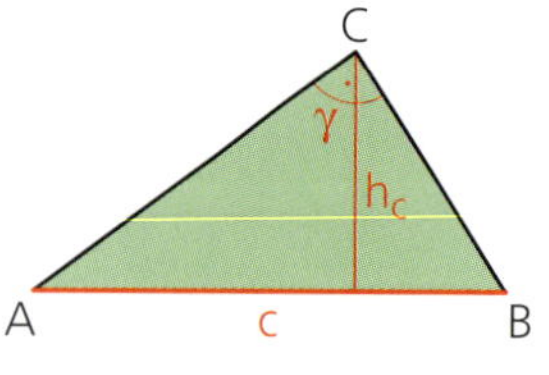

Lösungsplan:

Die Punkte A und B sind durch $c = 4{,}0\,\text{cm}$ festgelegt.

Der Punkt C liegt:
1. auf dem Thaleskreis über $\overline{AB}$ und
2. auf einer Parallelen zu $\overline{AB}$ im Abstand $h_c = 1{,}8\,\text{cm}$.

Konstruktion:

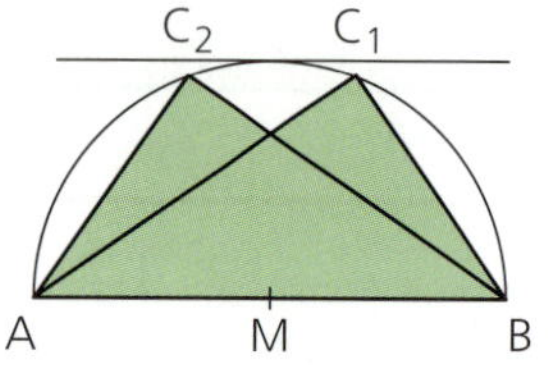

Kontrolle:

Die Maße der konstruierten Dreiecke entsprechen den Bedingungen der Aufgabe.
Es gibt zwei Lösungen.
Die Lösungen sind zueinander kongruent, da bei einer Spiegelung an der Mittelsenkrechten von AB das Dreieck ABC_1 auf das Dreieck ABC_2 abgebildet wird.

Konstruiere Tangenten an einen Kreis k durch einen Punkt P außerhalb des Kreises!

Planfigur:

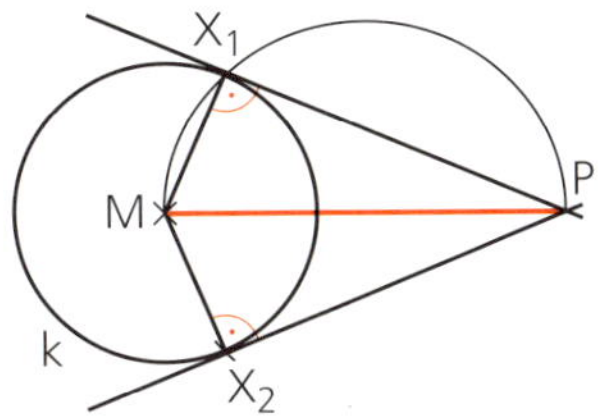

Analyse:

Es sind die Berührungspunkte X_1 und X_2 der Tangenten gesucht. Es gilt $\sphericalangle PX_1M = 90°$ bzw. $\sphericalangle MX_2P = 90°$, da Tangente und Berührungsradius senkrecht zueinander sind.

Lösungsplan:

Der Punkt X liegt:

1. auf dem Kreis k und
2. auf dem Thaleskreis mit dem Durchmesser $\overline{PM}$.

Aufgaben

Stich zwei Stecknadeln (wie in der Abbildung) in ein Blatt Papier und bewege dein Zeichendreieck so, dass es die beiden Stecknadeln immer berührt. Markiere bei unterschiedlichen Lagen des Dreiecks den Eckpunkt jeweils mit einem Kreuz! Formuliere eine Aussage über die Lage der Punkte! Begründe!

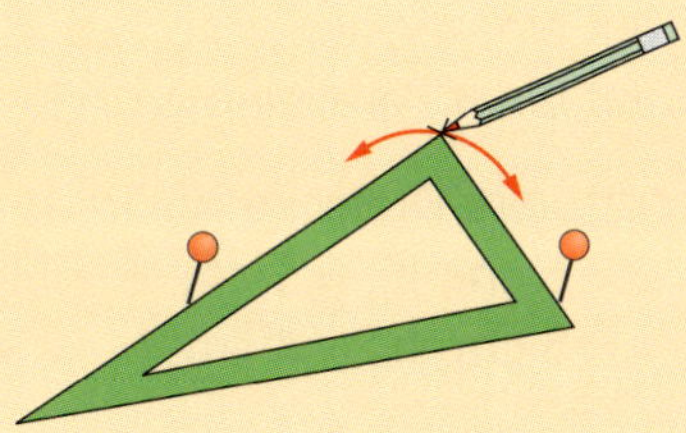

1. Berechne die fehlenden Größen!

a) geg.: $\alpha = 40°$; ges.: β, γ

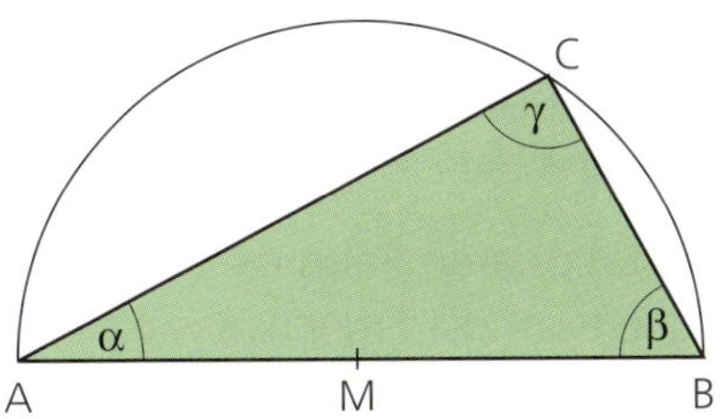

b) geg.: $\alpha = 2\beta$; ges.: α, β, γ

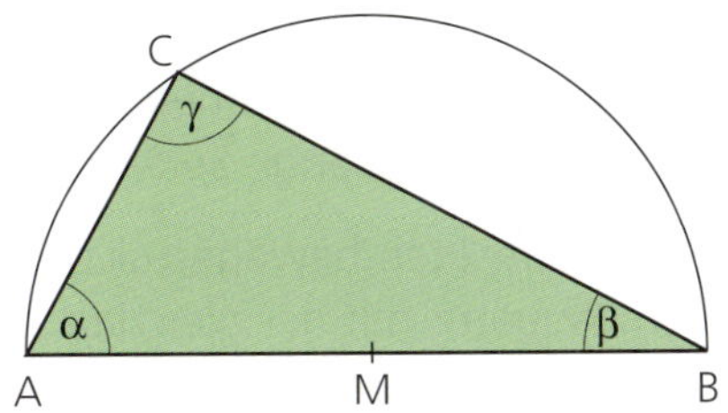

2. Berechne die fehlenden Winkelgrößen, wenn gilt:

a) $\alpha = 20°$ b) $\delta = 70°$ c) $\beta = 100°$
d) $\gamma = 90°$ e) $\delta = 2\alpha$ f) $\beta = \gamma$
g) $\alpha = \delta$ h) $\varepsilon = 45°$ *i) $\alpha = n°$

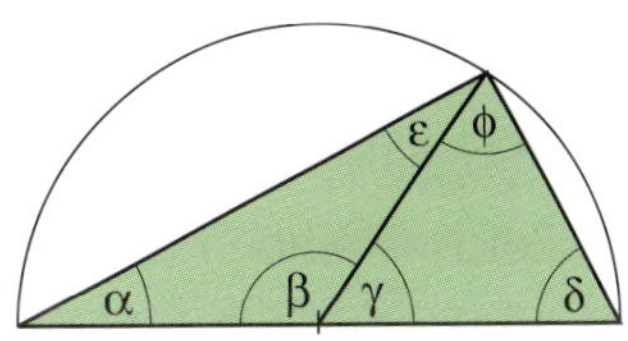

3. Konstruiere rechtwinklige Dreiecke ABC ($\gamma = 90°$) mithilfe des Thaleskreises!

a) $\overline{AB} = 8{,}0$ cm; $\overline{BC} = 6{,}5$ cm
b) $\overline{AB} = 7{,}0$ cm; $\overline{AC} = 5{,}2$ cm
c) $\overline{AB} = 6{,}1$ cm; $\overline{BC} = 4{,}4$ cm
d) $\overline{AB} = 5{,}6$ cm; $\overline{AC} = 3{,}8$ cm

4. Konstruiere Rechtecke ABCD aus folgenden Stücken!

a) $\overline{AB} = 4{,}3$ cm; $\overline{AC} = 5{,}4$ cm b) $\overline{AB} = 3{,}8$ cm; $\overline{BD} = 5{,}1$ cm

c) $\overline{CD} = 4{,}0$ cm; $\overline{AC} = 6{,}2$ cm d) $\overline{CD} = 5{,}4$ cm; $\overline{BD} = 7{,}3$ cm

5. Gegeben sind ein Kreis k um M und ein Punkt P außerhalb des Kreises. Konstruiere die Tangenten von P an den Kreis!

a) $r = 4{,}5$ cm; $\overline{MP} = 7{,}5$ cm b) $r = 2{,}5$ cm; $\overline{MP} = 6{,}5$ cm

6. Konstruiere rechtwinklige Dreiecke ABC aus folgenden Stücken!

a) $\overline{AB} = 5{,}0$ cm, $\overline{DC} = 2{,}4$ cm b) $\overline{AD} = 2{,}5$ cm, $\overline{DB} = 4{,}5$ cm c) $\overline{AB} = 4{,}5$ cm, $\overline{DB} = 2{,}0$ cm

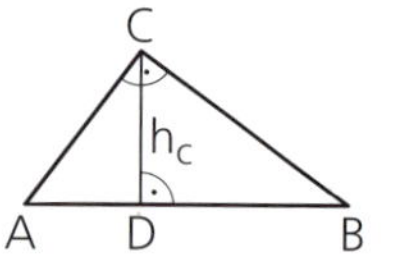

7. Zeichne in einen Kreis mit dem Radius $r = 3$ cm zwei Durchmesser ein! Begründe, dass die vier Eckpunkte stets Eckpunkte eines Rechtecks sind!

8. Wie ändert sich der Winkel γ, unter dem man die Strecke $\overline{AB}$ sieht, wenn sich der Punkt P in folgender Weise bewegt?

a) auf einer Senkrechten zu $\overline{AB}$

b) auf einer Parallelen zu $\overline{AB}$

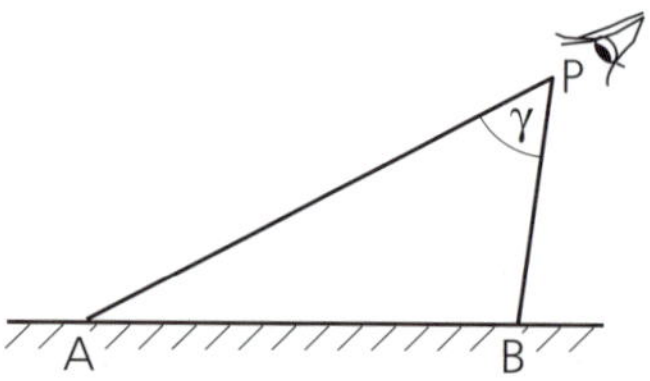

***9.** Konstruiere Dreiecke ABC aus folgenden Stücken!

a) $c = 6$ cm; $h_b = 5$ cm; $\beta = 50°$

b) $c = 6$ cm; $h_a = 4$ cm; $h_b = 5{,}5$ cm

***10.** Konstruiere ein Viereck ABCD aus:
$a = 5{,}0$ cm; $b = 3{,}8$ cm; $\overline{BD} = 5{,}5$ cm; $\beta = 60°$ und $\delta = 90°$!

11. Zeichne in einem spitzwinkligen Dreieck die Thaleskreise über den Seiten a und b! In welchem Punkt der Seite c schneiden sie einander?

12. Einem Kreis mit dem Durchmesser $d = 5{,}1$ cm soll ein Rechteck einbeschrieben werden, das eine 4,5 cm lange Seite hat. Konstruiere! Miss die Länge der anderen Seite!

13. Nachrichtensatelliten bewegen sich auf einer geostationären Bahn ca. 36 000 km über dem Äquator mit der gleichen Geschwindigkeit um die Erdachse wie sich die Erde um sich selbst dreht. Sie „stehen" so ständig über dem gleichen Punkt der Erde. Fertige eine Zeichnung im Maßstab 1 : 600 000 000 von der Erde und einem Satelliten an! Der Radius der Erde beträgt ca. 6 000 km. Markiere den Teil des Erdumfangs, auf dem Signale vom Satelliten empfangen werden können!

***14.** Zeichne einen Kreis um M und zwei Punkte A und B im Inneren des Kreises.

a) Zeichne durch die zwei Punkte A und B die Schenkel eines rechten Winkels so, dass sie den Kreis in den Endpunkten eines Durchmessers schneiden!

b) Beschreibe dein Vorgehen!

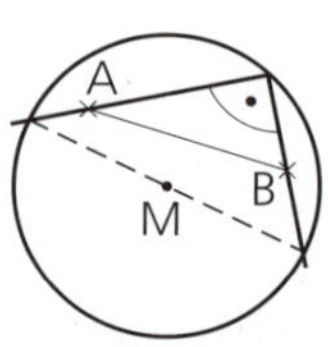

Winkel am Kreis

Die Sitzplätze in einem antiken Theater oder einem Zirkus sind kreisförmig angeordnet. Ein Grund dafür sind Überlegungen zum Blickwinkel der Zuschauer von verschiedenen Sitzplätzen. Die Zuschauer in der ersten Reihe sehen das Geschehen zwischen den Punkten A und B alle unter dem gleichen Blickwinkel. Dies ergibt sich aus dem Peripheriewinkelsatz, den schon die alten Griechen kannten.

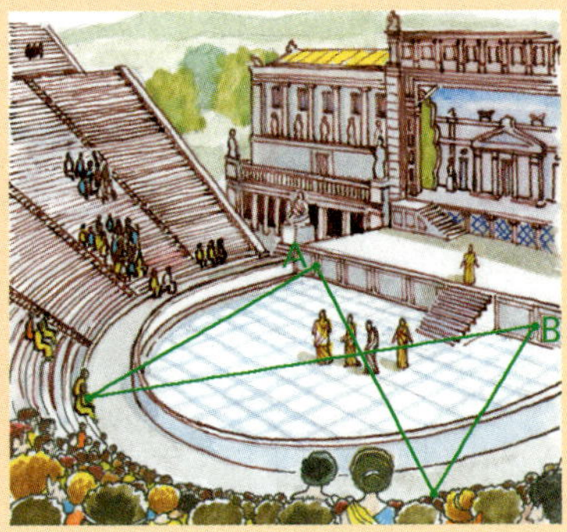

Ein Winkel γ heißt **Peripheriewinkel** (oder **Umfangswinkel**) über dem Bogen $\overset{\frown}{AB}$, wenn seine Schenkel den Kreis in den Punkten A und B schneiden und sein Scheitel S auf dem Bogen $\overset{\frown}{BA}$ liegt.

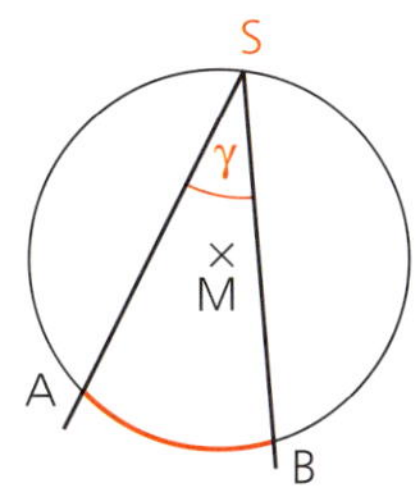

Wenn die Punkte A, B und S mit dem Mittelpunkt des Kreises verbunden werden, entstehen die drei gleichschenkligen Dreiecke ABM, BSM und SAM.
Für ihre Basiswinkel gilt: $\alpha = \beta$, $\beta' = \gamma_2$ und $\alpha' = \gamma_1$.

Die Summe aller Winkel im Dreieck ABS beträgt 180°, also:

$$\alpha + \alpha' + \beta + \beta' + \gamma_1 + \gamma_2 = 180°$$

Mit der Gleichheit der Basiswinkel ergibt sich:

$$\alpha + \gamma_1 + \alpha + \gamma_2 + \gamma_1 + \gamma_2 = 180°,$$

also: $2\alpha + 2\gamma_1 + 2\gamma_2 = 180°$,
d.h. $2(\alpha + \gamma_1 + \gamma_2) = 180°$.

Also gilt: $\alpha + \gamma = 90°$ oder $\gamma = 90° - \alpha$

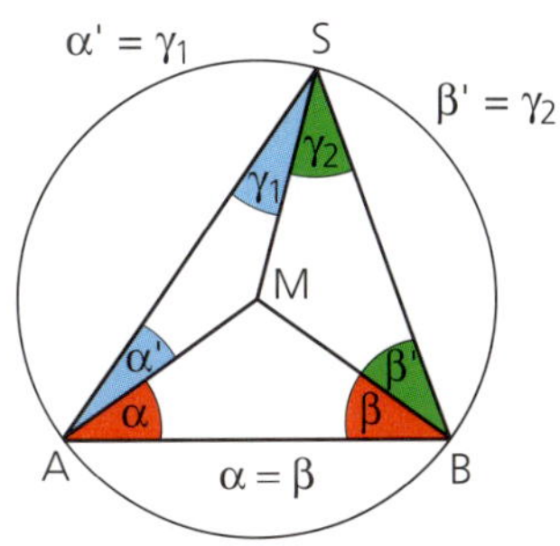

Die gleiche Beziehung gilt auch, wenn der Mittelpunkt M des Kreises außerhalb des Dreiecks ABS liegt.

Vergleicht man zwei Peripheriewinkel γ und γ' über demselben Bogen $\overset{\frown}{AB}$, ergibt sich:

$\gamma = 90° - \alpha$ und $\gamma' = 90° - \alpha$, also
$\gamma = \gamma'$

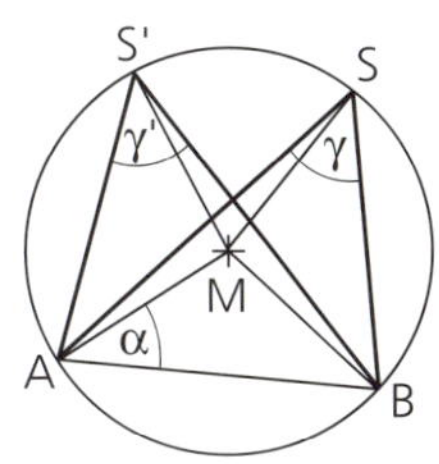

Peripheriewinkel-Satz

Alle Peripheriewinkel über demselben Kreisbogen sind gleich groß.

Ein Winkel heißt **Zentriwinkel** oder **Mittelpunktswinkel über dem Bogen $\overset{\frown}{AB}$,** wenn seine Schenkel den Kreis in den Punkten A und B schneiden und sein Scheitel im Mittelpunkt des Kreises liegt.

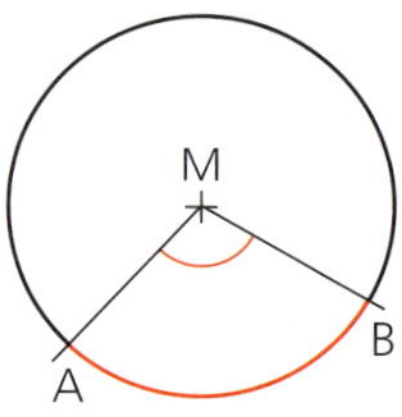

Veränderst du die Größe des Bogens $\overset{\frown}{AB}$, so kannst du erkennen, dass es einen Zusammenhang zwischen den Peripheriewinkeln und dem Zentriwinkel über demselben Bogen gibt.

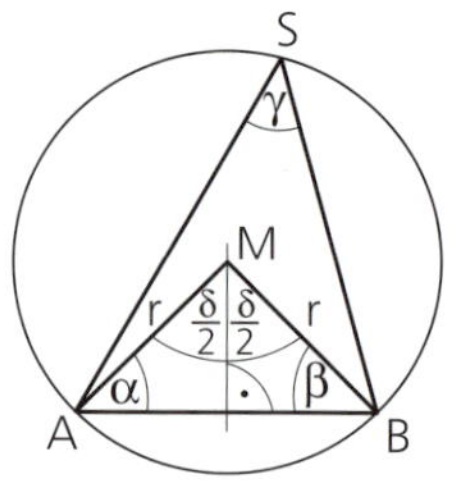

Im Dreieck ABM gilt:
Die Mittelsenkrechte der Sehne $\overline{AB}$ geht durch M und halbiert den Zentriwinkel δ. Es ist $\alpha + \frac{\delta}{2} = 90°$.

Nach den Überlegungen auf Seite 143 ist $\alpha + \gamma = 90°$.

Also gilt: $\frac{\delta}{2} = \gamma$ oder $\delta = 2\gamma$.

Zentriwinkel-Peripheriewinkel-Satz

> Jeder Peripheriewinkel ist halb so groß wie der Zentriwinkel über demselben Kreisbogen.

Es gilt auch die Umkehrung des Peripheriewinkelsatzes:

Alle Punkte, von denen aus eine Strecke $\overline{AB}$ unter einem Winkel γ erscheint, liegen auf einem Kreisbogen $\overset{\frown}{BA}$ mit γ als Peripheriewinkel über dem Bogen $\overset{\frown}{AB}$.

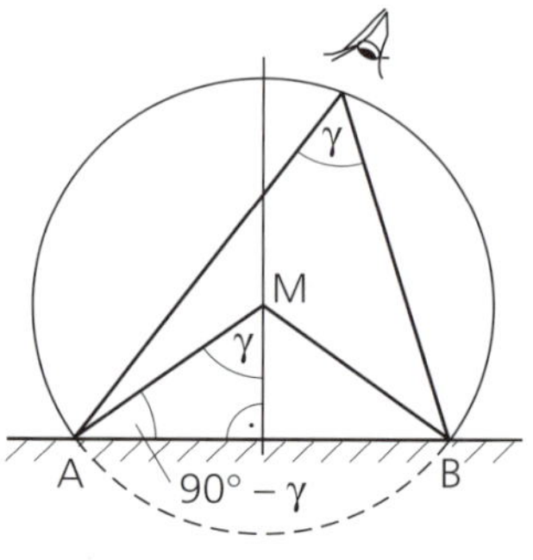

Den Mittelpunkt M dieses Kreises kannst du mithilfe des Zentriwinkel-Peripheriewinkel-Satzes bestimmen.

M liegt:
1. auf der Mittelsenkrechten der Sehne $\overline{AB}$ und
2. auf dem freien Schenkel des Winkels $90° - \gamma$.

Aufgaben

1. Beim Fußballtraining sollen mehrere Spieler den Ball flach in das leere Tor schießen. Die Bälle liegen alle auf einer Kreislinie. Der Punkt M ist Mittelpunkt des Kreises. Wer hat jeweils die günstigste Ausgangsposition?
Die Schussstärke der Spieler ist so groß, dass die Entfernung zum Tor keine Rolle spielt.

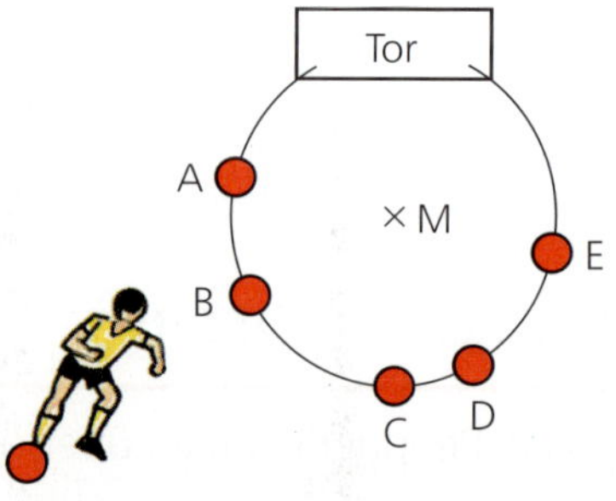

2. Welcher der folgenden Winkel ist ein Peripheriewinkel?

a)
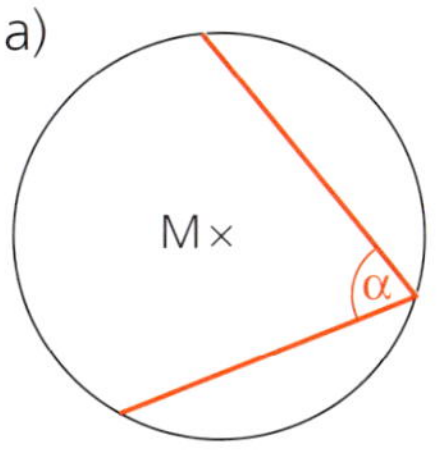

b)
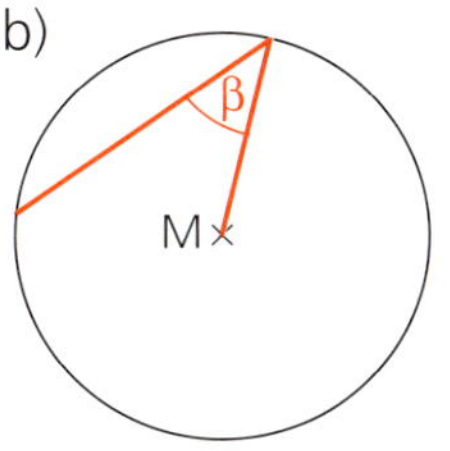

c)
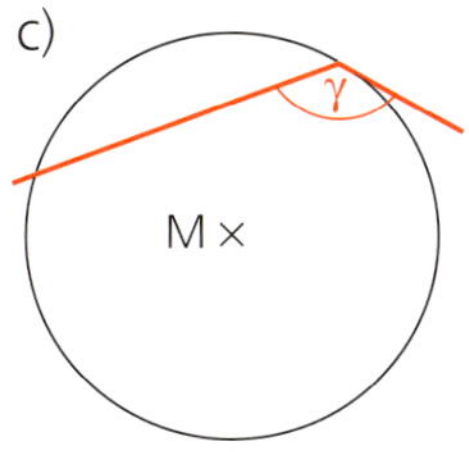

d)
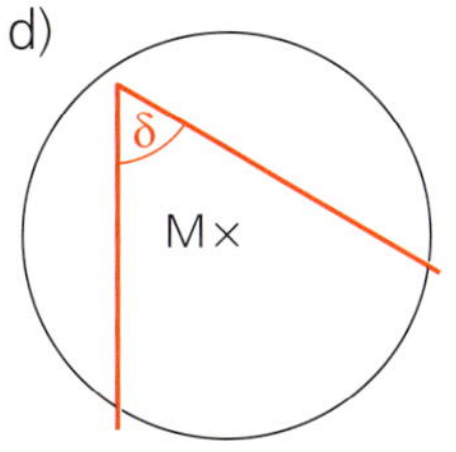

3. Welche der folgenden Winkel sind Peripheriewinkel über demselben Bogen?

a)
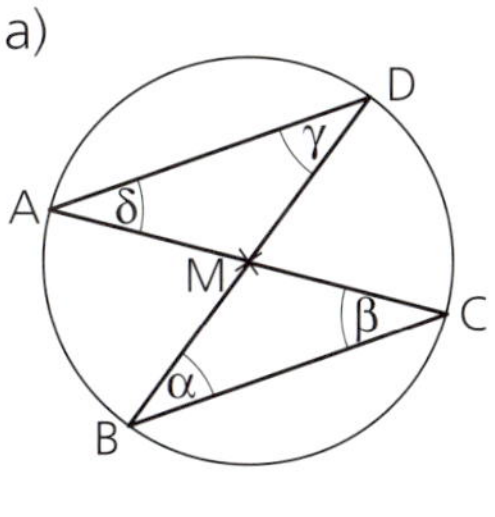

b)
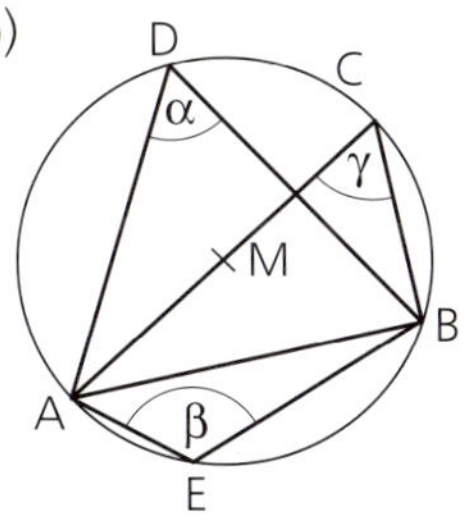

c)
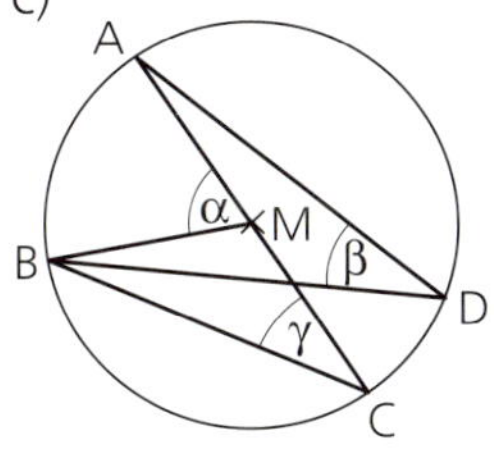

d)
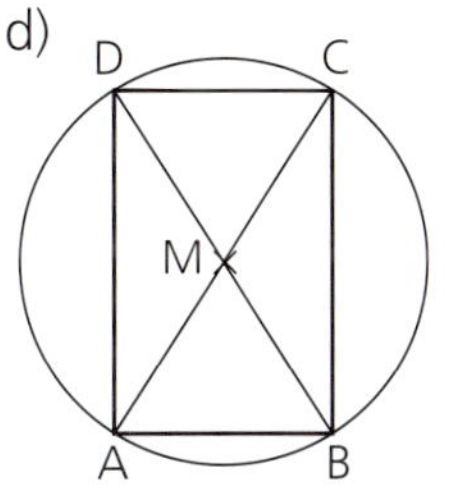

4. Wie groß ist der Zentriwinkel, der zu einem Peripheriewinkel der folgenden Größe gehört?

a) 14° b) 37° c) 28,7° d) $66\frac{1}{2}°$ e) 92° f) 55,5°

5. Ein Zentriwinkel habe die folgende Größe. Wie groß ist jeder Peripheriewinkel über demselben Bogen?

a) 130° b) 111° c) 27,5° d) 178° e) $92\frac{1}{2}°$ f) 180°

6. Berechne die Größen der Winkel γ und δ, wenn α gegeben ist!

a)
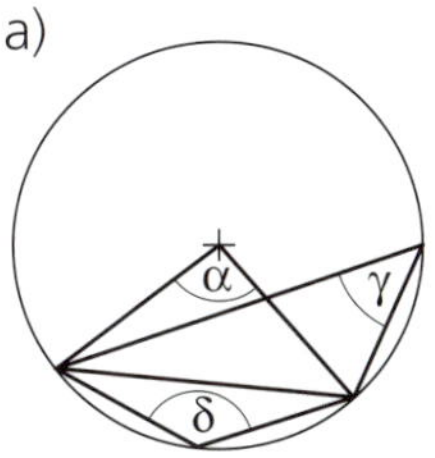

$\alpha = 79°$

b)
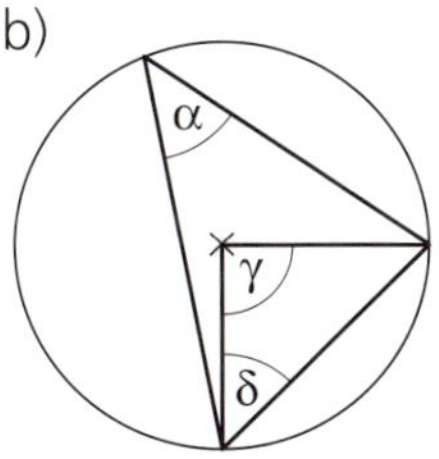

$\alpha = 34°$

c)
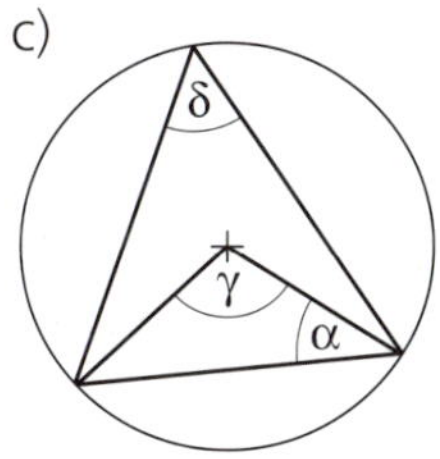

$\alpha = 27°$

d)
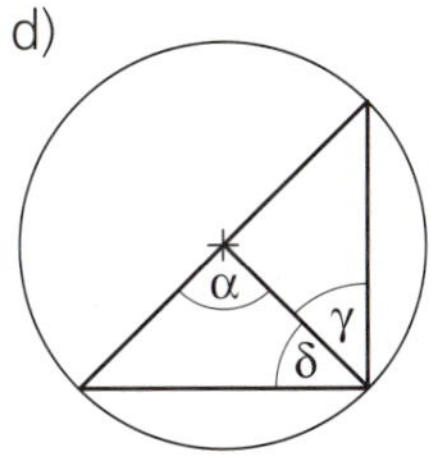

$\alpha = 100°$

***7.** Wie groß ist jeweils der Winkel γ?

a)
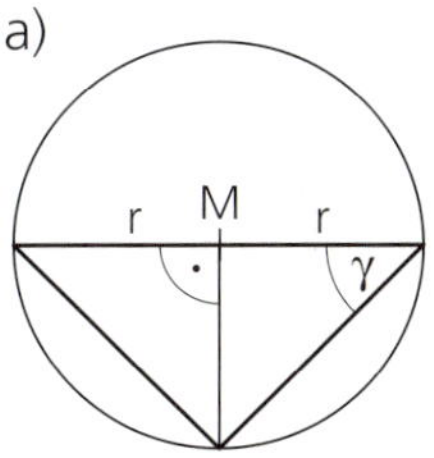

b)
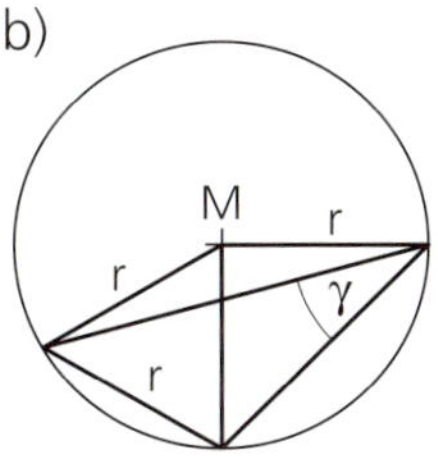

c)
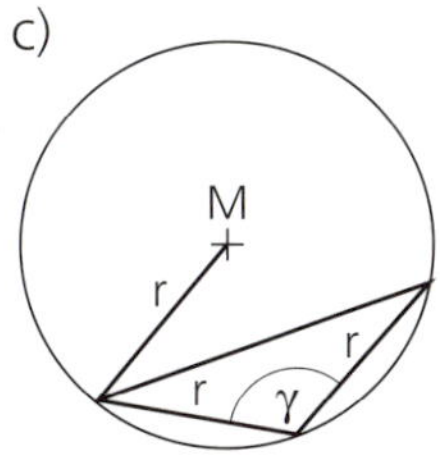

d)
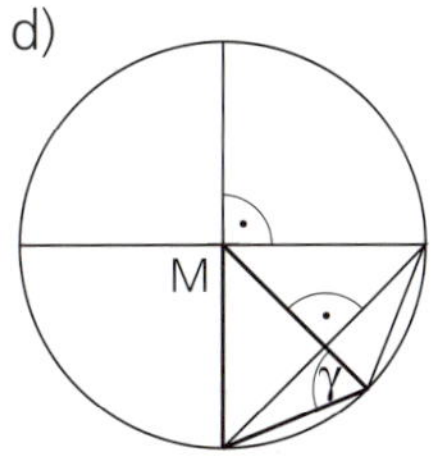

8. In den Abbildungen ist jeweils die Tangente in A an den Kreis um M gelegt. Berechne jeweils die Größe des Winkels β!

a)
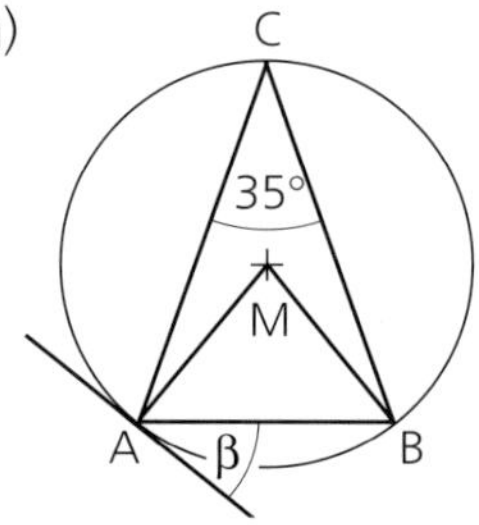

b)
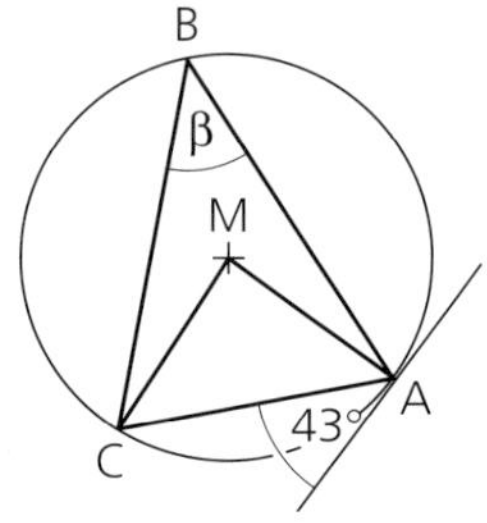

9. Bestimme die Größe aller eingezeichneten Winkel! Begründe!

a)
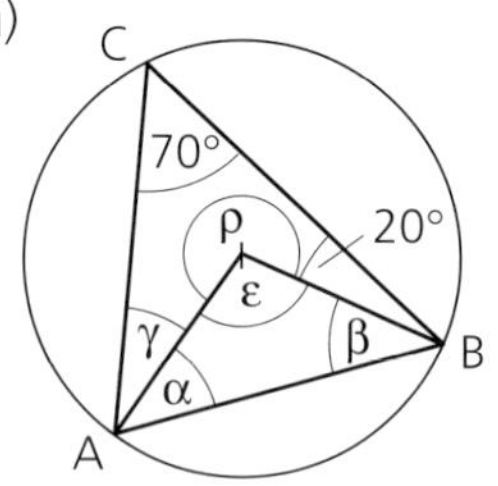

b)
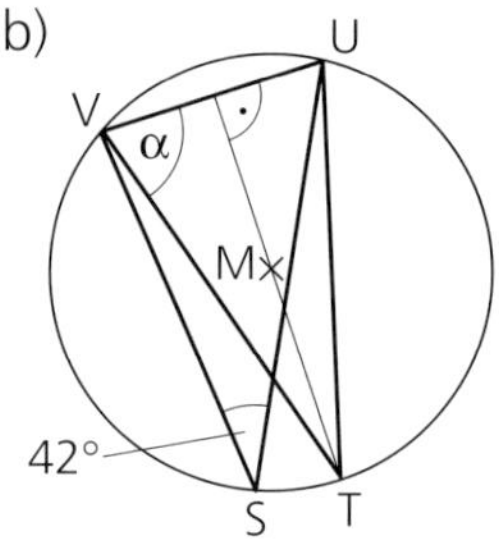

c)
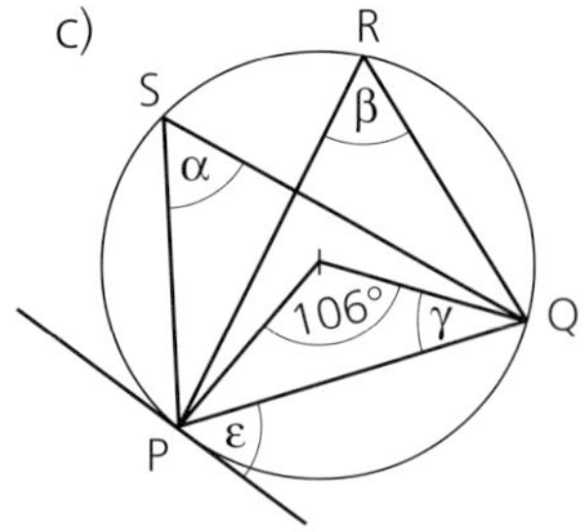

10. Gegeben ist eine Strecke $\overline{AB} = 2{,}8$ cm. Konstruiere einen Kreis, in dem $\overline{AB}$ eine Sehne ist, zu der folgende Winkel gehören!

a) ein Zentriwinkel von 110° b) ein Peripheriewinkel von 40°

c) ein Zentriwinkel von 90° d) ein Peripheriewinkel von 45°

11. Konstruiere ein Dreieck ABC aus $\overline{AB} = c = 5$ cm; $h_c = 3{,}2$ cm und $\gamma = 70°$!

12. Gegeben ist eine Strecke $\overline{MN} = 4$ cm. Wo liegen alle Punkte, von denen die Strecke $\overline{MN}$ unter einem Winkel von 50° erscheint?

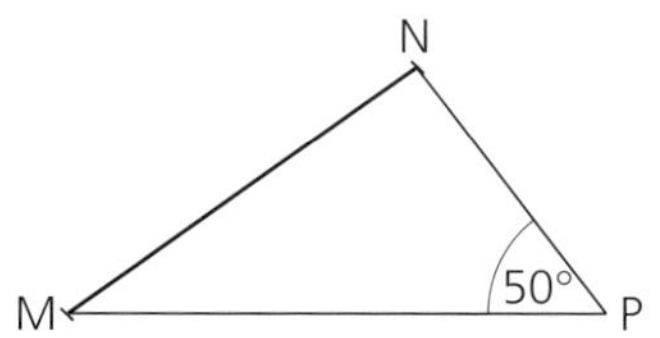

***13.** Bestimme alle Punkte, von denen aus zwei auf einer Geraden liegende Strecken $\overline{AB}$ und $\overline{BC}$ unter dem gleichen Winkel 40° erscheinen!

***14.** Konstruiere ein rechtwinkliges Dreieck ABC mit der Hypotenuse $\overline{AB} = 6$ cm und der Strecke $\overline{AD} = 2{,}5$ cm, wobei D der Punkt ist, in dem die Winkelhalbierende des rechten Winkels die Hypotenuse schneidet!

***15.** Konstruiere alle Dreiecke ABC aus folgenden Stücken!

a) $c = 4{,}4$ cm; $\gamma = 30°$; $s_c = 3$ cm b) $a = 6$ cm; $h_c = 5$ cm und $\alpha = 45°$

***16.** Konstruiere ein Parallelogramm ABCD aus $\overline{AS} = 4$ cm; $\gamma = 45°$ und $\overline{SB} = 3$ cm, bei dem S der Schnittpunkt der Diagonalen ist!

***17.** Ein Haus mit rechteckigem Grundriss, das 10 m lang und 7 m breit ist, soll so fotografiert werden, das zwei Seiten unter demselben Sehwinkel von 30° auf dem Bild sind.

a) Wo muss man sich mit dem Fotoapparat hinstellen?

b) Löse die Aufgabe noch einmal mit einem Sehwinkel von 45°!

Umfang von Kreisen

Der Kilometerzähler bei einem Fahrrad zählt eigentlich nur die Anzahl der Umdrehungen eines Rades. Dennoch ist es mit diesem einfachen „Zählgerät" möglich, die mit dem Fahrrad zurückgelegte Entfernung zu ermitteln. Dabei ist allerdings die Größe des Rades zu beachten.

Die Strecke bei einer Umdrehung eines Rades entspricht der Länge des äußeren Randes des Rades, also seinem Umfang. Je größer das Rad ist, desto größer ist der zurückgelegte Weg bei einer Umdrehung. Es besteht vermutlich ein Zusammenhang zwischen dem Durchmesser des Rades und seinem Umfang. Eine Messung ergibt:

Art des Rades	Durchmesser d	Umfang u	$\frac{u}{d}$
18er	45,5 cm	143 cm	3,14
24er	61,0 cm	192 cm	3,15
28er	71,1 cm	223 cm	3,14

Der Umfang eines Kreises ist proportional zum Durchmesser. Der Proportionalitätsfaktor heißt **Kreiszahl.** Bezeichnung: π (sprich: pi; griechischer Buchstabe)

Für den Umfang eines Kreises gilt: $u = \pi \cdot d$ bzw. $u = 2\pi \cdot r$

Die Zahl π ist irrational. $\pi = 3{,}1415\ldots$

Für Überschlagsrechnungen verwende folgende Näherungsformeln!

$u \approx 3d$ oder $u \approx 6r$

Die Bestimmung der Kreiszahl π hat eine viertausendjährige Geschichte. Die Babylonier gaben den Wert 3 an, den auch die Bibel enthält. In Ägypten verwendete man schon 1900 v. Chr. den Wert $(\frac{16}{9})^2 = 3{,}1604\ldots$ ARCHIMEDES (um 287 bis 212 v. Chr.) ermittelte annähernd den Umfang eines Kreises schrittweise durch regelmäßige Vielecke. Er begann seine Rechnungen mit einem einbeschriebenen und einem umbeschriebenen Sechseck. Durch Verdopplung der Eckenanzahl konnte er den Umfang immer genauer einschränken und erhielt beim 96-Eck als Schranken $3\frac{10}{71} < \pi < 3\frac{1}{7}$.

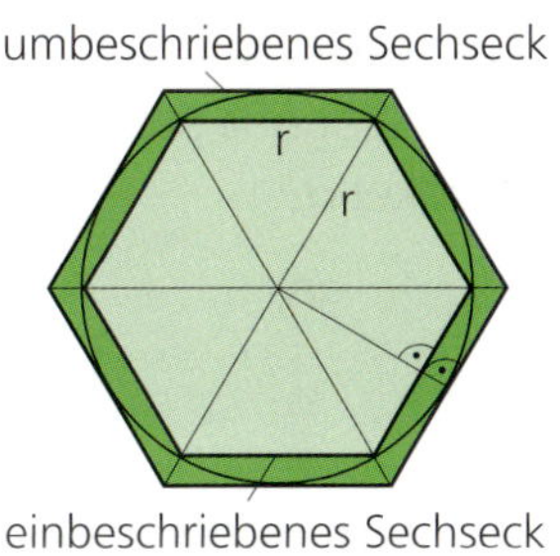

Er rechnete mit $\pi = \frac{22}{7}$.

Der Mathematiker LUDOLPH VAN CEULEN (1540 bis 1610) rechnete nach der archimedischen Methode und schaffte es, die ersten 36 Stellen von π richtig zu ermitteln. Nach ihm heißt π auch die ludolphsche Zahl.
GOTTFRIED WILHELM LEIBNIZ (1646 bis 1716) und LEONHARD EULER (1707 bis 1783) bewiesen, dass π eine irrationale Zahl ist.

$\frac{\pi}{4} = \frac{1}{1} - \frac{1}{3} + \frac{1}{5} - \frac{1}{7} \pm \ldots$ (LEIBNIZ) $\quad \frac{\pi^2}{6} = \frac{1}{1^2} + \frac{1}{2^2} + \frac{1}{3^2} + \frac{1}{4^2} + \ldots$ (EULER)

In Taschenrechnern ist ein Näherungswert für π mit der jeweiligen Taschenrechnergenauigkeit abgespeichert. Diesen Wert kannst du mit der Taste (π) oder mit einer Tastenfolge (z. B. (2nd) (π) oder (SHIFT) (π)) aufrufen.
Bei schriftlichen Rechnungen richtet sich die Genauigkeit von π nach der Genauigkeit der übrigen Näherungswerte. Oft ist der Wert $\pi \approx 3{,}14$ ausreichend. Wenn aus der Aufgabenstellung nicht erkennbar ist, ob es sich um Näherungswerte oder um exakte Zahlen handelt, so ist es in der Regel sinnvoll, im Ergebnis die Genauigkeit zu wählen, die sich bei einer Rechnung mit Näherungswerten ergeben würde.

Berechne den Umfang einer kreisförmigen Blumenrabatte, die einen Durchmesser von 25 m hat!

geg.: Kreis mit d = 25 m *ges.:* u

Lösung: $u = \pi \cdot d$
$u = \pi \cdot 25\text{ m}$

Überschlag: $u = 3 \cdot 25\text{ m} = 75\text{ m}$

schriftlich: $u = 3{,}14 \cdot 25\text{ m} = 78{,}5\text{ m}$
$u \approx 79\text{ m}$

TR: $u = 78{,}539\ldots\text{ m}$
$u \approx 79\text{ m}$

Das Beet hat einen Umfang von ca. 79 m.

Länge eines Kreisbogens

Bei einem Kreis mit dem festen Radius r ist die Länge b eines Kreisbogens proportional zum dazugehörigen Zentriwinkel α.

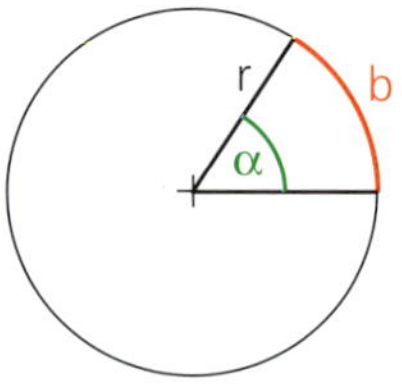

α	90°	180°	360°
b	$\frac{u}{4}$	$\frac{u}{2}$	u

Der Anteil des Bogens am Umfang entspricht dem Anteil des Zentriwinkels am Vollwinkel von 360°. Es gilt also $\frac{b}{u} = \frac{\alpha}{360°}$. Daraus ergibt sich:

Für die Länge b eines Kreisbogens mit dem Durchmesser d, dem Radius r und dem Zentriwinkel α gilt: $b = u \cdot \frac{\alpha}{360°} = \pi \cdot d \cdot \frac{\alpha}{360°} = \pi \cdot r \cdot \frac{\alpha}{180°}$

Aufgaben

Tina joggt im Park. Die kreisförmige Rasenfläche in der Mitte des Parks hat einen Durchmesser von 45 m. Wie lang ist etwa eine Runde um dieses Rasenstück?

1. Berechne jeweils den Umfang der Kreise mit folgenden Durchmessern!
a) 10 cm b) 31,8 cm c) 106 cm d) $2\frac{1}{2}$ m e) 0,87 km f) $\frac{1}{3}$ m

2. Wie groß ist der Umfang eines Kreises mit folgendem Radius?
a) 5 cm b) 31,8 cm c) 53 cm d) $5\frac{1}{2}$ m e) 0,123 cm f) $\frac{1}{6}$ m

3. Wie lang sind Durchmesser und Radius eines Kreises mit folgendem Umfang?
a) 1 m b) 6,28 cm c) 4,5 cm d) $17\frac{1}{2}$ cm e) 22 mm f) 9π

4. Der Durchmesser der Erde beträgt am Äquator etwa 12757 km.
a) Wie groß ist der Radius am Äquator? b) Berechne den Erdumfang am Äquator!

5. Wenn du die Erdkugel einmal umlaufen würdest, hätte dein Kopf einen längeren Weg zurückzulegen als deine Füße. Wie viel Meter sind das?

6. Erik soll von einer Papierrolle 25 m abrollen. Bei einer Umdrehung schafft er 1 m. Er dreht die Rolle 25-mal, um die geforderte Länge zu erhalten. Was meinst du dazu?

7. Im Laufe der Zeit wurden für π immer genauere Werte gefunden. Ermittle für die folgenden Näherungswerte, auf wie viele Stellen genau sie sind! Gib die jeweilige Abweichung von π in Promille mit Rechnergenauigkeit an!

a) Papyrus Rhind: (Ägypten; 1900 n. Chr.) $(\frac{16}{9})^2$
b) ARCHIMEDES: (Griechenland; 287 v. Chr.) $\frac{22}{7}$
c) BRAHMAGUPTA: (Indien; 598 n. Chr.) $\sqrt{10}$
d) ZU CHONG-ZHI: (China; 430 bis 501 n. Chr.) $\frac{355}{113}$
e) VIETA: (Frankreich; 1540 bis 1603) $1,8 + \sqrt{1,8}$

8. Eine 1200 Jahre alte Eiche ist 23 m hoch und hat einen Durchmesser von 4,25 m.
a) Schätze den Umfang der Eiche!
b) Ermittle den Umfang der Eiche und vergleiche mit dem Schätzwert!
c) Wie viel Personen mit einer Spannweite von 1,60 m sind zum Umspannen nötig?

9. Berechne mit $u \approx 3d$, also mit $\pi \approx 3$, den Umfang eines Baumstammes! Vergleiche mit dem Ergebnis bei Verwendung eines genaueren Wertes für π, z. B. mit $\pi \approx 3{,}14$, bei Beachtung sinnvoller Genauigkeit!
a) $d = 21$ cm   b) $d = 53$ cm   c) $d = 1{,}15$ m   d) $d = 4{,}25$ m
Wie könnte die Genauigkeit durch einen prozentualen Zuschlag verbessert werden?

10. Die nebenstehende Abbildung besteht nur aus zusammengesetzten Halbkreisen.
a) Übertrage die Zeichnung in dein Heft.
b) Welche der beiden Linien ist länger, die rote Linie oder die blaue Linie? Begründe!

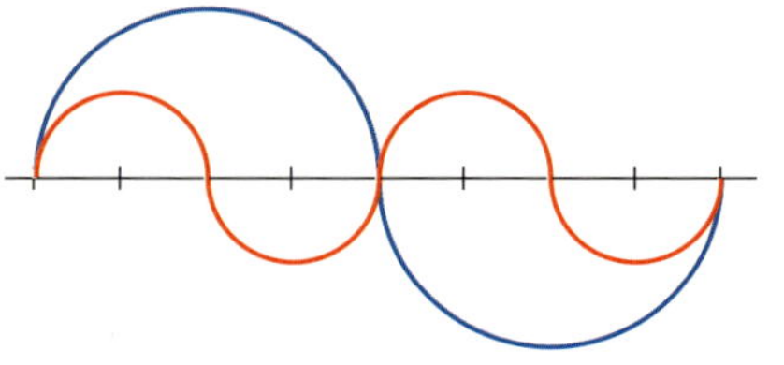

11. Der Reifen eines 26er Fahrrades hat einen Durchmesser von 66 cm.
a) Das Vorderrad dreht sich 2,5-mal pro Sekunde. Wie schnell fährt das Fahrrad in Meter pro Sekunde bzw. in Kilometer pro Stunde?
b) Das Fahrrad hat eine Geschwindigkeit von 20 $\frac{km}{h}$. Wie oft hat sich das Vorderrad bei dieser Geschwindigkeit in einer Dreiviertelstunde gedreht?

12. Berechne die Länge eines Kreisbogens aus folgenden Angaben!
a) $d = 8$ cm; $\alpha = 45°$ b) $r = 4{,}2$ cm; $\alpha = 270°$ c) $d = 6{,}5$ cm; $\alpha = 72°$
d) $r = 90$ cm; $\alpha = 20°$ e) $d = 16$ cm; $\alpha = 35°$ f) $r = 3{,}39$ m; $\alpha = 46{,}2°$

13. Berechne jeweils den Zentriwinkel! (Kreisradius: 5,0 cm)
a) Bogenlänge: 5,0 cm   b) Bogenlänge: 21,0 cm   c) Bogenlänge: 15,7 cm
d) Bogenlänge: 157,0 cm   e) Bogenlänge: π cm   f) Bogenlänge: 2π cm

14. In einer Fabrik werden aus dünnen Drähten kreisförmige Ringe gebogen.
a) Welchen Durchmesser hat ein Ring von 5,0 cm Länge?
b) Wie lang muss der Draht sein, wenn der Radius des Ringes ca. 3,8 cm beträgt?
c) Wie viel Meter Draht sind notwendig, wenn 100 Ringe mit jeweils 10,0 cm Durchmesser hergestellt werden sollen?

15. Die erste uns bekannt gewordene Messung der Erdgröße geht auf den griechischen Mathematiker ERATOSTHENES zurück, der etwa 276 bis 192 v. Ch. lebte. Er stellte fest, dass in der Stadt Syene (heute Assuan) zur Sommersonnenwende die Sonne sich in einem tiefen Brunnen spiegelte, also genau senkrecht über der Erdoberfläche stand. Er ließ gleichzeitig in Alexandria den Sonnenstand messen und erhielt eine Abweichung von 7,2°, was genau einem Fünfzigstel von 360° entspricht. Damit konnte er den Erdumfang ermitteln, da er die Entfernung beider Städte kannte. Sie betrug 5000 Stadien, wobei ein Stadion 184,3 m entspricht. Welcher Wert für den Erdumfang ergibt sich daraus?

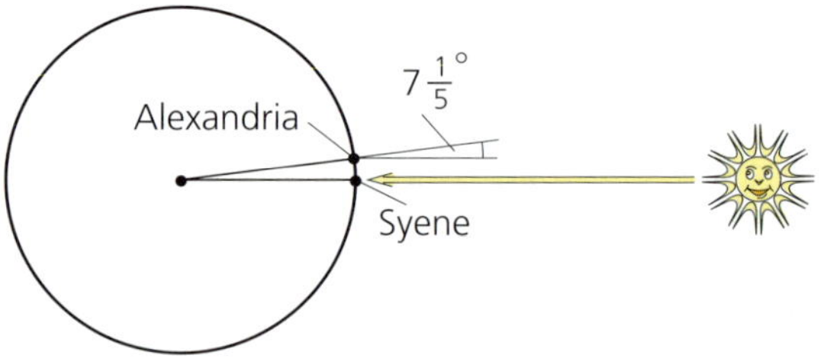

Inhalt von Kreisflächen

Seit der Antike haben Mathematiker vergeblich versucht, zu einem gegebenen Kreis mit Zirkel und Lineal ein flächengleiches Quadrat zu konstruieren. Erst im Jahre 1882 konnte FERDINAND LINDEMANN (1852 bis 1939) nachweisen, dass dies unmöglich ist, da sich die Zahl π nicht durch endlich viele Wurzelausdrücke darstellen lässt. Noch heute spricht man bei einem unlösbaren Problem von der „Quadratur des Kreises".

Um den Flächeninhalt eines Kreises zu ermitteln, kann dieser in Teilflächen zerlegt werden. Diese lassen sich dann wieder zu einer Figur zusammensetzen, die annähernd einem Parallelogramm mit der Grundseite $\frac{u}{2}$ und der Höhe r entspricht.

Man kann nachweisen, dass bei Vergrößerung der Anzahl der Teilflächen die Annäherung an ein Parallelogramm immer besser wird. Für den Flächeninhalt A eines Kreises gilt also $A = \frac{u}{2} \cdot r$. Mit $u = 2\pi r$ gilt für den Flächeninhalt eines Kreises folgender Zusammenhang:

Der **Flächeninhalt eines Kreises** ist das Produkt aus der Konstanten π und dem Quadrat seines Radius r. Es gilt: $A = \pi \cdot r^2$ bzw. $A = \frac{\pi}{4} \cdot d^2$

Ein rundes Dachfenster hat einen Radius von 0,62 m.
Wie groß ist die Glasfläche der Fensterscheibe?

geg.: Kreis mit r = 0,62 m *ges.:* A

Lösung: $A = \pi \cdot r^2$

$A = \pi \cdot (0{,}62\ m)^2$

$A = 1{,}207628\ldots\ m^2 \approx 1{,}2\ m^2$

Die Fensterscheibe hat eine Fläche von 1,2 m^2.

Für Überschlagsrechnungen verwende folgende Näherungsformeln!

$A \approx 3r^2$ oder $A \approx \frac{3}{4}d^2$

Flächeninhalt eines Kreissektors

Der Teil einer Kreisfläche, der von zwei Radien und einem Kreisbogen begrenzt wird, heißt **Kreissektor.** Der Flächeninhalt A eines Kreissektors ist proportional zum zugehörigen Zentriwinkel α. Zum Beispiel verdoppelt sich bei Verdopplung von α auch A. Der Anteil des Flächeninhalts A des Kreissektors am Flächeninhalt des Kreises $\pi \cdot r^2$ entspricht dem Anteil des Zentriwinkels α am Vollwinkel 360°.

In einem Kreis mit dem Radius r gilt für den Flächeninhalt A eines Kreissektors mit dem dazugehörigen Zentriwinkel α:

$$A = \pi \cdot r^2 \cdot \frac{\alpha}{360°}$$

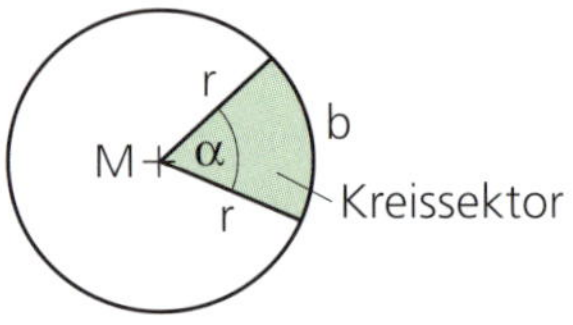

Flächeninhalt eines Kreisringes

Eine Kreisfläche mit einem kreisförmigen „Loch" in der Mitte heißt **Kreisring.**

Den Flächeninhalt A eines Kreisringes kannst du berechnen, indem du den Flächeninhalt der inneren Kreisfläche vom Flächeninhalt der äußeren Kreisfläche subtrahierst.

Für den Flächeninhalt eines Kreisringes mit dem inneren Radius r_1 und dem äußeren Radius r_2 gilt:

$$A = \pi \cdot (r_2^2 - r_1^2)$$

Aufgaben

1. Zeichne um und in einen Kreis ein Quadrat entsprechend nebenstehender Abbildung! Miss die Seitenlängen und zeige mit der archimedischen Methode der Einschachtelung für den Flächeninhalt von Kreisen, dass für π die Ungleichung $2 < \pi < 4$ gilt!

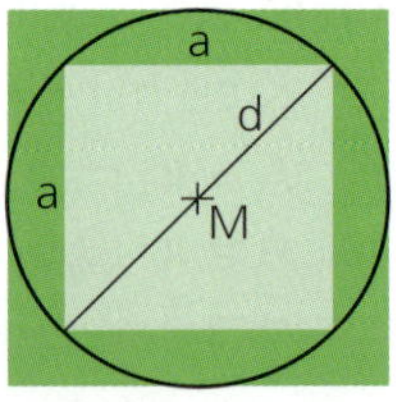

2. Berechne jeweils den Flächeninhalt der Kreise mit folgenden Radien!

a) 7,5 cm b) 15 cm c) 75 cm d) 0,62 m e) $\frac{1}{3}$ m
f) $3\frac{1}{4}$ m g) 5,64 cm h) $\sqrt{10}$ cm i) 1 km j) $0,\overline{3}$ cm

3. Ein sich drehender Rasensprenger hat eine Reichweite von 3,5 m. Wie groß ist die von ihm bewässerte Fläche?

4. Berechne jeweils den Flächeninhalt der Kreise mit folgenden Durchmessern!
a) 15 cm b) 20 cm c) 0,8 cm
d) 3,76 m e) $\frac{1}{6}$ m f) 3,14 m

***5.** Berechne für die gegebenen Kreisflächeninhalte jeweils Radius und Durchmesser der zugehörigen Kreise!
a) 6,28 cm^2 b) 12,56 cm^2 c) 628 mm^2
d) 12,2 cm^2 e) 1 m^2 f) 2 m^2

6. Berechne mit der Näherungsformel $A \approx 3r^2$ den Inhalt der Kreisflächen mit folgenden Radien! Vergleiche mit dem Ergebnis bei Anwendung der exakten Formel!
a) 10 m b) 30 m c) 15 km d) 100 km

7. Berechne näherungsweise mit $A \approx 3r^2$ den Radius eines Kreises, der folgenden Flächeninhalt hat!
a) 300 m^2 b) 12 km^2 c) 75 km^2 d) 150 ha e) 250 cm^2

***8.** Berechne für die gegebenen Kreisumfänge jeweils die Flächeninhalte der Kreise!
a) 4,5 cm b) 9,0 cm c) 0,72 m d) 6,28 m e) π m

***9.** Berechne und vergleiche den Umfang von einem Kreis und von einem Quadrat, die beide einen Flächeninhalt von 1 m^2 haben!

10. Aus einer quadratischen Platte mit der Seitenlänge s wird der größtmögliche Kreis herausgeschnitten. Berechne den jeweiligen Abfall in Prozent!
a) s = 60 cm b) s = 1,05 m c) s = 23,5 cm

11. Einer Sage zufolge versprach eine Königin einem ihrer Gefolgsleute als Belohnung alles Land, das er in einem Tage umreiten könne. Was würdest du dem Manne raten?

12. Man rechnet, dass auf einem Quadratmeter vier Menschen Platz haben. Wie groß müsste dann der Radius eines Kreises sein, auf dem eine Million Menschen stehen könnten? Schätze zuerst!

13. Schreibe einen Rechenablaufplan für die Berechnung des Flächeninhalts eines Kreises mit r = 2,5 cm für deinen Taschenrechner auf!

14. Welchen Radius hat ein Kreis, bei dem die Maßzahlen des Umfangs (Einheit: cm) und des Flächeninhalts (Einheit: cm^2) gleich sind?

15. Im Park soll ein Beet von 4,50 m Durchmesser bepflanzt werden. Der Gärtner kalkuliert mit 9 Pflanzen für $\frac{1}{4}$ Quadratmeter.
Wie viele Pflanzen müssen für das Beet bestellt werden?

16. Der Kommissar ordnete an: „Im Umkreis von 300 m wird das gesamte Gebiet systematisch durchsucht!" Wie groß ist die Fläche, die von den Polizisten durchsucht werden muss?

17. Max hat einen runden Spiegel im Flur zerschlagen. Der Spiegel hat einen Durchmesser von 80 cm. Max muss sich an den Kosten für einen neuen Spiegel beteiligen: 1 Cent pro 10 cm^2 Spiegelfläche. Wie teuer kommt Max sein Übermut zu stehen?

18. Welche der grünen Flächen ist ein Kreissektor?

a) 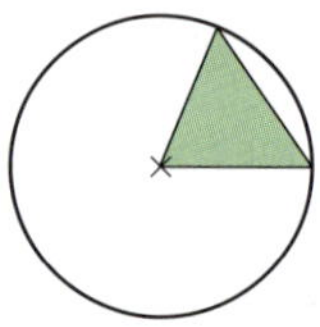
b) 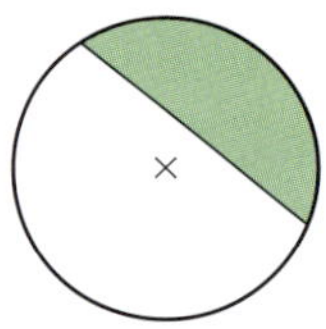
c) 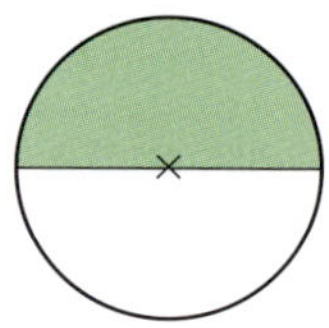
d) 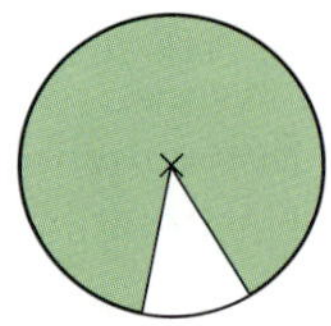

19. Zeichne einen Kreissektor mit folgenden Maßen

a) $r = 36$ mm, $s = 40$ mm
b) $r = 3{,}2$ cm, $s = 52$ mm
c) $r = 2{,}1$ cm, $\alpha = 45°$
d) $r = 3{,}0$ cm, $\alpha = 250°$

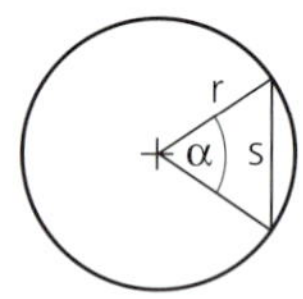

20. Vielfach werden Kreisdiagramme zur Darstellung von Daten verwendet. Berechne die Zentriwinkel der Kreissektoren, die für eine Darstellung der Ergebnisse einer Klassenarbeit im Kreisdiagramm notwendig sind!

Zensur	1	2	3	4	5	6
Anteil in %	7,14	21,43	32,14	25	10,71	3,57

21. Die Fläche eines Kreissektors lässt sich auch nach der Formel $A_S = \frac{r \cdot b}{2}$ berechnen.

a) Kommentiere die folgende Herleitung!

(1) $A_S = \pi \cdot r^2 \cdot \frac{\alpha}{360°} = r \cdot (\pi r \cdot \frac{\alpha}{360°})$

(2) $b = 2\pi r \cdot \frac{\alpha}{360°}$; $\frac{b}{2} = (\pi r \cdot \frac{\alpha}{360°})$

(3) $A_S = \frac{r \cdot b}{2}$

b) Berechne die Fläche eines Kreissektors mit folgenden Maßen!

(1) $r = 8{,}0$ cm; $b = 11$ cm

(2) $r = 160$ mm; $b = 55$ mm

22. Berechne die Flächen des nebenstehend abgebildeten „Herzchens" für a = 4 cm!

23. Welche Fläche der nebenstehend abgebildeten Figur ist größer, der grüne Teil oder der restliche blaue Teil?

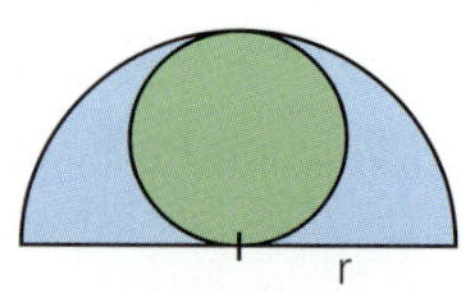

24. Die folgenden Quadrate haben jeweils eine Seitenlänge von 3 cm.
a) Schätze, in welchem Fall der blaue Teil größer als der grüne Teil ist!
b) Berechne die Flächeninhalte der blauen und grünen Teile! Vergleiche!

a) b) c) d) *e)

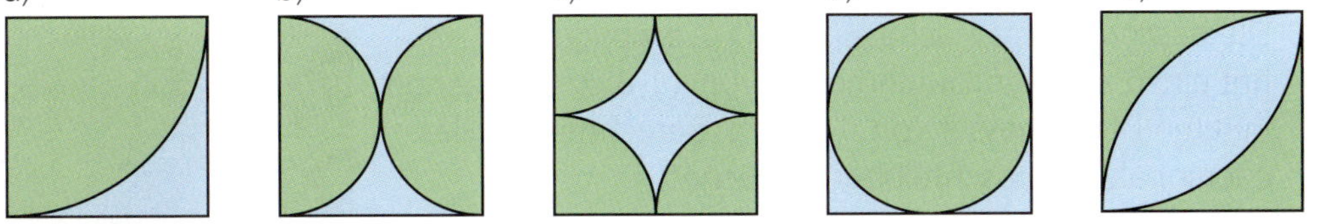

25. Berechne die Fläche des Kreissektors eines Kreises mit dem Radius r, dem Durchmesser d und dem zum Sektor gehörenden Zentriwinkel α!

a) $r = 15$ cm; $\alpha = 72°$ b) $d = 0{,}36$ m; $\alpha = 225°$
c) $r = 12{,}5$ cm; $\alpha = 18°$ d) $d = 15$ m; $\alpha = 204°$

26. Berechne jeweils den Flächeninhalt der folgenden grünen Figuren!

a) $r = 12{,}5$ cm, $a = 8$ cm b) $r = 1{,}2$ cm c) $r = 2{,}74$ m, $a = 2{,}74$ m d) $r = 4{,}5$ cm, $\alpha = 300°$

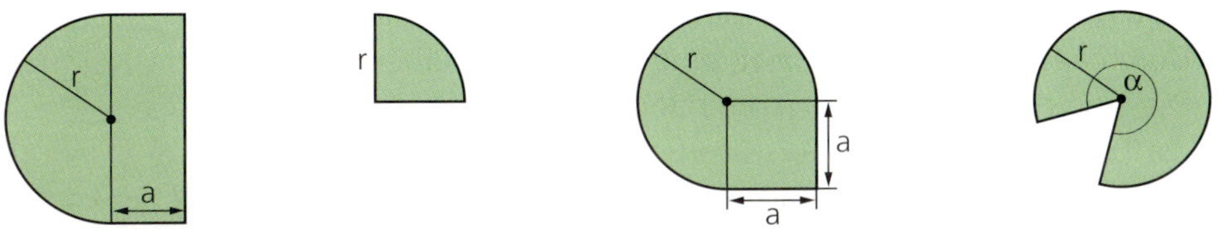

27. Welche der folgenden Figuren sind Teile von Kreisflächen? Benenne diese Figuren!

a) b) c) d) e) f) g)

28. Zeichne einen Kreisring, der 1,5 cm breit (bzw. 2,5 cm breit) ist und dessen äußerer Radius 4,5 cm beträgt!

29. Zeichne einen 2 cm breiten (bzw. 3,5 cm breiten) Kreisring, dessen innerer Radius 1,5 cm beträgt!

30. Berechne den Flächeninhalt der abgebildeten Kreisringe!

a) $r_1 = 1{,}5$ cm, $r_2 = 3$ cm b) $r_1 = 1{,}2$ cm, $r_2 = 2{,}8$ cm c) $r_1 = 0{,}4$ cm, $r_2 = 3{,}6$ cm
d) $r_1 = 0{,}85$ cm, $r_2 = 3{,}26$ cm e) $r_1 = 28$ mm, $r_2 = 43$ mm f) $r_1 = 1{,}1$ cm, $r_2 = 2{,}2$ cm

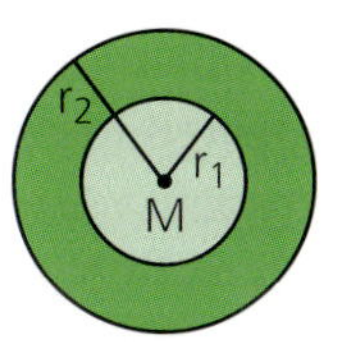

31. Welche der folgenden Formeln zur Berechnung des Inhalts eines Kreisringes sind richtig? Begründe!

a) $A = \pi r_2^2 - \pi r_1^2$ b) $A = \pi(r_2^2 - r_1^2)$ c) $A = \frac{\pi}{4} d_2^2 - \frac{\pi}{4} d_1^2$

32. Die nebenstehende Figur wird durch die drei Halbkreise gebildet.
a) Berechne den Umfang der Figur!
b) Berechne den Flächeninhalt der Figur!

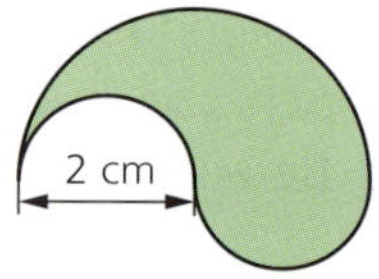

33. Die beschreibbare Fläche einer CD (Compactdisc) hat einen äußeren Durchmesser von 11,8 cm und einen inneren Durchmesser von 4,55 cm. Berechne den Flächeninhalt der beschreibbaren Fläche!

34. Ein Wasserrohr hat einen Außendurchmesser von 7,5 cm und eine Wandstärke von 0,5 cm. Berechne den Querschnitt des Rohres!

35. Für den Inhalt A eines Kreisrings gilt auch die Formel $A = \pi(r_1 + r_2) \cdot (r_1 - r_2)$. Berechne mithilfe dieser Formel ohne Benutzung des Taschenrechners den Flächeninhalt der beiden folgenden Kreisringe!
a) $r_1 = 11$ cm; $r_2 = 9$ cm   b) $r_1 = 5{,}5$ cm; $r_2 = 4{,}5$ cm

36. Frau Niebaum will für den neuen runden Tisch, der einen Durchmesser von 100 cm hat, eine Tischdecke nähen. Die Tischdecke soll rundherum mindestens 15 cm über die Tischkante hinaus ragen. Stoff gibt es aber nur in den Breiten 1,20 m und 1,40 m.
a) Welche Abmaße könnte ein geeignetes Stück Stoff für die Tischdecke haben?
b) Wie viel Prozent des Stoffs sind dann Verschnitt?

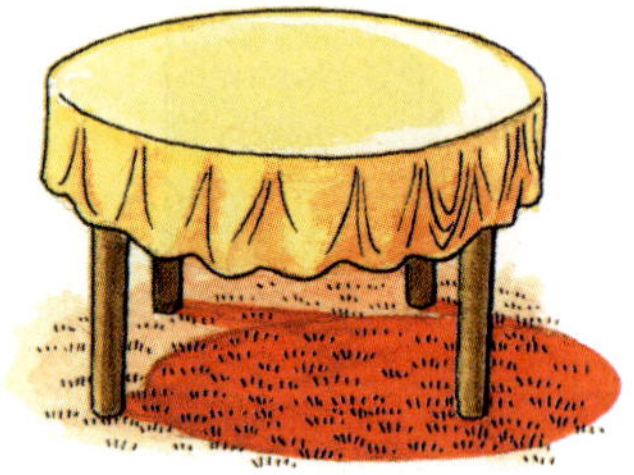

37. Ein Brunnen hat einen äußeren Radius von 2,55 m. Um den Brunnen herum sollen in 1,80 m Breite neue Gehwegplatten verlegt werden.
a) Skizziere den erläuterten Sachverhalt!
b) Wie viel Quadratmeter Gehwegplatten sind für die Einfassung notwendig?
c) Wie groß ist die Wasseroberfläche des Brunnens? (Brunnenrandbreite: 15 cm)

38. Berechne zu folgenden Umfängen den zugehörigen Durchmesser näherungsweise mit $u \approx 3d$ und vergleiche mit der genauen Berechnung!
a) 60 cm   b) 96 cm   c) 54 cm   d) 130 cm

39. Die Radien der vier in nebenstehender Abbildung dargestellten Kreise sollen 1 cm; 2 cm; 3 cm und 4 cm betragen.
a) Berechne jeweils die Umfänge der Kreise!
b) Berechne jeweils die Fläche des blauen, des gelben und des grünen Kreises!
c) Wie viel Prozent von der Gesamtfläche ist blau, wie viel Prozent ist gelb und wie viel Prozent ist grün?

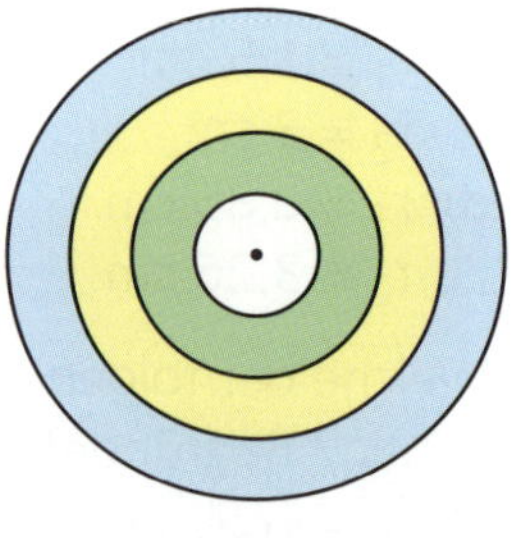

4.4 Gemischte Aufgaben

Flächenberechnungen

Moderne Hochhäuser bestehen heute vielfach aus Glas und Beton. Bei einem Gebäude sei eine rechteckförmige Außenwand 25 m breit und 76 m hoch. In 26 Etagen sind je 8 Fenster von 2 m x 2 m angeordnet. Dazwischen ist je eine 1 m breite Betonfassade. Wie viel Prozent der Fassade dieser Wand sind aus Glas? Schätze erst!

1. a) Berechne und vergleiche die Flächeninhalte der folgenden Vierecke!
b) Wie heißen die Vierecke?

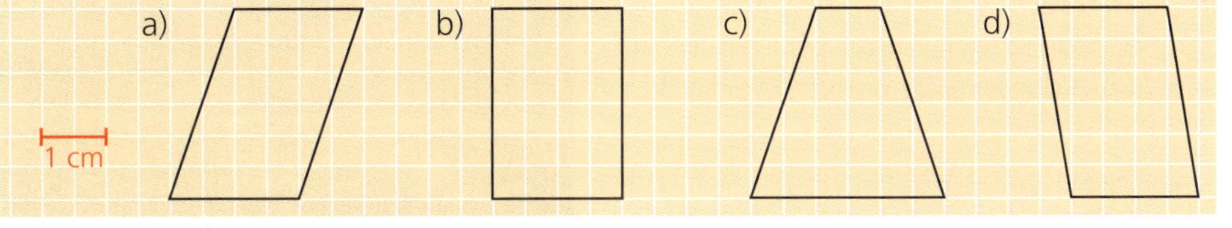

2. Berechne nach geschicktem Zerlegen der Vierecke in verschiedene Teildreiecke den Flächeninhalt der skizzierten Grundstücke!

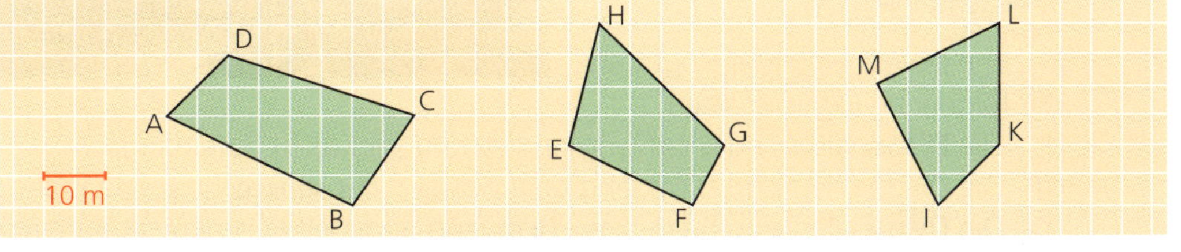

3. Berechne die Flächeninhalte folgender Vierecke!

a) Trapez
$a = 5{,}5$ cm
$c = 3{,}5$ cm
$h = 2{,}8$ cm

b) Parallelogramm
$a = 6$ cm
$b = 8$ cm
$h_a = 4$ cm

c) Drachenviereck
$e = 4{,}2$ cm
$f = 8{,}5$ cm

4. Das Münchner Olympiastadion hat eine Überdachung, die an ein Zirkuszelt erinnert. Konstruiert wurde sie aus quadratischen Kunststoffplatten. Die Platten sind 3 m x 3 m groß. 74800 m^2 umfasst die Dachkonstruktion. Wie viele Kunststoffplatten waren für die Überdachung des Stadions notwendig?

5. a) Berechne die Flächeninhalte der Vielecke! Zerlege sie geschickt in Teilflächen!
b) Gib die Umfänge der beiden Vielecke in Dezimeter an!

(I)

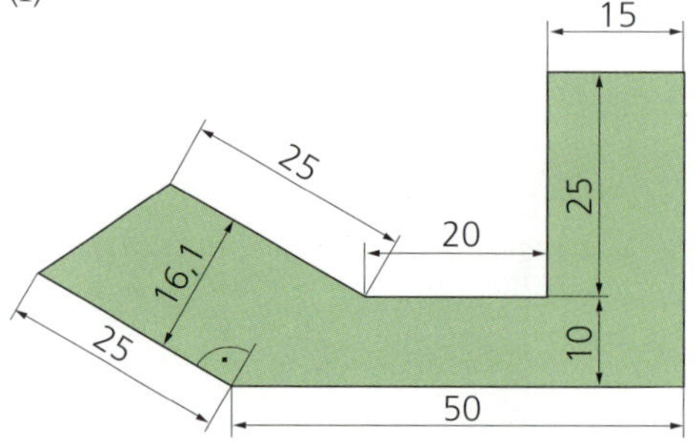

(II)

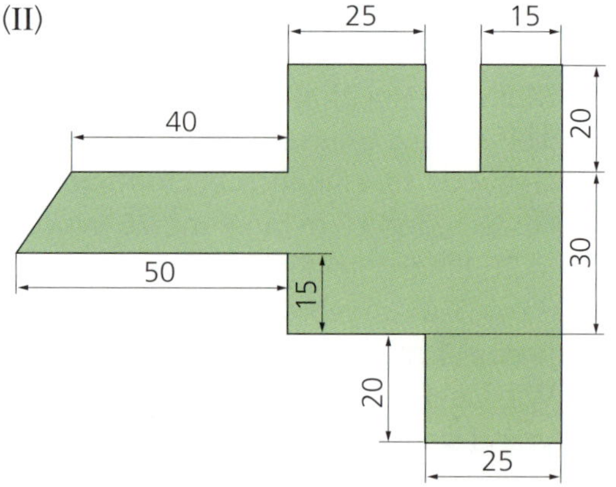

Maßangaben in Zentimeter

Zeichnen hilft Rechnen

6. Ein Satellit auf seiner Umlaufbahn um die Erde steht genau über dem Mittelpunkt der Strecke Berlin–Palermo. Er peilt beide Städte jeweils unter einem Winkel von 5,95° an und ist von jeder dieser Städte 12 500 km entfernt. Wie weit liegen Berlin und Palermo auseinander, wenn die Erdkrümmung nicht beachtet wird?

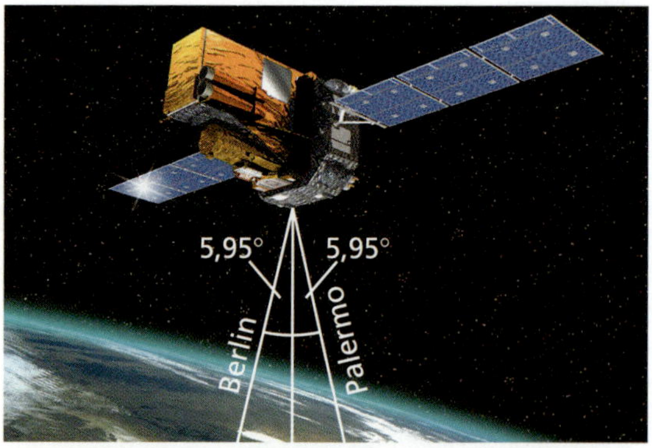

7. a) Zeichne jeweils ein Parallelogramm mit folgenden Eigenschaften?
(I) Die Diagonalen sind 6 cm lang und stehen senkrecht aufeinander.
(II) Die Diagonalen sind 6 cm lang und stehen nicht senkrecht aufeinander.
(III) Die Diagonalen sind 5 cm bzw. 7 cm lang und stehen senkrecht aufeinander.
b) Berechne die Flächeninhalte dieser Figuren!
c) Zu welcher besonderen Vierecksart gehören diese Figuren?

8. Konstruiere ein Dreieck ABC mit $c = 6$ cm; $\alpha = 60°$ und $h_c = 5$ cm!
a) Verwandle es durch Konstruktion in ein flächengleiches Dreieck mit $\alpha = 90°$!
b) Verwandle es durch Konstruktion in ein flächengleiches Rechteck mit $b = 2{,}5$ cm!

9. a) Zeichne ein Trapez mit folgenden Maßen!
$\overline{AB} = 6$ cm; $\overline{DC} = 3$ cm; $\overline{BC} = 2$ cm; $\sphericalangle ABC = 90°$
b) Färbe das Trapez so, dass genau die Hälfte des Flächeninhalts grün wird! Führe keine Berechnungen durch!
c) Beschreibe dein Vorgehen!

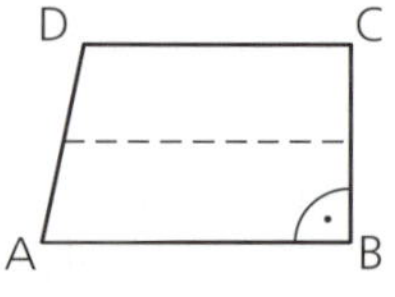

Suchen nach Gründen und Zusammenhängen

10. Suche in den Figuren Strecken und Winkel, die gleiche Größe bzw. gleiche Länge besitzen! Gib Begründungen dafür an!

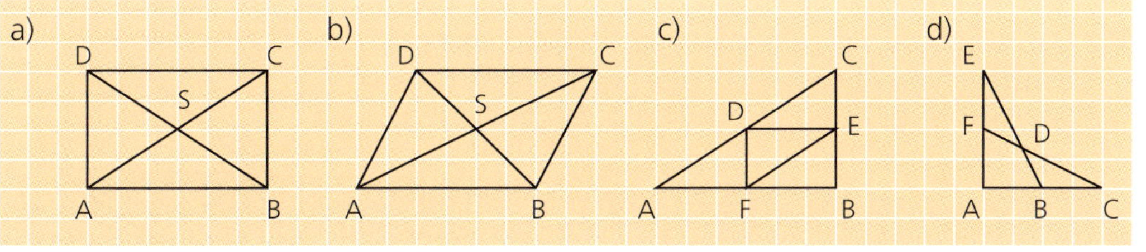

11. Für die nebenstehende Figur gilt:
$\overline{AB} = \overline{AC}$; $\overline{AD} = \overline{AE}$ und $\alpha = \beta$

a) Untersuche, ob $\overline{AG}$ und $\overline{AH}$ gleich lang sind!

b) Zeichne die Figur mit selbstgewählten Maßen unter der Bedingung, dass $\overline{BC} = \overline{BG} = \overline{CH}$! Beschreibe die Figur AGBCH!

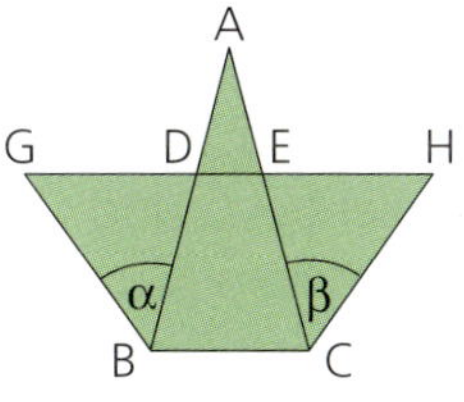

12. Sind die folgenden Aussagen wahr? Begründe deine Entscheidung!

a) In einem gleichschenkligen Trapez kann eine Diagonale genau so lang sein, wie ein Schenkel.

b) In einem gleichschenkligen Trapez kann eine Diagonale genau so lang sein, wie eine Grundlinie.

c) In einem gleichschenkligen Trapez können alle Innenwinkel gleich groß sein.

13. In einem gleichschenkligen Trapez ABCD ($\overline{AB} \parallel \overline{CD}$) seien M und N die Mittelpunkte der Seiten $\overline{AD}$ bzw. $\overline{BC}$. Durch diese Punkte verlaufen Senkrechte zur Seite $\overline{AB}$.

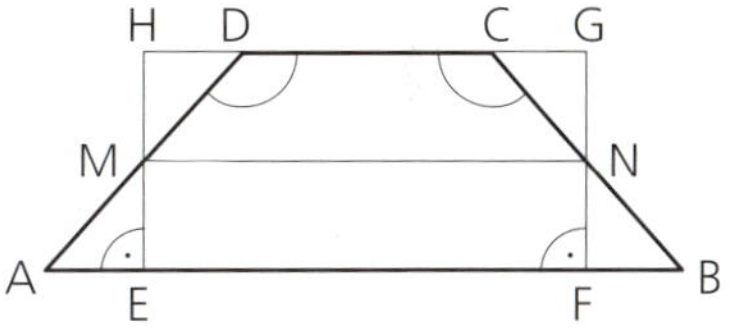

a) Suche kongruente Dreiecke und begründe deine Entscheidung!

b) Berechne für $\overline{AB} = 7$ cm und $\overline{CD} = 5$ cm die Längen der Strecken $\overline{MN}$ und $\overline{EF}$!

c) Gib eine Formel zur Berechnung der Länge der Strecke $m = \overline{MN}$ aus der Länge der Strecken $a = \overline{AB}$ und $c = \overline{CD}$ an!

***14.** a) In einem Dreieck ABC mit $\beta = 90°$ seien M und N die Mittelpunkte der Seiten $\overline{AC}$ und $\overline{BC}$. Untersuche die Länge und den Verlauf der Strecke $\overline{MN}$, die als Mittellinie des Dreiecks bezeichnet wird! Gib Begründungen für deine Vermutungen an!

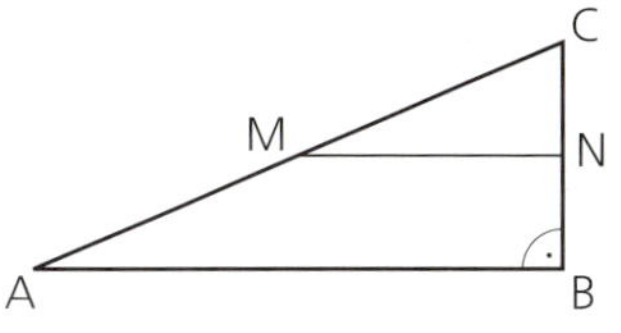

b) Zeichne in ein beliebiges spitzwinkliges Dreieck ABC die Mittellinie $\overline{MN}$ ein! Untersuche und begründe, ob die Aussagen zur Mittellinie in a) für beliebige Dreiecke ebenfalls zutreffen!

15. Stelle eine Vermutung über die Summe der Innenwinkel und die Summe der Außenwinkel in folgenden Figuren auf!
a) Fünfeck b) Sechseck *c) n-Eck

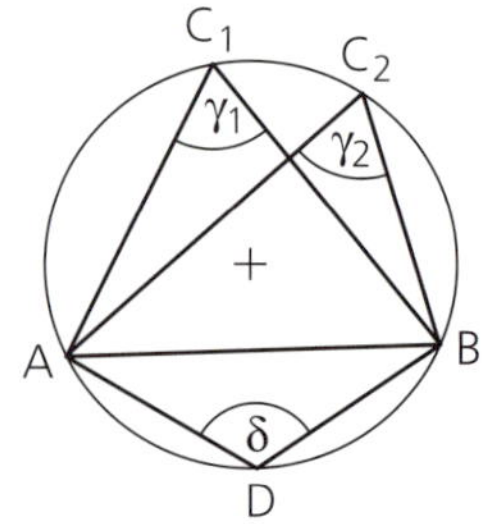

16. Das Viereck $ADBC_1$ und das Viereck $ADBC_2$ in nebenstehender Abbildung sind Sehnenvierecke. Zeige, dass die Winkel $\sphericalangle\ AC_1B$ und $\sphericalangle\ AC_2B$ gleich groß sind!

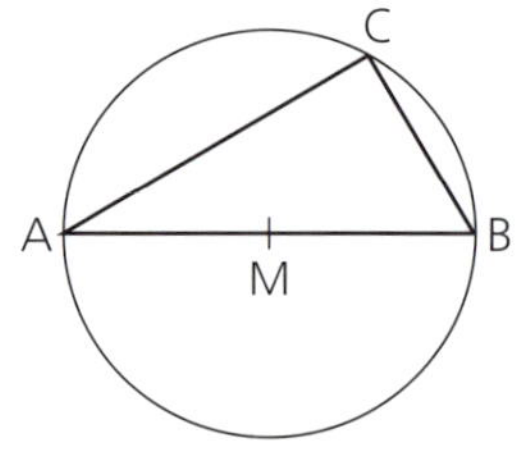

17. Regina sagt: „Ich drehe das Dreieck ABC um M mit 180°. Der Bildpunkt C' von C liegt dann auf dem Kreisbogen $\overline{AB}$. Es entsteht ein Sehnenviereck. Die Winkel bei C und C' sind dann Gegenwinkel im Sehnenviereck und zusammen 180°. Da sie auch noch gleich groß sind, ist jeder von ihnen ein rechter Winkel. Somit wäre der Satz des THALES bewiesen." Werte Reginas Beweis!

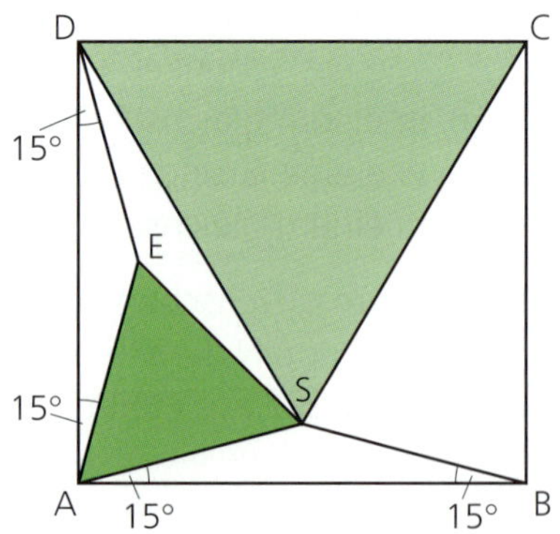

***18.** Zeichne ein gleichschenkliges Dreieck ABS mit $c = 10$ cm und $\alpha = \beta = 15°$! Zeichne dann über der Seite $\overline{AB}$ das Quadrat ABCD und über der Seite $\overline{AD}$ des Quadrates erneut ein gleichschenkliges Dreieck ADE mit den Basiswinkeln 15°, und verbinde die Punkte C; D und E mit S! Untersuche die Figuren DSC und ASE! Begründe deine Vermutungen!

Zeichnen und Rechnen

19. Die Erde ist in Längenkreise eingeteilt, die durch die Pole verlaufen, und in Breitenkreise, die parallel zur Äquatorialebene sind.
a) Ermittle mithilfe einer maßstäblichen Zeichnung die Länge des 60., des 30. und des 50. Breitengrades und gib jeweils zwei Orte an, die auf oder in der Nähe des jeweiligen Breitenkreises der Nordhalbkugel liegen! Der Erdradius beträgt etwa 6 400 km.
b) Wie groß ist der Abstand zweier aufeinander folgender Breitenkreise?

20. An Fenstern und Ornamenten alter Kirchen sind häufig Muster aus Kreisen und Kreisbögen erkennbar, die als so genannte „Dreipass-“ und „Vierpasskonstruktionen“ angelegt sind.

a) Informiere dich in der Literatur bzw. im Internet über die gotischen Gestaltungselemente „Dreipass“ und „Vierpass“!

b) Zeichne einen Dreipass und einen Vierpass in dein Heft!

c) Gestalte ein Kirchenfenster nach eigenen Vorstellungen! Verwende das nebenstehende Foto als Vorlage!

21. a) Berechne jeweils den Umfang der angegebenen Figuren!

b) Berechne jeweils den Flächeninhalt der angegebenen Figuren!

I) r = 45 cm

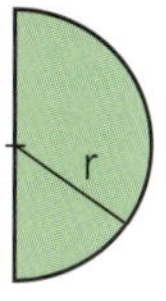

II)

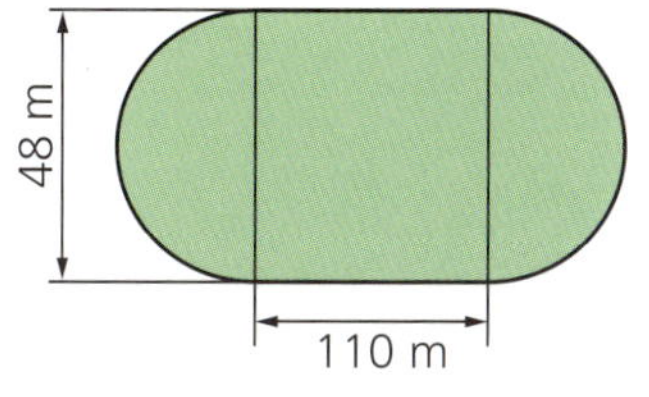

III)

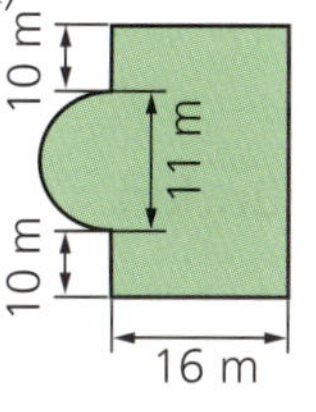

IV) r = 12,5 cm

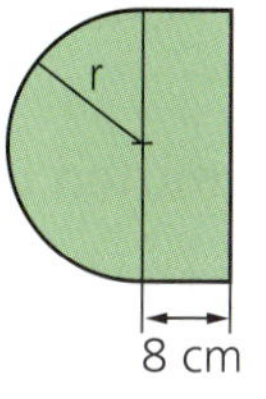

22. Zeichne folgende Figuren und berechne jeweils ihren Flächeninhalt!
Schätze zunächst, in welchem Verhältnis A_I und A_{II} zueinander stehen!

a)

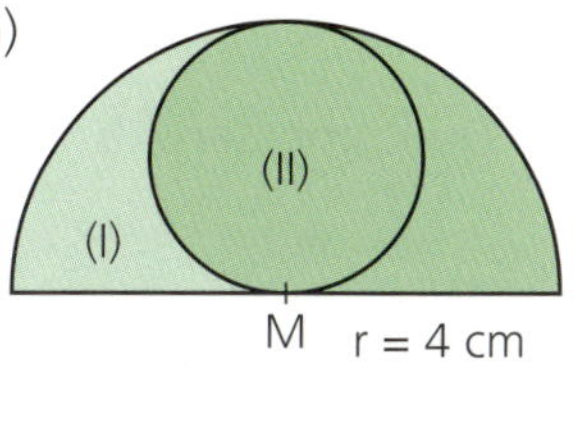

b)

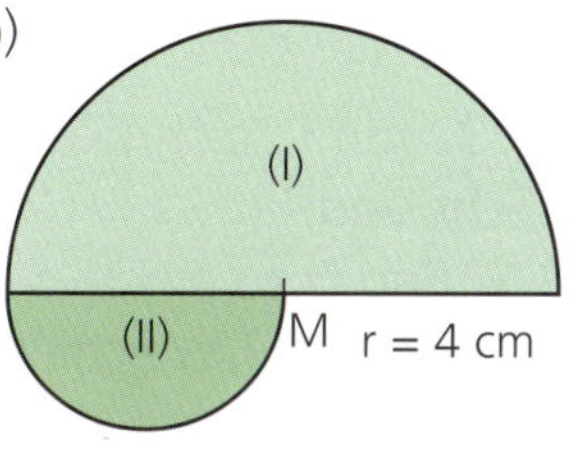

c)

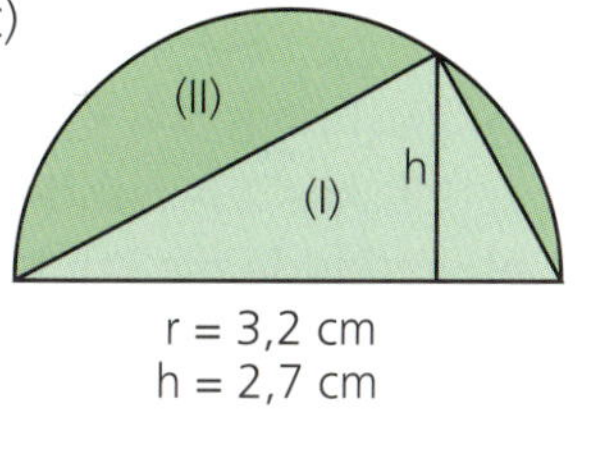

***23.** a) Zeichne folgende Figuren mit den angegebenen Maßen!

b) Berechne jeweils den Umfang und den Flächeninhalt für die angegebenen Maße!

*c) Gib Umfang und Flächeninhalt der Figuren in Abhängigkeit von r an!

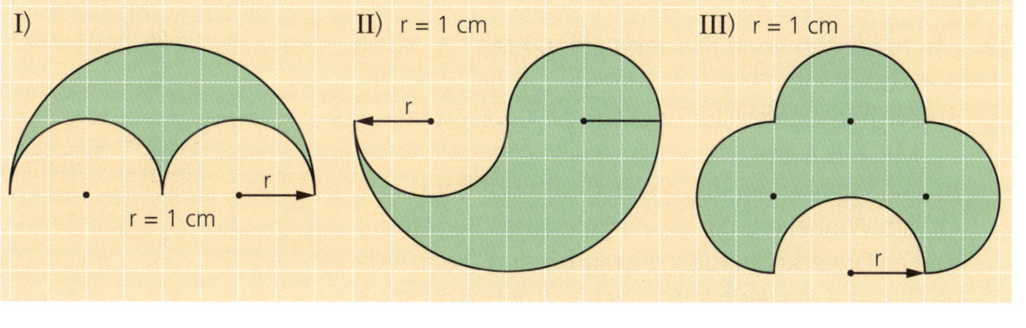

24. Vor einem Fußballtor mit den Koordinaten $P_1 (1; 7)$ und $P_2 (8{,}4; 7)$ stehen die 3 Stürmer $S_1 (1; 1)$, $S_2 (4{,}7; 0)$, $S_3 (11; 0)$.

a) Wo vermutet jeder die Mitte der Torlinie? Gib die Koordinaten der vermuteten Mitte an!

b) Wo auf der Torlinie sollte der Torwart stehen, wenn S_3 einen Freistoß schießt?

***25.** Auf einem 1,70 m hohen Sockel stehen zwei 3,40 m hohe Figuren. Sie sollen mit einem Fotoapparat, dessen Objektiv einen Öffnungswinkel von 50° hat, so fotografiert werden, dass sie das Bild ausfüllen.
Bestimme durch maßstäbliche Konstruktion den Standort des Fotografen, der die Kamera in Augenhöhe (1,80 m) hält!

Vermuten und Begründen

26. a) Vergleiche die Länge von $\overline{AB}$ und $\overline{CD}$? b) Passt der Kreis zwischen $\overline{AB}$ und $\overline{CD}$?

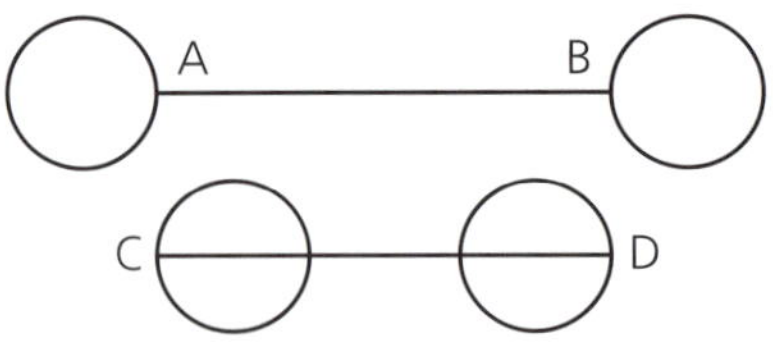

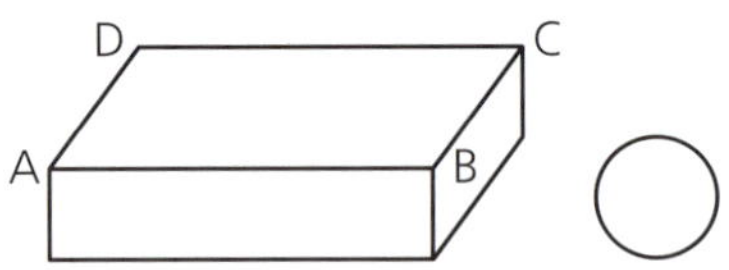

27. a) Zeichne einen Kreis mit r = 32 mm! Zeichne dann zwei Durchmesser $\overline{AB}$ und $\overline{CD}$ ein, die zueinander senkrecht sind!

b) Verbinde die Punkte A, B, C und D zu einem Viereck!

c) Welches besondere Viereck entsteht? Welche Eigenschaften hat dieses Viereck?

28. a) Gib gleichschenklige Dreiecke in nebenstehender Figur an!

b) Gib zwei Paare gleich großer Winkel an!

c) Berechne die fehlenden Winkelgrößen für $\alpha = 42°$!

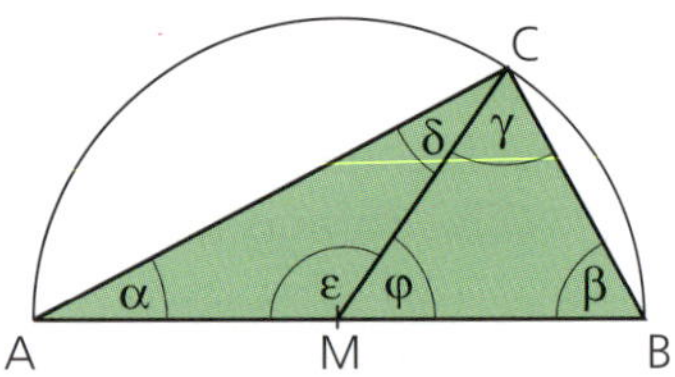

29. Das nebenstehende Bild zeigt einen Kreis um M, an den vom Punkt P aus zwei Tangenten gelegt sind.

a) Zeichne eine solche Figur mit $\overline{MA} = 2{,}5$ cm und $\overline{MP} = 6{,}5$ cm!

b) Gib Strecken an, die gleich groß sind! Begründe!

c) Gib Winkel an, die gleich groß sind! Begründe!

d) Gib Dreiecke an, die gleich groß sind. Begründe!

e) Beweise die jeweilige Gleichheit der Größen!

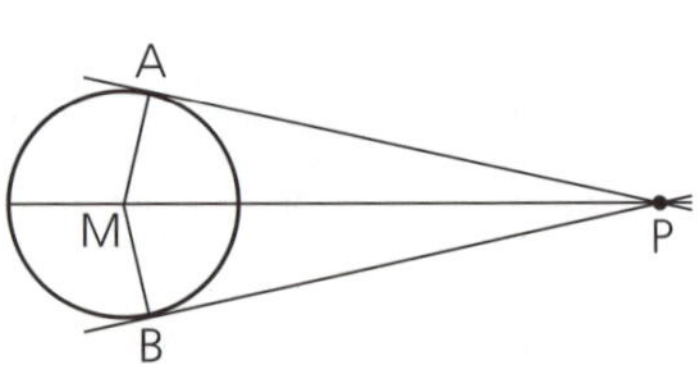

30. Die Strecken $\overline{AC}$ und $\overline{BD}$ haben den gemeinsamen Mittelpunkt M, der gleichzeitig der Mittelpunkt zweier Kreise ist.

a) Finde möglichst viele Beziehungen in der abgebildeten Figur!

b) Begründe deine Feststellungen!

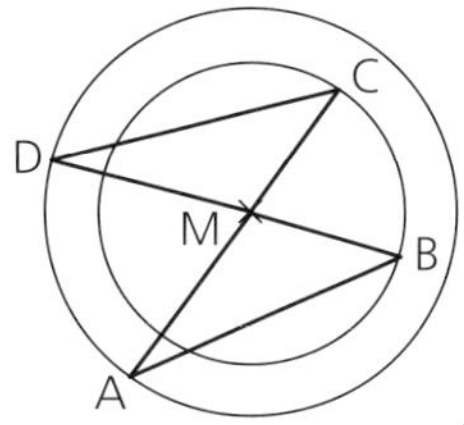

31. Die nebenstehende Figur zeigt einen Kreis, zwei Zentriwinkel β und γ sowie zwei Peripheriewinkel α und δ.

a) Wie ändern sich die Winkel, wenn sich C auf dem Kreis in Richtung des Punktes B bewegt?

b) Gib möglichst viele Beziehungen zwischen den Winkeln an!

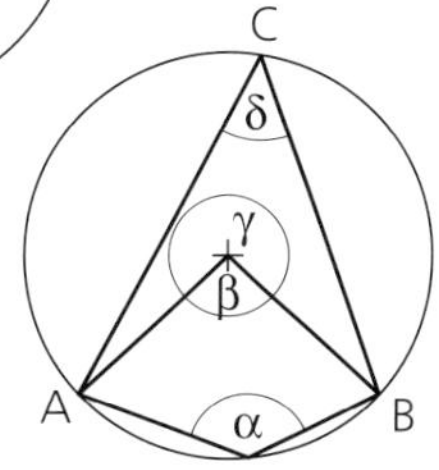

32. In der nebenstehenden Figur ist $\overline{AB}$ doppelt so groß wie $\overline{CD}$. M ist der Mittelpunkt des Umkreises vom Viereck ABCD.
Beweise, dass $\overline{CD}$ = r ist!

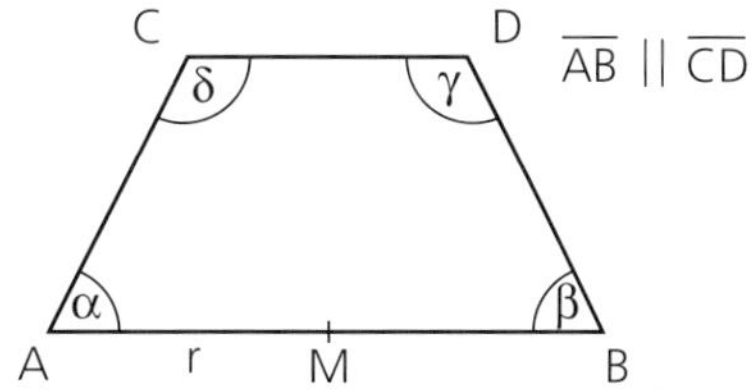

33. Zwei Kreise um M_1 und M_2 mit unterschiedlich großen Radien schneiden sich in den Punkten A und B.

a) Was für ein Viereck ist das Viereck AM_1BM_2?

b) Beweise, dass $\overline{AB}$ und $\overline{M_1M_2}$ zueinander senkrecht sind!

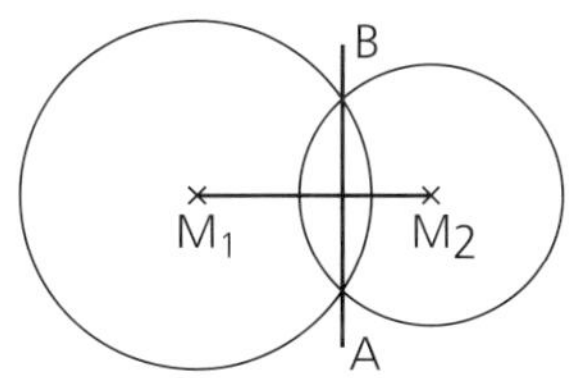

34. Die folgenden vier Sätze über Winkel am Kreis bilden ein System, bei dem jeweils ein Satz auf verschiedene Weise aus anderen Sätzen abgeleitet werden kann.

(1) Satz über die Gegenwinkel im Sehnenviereck (2) Satz des Thales
(3) Zentriwinkel-Peripheriewinkelsatz (4) Peripheriewinkelsatz

a) Untersuche, welche Sätze bei der Herleitung oder dem Beweis dieser Sätze im Lehrbuch verwendet wurden!

b) Untersuche den Zusammenhang zwischen Satz (2) und Satz (4)!

d) Begründe, dass sich Satz (4) unmittelbar aus dem Satz (3) ergibt!

d) Finde eine Möglichkeit, den Satz (2) mithilfe des Satzes (1) zu beweisen!

*e) Wie kann der Satz (1) mithilfe der Sätze (4) und (3) bewiesen werden?

*f) Wie kann der Satz (1) mithilfe der Sätze (2) und (4) bewiesen werden?

35. a) Konstruiere ein Drachenviereck ABCD mit $\overline{AB} = \overline{AD} = 6{,}4\,\text{cm}$; $\alpha = 75°$ und $\beta = 90°$!

b) Zeige, dass dieses Drachenviereck einen Umkreis besitzt!

c) Konstruiere den Umkreis des Drachens!

d) Gib den Radius des Umkreises an!

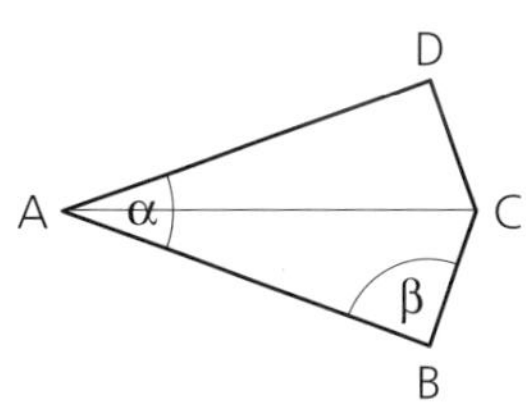

36. Die Höhen in einem spitzwinkligen Dreieck ABC schneiden sich im Höhenschnittpunkt H.

a) Zeichne eine solche Figur!

b) In dieser Figur treten Sehnenvierecke auf. Gib solch ein Viereck an! Begründe, warum es sich tatsächlich um ein Sehnenviereck handelt!

c) Konstruiere zu dem angegebenen Sehnenviereck den Umkreis!

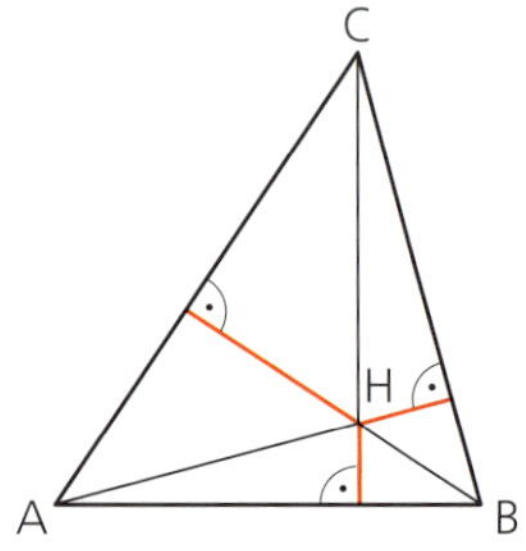

37. Es sei k ein Kreis mit dem Radius r und dem Mittelpunkt M. Ferner sei $\overline{AB}$ eine Sehne von k, die nicht Durchmesser von k ist. Auf dem Strahl aus A durch B sei C der Punkt außerhalb $\overline{AB}$ für den $\overline{BC} = r$ gilt. Der Strahl aus C durch M schneide k in dem außerhalb $\overline{CM}$ gelegenen Punkt D.

Beweise, dass dann $\sphericalangle AMD = 3 \cdot \sphericalangle ACM$ gilt!

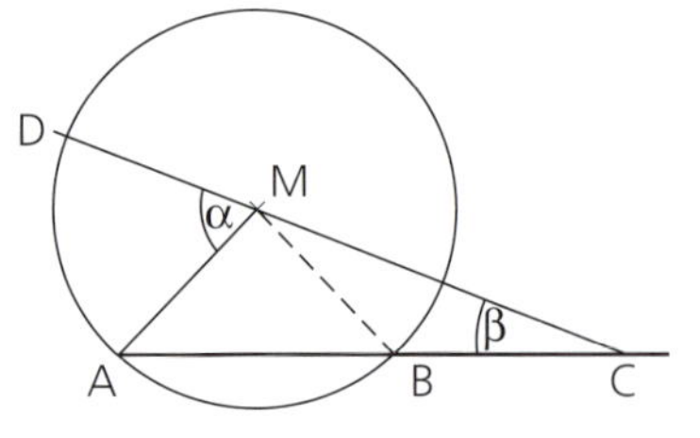

***38.** Berechne die Länge der nebenstehenden Wellenlinie für 3; 5 und 7 aneinander gereihte Halbkreise, wenn die Summe der Durchmesser jeweils eine Strecke von 5 cm ergibt!

Die Anzahl der Halbkreise um die Strecke wird beliebig vergrößert, sodass sich die Wellenlinie der Strecke immer weiter annähert.

Was stellst du fest?

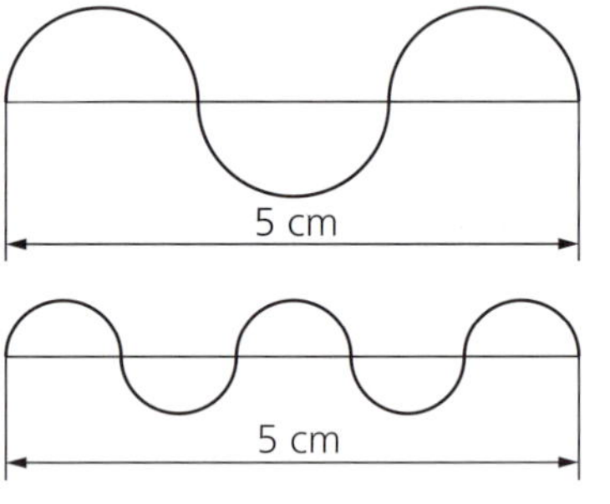

Funktionale Zusammenhänge am Kreis

39. Wie groß ist der Durchmesser eines Kreises, der doppelt so groß ist wie ein Kreis mit dem Durchmesser 10 m?

40. Was ist größer, die Fläche dreier kreisrunder Beete mit jeweils 1,5 m Durchmesser oder die Fläche eines kreisrunden Beetes mit 3 m Durchmesser?

41. Die Radien r_1 und r_2 zweier Kreise k_1 und k_2 stehen im Verhältnis 1 : 3.
In welchem Verhältnis stehen die Flächeninhalte A_1 und A_2 der beiden Kreise?

42. Um einen runden Behälter mit dem Durchmesser 1 m wird eine Schnur straff gespannt. Dann gibt man 1 m Schnur zu und legt die so verlängerte Schnur in gleichem Abstand um den Behälter.

a) Wie groß ist dieser Abstand?

b) Wie groß wäre der Abstand, wenn man die Schnur in gleicher Weise statt um den Behälter um die Erdkugel legen würde?

43. Paul behauptet: „Wenn der Radius eines Kreises halb so groß ist wie der Durchmesser eines anderen Kreises, muss der Flächeninhalt des ersten Kreises nicht genau halb so groß wie der Flächeninhalt des zweiten Kreises sein." Bewerte Pauls Aussage!

44. Wievielmal so groß müsste der Durchmesser eines Rohres werden, damit die doppelte Wassermenge hindurchfließen kann?

Kreise und Bewegungen

45. Eine Seemeile ist festgelegt als $\frac{1}{60}$ Grad eines Erdmeridians. Berechne die Länge einer Seemeile in Kilometer!

46. Ein LKW-Reifen hat einen Radius von 55 cm. Wie oft dreht sich der Reifen auf der rund 200 km langen Strecke von Dresden nach Berlin?

47. Ein Satellit zieht seine Kreisbahn 220 km über der Erdoberfläche.
a) Wie lang ist diese Kreisbahn?
b) Wie schnell muss der Satellit fliegen, damit er in 2 h eine Erdumdrehung schafft?

48. Außer dem Kreis gibt es noch andere Figuren, die „überall gleich breit" sind.
Der französische Ingenieur FRANZ REULEAUX (1829 bis 1905) hat sich mit solch einer Figur beschäftigt.

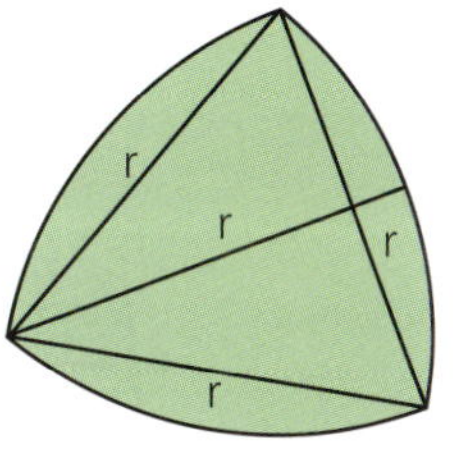

a) Baue dir eine solche Figur mit r = 5 cm aus Pappe und überprüfe, ob sie zwischen zwei Parallelen im Abstand von 5 cm gerollt werden kann!
b) Warum ist die Figur überall gleich breit? Ist die Figur für ein Wagenrad geeignet?

49. Bei einem Kettenkarussell dreht sich der innere Kreis von Sitzen mit einer Geschwindigkeit von 40 $\frac{km}{h}$. Diese Sitze sind 3,50 m vom Zentrum des Karussells entfernt. Der äußere Kreis von Sitzen befindet sich im Abstand von rund einem Meter vom inneren Kreis entfernt. Wie schnell bewegen sich die Sitze im äußeren Kreis?

50. Prüfe den folgenden Text! Wo steckt der Fehler? Begründe!
Auf einer großen Kreisscheibe (rot) ist eine zweite kleine Kreisscheibe (grün) mit kleinerem Durchmesser befestigt. Beide Scheiben werden gleichzeitig auf je einer Schiene abgerollt. Nach einer Umdrehung hat jede Scheibe eine Strecke zurückgelegt, die ihrem Umfang entspricht. Somit sind beide Umfänge gleich, d. h., der rote Kreis und der grüne Kreis besitzen den gleichen Umfang.

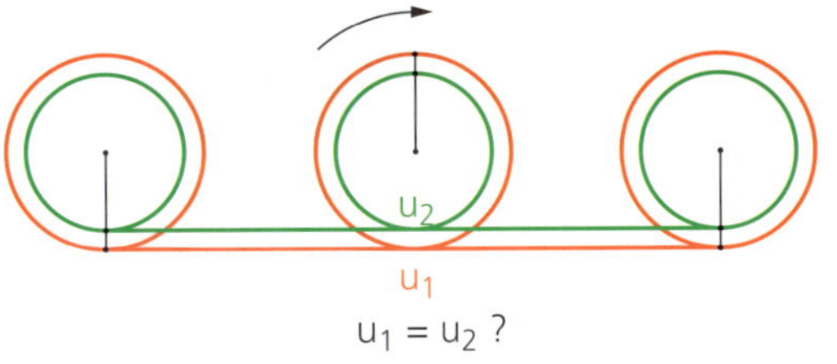

Ebene Figuren

Dreiecke

Umfang/Flächeninhalt

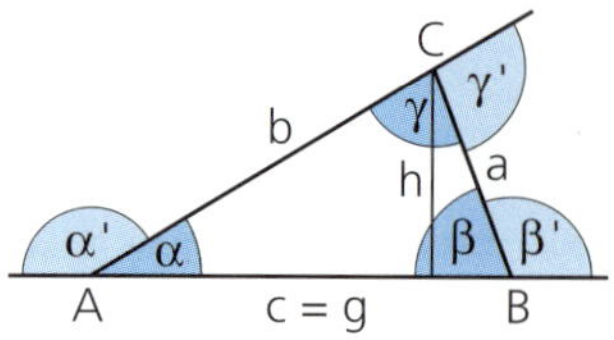

$u = a + b + c$

$A = \frac{g \cdot h}{2}$

Zusammenhänge

Innenwinkelsatz: $\alpha + \beta + \gamma = 180°$

Außenwinkelsätze: $\alpha' + \beta' + \gamma' = 360°$

$\alpha' = \beta + \gamma$

$\beta' = \alpha + \gamma$

$\gamma' = \alpha + \beta$

Dreiecksungleichung: $a + b > c$

$b + c > a$

$a + c > b$

Seiten-Winkel-Beziehung: In jedem Dreieck liegt der kleinsten Seite der kleinste Winkel gegenüber.

Vierecke

Trapez

a || c

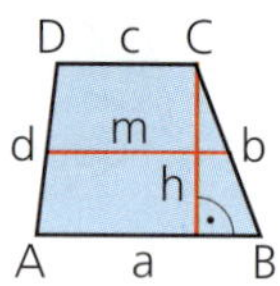

$u = a + b + c + d$

$A = \frac{(a + c) \cdot h}{2} = m \cdot h$

Parallelogramm

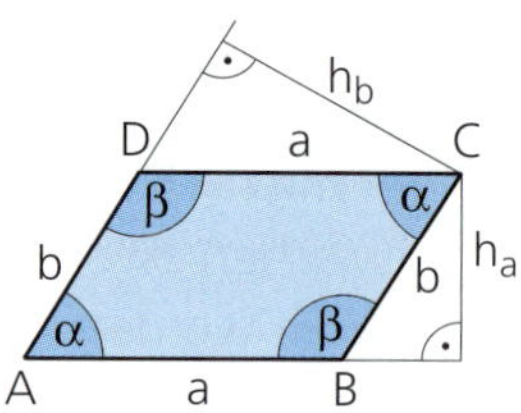

$u = 2 \cdot (a + b)$

$A = a \cdot h_a = b \cdot h_b$

$\alpha + \beta = 180°$

Drachenviereck

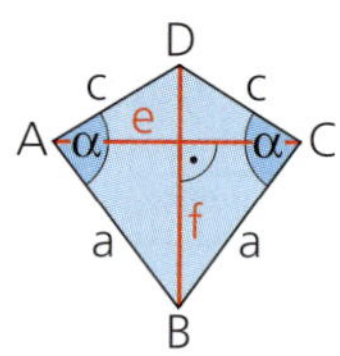

$u = 2 \cdot (a + c)$

$A = \frac{e \cdot f}{2}$

Kreise

Umfang/Flächeninhalt

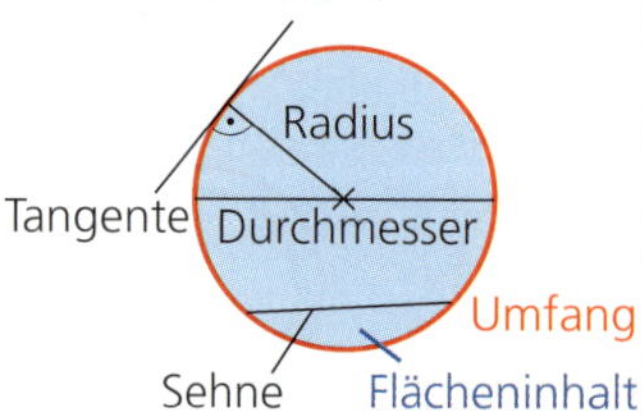

$d = 2 \cdot r$ $(\pi \approx 3{,}14)$

$u = 2\pi \cdot r = \pi \cdot d$

$A = \pi \cdot r^2 = \frac{\pi}{4} \cdot r^2$

Satz des Thales

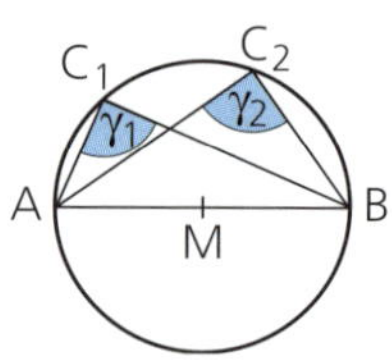

$\gamma_1 = \gamma_2 = 90°$

Jeder Winkel über dem Durchmesser eines Kreises ist ein rechter Winkel.

Sehnenviereck

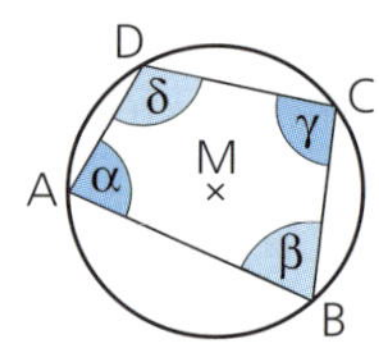

$\alpha + \gamma = 180°$; $\beta + \delta = 180°$

Die Summe gegenüberliegender Winkel im Sehnenviereck beträgt 180°.

5 Körper und ihre Darstellung

Bei der Planung von Projekten z. B. im Bauwesen, im Maschinenbau oder in der Archäologie sind gezeichnete Pläne zur Verständigung sehr sinnvoll.

Dabei werden Objekte häufig von oben, von der Seite bzw. im Schrägbild dargestellt, um ihre körperhafte Ausdehnung, ihre plastische Gestalt oder ihre wahre Größe besonders hervorzuheben.

Der Umgang mit solchen Plänen setzt häufig ein gut entwickeltes räumliches Vorstellungsvermögen voraus.

5 Körper und ihre Darstellung

Rückblick

Geometrische Körper sind Modelle für reale Gegenstände. Sie können z.B. nach folgenden Merkmalen unterschieden werden:

- nach der Art ihrer **Grundfläche,**
- nach der Existenz einer **Spitze** oder einer **Deckfläche** sowie
- nach der Art und Anzahl ihrer **Seitenflächen.**

Die Seitenflächen eines Körpers können eben oder gekrümmt sein. Viele Körper haben **Ecken** und **Kanten,** die gerade oder gekrümmt sind.

Körper können eine **Höhe** besitzen. Sie ist der Abstand der Deckfläche oder der Spitze von der Grundfläche.

Ein **Quader** hat Rechtecke als Begrenzungsflächen. Jede Fläche kann Grundfläche sein. Der **Würfel** ist ein spezieller Quader mit 6 Quadraten als Begrenzungsflächen.

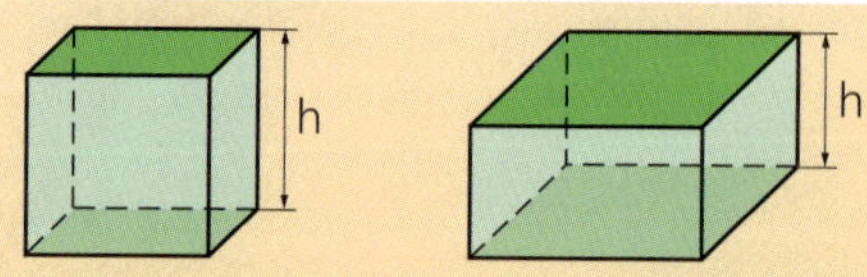

Ein **Zylinder** hat zueinander kongruente Kreise als Grund- und Deckfläche und eine gekrümmte Seitenfläche.

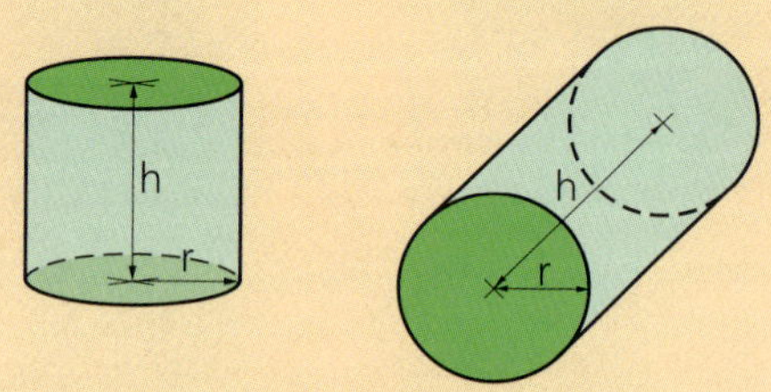

Die Grundfläche einer **Pyramide** kann ein Dreieck, ein Viereck oder ein anderes Vieleck sein. Die Seitenflächen einer Pyramide sind Dreiecke, die einen Punkt, die Spitze der Pyramide, gemeinsam haben. Pyramiden werden nach der Zahl der Seitenflächen eingeteilt.

Ein **Kegel** hat einen Kreis als Grundfläche, eine gekrümmte Seitenfläche und eine Spitze.

Eine **Kugel** hat keine Grund- oder Deckfläche, sondern nur eine gekrümmte Fläche, die nicht in eine Ebene abgewickelt werden kann.

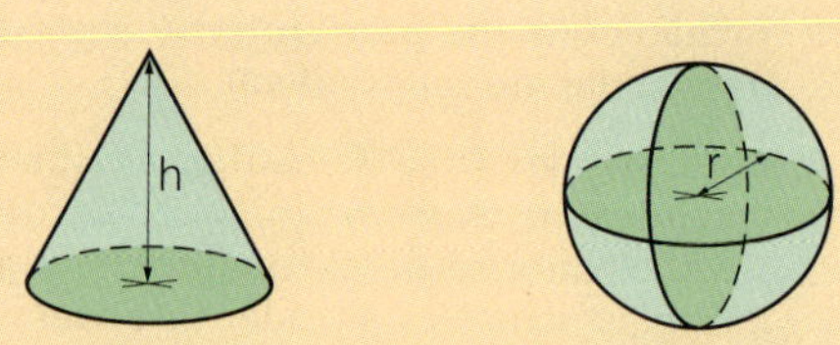

Ein **Netz** eines Körpers entsteht, wenn alle Seitenflächen in eine Ebene geklappt oder in eine Ebene abgewickelt werden können. Das kann bei einem Körper oft auf verschiedene Weise geschehen.

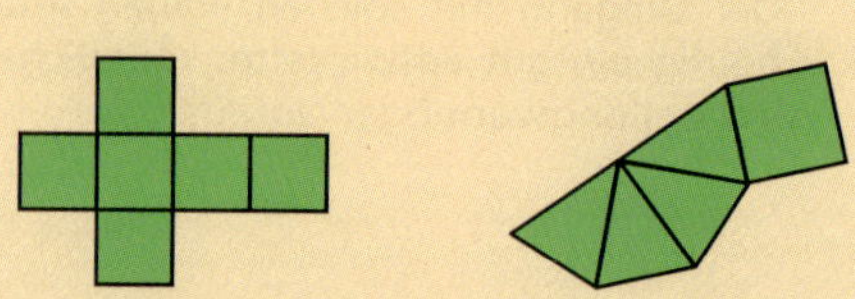

Aufgaben

Der Begriff „Körper“ ist sowohl in der Geometrie als auch in der Physik und Biologie ein wichtiger Grundbegriff. Welche Körper werden in der Geometrie, der Physik bzw. der Biologie untersucht? Welche Eigenschaften sind dabei Untersuchungsgegenstand?

1. Welche der folgenden Gegenstände haben die Form eines Würfels, eines Quaders, einer Pyramide, eines Zylinders oder eines Kegels?

a) Dominostein

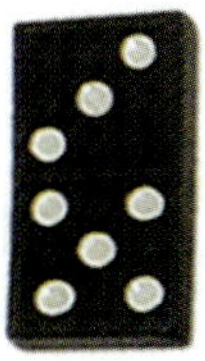

b) Holzfass

c) Ecktisch

d) Spielwürfel

e) Turmspitze

f) Merkzettel

g) Buntstifte

h) Bauklotz

2. Schreibe Gegenstände auf, die die angegebene Form haben oder in sich enthalten!
a) Quader b) Zylinder c) Kegel d) Pyramide e) Würfel

3. Wähle Körper aus, die mit dem folgenden Körper mindestens eine gemeinsame Eigenschaft haben! Gib jeweils diese Eigenschaft an!
a) Körper B b) Körper E c) Körper H

A: Quader

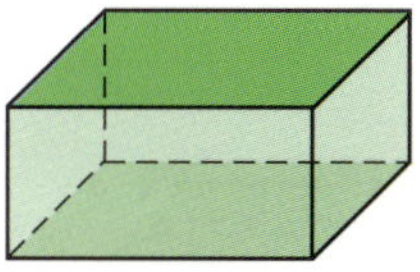

B: dreiseitige Pyramide

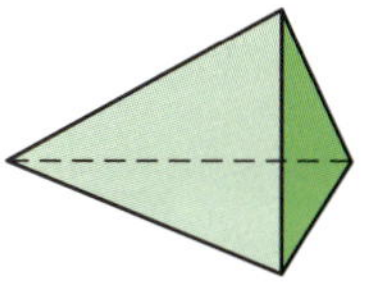

C: halber Zylinder

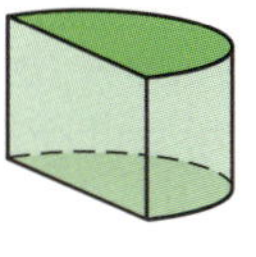

D: Kugel

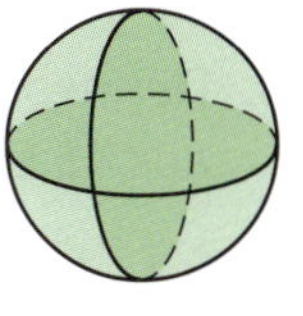

E: Halbkugel

F: Kegel

G: quadratische Pyramide

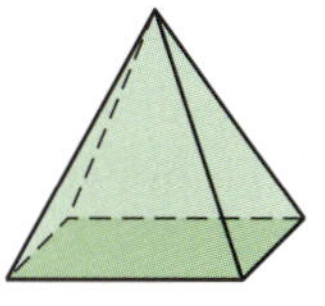

H: Zylinder

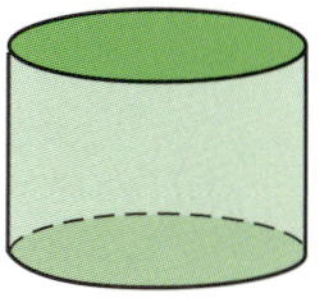

4. Wie heißen die dargestellten ebenen bzw. räumlichen Figuren?

a)  b) 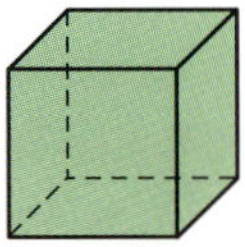 c)  d) 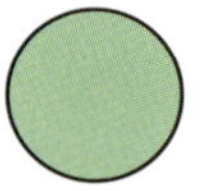 e) 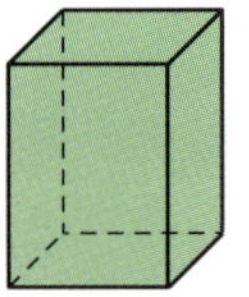

5. Gib von den folgenden Körpern jeweils an, wie viele Ecken, Kanten bzw. Flächen sie haben!

a) Quader b) fünfseitige Pyramide c) Kegel d) Zylinder

6. Berechne Volumen und Oberflächeninhalt der folgenden Quader mit den gegebenen Kantenlängen!

a) 3 cm; 5 cm; 6 cm b) 4,5 cm; 4,5 cm; 4,5 cm

7. Beschreibe die Eigenschaften der Körper mit folgenden Netzen!

a)  b) 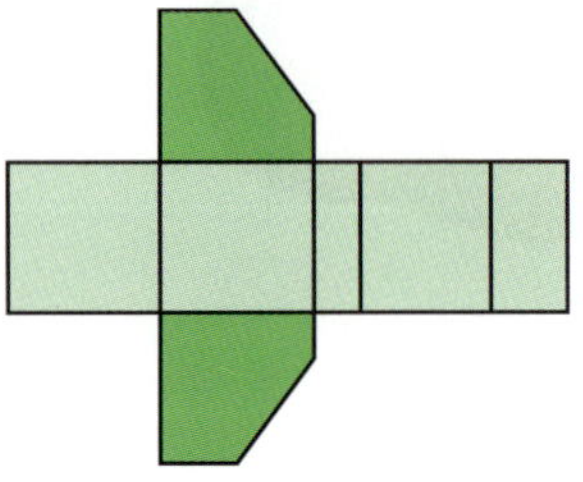 c) 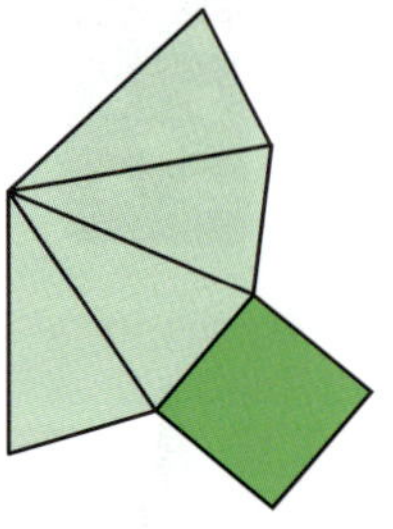

8. Baue aus Papier die folgenden Körper! Zeichne zuerst deren Netze mit Klebeflächen, schneide sie aus und klebe sie dann zusammen!

a) Würfel mit der Kantenlänge 5 cm
b) Quader mit den Kantenlängen 4 cm; 4 cm und 5 cm
c) quadratische Pyramide mit der Grundkante 4 cm und der Seitenkante 6 cm

***9.** Welcher Körper könnte es sein?

a) Er hat keine Ecken, 2 Kanten und 3 Flächen.
b) Er hat 7 Ecken, 12 Kanten und 7 Flächen.
c) Er hat 8 Ecken, 12 Kanten und 6 Flächen.
d) Er hat keine Ecken, 1 Kante und 2 Flächen.
e) Er hat 4 Ecken, 6 Kanten und 4 Flächen.

***10.** Der nebenstehende Quader (bestehend aus 45 Einheitswürfeln) soll grün angestrichen werden. Die Deckfläche und alle vier Seitenflächen werden gestrichen.

a) Wie viele der 45 Einheitswürfel haben dann jeweils drei, zwei bzw. eine grün angestrichene Seitenflächen?
b) Wie viele der 45 Einheitswürfel haben keine Farbe?

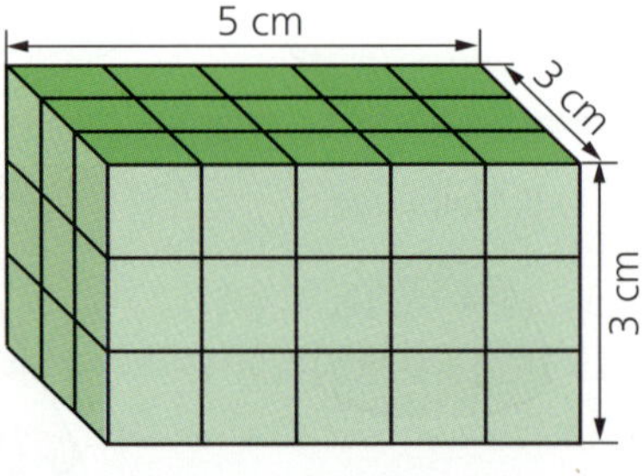

5.1 Schräge Parallelprojektion – Schrägbilder

Befindet sich ein Körper vor einer Zeichenebene (Projektionsebene) und wird er von parallelen Lichtstrahlen (Projektionsstrahlen), die schräg auf die Projektionsebene fallen, getroffen, entsteht auf der Projektionsebene ein Schattenbild, das auch als **Schrägbild** bezeichnet wird.
Die Darstellungsart wird als **schräge Parallelprojektion** bezeichnet.

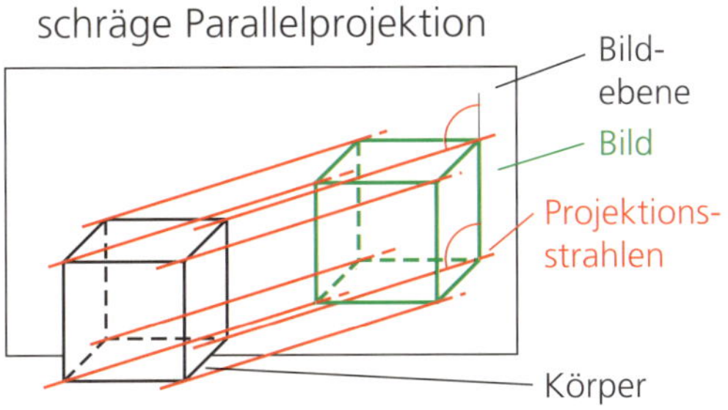

Projektionsstrahlen fallen schräg auf die Bildebene

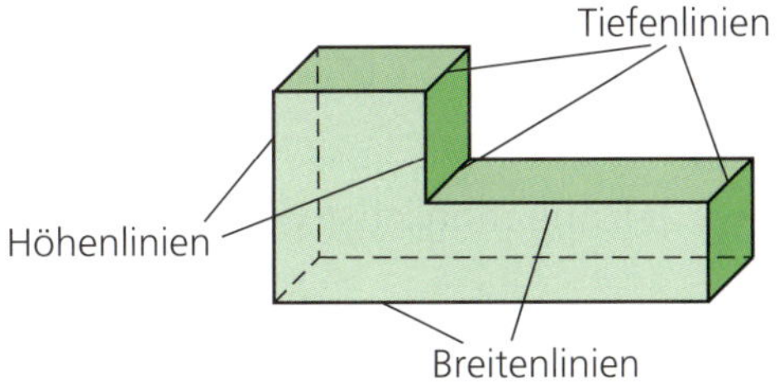

Körper haben drei Ausdehnungen, die Breite, die Höhe und die Tiefe. Linien, die in diese Richtungen verlaufen, heißen Breiten-, Höhen- bzw. Tiefenlinien.

Es gibt viele Möglichkeiten, ein Schrägbild zu zeichnen. Für einige besonders anschauliche Formen wurden Bezeichnungen und Vorschriften festgelegt.

Bei einer **Kavalierperspektive** (auch Kavalierprojektion genannt) entsteht ein Schrägbild, das folgende Merkmale besitzt:
- Die Vorderfläche des Körpers wird in wahrer Größe abgebildet.
- Linien in Tiefenrichtung werden unter einem Winkel von 45° und um die Hälfte verkürzt angetragen.

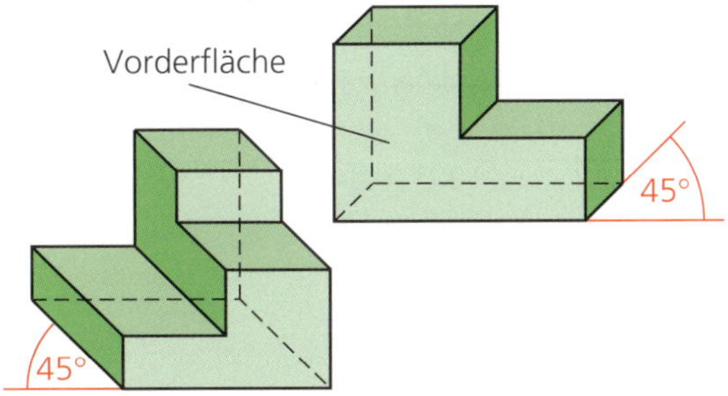

Hinweise:
- Tiefenlinien können auch nach links unter einem Winkel von 45° angetragen werden. Einige Körper lassen sich so besser veranschaulichen.
- Wenn ohne weitere Angaben von einem Schrägbild gesprochen wird, ist in diesem Buch immer das Schrägbild bei einer Kavalierperspektive gemeint.
- Nicht sichtbare Körperkanten werden beim Nachziehen gestrichelt gezeichnet. Zur besseren Anschaulichkeit können sie auch weggelassen werden.
- Überflüssige Konstruktionslinien kannst du entfernen.

Beim Zeichnen eines Schrägbildes gibt es verschiedene Möglichkeiten des Vorgehens:

Bild einer Treppenstufe (Beginn mit der Vorderfläche)

1. Bestimme die Fläche, die bei der Darstellung vorne liegen soll!
2. Zeichne die vordere Fläche in wahrer Größe!
3. Zeichne die Tiefenlinien unter einem Winkel von 45° und um die Hälfte verkürzt!
4. Ergänze die fehlenden Körperkanten!
5. Zeichne die sichtbaren Körperkanten stärker und die nicht sichtbaren Körperkanten gestrichelt nach!

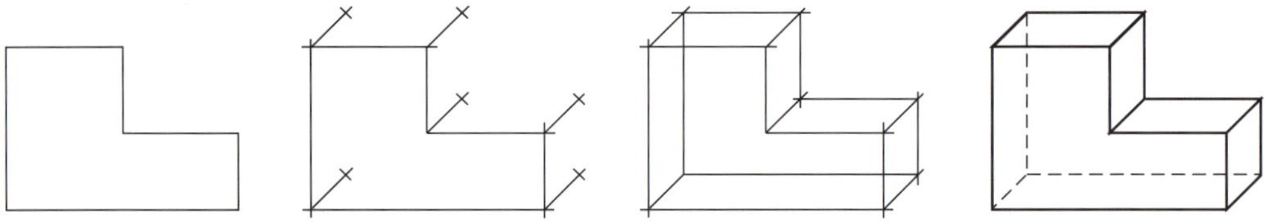

Zeichne möglichst viele Kanten durch Parallelverschiebung!

Bild einer quadratischen Pyramide (Beginn mit der Grundfläche)

1. Bestimme die Grundfläche!
2. Zeichne das Schrägbild der Grundfläche.
3. Ermittle den Höhenfußpunkt und trage die Höhe ein!
4. Ergänze die fehlenden Körperkanten!
5. Zeichne die sichtbaren Körperkanten stärker und die nicht sichtbaren Körperkanten gestrichelt nach!

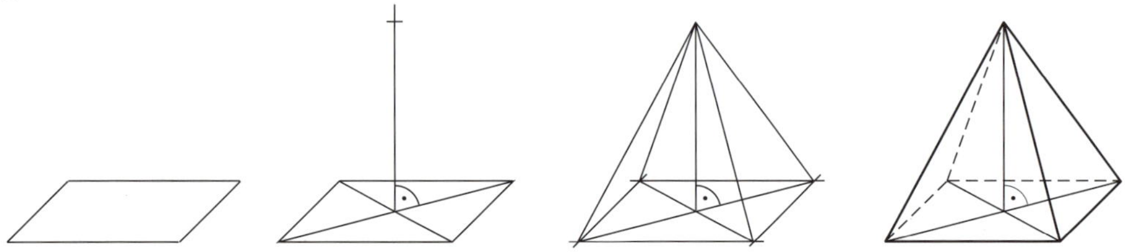

Aufgaben

Projiziere den Schatten deines Kopfes auf ein an der Wand angebrachtes Stück Papier! Lass die Umrisse von einer anderen Person nachzeichnen! Schneide dann das Schattenbild aus und vergleiche mit dem nebenstehenden Scherenschnitt!

1. Zeichne die Schrägbilder von Würfeln mit folgenden Kantenlängen!
a) 1,5 cm b) 3,0 cm c) 5,4 cm d) 5,5 cm

2. Ein Quader hat die Kantenlängen 3 cm; 4 cm und 6 cm. Stelle den Quader in drei verschiedenen Lagen im Schrägbild dar!

3. Eine quadratische Pyramide mit der Grundkante a und der Höhe h soll im Schrägbild dargestellt werden!
a) a = 4 cm; h = 6 cm b) a = 5 cm; h = 2 cm c) a = 3 cm; h = 3 cm

4. Zeichne Schrägbilder rechteckiger Pyramiden, deren Grundkanten a und b und deren Höhe h bekannt sind!
a) a = 4 cm; b = 6 cm; h = 5 cm b) a = 5 cm; b = 7 cm; h = 2 cm

5. Zeichne das Schrägbild eines Würfels mit einer Kantenlänge von a = 6 cm! Verbinde die Mittelpunkte der sechs Seitenflächen miteinander! Beschreibe den danach innerhalb des Würfels erkennbaren Körper!

6. Zeichne auf Kästchenpapier die folgenden Zusammensetzungen von Würfeln in der dargestellten Lage im Schrägbild! Wähle für die Kantenlänge eines Teilwürfels 1,5 cm! Zeichne nur die sichtbaren Kanten stärker nach!

a) 
b) 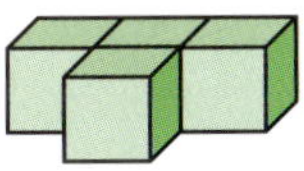
c) 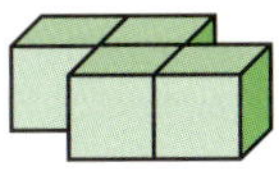
d) 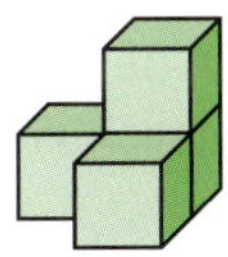
e) 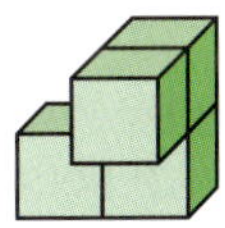

***7.** Aus einem Würfel mit einer Kantenlänge von 6 cm soll ein Quader mit einer quadratischen Grundfläche von 3 cm x 3 cm und einer Höhe von 6 cm herausgeschnitten werden. Zeichne das Schrägbild des Quaders und eines möglichen Restkörpers!

8. Die folgenden Rechtecke sind die Grundflächen von Körpern, deren Höhen alle 3 cm betragen. Zeichne jeweils ein Schrägbild!

a) 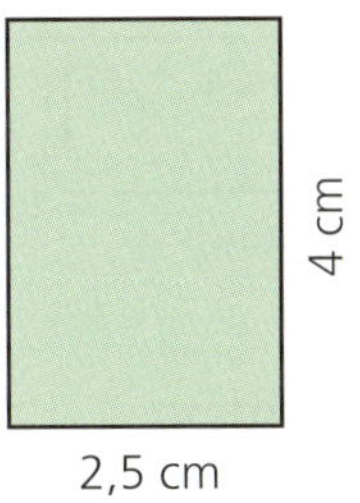

b) 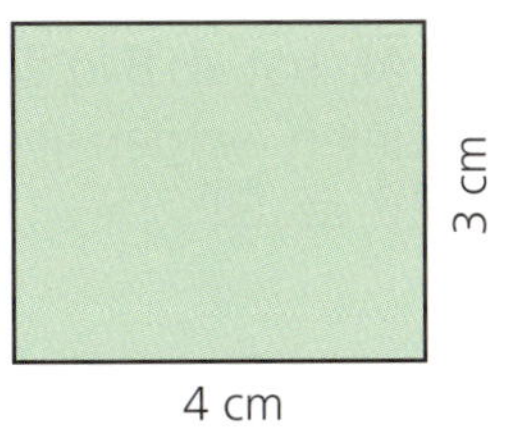

9. Skizziere zu dem abgebildeten Würfel das Netz, sodass alle äußeren Flächen des Würfels sichtbar sind! Bezeichne die Eckpunkte und trage die Augenzahlen auf dem Netz ein!

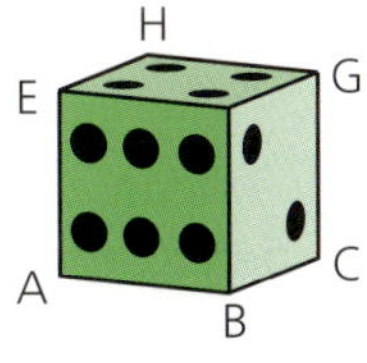

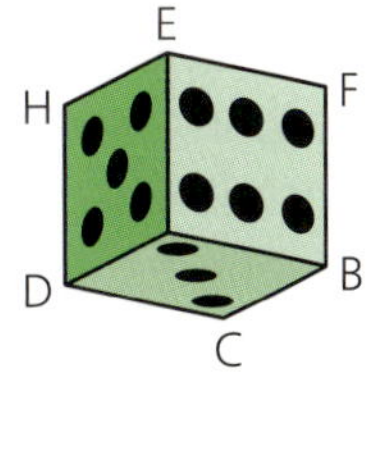

5.2 Grundriss eines Körpers

Architekten fertigen bei der Planung von Wohnungen häufig einen Grundriss an, aus dem die Maße der Zimmer und auch die möglicher Einrichtungsgegenstände entnommen werden können.
Längen werden in der Regel in Millimeter angegeben. Die Zahl 115 in einer Zeichnung bedeutet dann 115 mm = 11,5 cm.

Befindet sich ein Körper auf oder über einer Zeichenebene und fallen senkrecht von oben Lichtstrahlen (Projektionsstrahlen) ein, entsteht auf der Zeichenebene der **Grundriss** des Körpers.

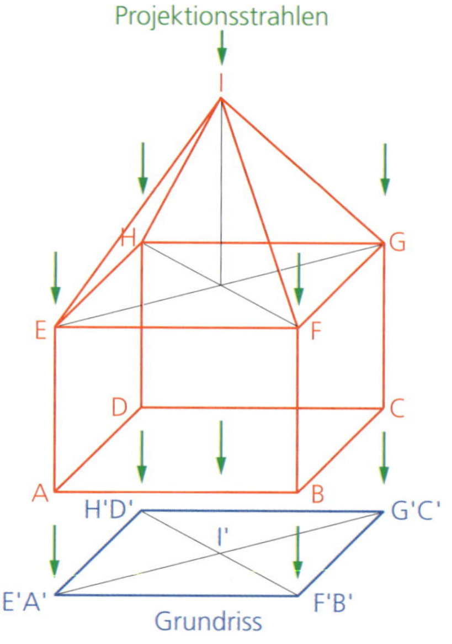

Der Grundriss entspricht der Körperansicht bei einer Betrachtung von oben, die auch als Draufsicht bezeichnet wird. Die Bilder der Punkte in der Zeichenebene werden zusätzlich zum Buchstaben mit einem Strich versehen.
Fallen zwei Punkte im Grundriss zusammen, wird der weiter unten liegende Punkt rechts neben den darüber liegenden Punkt geschrieben.
Strecken, die parallel zur Zeichenebene sind, werden in wahrer Länge abgebildet. So ist z. B. das Bild von $\overline{DA}$ gleich $\overline{D'A'}$. Beide Strecken sind gleich lang.
Strecken, die senkrecht zur Zeichenebene sind, haben als Bild einen Punkt. $\overline{AE}$ hat als Bild den Punkt E' = A'.
Schräg verlaufende Linien werden verkürzt dargestellt. Das Bild von $\overline{EI}$ ist $\overline{E'I'}$.

$\overline{E'I'} < \overline{EI}$

Der Grundriss eines Körpers kann in folgender Weise gezeichnet werden;
1. Ich stelle mir den Körper von oben betrachtet vor und fertig eine Skizze von dieser Ansicht an.
2. Ich zeichne die Grundfläche in wahrer Größe. Ich zeichne dabei alle Linien zunächst dünn.
3. Ich überlege mir für jeden weiteren Punkt des Körpers, wo sich sein Bild im Grundriss befindet, wenn ich den Körper von oben betrachte. Ich zeichne fehlende Linien ein.

4. Ich trage die Bezeichnung der Bildpunkte ein und beachte, dass höher liegende Punkte zuerst, also weiter links eingetragen werden.
5. Ich zeichne die sichtbaren Kanten stärker nach. Die nicht sichtbaren Kanten lasse ich dünn oder zeichne ich gestrichelt.
6. Ich vergleiche meine Zeichnung mit der Skizze.

Grundriss eines Quaders mit aufgesetzter rechteckiger Pyramide:

1. Skizzieren des Grundrisses

2. Zeichnen der Grundfläche

3. Zeichnen der noch fehlenden Punkte und Körperkanten

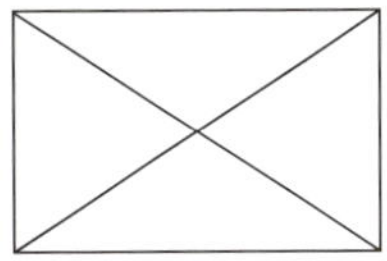

4. Eintragen der Bildpunkte

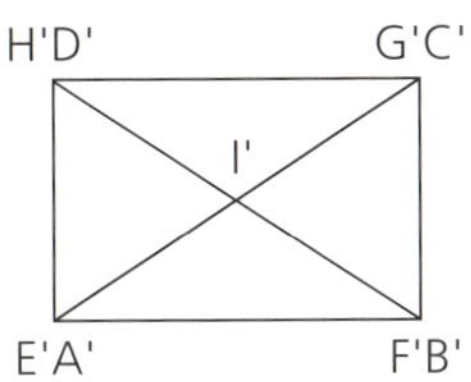

5. Nachzeichnen der Körperkanten

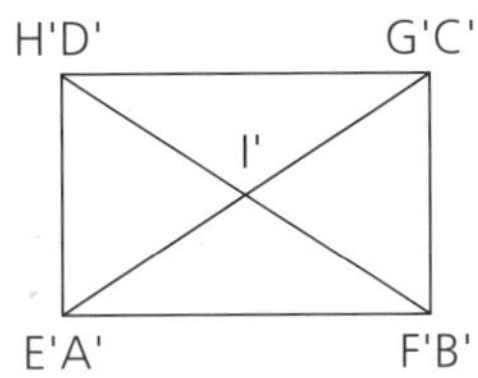

Aufgaben

Stelle dir vor, wie deine Schule von oben betrachtet aussieht!
Fertige eine Skizze dieser Ansicht an!
Wofür werden solche Darstellungen verwendet?
Welche Vor- und Nachteile haben derartige Darstellungen?

1. Welcher Grundriss (I) bis (VI) gehört zu welchem der Körper (1) bis (6)?

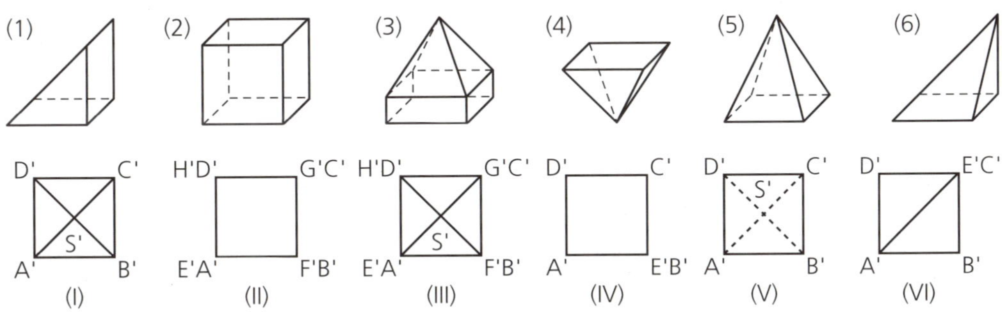

2. Skizziere die Grundrisse der folgenden Körper!

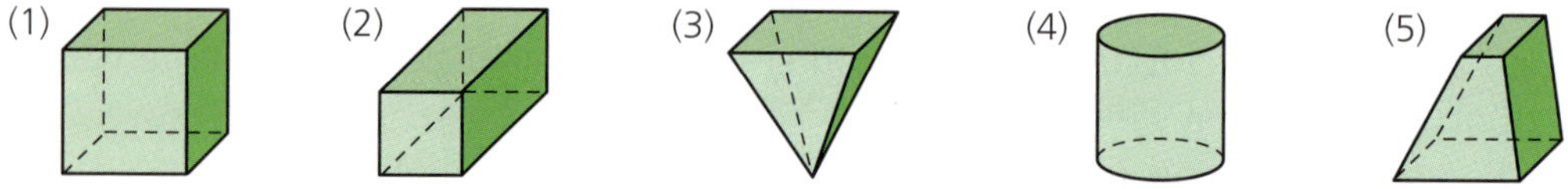

3. Skizziere die Grundrisse folgender Körper!

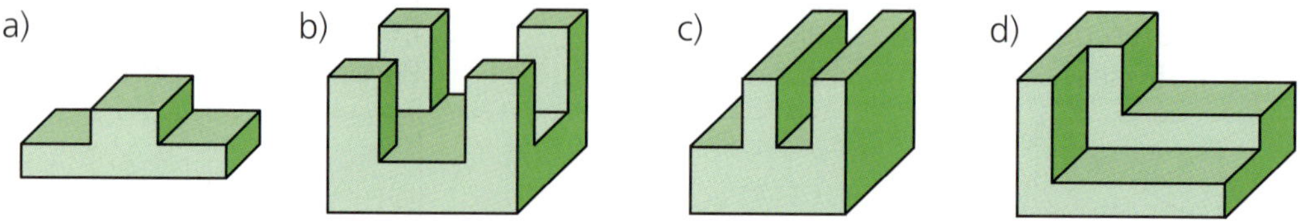

4. Welcher der folgenden Körper hat den vorgegebenen Grundriss, welcher nicht? Begründe!

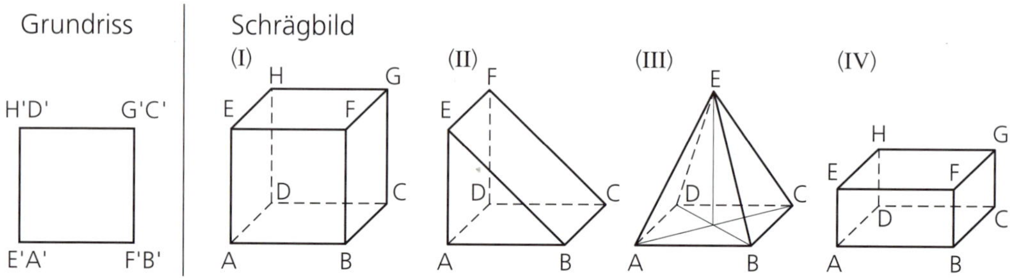

5. Zeichne auf Kästchenpapier jeweils zwei Körper im Schrägbild, die folgende Grundrisse besitzen!

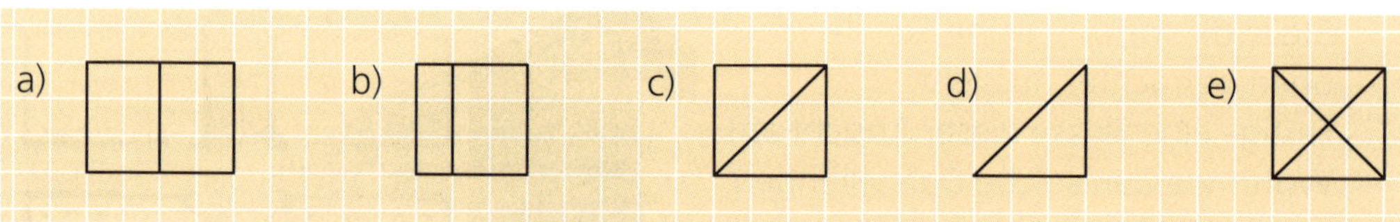

6. a) Zeichne einen Würfel von oben, von vorn und von links!
b) Zeichne eine quadratische Pyramide von oben, von links und von rechts!
c) Zeichne eine rechteckige Pyramide von oben, von rechts und von hinten!

7. a) Skizziere einen Körper, der von oben und von vorn gleich aussieht!
b) Skizziere einen Körper mit einem Quadrat als Draufsicht und als Vorderansicht!

8. In einer Glasvitrine befindet sich ein Stück Flussspat. Welche Darstellung zeigt die Vitrine von oben, von unten, von links, von rechts, von vorn bzw. von hinten?

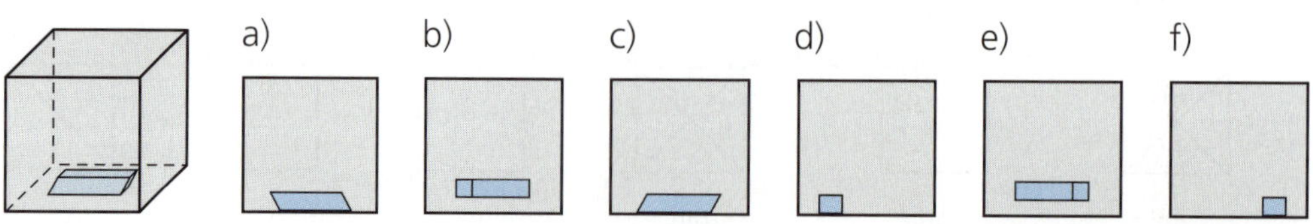

9. Zeichne Grundrisse in einem geeigneten Maßstab (Maßangaben in Zentimeter)!

a)

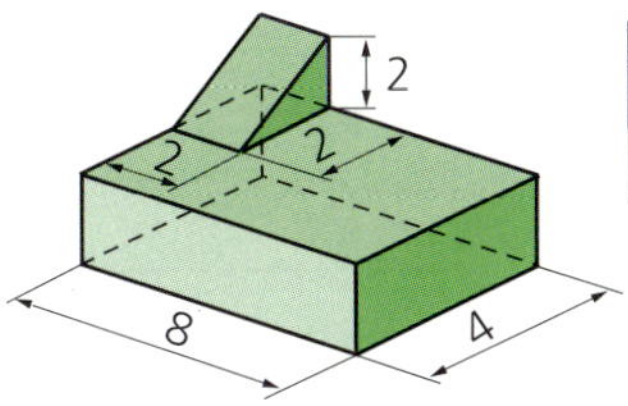

b)

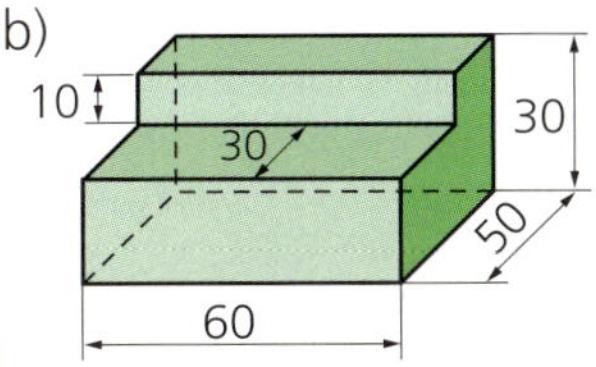

*c)

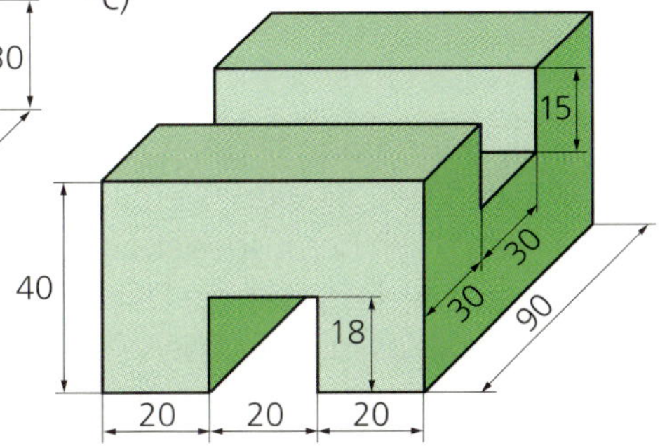

10. Skizziere mit selbst gewählten Maßen die Grundrisse der drei abgebildeten Körper (einschließlich der Eckpunktbezeichnungen)!

a)

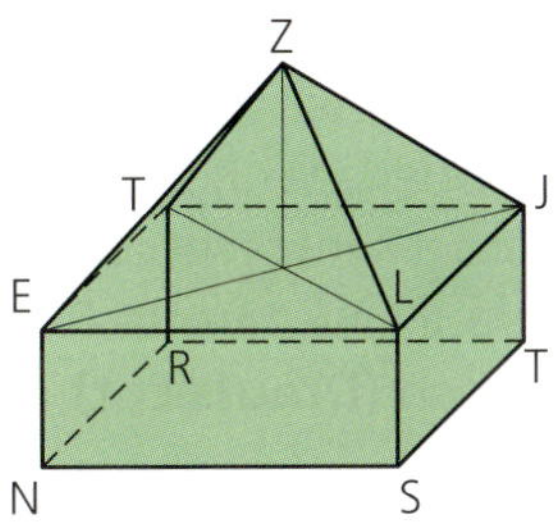

b)

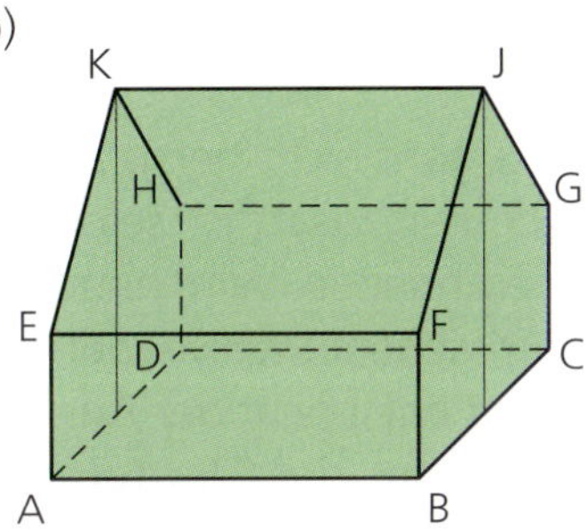

c)

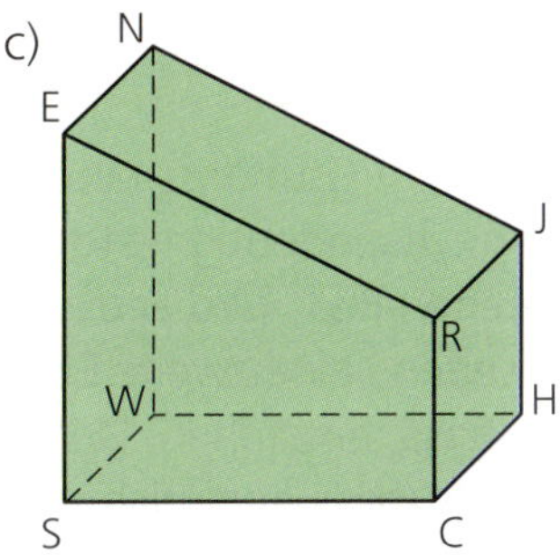

11. Zeichne den Grundriss eines Zimmers in deiner Wohnung einschließlich der Einrichtungsgegenstände im Maßstab 1 : 50! Die Eckpunkte brauchen dabei nicht bezeichnet werden.

12. Zeichne den Grundriss eurer Wohnung! Miss dazu alle Zimmer aus!
Die Möbel brauchen nicht eingetragen werden.

13. Die folgenden Zeichnungen sind vereinfachte Ansichten von oben. Was könnten sie darstellen (z. B. bei a) ein Mexikaner auf einem Fahrrad)?
Entwirf selbst drei lustige Bilder! Frage deine Mitschüler nach möglichen Lösungen!

a)

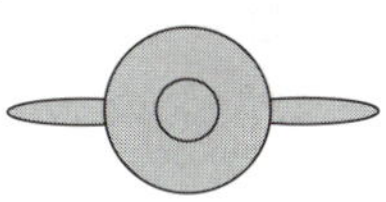

b)

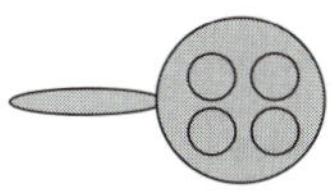

c)

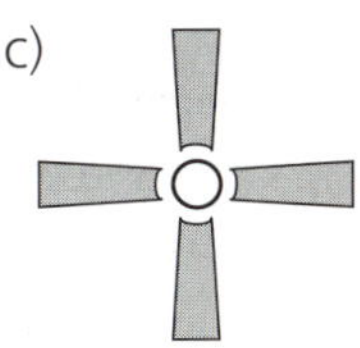

d)

14. Zeichne auf Kästchenapier wenigstens drei verschiedene Schrägbilder, die zum vorliegenden Grundriss gehören!

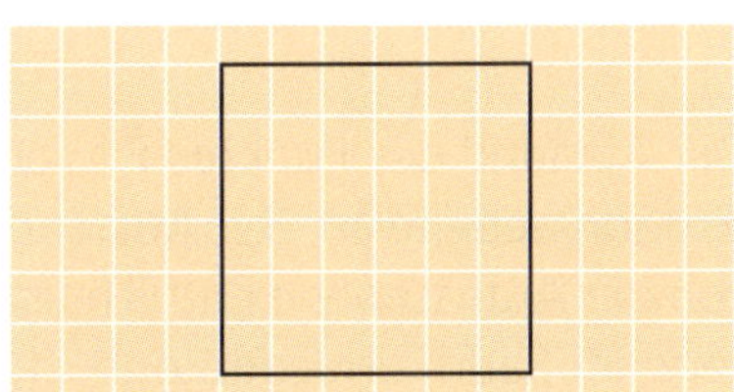

5.3 Senkrechte Zweitafelprojektion – Grund- und Aufriss

Für die Anfertigung technischer Zeichnungen gibt es Vorschriften, die vom Deutschen Institut für Normung (DIN) herausgegeben werden.
Sie legen z. B. fest, wie die Darstellung des räumlichen Gebildes in einer Ebene erfolgen kann, wie eine Bemaßung des Werkstückes vorzunehmen ist oder wie die Beschriftung der Zeichnung erfolgt.
Die Abbildung zeigt zwei Ansichten eines Werkstückes aus Metall, mit denen es eindeutig beschrieben wird.

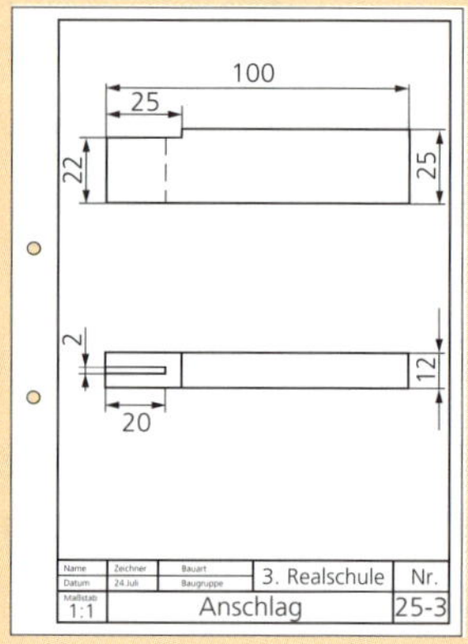

Aus dem Grundriss eines Quaders geht nicht hervor, welche Höhe dieser Quader hat. Er ist nicht eindeutig festgelegt. Gibt man zusätzlich seine Höhe an, oder zeichnet man einen zweiten Riss, wird er eindeutig beschrieben. Wird hinter dem Körper senkrecht zur Grundrissebene eine zweite Ebene (Aufrissebene) verwendet, kann darauf eine zweites Bild, der **Aufriss,** entstehen. Der **Grundriss** entspricht der Ansicht von oben **(Draufsicht).**
Der **Aufriss** entspricht der Ansicht von vorn **(Vorderansicht).**
Werden beide Abbildungen in einer Ebene dargestellt, entsteht ein **Zweitafelbild.**
Die Aufrissebene wird durch die **Rissachse** von der Grundrissebene getrennt.
Das Bild eines Punktes in der Grundrissebene wird mit P' (sprich: P Strich), das Bild eines Punktes in der Aufrissebene mit P'' (sprich: P Zweistrich) bezeichnet. Die Punkte P' und P'' liegen auf einer Geraden senkrecht zur Rissachse. Sie heißt **Ordnungslinie.**

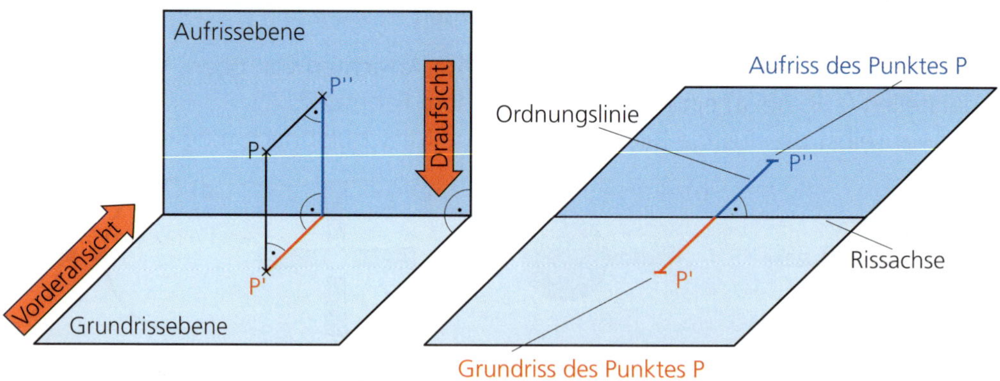

Der Abstand des Punktes P'' von der Rissachse gibt die Höhe des Punktes P über der Grundrissebene an. Der Abstand des Punktes P' von der Rissachse zeigt, wie weit der Punkt von der Aufrissebene entfernt ist. Wenn es um die Abbildung eines Körpers geht und seine Lage im Raum unbedeutend ist, kann man diese beiden Abstände beliebig wählen.

Dem Zweitafelbild der Strecke $\overline{AB}$ kannst du ihre räumliche Lage entnehmen. Der Grundriss sagt dir, dass B weiter vorn liegt als A. Im Aufriss erkennst du, dass B höher liegt als A.
Ebene Figuren, die parallel zur Grundrissebene liegen, werden im Grundriss in wahrer Größe und Gestalt, solche, die parallel zur Aufrissebene liegen, werden im Aufriss in wahrer Größe und Gestalt abgebildet.

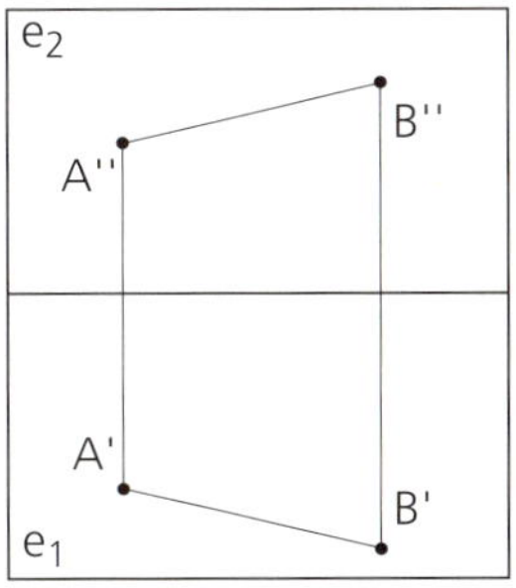

Beim Zeichnen eines Zweitafelbildes gehe in folgenden Schritten vor:

1. Stelle dir die Ansicht des Körpers von oben vor! Zeichne den Grundriss! Beachte dabei:
   - Zeichne die Rissachse als Hilfslinie!
   - Zeichne zuerst die Grundform (den Umriss) und dann die Teilformen!
2. Verlängere Kanten, die senkrecht zur Rissachse sind, über die Rissachse hinaus!
3. Stelle dir die Ansicht des Körpers von vorn vor und zeichne den Aufriss!
4. Ziehe die Körperkanten nach und entferne überflüssige Konstruktionslinien!
5. Prüfe, ob jeder Eckpunkt des Körpers sowohl einen Grund- als auch einen Aufriss hat, und ob beide Bildpunkte auf der gleichen Ordnungslinie liegen!

Beispiel:
Konstruiere das Zweitafelbild des gegebenen Quaders! Er steht auf der Grundrissebene. Die Kante $\overline{CD}$ verläuft parallel zur Rissachse im Abstand von 1 cm.

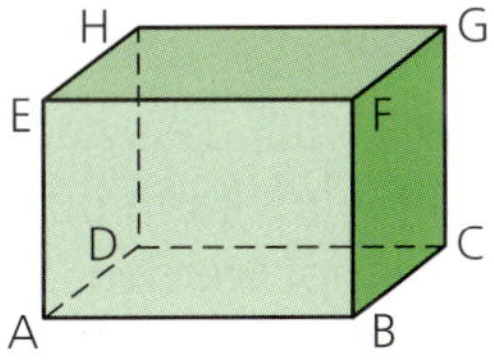

1. Zeichnen des Grundrisses

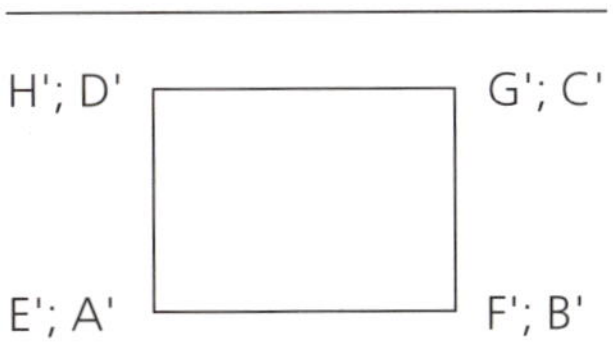

2. Zeichnen der Ordnungslinien

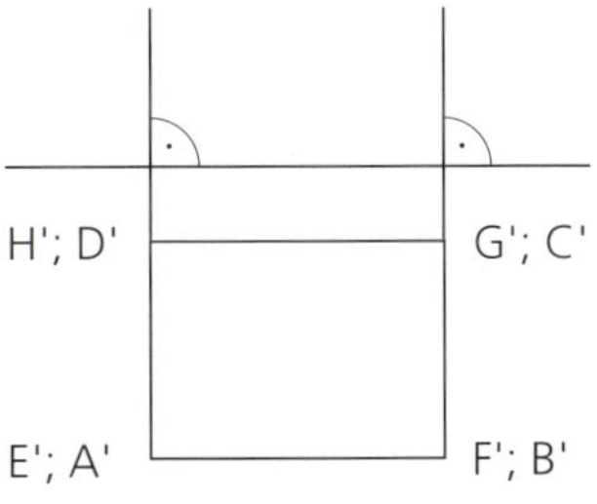

3. Zeichnen des Aufrisses

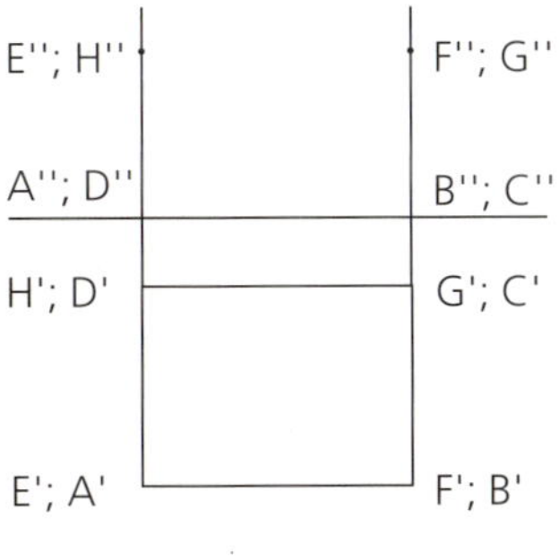

4. Nachziehen der Körperkanten

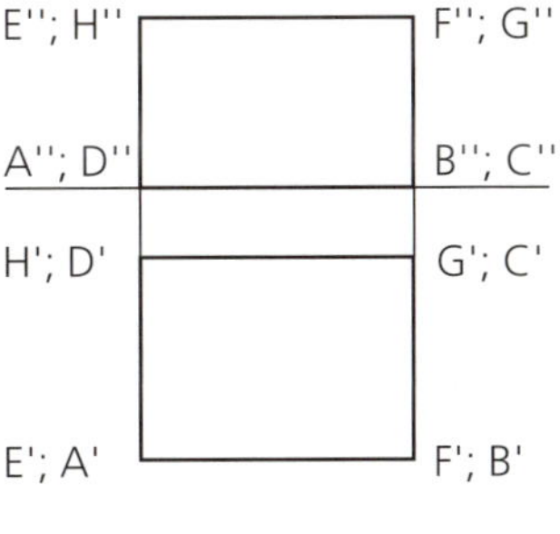

Eine rechteckige Pyramide kann sowohl im Schrägbild als auch im Zweitafelbild dargestellt werden.

Zweitafelbild

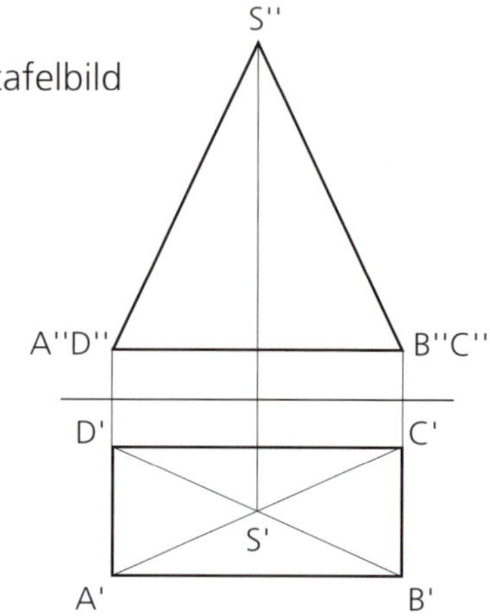

Schrägbild

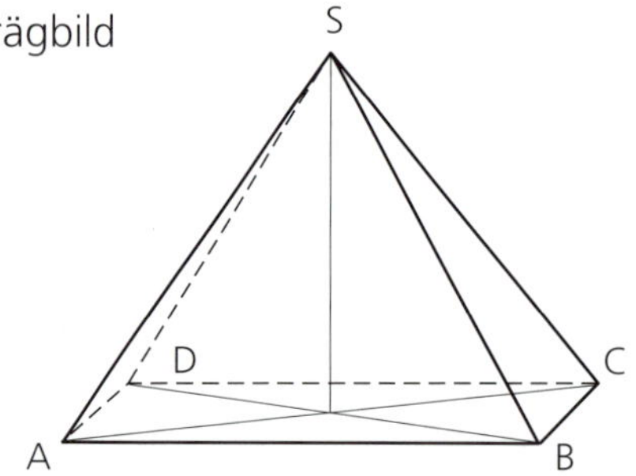

Zweitafelbilder sind zwar weniger anschaulich als Schrägbilder, in ihnen lassen sich jedoch die wahre Länge von Strecken und die wahre Größe von Flächen besser erkennen. Die wahre Länge der Grundkante $\overline{BC}$ kann im Grundriss sofort ermittelt werden. Es ist die Länge der Strecke $\overline{B'C'}$. Die Höhe der Pyramide ist im Aufriss in wahrer Länge dargestellt. Die Längen der Seitenkanten (z. B. $\overline{BS}$) können mithilfe einer Konstruktion ermittelt werden.

Das Dreieck KBS, dass auch als Stützdreieck bezeichnet wird, kann um $\overline{KB}$ in die Grundrissebene geklappt werden.

Daraus ergibt sich folgende Konstruktion:

1. Ich trage im Grundriss an $\overline{K'B'}$ im Punkt K' einen rechten Winkel an.
2. Ich trage auf dem freien Schenkel dieses Winkels die Höhe der Pyramide $\overline{S''K''}$ ab, die ich dem Aufriss entnehme, und erhalte den Punkt S_0.
3. Ich zeichne die Strecke $s = \overline{S_0B'}$. Sie gibt die wahre Länge der Seitenkante $\overline{BS}$ an.

Der Figur lässt sich auch der Neigungswinkel α der Seitenkanten und die wahre Gestalt des Stützdreiecks entnehmen.

Das dargestellte Verfahren geht auf den französischen Mathematiker GASPARD MONGE (1746 bis 1818) zurück, der die Grundlagen der darstellenden Geometrie schuf.

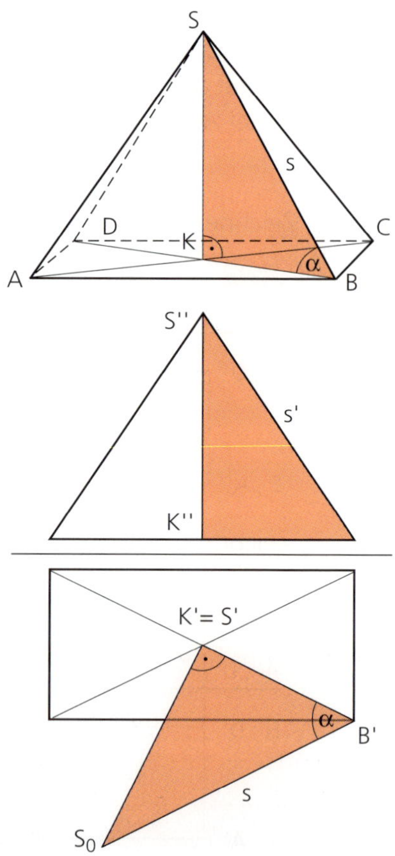

Aufgaben

Drei Schachteln stehen so wie in der nebenstehenden Darstellung übereinander.

a) Skizziere die Draufsicht und die Vorderansicht des Gesamtkörpers!

b) Skizziere auch die Ansichten von links und von rechts!

c) Bestimme die Anzahl der Ecken und der Körperkanten des Gesamtkörpers!

1. Stelle jeweils zwei gleich große Schachteln so auf, wie es die folgenden Abbildungen zeigen! Zeichne dann die Ansichten von vorn, von oben, von links, von rechts und von hinten!

a) 

b) 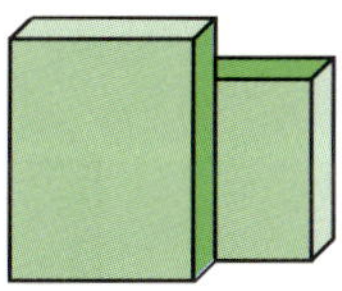

c) 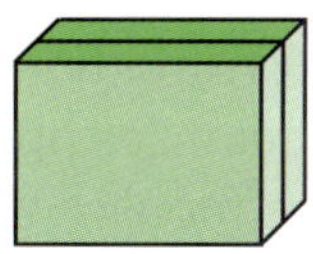

d) 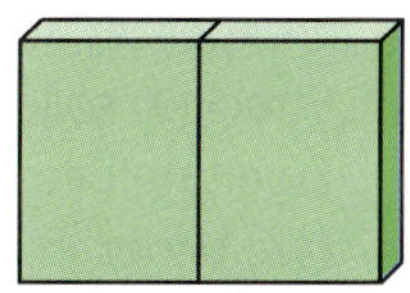

2. Welcher der Körper A bis G (bestehend aus mehreren kleinen Würfeln) kann bei entsprechender Lage die Figuren 1 bis 9 als Grundriss oder Aufriss haben?

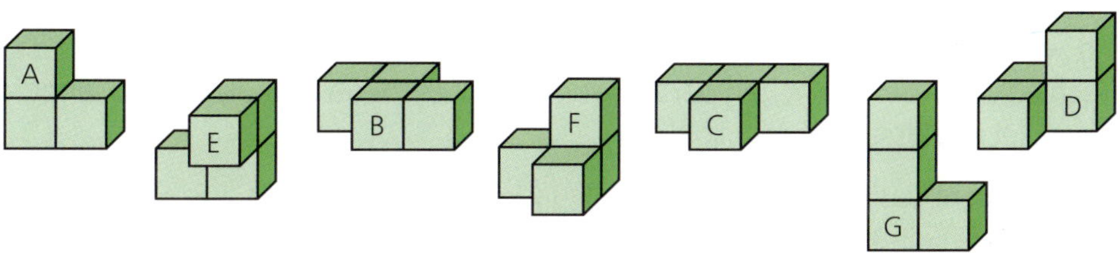

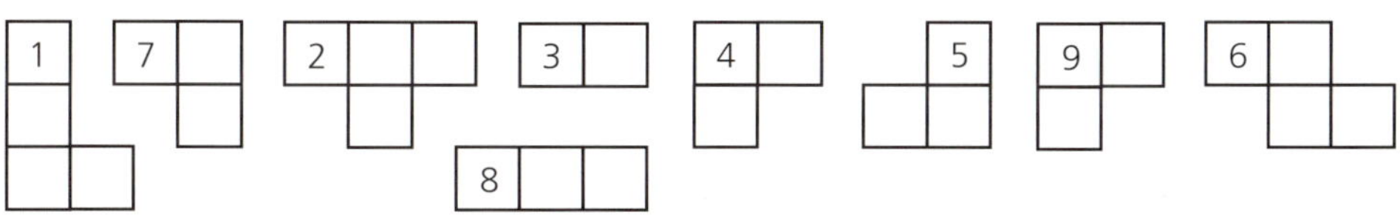

3. Welcher der Körper A bis D kann den dargestellten Grund- und Aufriss haben? Welcher Körper kommt nicht in Frage? Begründe!

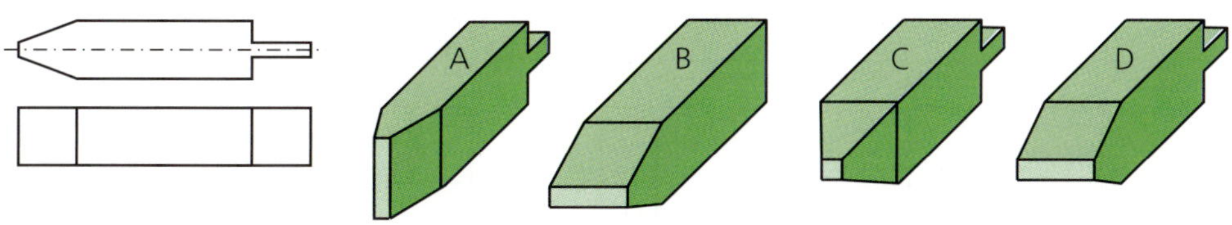

4. Gib möglichst viele Kanten und Flächen (auch Schnittflächen) des im Schrägbild dargestellten Körpers an, die in den angegebenen Ansichten (1), (2) und (3) in wahrer Größe dargestellt werden!

a)

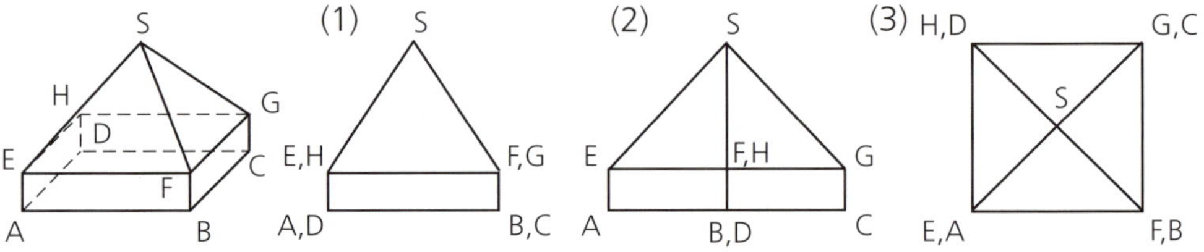

b)

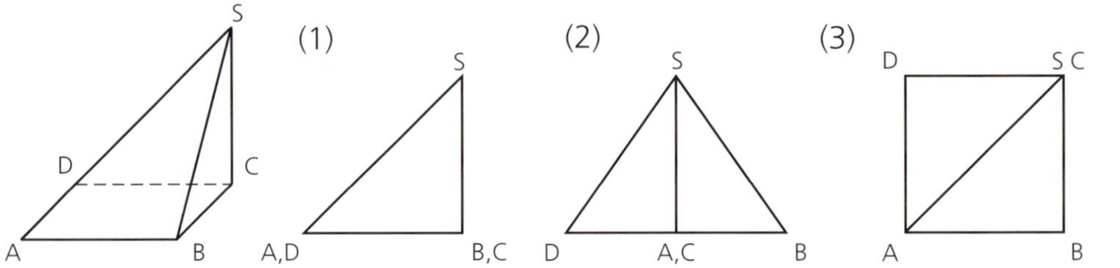

5. Die nebenstehende Abbildung zeigt einen Quader im Schrägbild. Die nachfolgenden Strecken sollen ohne Konstruktion in einem Zweitafelbild ablesbar sein. Zeichne Zweitafelbilder in denen dies möglich ist!

a) $\overline{DC}$ b) $\overline{AD}$ c) $\overline{BF}$ d) $\overline{AC}$
e) $\overline{AF}$ f) $\overline{BG}$ g) $\overline{HB}$ h) $\overline{EC}$

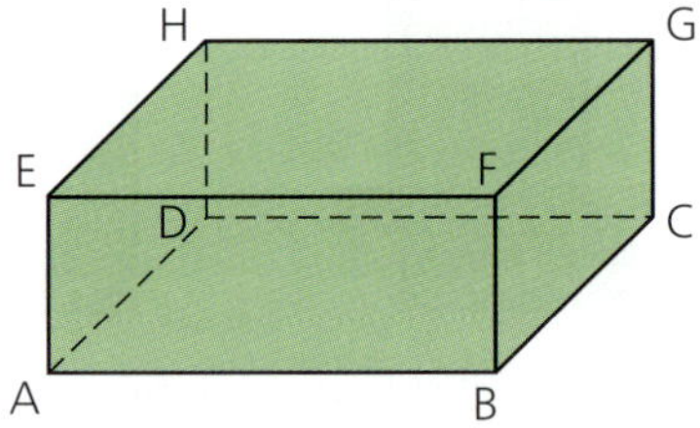

6. Konstruiere das Zweitafelbild eines Quaders mit den Kantenlängen a = 2,5 cm, b = 5 cm und c = 7,5 cm in drei verschiedenen Lagen, wobei jeweils eine der unterschiedlichen Seitenflächen parallel zur Grundrissebene und die jeweils längere Kante parallel zur Rissachse sein soll!

7. Konstruiere das Zweitafelbild eines Quaders ABCDEFGH mit $\overline{AB} = \overline{CD} = 4{,}0$ cm, $\overline{BC} = \overline{AD} = 3{,}0$ cm und $\overline{AE} = 2{,}5$ cm! Er soll sich 1,5 cm „über" der Grundrissebene befinden. Ferner soll die Kante $\overline{CD}$ mit der Rissachse einen Winkel von 30° bilden.

8. Die Grund- und Aufrisse von vier Körpern wurden vertauscht.
Ordne sie wieder richtig zu!

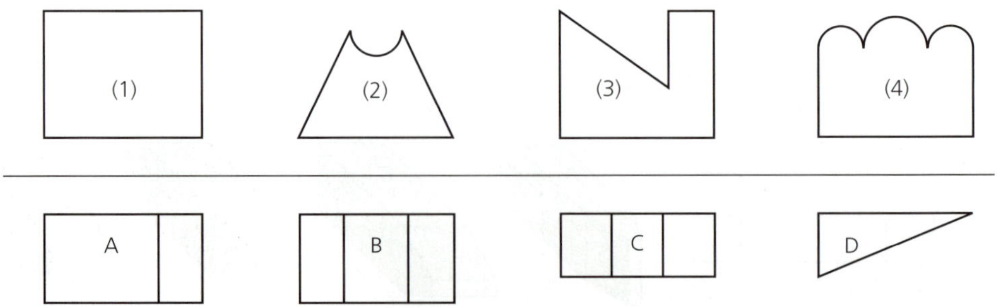

9. Skizziere mehrere Körper im Schrägbild, die den angegebenen Grund- und Aufriss haben!

a)

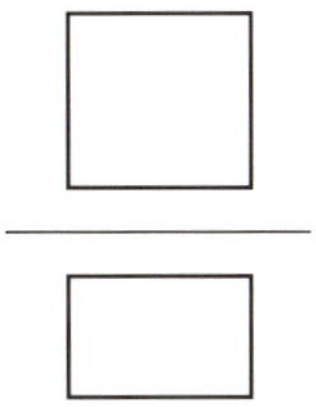

b)

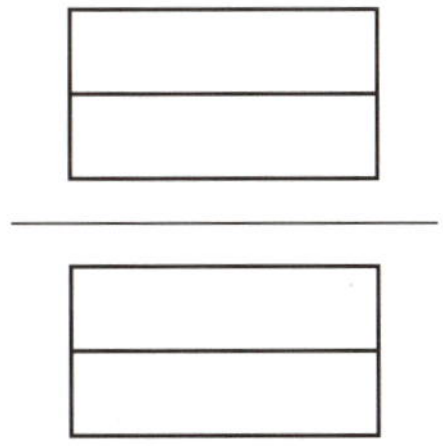

c)

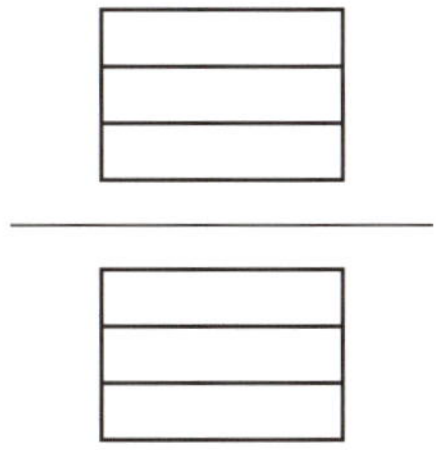

10. Von den vier abgebildeten Schrägbildern stellen zwei den gleichen Körper dar. Finde diesen Körper heraus, beschreibe ihn und zeichne zwei Ansichten, aus denen die Form und die Maße eindeutig hervorgehen!

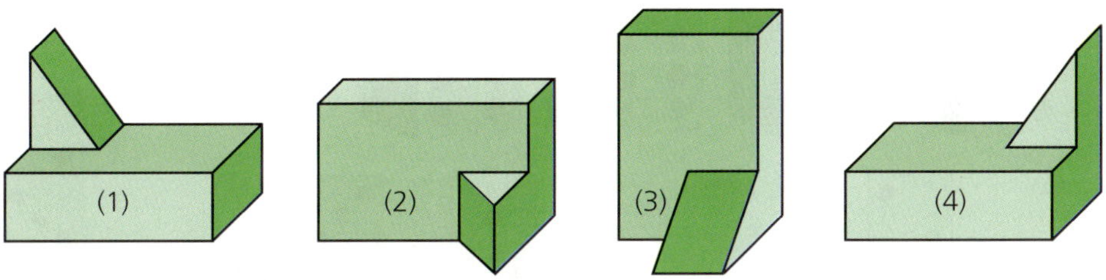

11. Baue aus Stäbchen und Knetmasse das Kantenmodell einer quadratischen Pyramide! Fertige dann aus Papier ein „Stützdreieck" für eine Seitenkante an!

12. a) Stelle eine quadratische Pyramide ABCDS mit der Grundkante von 2,5 cm und der Körperhöhe von 6,0 cm im Zweitafelbild dar!

b) Ermittle durch Konstruktion die wahre Länge der Seitenkante $\overline{BS}$! Gib diese Länge an!

13. Ermittle aus dem Zweitafelbild eines Würfels mit der Kantenlänge 4 cm die wahre Länge einer Raumdiagonalen!

***14.** Jan sagt: „Ich weiß, wie man die wahre Länge einer Seitenkante einer Pyramide auch noch konstruieren kann. Man klappt einfach eine Seitenfläche um die Grundkante in die Grundrissebene." Gib dafür eine genaue Konstruktionsbeschreibung an!

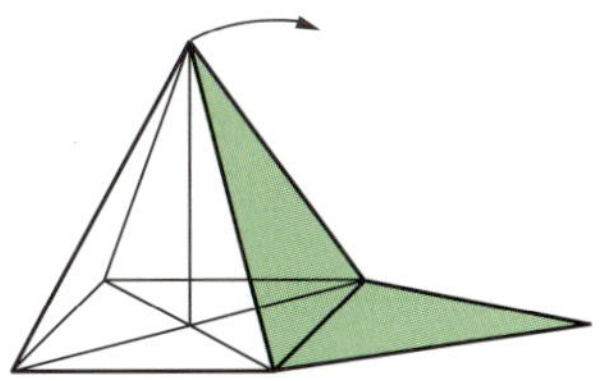

15. Die angegebenen Darstellungen sind Schrägbilder eines Quaders mit den Maßen 6,0 cm, 4,0 cm und 3,0 cm. Zeichne eine Ansicht, in der die rot eingezeichnete Strecke in wahrer Größe dargestellt wird! Bestimme ihre Länge durch Messen!

a)

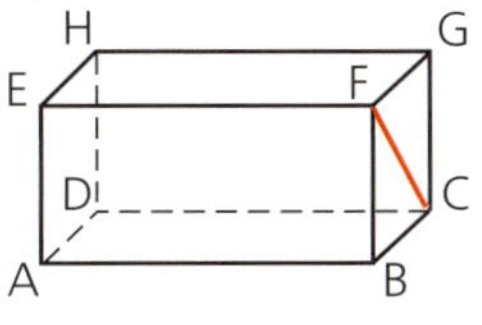

b)

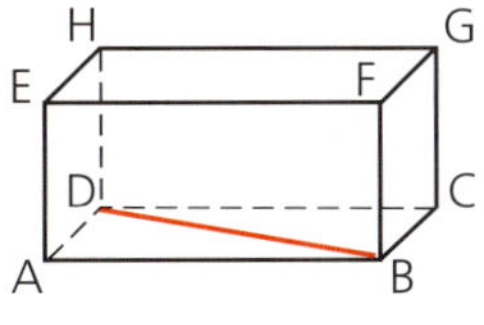

c)

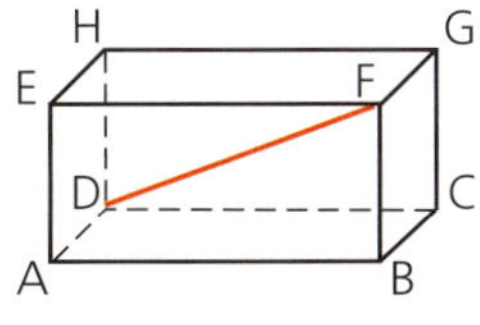

5.4 Gemischte Aufgaben

1. Beschreibe, was du siehst!

a) 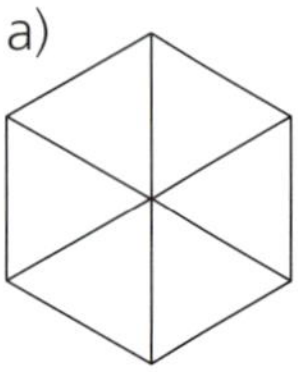

b) 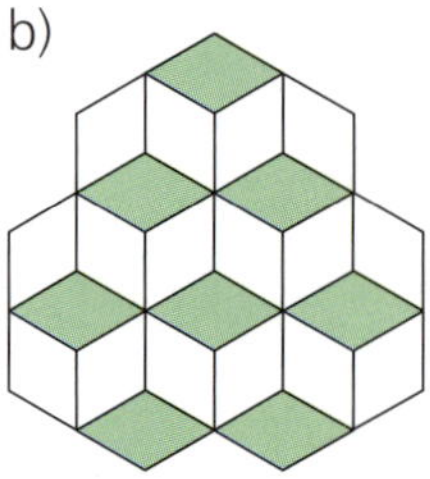

c) 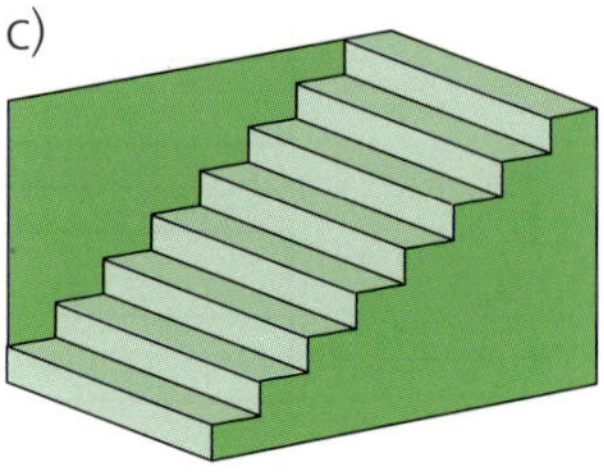

d) 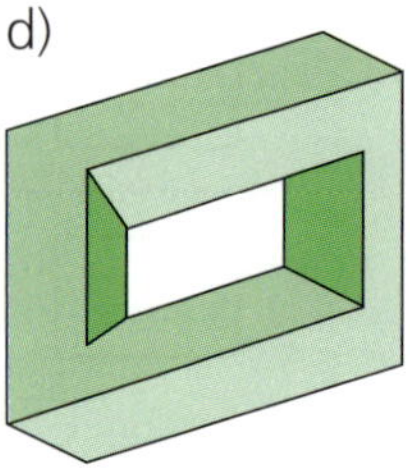

2. Welches Netz gehört zu welchem Würfel?

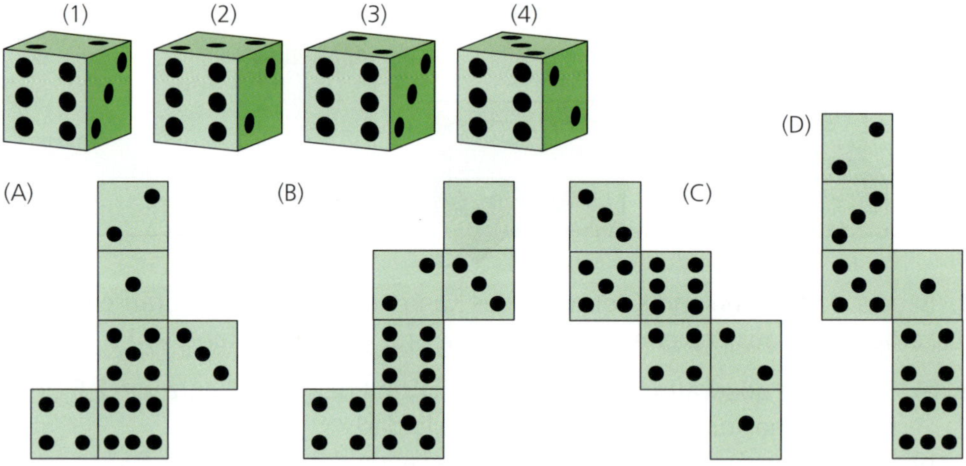

3. Im Bild ist derselbe Würfel in verschiedenen Ansichten dargestellt. Auf den Flächen des Würfels sind die Buchstaben A, B, C, D, E und F aufgetragen. Welche Buchstabenpaare befinden sich auf den jeweils einander gegenüberliegenden Würfelflächen?

4. Ein Spielfeld besteht aus 6 quadratischen Feldern, jedes so groß, wie die Seitenfläche eines Spielwürfels. Der Würfel werde so auf das Feld 1 gesetzt, wie es im Bild dargestellt ist. Bei einem Zug werde dieser Würfel um eine seiner jeweiligen Grundkanten um 90° auf ein benachbartes Feld gekippt. Welche Augenzahl zeigen die Deckfläche und die Vorderfläche des Würfels nach den folgenden Zügen:

a) $1 \to 2 \to 5$ b) $1 \to 4 \to 5$

c) $1 \to 2 \to 3 \to 6$ d) $1 \to 4 \to 5 \to 6 \to 3 \to 2$

5. Welches Kind sieht das Haus so, wie es abgebildet ist?

6. Die folgenden Abbildungen zeigen Zweitafelbilder von Würfeln mit einer Kantenlänge von 2 cm, bei denen jeweils ein Stück abgeschnitten ist.
Zeichne die zugehörigen Schrägbilder der „Würfelreste"!

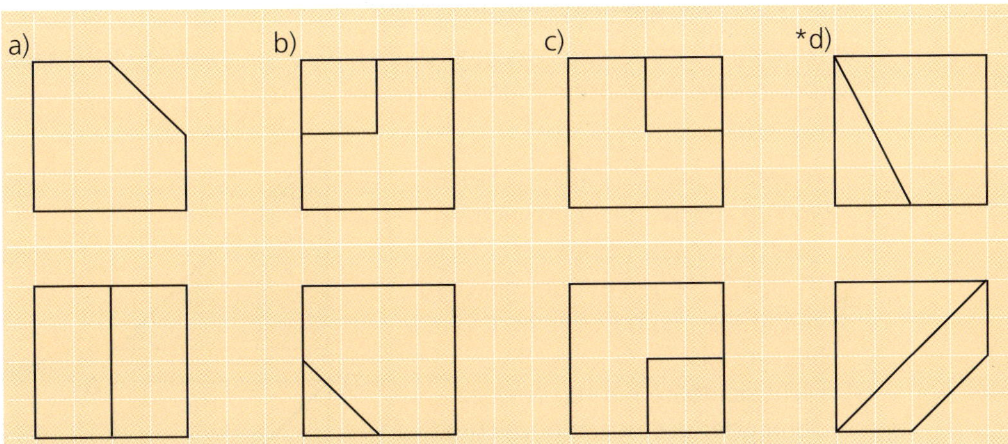

7. Die nebenstehende Abbildung zeigt einen Quader ABCDEFGH mit den Kantenlängen $\overline{AB} = 4{,}5$ cm; $\overline{AE} = 3{,}0$ cm und $\overline{AD} = 4{,}0$ cm.

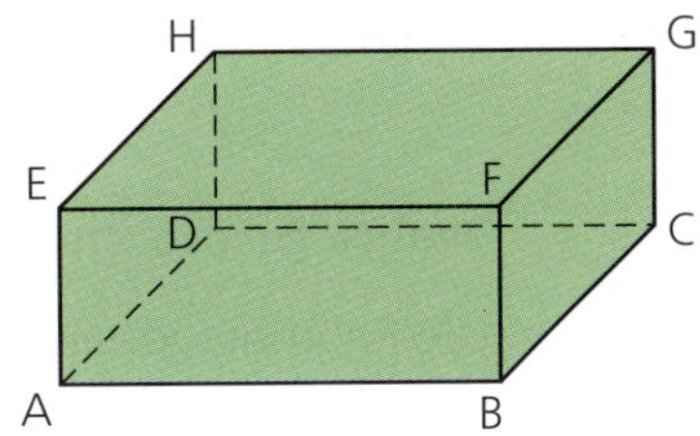

a) Stelle den Quader im Schrägbild dar!
b) Zeichne ein Zweitafelbild des Quaders!
c) Ermittle durch Messen die Längen der Flächendiagonalen $\overline{AC}$ und $\overline{AF}$!
d) Konstruiere durch Klappung die wahre Länge der Flächendiagonalen $\overline{BG}$ und der Raumdiagonalen $\overline{HB}$! Markiere die zu klappenden Flächen auch im Schrägbild!
e) Beweise mithilfe eines Kongruenzsatzes, dass alle Raumdiagonalen des Quaders gleich groß sind!

Projektionsarten

Körper haben drei Ausdehnungen (Breite; Höhe; Tiefe)
Flächen haben zwei Ausdehnungen (Länge; Breite)

Schräge Parallelprojektion

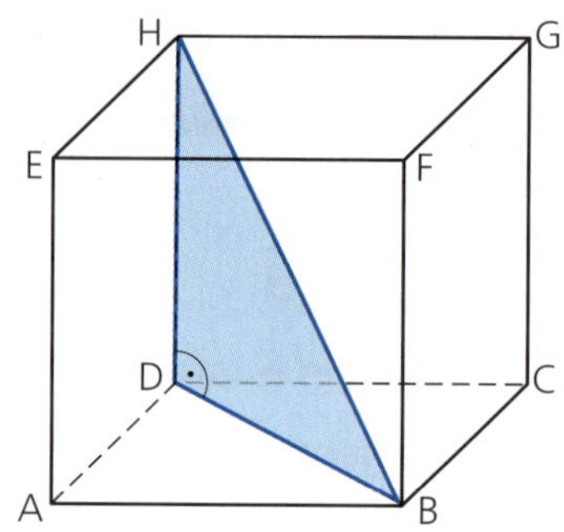

- Breitenlinien ($\overline{AB}$; $\overline{FE}$; ; $\overline{DC}$; $\overline{GH}$) und Höhenlinien ($\overline{EA}$; $\overline{BF}$; ; $\overline{CG}$; $\overline{HD}$) werden in wahrer Länge abgebildet.
- Tiefenlinien (($\overline{AD}$; $\overline{BC}$; $\overline{FG}$; $\overline{EH}$) werden unter einem Winkel von 45° in halber Länge abgebildet. (Kavalierperspektive)
- Nicht sichtbare Kanten werden dünn oder gestrichelt gezeichnet.

Senkrechte Parallelprojektion

Senkrechte Projektion auf zwei Bildebenen (Grundrissebene; Aufrissebene), die durch eine Rissachse getrennt sind.

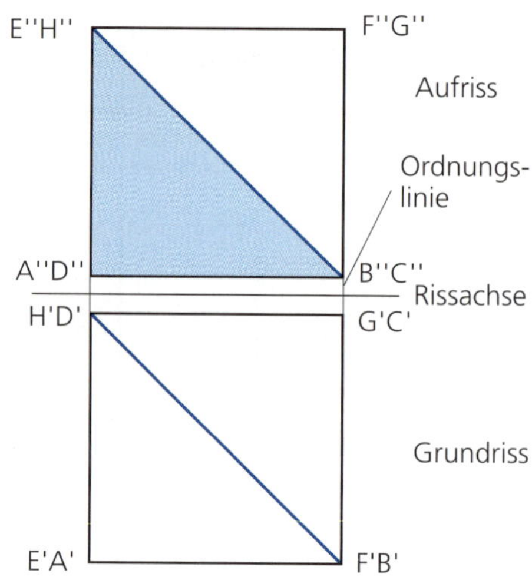

- Das Bild eines Punktes A wird im Grundriss mit A' (sprich: A Strich) und im Aufriss mit A'' (sprich: A Zweistrich) bezeichnet.
- A' und A'' liegen auf der gleichen Ordnungslinie, die senkrecht zur Rissachse ist.
- Nicht sichtbare Kanten werden dünn oder gestrichelt gezeichnet.
- Bilder von Strecken, die senkrecht zu einer Rissebene verlaufen, sind Punkte.

Wahre Größe und Gestalt

Die Raumdiagonale $\overline{HB}$ kann (durch Klappung des Stützdreiecks in die Grundrissebene) in wahrer Größe dargestellt werden.
Die Länge der Strecke $\overline{DH}$ (im Aufriss $\overline{D''H''}$) wird im rechten Winkel zu $\overline{B'D'}$ im Grundriss im Punkt D' angetragen.

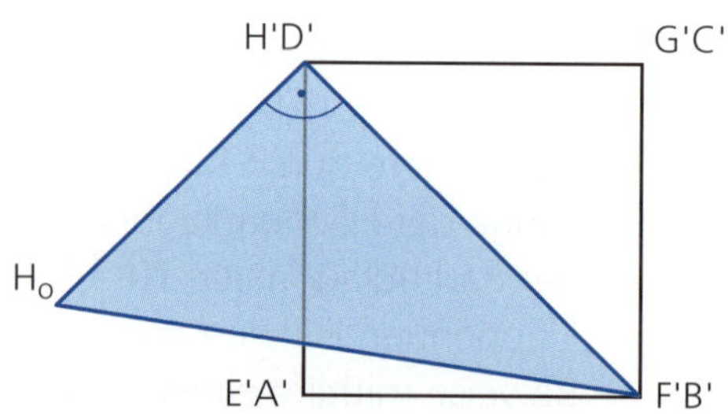

wahre Länge von $\overline{HB}$: $\overline{H_0B'}$

6 Statistische Erhebungen

Bäume sind Rohstoffe für die Papierindustrie. Aus einem 70 bis 80 Jahre alten Baum mit einer Höhe von etwa 30 m können ungefähr 10 t Zeitungspapier hergestellt werden. Sammle zu Hause eine Woche lang das gesamte zugeschickte Werbematerial, das ungelesen bleibt!
Ermittle dann das Gesamtgewicht des Papiers und rechne die Ergebnisse für 33 Millionen Haushalte für ein Jahr hoch!

6 Statistische Erhebungen

Rückblick

Ein **zufälliger Vorgang** ist ein Vorgang in der Natur, der Gesellschaft oder dem Denken, der bezüglich eines Merkmals verschiedene mögliche Ergebnisse haben kann.

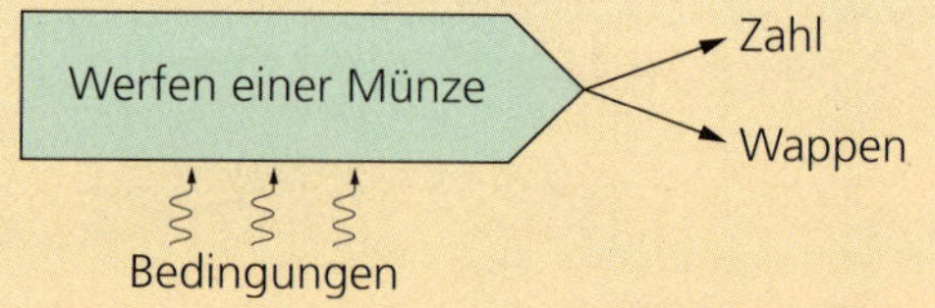

Bei statistischen Untersuchungen werden meist die Ergebnisse gleichzeitig ablaufender Vorgänge ermittelt.

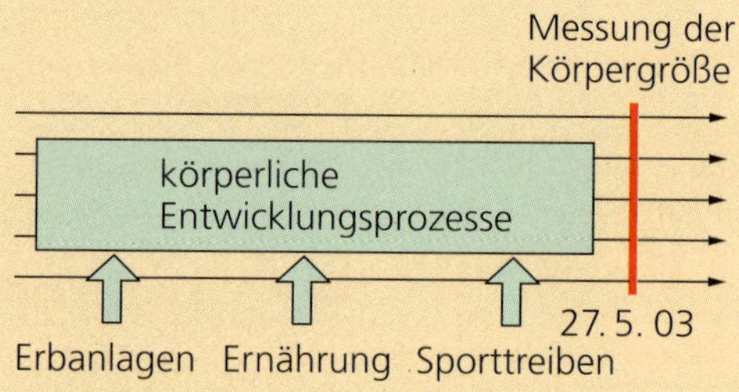

In Abhängigkeit von den **Bedingungen** des Vorgangs treten die möglichen Ergebnisse mit einer bestimmten **Wahrscheinlichkeit** ein.

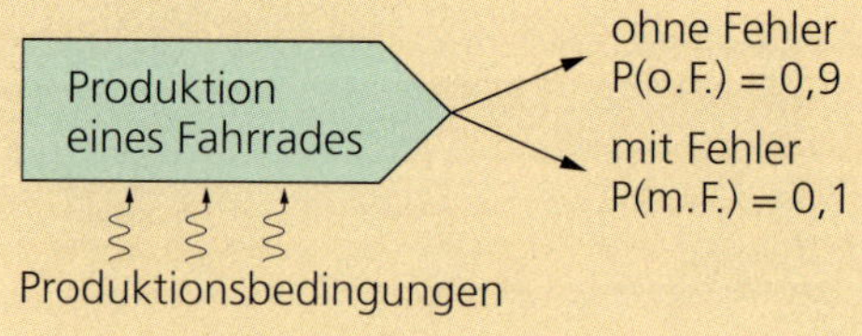

Die experimentelle Untersuchung eines zufälligen Vorgangs heißt **Zufallsexperiment oder Zufallsversuch.**

Die **relative Häufigkeit** eines Ergebnisses h(E) ist der Quotient aus der **absoluten Häufigkeit** H(E) und der Anzahl n der Wiederholungen des Vorgangs.

Von 50 Fahrrädern einer Lieferung haben vier einen Fehler.

$n = 50$; E: Fahrrad defekt; $H(E) = 4$

$h(E) = \frac{4}{50} = 0{,}08 = 8\ \%$

Die Gesamtheit aller Häufigkeiten bezüglich eines Merkmals heißt **Häufigkeitsverteilung.** Eine Häufigkeitsverteilungen kann in einer **Häufigkeitstabelle,** in einem **Streckendiagramm,** in einem **Streifendiagramm** oder in einem **Stamm-Blätter-Diagramm** dargestellt werden.

Ergebnisse im Hochsprung der 21 Schüler einer 7. Klasse.

Stamm	Blätter
13	9
12	2 2 3
11	1 3 5 5 6 6 7 9
10	1 3 5
9	5 8 8 9
8	2 6

Hinter statistischen Daten verbergen sich oft zahlreiche Zusammenhänge und Ursachen. *Erforsche* die Daten, indem du sie mit deinen bisherigen Vorstellungen und Kenntnissen vergleichst, nach Besonderheiten (z. B. besonders häufige oder seltene Daten) und deren Ursachen suchst oder mit anderen Datensätzen vergleichst.

Das **arithmetische Mittel** $\bar{x}$ (auch als Durchschnitt oder Mittelwert bezeichnet) wird berechnet, indem man die Summe aller Werte durch deren Anzahl dividiert.

Liegt eine Häufigkeitsverteilung vor, kannst du die Summe aller Werte berechnen, indem du die auftretenden Werte mit ihren Häufigkeiten multiplizierst und die Produkte addierst.

Das arithmetische Mittel kannst du als *Ausgleichswert* aller einzelnen Werte auffassen, da sich durch Ausgleichen aller Unterschiede zwischen den Einzelwerten das arithmetische Mittel ergibt. Bei einer Häufigkeitsverteilung, kannst du das arithmetische Mittel auch als *„Schwerpunkt"* der Verteilung deuten.

Beim Kegeln erreicht Kai bei den ersten zehn Würfen 5; 4; 7; 5; 6; 6; 4; 9; 4 und 6 Punkte.

$\bar{x} = \frac{1}{10} \cdot (5 + 4 + 7 + 5 + 6 + 6 + 4 + 9 + 4 + 6)$

Werte	4	5	6	7	8	9
Häufigkeit	3	2	3	1	0	1

$\bar{x} = \frac{1}{10} \cdot (3 \cdot 4 + 2 \cdot 5 + 3 \cdot 6 + 7 + 9) = 5{,}6$

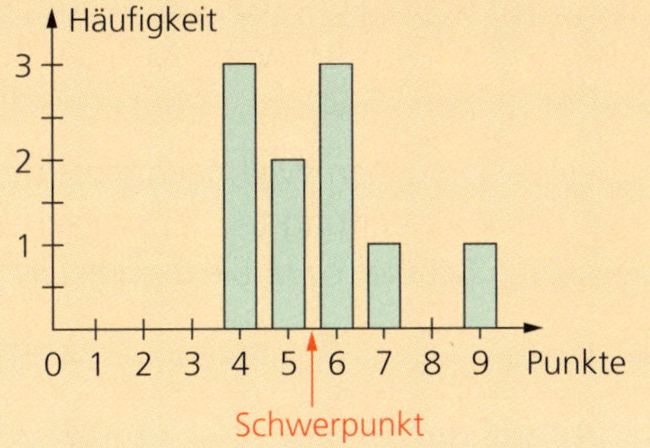

Bei der Verwendung des arithmetischen Mittels beachte folgende Eigenschaften.

Der Mittelwert muss nicht zu den Messwerten gehören.

Hinter gleichen Mittelwerten können sich unterschiedliche Häufigkeitsverteilungen verbergen.

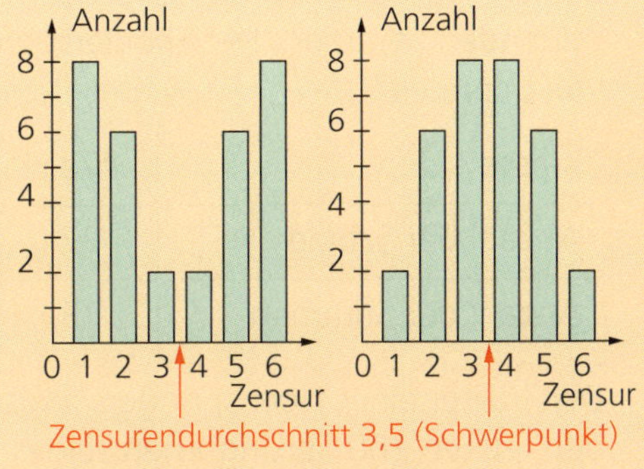

Extreme Werte („Ausreißerwerte") können den Mittelwert erheblich beeinflussen.

Besucherzahlen in einem Kino:

Mo:	32	*durchschnittliche*	
Di:	46	*Zahl von Mo bis Do:*	37,5
Mi:	43		
Do:	29	*durchschnittliche*	
Fr:	530	*Zahl von Mo bis Fr:*	136

Der Mittelwert liegt nicht immer in der Mitte und ist nicht immer der häufigste Wert.

Schulwegzeiten von 11 Schülern in Minuten:

3; 3; 4; 4; 5; 5; 5; 5; 26; 32; 40

durchschnittliche Zeit:	12 Minuten
Wert in der Mitte:	5 Minuten
häufigster Wert:	5 Minuten

Aufgaben

Uwe und Maik unterhalten sich über ihren Sommerurlaub. „Wir waren 20 Tage an der Ostsee und es hat nur an 4 Tagen geregnet", sagt Uwe. Darauf entgegnet Maik: „Wir waren 30 Tage in Frankreich, wovon es nur an 5 Tagen regnete". Uwe meint: „Da es in unserem Urlaub nur an 4 Tagen regnete, hatten wir den regenärmeren Urlaub". Nimm zu Uwes Aussage Stellung!

1. Beim alljährlichen Weihnachtsfest der Schule nehmen viele Schüler aus allen Klassen an der Vorbereitung teil. Aus welcher Klasse beteiligen sich (relativ gesehen) die meisten Schüler bzw. die wenigsten Schüler an der Vorbereitung des Festes?

Klasse	7a	7b	7c	8a	8b	8c
Anzahl der Schüler	27	29	28	26	29	30
Helfer beim Fest	14	15	13	12	14	16

2. Bei der Wahl zum Schülersprecher erhielt der am Ende gewählte Kandidat die folgenden Stimmen. Der Schülersprecher welcher Klasse erhielt den höchsten Anteil von Stimmen?

Klasse	7a	7b	7c	8a	8b	8c
Anzahl der Schüler	27	29	28	26	29	30
Anzahl der Stimmen	13	16	15	16	14	17

3. Der Trainer eines Hochspringers registrierte bei den letzten 200 Sprungserien seines Sportlers die folgenden erreichten Höhen:

1,80 m bis 1,89 m: 112-mal
1,90 m bis 1,99 m: 64-mal
2,00 m bis 2,09 m: 14-mal
2,10 m bis 2,19 m: 10-mal

a) Schätze die Wahrscheinlichkeit, mit der der Sportler die jeweiligen Höhen erreicht!

b) Der Sportler wird für die Meisterschaft nominiert, wenn er beim nächsten Wettkampf mindestens die Höhe von 2,00 m meistert. Mit welcher Wahrscheinlichkeit P(M) wird der Sportler zur Meisterschaft nominiert?

c) Mit welcher Wahrscheinlichkeit P(AUS) wird der Sportler nicht nominiert?

4. 1 120 PKW, 491 Transporter und 385 LKW passierten insgesamt eine Radarkontrolle. Davon wurden die „Schnellfahrer" in nebenstehender Übersicht dargestellt. Sind die PKW-Fahrer nach dieser Untersuchung wirklich die gefährlichsten Raser?

5. In einer Stadt wurden die Unfälle eines Jahres nach dem Stundenzeitraum geordnet, in dem sie passierten.

a) Entnimm dem Diagramm die Stunden, in denen die wenigsten bzw. die meisten Unfälle passierten! Welche Ursachen könnte es für diese Unterschiede geben?

b) Ermittle näherungsweise mithilfe eines durchsichtigen Lineals, wie viele Unfälle sich durchschnittlich pro Stunde ereigneten, indem du den Mittelwert als Ausgleichswert deutest! Berechne dann näherungsweise die durchschnittliche Unfallzahl und vergleiche mit dem vorher ermittelten Ausgleichswert!

c) Viele Menschen legen den Weg zum Arbeitsplatz zwischen 6 und 8 Uhr und den Heimweg zwischen 16 und 18 Uhr zurück. Vergleiche die Zahl der Unfälle in der Zeit zwischen 6 und 8 Uhr sowie zwischen 16 und 18 Uhr!

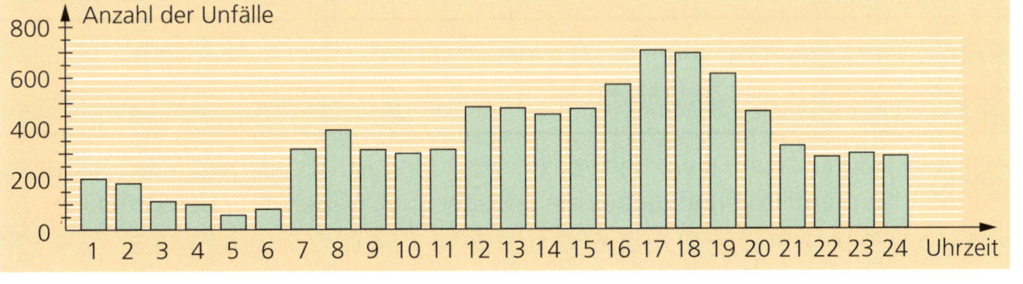

6.1 Kenngrößen von Häufigkeitsverteilungen

In einer internationalen Studie wurden die Mathematikleistungen am Ende der 7. Klasse getestet und dabei die abgebildeten Häufigkeitsverteilungen ermittelt. Diese können durch zwei Zahlen, die man statistische Kenngrößen nennt, beschrieben werden. Man gibt dazu einen Mittelwert und einen Wert für die „Streuung" der Werte um den Mittelwert an. Das arithmetische Mittel betrug in den Gymnasialklassen 573 Punkte und in den Realschulklassen 504 Punkte. Als Streuungsmaß wurden 74 bzw. 73 Punkte angegeben.

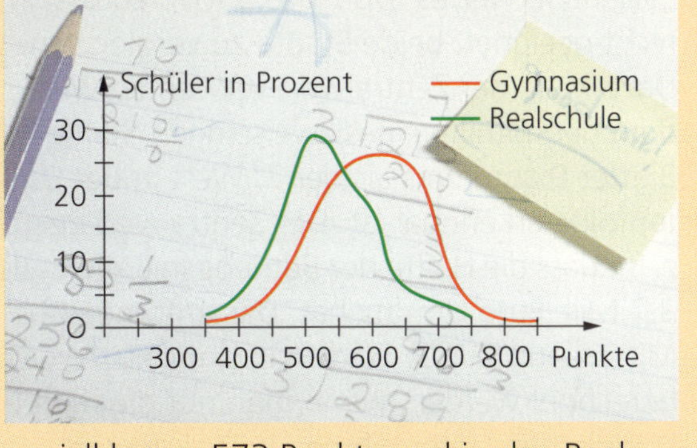

Mittelwerte

Ein häufig benutzter Wert zur Beschreibung der „Mitte" einer Häufigkeitsverteilung ist das arithmetische Mittel. In einigen Fällen sind jedoch andere Mittelwert sinnvoller.
Der **Zentralwert (mittlerer Wert, 50%-Wert, Median)** $\tilde{x}$ ist derjenige Wert, der in der Mitte der Daten liegt, wenn sie der Größe nach geordnet werden. Bei einer ungeraden Anzahl von Daten ist der Zentralwert ein Wert der Datenreihe. Bei einer geraden Zahl von Daten wird als Zentralwert das arithmetische Mittel der zwei Werte in der Mitte gewählt.

Werden Daten der Größe nach geordnet, spricht man von einer **Rangfolge** der Daten.

Der Zentralwert der Körperhöhen von 5 Personen ist der dritte Wert in der Rangfolge.
0,95 m; 1,52 m; 1,70 m; 1,73 m; 1,95 m
$\tilde{x} = 1,70$ m
Bei 6 Personen ist der Zentralwert das arithmetische Mittel des 3. und 4. Wertes.
1,58 m; 1,59 m; 1,61 m; 1,63 m; 1,65 m; 1,75 m
$\tilde{x} = 1,62$ m

Zentralwerte können leicht durch geordnete Daten in einem Stamm-Blätter-Diagramm dargestellt werden. Der Zentralwert kann dann durch Abzählen ermittelt werden.

In zwei Städten A und B wurden von jeweils 13 Industriebetrieben folgende Umsätze in Mill. Euro ermittelt und daraus die angegebenen Mittelwerte berechnet:
A: 2,4; 1,9; 2,9; 2,7; 3,4; 1,6; 2,0; 1,8; 2,1; 4,0; 2,2; 2,8; 146,3 $\bar{x} \approx 13,5$
B: 3,8; 4,1; 2,7; 3,7; 2,9; 5,7; 3,2; 4,3; 3,5; 2,4; 4,2; 4,4; 3,3 $\bar{x} \approx 3,7$
In der Zeitung stand: „Die Betriebe in A haben durchschnittlich den vierfachen Umsatz der Betriebe in B!"

Das arithmetische Mittel ist auf Grund des „Ausreißerwertes" von 146,3 Mill. Euro in A nicht geeignet, beide Städte zu vergleichen. Dazu kann der Zentralwert verwendet werden, der mithilfe eines zweiseitigen Stamm-Blätter-Diagramms als der 7. Wert in der Datenfolge erkennbar ist. Der Zentralwert zeigt z. B., dass die Hälfte der Betriebe in B mehr als 3,7 Mill. Euro Umsatz hat. Das arithmetische Mittel kann für die Stadt A in sinnvoller Weise berechnet werden, wenn man nur die mittelständischen Unternehmen berücksichtigt, also den Großbetrieb weglässt. Man erhält dann $\bar{x} = 2,5$, also etwa den Zentralwert.

Stadt A		Stadt B
9 8 6	1	
9 8 7 4 2 1 0	2	4 7 9
4	3	2 3 5 7 8
0	4	1 2 3 4
	5	7
	…	
3	146	
$\tilde{x} = 2,4$		$\tilde{x} = 3,7$

Häufig ist es zur genaueren Auswertung der Daten günstig, jede „Blattreihe" eines Stamm-Blätter-Diagramms in 2 oder in 5 Untergruppen zu unterteilen. Damit können Eigenschaften und Besonderheiten des Datensatzes besser verdeutlicht werden.
Punktzahlen einer Klassenarbeit:
22; 32; 21; 18; 16; 14; 18; 19; 4; 8; 18; 32; 28; 34; 23; 29; 23; 9; 5; 17

einfaches Diagramm

Zehner	Einer
0	4 5 8 9
1	4 6 7 8 8 8 9
2	1 2 3 3 8 9
3	2 2 4

Diagramm mit 2 Untergruppen

Zehner	Einer
0	4
0	5 8 9
1	4
1	6 7 8 8 8 9
2	1 2 3 3
2	8 9
3	2 2 4

Der Zentralwert einer Datenreihe lässt sich im Unterschied zum arithmetischen Mittel auch dann berechnen, wenn es sich lediglich um Rangdaten handelt. **Rangdaten** geben nur eine Reihenfolge an, der Abstand zwischen Daten ist verschieden oder ohne Bedeutung.

Beispiele für Rangdaten:
Plätze bei einem sportlichen Wettkampf; Reihenfolge der Läufer bei einem Staffellauf; Ordnung der Schüler einer Klasse dem Geburtsdatum nach.
Daten, die als Messwerte vorliegen, können auch als Rangdaten angegeben werden (z. B. Einteilung der Körpergrößen in klein, mittelgroß, groß, sehr groß).

Verwende den Zentralwert anstelle des Durchschnitts in folgenden Fällen:
- Es gibt extreme Werte (Ausreißerwerte).
- Die Verteilung ist stark unsymmetrisch.
- Es liegen nur Rangdaten vor.

Gibt es in einer Verteilung einen häufigsten Wert, so heißt dieser Wert **Modalwert (Modus)** der Verteilung.

Eine Häufigkeitsverteilung kann einen oder mehrere Modalwerte haben. In der Häufigkeitsverteilung der Punktzahlen obiger Klassenarbeit kommt die 18 am häufigsten vor. Somit ist 18 der Modalwert der Verteilung.

Streuungsmaße

Um mit einer Zahl anzugeben, wie dicht Werte um den Mittelwert liegen, bzw. wie stark sie um den Mittelwert streuen, werden Streuungsmaße verwendet. Kurven mit kleiner Streuung sind schmal und hoch. Bei großer Streuung sind sie breit und flach.

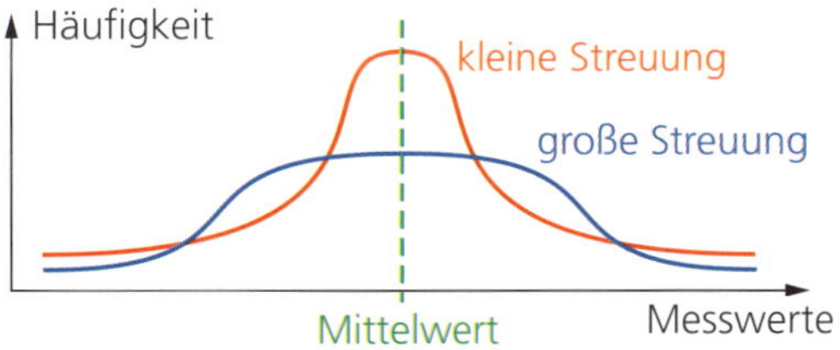

> Das einfachste Streuungsmaß ist die **Spannweite (Streubreite) w.**
> Sie ist die Differenz aus dem größten und dem kleinsten Wert.
>
> $$w = x_{max} - x_{min}$$

Die Spannweite gibt den größten Unterschied der Werte an.
Die Spannweite beträgt zum Beispiel für die Betriebe in der Stadt A 144,7 Mill. Euro und in der Stadt B 3,3 Mill.Euro.

> Ein Streuungsmaß, das alle Daten einbezieht, ist die **mittlere (durchschnittliche) Abweichung d.** Sie ist der Durchschnitt des Abstandes der Werte vom arithmetischen Mittel. Für 6 Werte gilt zum Beispiel:
>
> $$d = \frac{1}{6} \cdot (|x_1 - \bar{x}| + |x_2 - \bar{x}| + |x_3 - \bar{x}| + |x_4 - \bar{x}| + |x_5 - \bar{x}| + |x_6 - \bar{x}|)$$

Die Schüler einer 7. Klasse haben den Auftrag erhalten, in der Zeit von 7.00 Uhr bis 10.00 Uhr an einem beliebigen Wochentag halbstündig die Anzahl der Fahrzeuge in zwei Straßen ihres Wohngebietes zu ermitteln. Sie wählten die LAPLACE-Straße und die PASCAL-Straße aus. Nach Ermittlung der Daten wurde als arithmetisches Mittel jeweils 65 Fahrzeuge errechnet.

Uhrzeit	LAPLACE-Straße		PASCAL-Straße	
	Häufigkeit	Abstand vom arithmetischen Mittel	Häufigkeit	Abstand vom arithmetischen Mittel
7.00– 7.30	40	25	62	3
7.30– 8.00	65	0	62	3
8.00– 8.30	78	13	68	3
8.30– 9.00	92	27	71	6
9.00– 9.30	67	2	65	0
9.30–10.30	48	17	62	3
Summe:	390	84	390	18
	$\bar{x} = \frac{390}{6} = 65$	$d = \frac{84}{6} = 14$	$\bar{x} = \frac{390}{6} = 65$	$d = \frac{18}{6} = 3$

Bei gleichem Mittelwert ist die Streuung in der LAPLACE-Straße fast fünfmal so groß wie in der PASCAL-Straße.

Ein Streuungsmaß, das sich auf den Zentralwert bezeiht, ist die **Vierteldifferenz v_d.** Sie ist die Differenz aus dem Zentralwert der oberen Hälfte und dem Zentralwert der unteren Hälfte der Rangfolge der Daten.

$\mathbf{v_d = \tilde{x}_o - \tilde{x}_u}$

$\tilde{x}_o$ … Zentralwert der oberen Hälfte

$\tilde{x}_u$ … Zentralwert der unteren Hälfte

Die 12 Mitglieder einer Basketballmanschaft (5 Feldspieler und 7 Einwechselspieler) haben folgende Körpergrößen (in Zentimeter):

untere Hälfte: 175; 178; 180; | 182; 182; 185; | obere Hälfte: 187; 188; 190; | 194; 201; 203

$\tilde{x}_u$ = 181 cm $\tilde{x}$ = 186 cm $\tilde{x}_o$ = 192 cm

Die Hälfte der Spieler hat eine Größe von 1,81 m bis 192 m.

25 % der Spieler sind kleiner als 1,81 m und 25 % sind größer als 1,92 m.

Bei einer ungeraden Anzahl von Daten wird bei der Ermittlung der Vierteldifferenz der Zentralwert zu beiden Hälften gezählt.

Körpergrößen der Einwechselspieler: 175; 182; | 182; 187; 188; | 194; 194

Zentralwerte: $\tilde{x}_u$ = 182 cm; $\tilde{x}$ = 187 cm; $\tilde{x}_o$ = 189 cm

Vierteldifferenz: v_d = 189 cm – 182 cm = 7cm

Zur grafischen Darstellung der 5 Werte x_{min}, $\tilde{x}_u$, $\tilde{x}$, $\tilde{x}_o$ und x_{max} wird ein Kastenschaubild (Boxplot) verwendet. Das Rechteck veranschaulicht 50 % der Werte.

allgemein Körpergröße der 12 Spieler Körpergrößen der Einwechselspieler

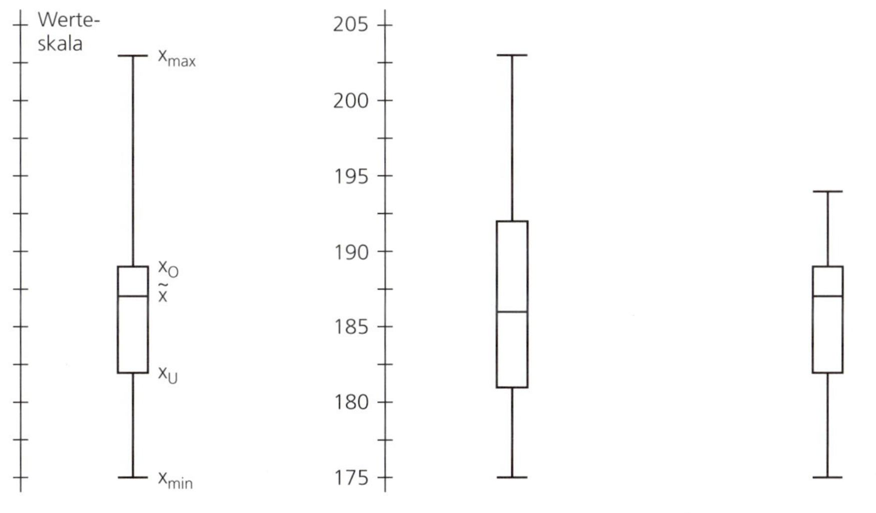

Aufgaben

In der Zeitschrift „Stiftung Warentest" werden Waren verschiedener Hersteller miteinander verglichen und dabei auch die Preise in verschiedenen Geschäften ermittelt. Als mittlerer Preis wird der Zentralwert der Preise angegeben. Begründe mithilfe der folgenden Preise, dass der Zentralwert aussagekräftiger als das arithmetische Mittel ist! 1199 Euro; 1249 Euro; 1299 Euro; 1239 Euro; 1199 Euro; 1449 Euro; 1239 Euro; 1449 Euro; 1249 Euro; 1449 Euro

1. Ein großes Kaufhaus wollte wissen, aus welchem Einzugsbereich seine Kunden stammen. Dazu wurden an einem Tag 446 Kunden nach der Lage ihrer Wohnungen befragt. Anschließend ermittelte man die Entfernungen der Wohnungen (Luftlinie) zum Kaufhaus mithilfe einer Karte. Das arithmetische Mittel dieser Entfernungen betrug 12,51 km und der Zentralwert 4,2 km. Die Entfernungen vom Kaufhaus bis zum Stadtrand betragen etwa 4 km.
a) Woran liegt es, dass sich beide Mittelwerte so stark unterscheiden?
b) Welcher Mittelwert ist besser geeignet, den Bereich zu beschreiben, aus dem die Kunden kommen?
c) Welche Schlussfolgerungen ergeben sich bezüglich der Werbung für das Kaufhaus?

2. Die 11 Folgen einer Fernsehreihe wurden von den Zuschauern mithilfe eines Punktsystems von −5 (sehr schlecht) bis +5 (sehr gut) so beurteilt:
+2; +3; 0; −1; +3; +4; −4; +2; +2; +3; +1
a) Berechne das arithmetische Mittel und den Modalwert!
b) Bewerte die Fernsehreihe! Verwende dabei einen geeigneten Mittelwert!

3. Drei Gruppen zu je 10 Schülern bestimmen die Höhe eines Schulgebäudes. Sie ermitteln den Winkel α in einer Entfernung von e = 10 m. Danach legen sie mit Holzstäben und einer Schnur auf dem Schulhof eine entsprechende Figur in wahrer Größe!

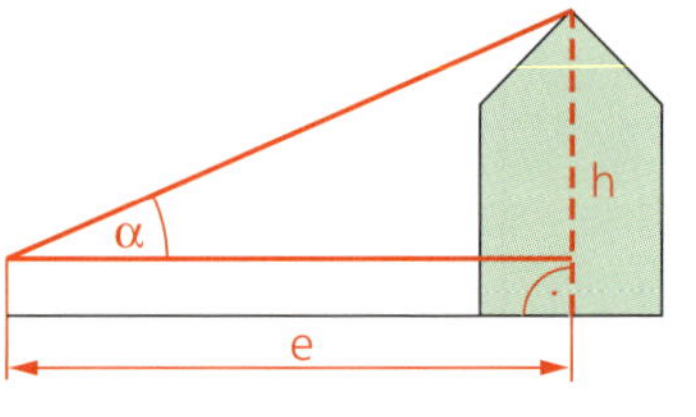

Gruppe 1	7,80	7,89	7,94	7,98	8,00	8,03	8,06	8,07	8,08	8,09
Gruppe 2	7,88	7,94	7,97	8,00	8,00	8,00	8,03	8,03	8,04	8,11
Gruppe 3	7,92	7,94	7,96	7,99	8,00	8,00	8,02	8,05	8,06	8,06

Die tatsächliche Höhe des Hauses beträgt 8,00 m. Berechne geeignete statistische Kenngrößen und entscheide, welche Gruppe am besten gearbeitet hat!

4. An jedem Spieltag der Fußballbundesliga finden 9 Spiele statt. In der Spielsaison 1997/98 wurden an den 34 Spieltagen der Hin- und Rückrunde jeweils folgende Anzahlen von Toren geschossen!

Hinrunde: 23; 23; 26; 34; 27; 28; 31; 23; 31; 29; 24; 29; 33; 21; 29; 30; 23
Rückrunde: 25; 22; 34; 24; 22; 28; 14; 30; 16; 25; 18; 21; 2; 33; 30; 24; 27

a) Stelle die Häufigkeitsverteilung der geschossenen Tore in der Hin- und Rückrunde in je einem Stamm-Blätter-Diagramm dar! Unterteile jeden Zehner in 5 Untergruppen!
b) Berechne den Modalwert, den Zentralwert und die Spannweite für die Hinrunde und beschreibe damit die Häufigkeitsverteilung der geschossenen Tore!
c) Berechne den Zentralwert und die Spannweite für die Rückrunde!
*d) Beschreibe damit die Häufigkeitsverteilung der geschossenen Tore! Vergleiche beide Verteilungen!

5. Das Bruttosozialprodukt gibt den Gesamtwert aller erzeugten Güter eines Landes unter Berücksichtigung von Vorleistungen und der Außenhandelsbilanz an. Im Jahre 1993 wurden in den Ländern des Kontinentes Australien und Ozeanien folgende Ergebnisse erreicht.

	Bruttosozialprodukt	
Land	insgesamt Mill. US-Dollar	je Einwohner US-Dollar
Australien	309 967	17 510
Fidschi	1 626	2 140
Kiribati	54	710
Neuseeland	44 674	12 900
Papua-Neuguinea	4 637	1 120
Salomonen	261	750
Samoa	159	980
Tonga	150	1 610
Vanuatu	198	1 230

a) Berechne die Einwohnerzahlen der Länder!
b) Das durchschnittliche Bruttosozialprodukt aller Länder je Einwohner betrug 13 440 US-Dollar. Wie kann dieser Wert aus den Angaben berechnet werden? Warum weicht dieser Wert stark vom Durchschnitt der Bruttosozialprodukte je Einwohner (4328 US-Dollar) ab?
c) Ermittle den Zentralwert der Bruttosozialprodukte je Einwohner! Vergleiche mit dem Durchschnitt! Welcher Wert sagt mehr über die wirtschaftlichen Verhältnisse auf dem Kontinent aus?
d) Informiere dich über eines der aufgeführten Länder näher und suche nach Ursachen für die Abweichung des Bruttosozialproduktes je Einwohner vom Zentralwert!

6. Die Tabelle enthält das Abfallaufkommen, das 1993 an Abfallbeseitigungsanlagen in den jeweiligen Bundesländern geliefert wurde. Der Abfall besteht zu etwa 25 % aus Haushaltsabfällen. Der Rest kommt aus der Industrie und der Landwirtschaft.

Land	Gesamtmenge		davon in Verbrennungsanlagen	
	absolut in 1 000 t	je Einwohner in kg	absolut in 1 000 t	Prozent
Baden-Württemberg	18 660	1 823	802	4,3
Bayern	10 652	898	18 330	17,2
Berlin	386	111	366	94,9
Brandenburg	9 412	3 709	16	0,2
Bremen	778	1 138	500	64,3
Hamburg	352	207	348	98,7
Hessen	8 770	1 470	816	9,3
Mecklenburg-Vorpommern	3 759	2 039	0	0
Niedersachsen	7 330	958	101	1,4
Nordrhein-Westfalen	19 990	1 126	3 601	18,0
Rheinland-Pfalz	4 375	1 114	154	3,5
Saarland	2 136	1 970	125	5,9
Sachsen	6 273	1 361	0	0
Sachsen-Anhalt	6 089	2 192	0	0
Schleswig-Holstein	3 876	1 438	495	12,8
Thüringen	7 400	2 922	0	0
Deutschland	110 522	1 359	9 156	8,3

a) Beschreibe die Verteilung der Abfallmengen pro Einwohner in den einzelnen Bundesländern! Verwende den Zentralwert und die Spannweite! Worin könnten Ursachen für die Unterschiede liegen?

b) Stelle die Verteilung der Abfallmengen pro Einwohner in einem Kastenschaubild dar!

c) Ermittle den Zentralwert, die Spannweite und die Vierteldifferenz des prozentualen Anteils des verbrannten Abfalls! Beschreibe damit das Auftreten von Verbrennungsanlagen in den Bundesländern!

d) Wie kann aus den Daten für die gesamte Abfallmenge je Einwohner der einzelnen Bundesländer die Durchschnittsangabe für Deutschland berechnet werden?

7. Bei der üblichen Vergabe von Zensuren sind die Intervalle der Prozentsätze, die Zensuren zugeordnet sind, nicht gleich groß.
So liegen im Bereich von 0 % bis 50 % der möglichen Punkte meist nur die Zensuren 5 und 6, während der Bereich von 50 % bis 100 % auf die Zensuren 1 bis 4 aufgeteilt wird. Deshalb ist es mathematisch nicht sinnvoll, von Zensuren einen Durchschnitt zu bilden. Die Zensuren geben lediglich eine Rangfolge an. Als Mittelwert kann deshalb aus mathematischer Sicht nur der Zentralwert angegeben werden.

Name	Nummer der Arbeit				
	1	2	3	4	5
Bach, Karl	3	2	5	2	2
Blum, Sabine	3	3	3	1	2
Kämpf, Torsten	5	5	2	2	1
Schmidt, Tina	2	3	2	3	2
Wolf, Marion	6	4	3	6	4
...					
...					

a) Berechne für folgende Zensuren aus 5 Klassenarbeiten das arithmetische Mittel und den Zentralwert! Für welche Schülerin bzw. welchen Schüler ist der Zentralwert günstiger?

b) Gib je ein weiteres Beispiel für 5 Zensuren an, bei denen der Zentralwert größer, gleich bzw. kleiner als das arithmetischen Mittel ist!

c) Versuche allgemein zu beschreiben, wann der Zentralwert bei 5 Zensuren über und wann unter dem Durchschnitt der Zensuren liegt!

d) Wie könnte bei einer geraden Anzahl von Zensuren auf der Grundlage des Zentralwertes eine Gesamtnote festgelegt werden?

6.2 Planen und Durchführen statistischer Erhebungen

Bei Wahlen werden schon kurz nach Schließung der Wahllokale und vor der vollständigen Auszählung aller Stimmen Voraussagen über die Wahlergebnisse getroffen.
Diese dabei getroffenen Voraussagen sind manchmal überraschend genau.
Warum ist dies wohl möglich? Wie kann man deiner Meinung nach die Genauigkeit solcher Voraussagen weiter verbessern?

In der Statistik werden die Ergebnisse der bezüglich eines Merkmals untersuchten zufälligen Vorgänge als **Ausprägungen des Merkmals** oder als **Daten** bezeichnet.

Die Gesamtheit aller Objekte, die bei einer statistischen Untersuchung betrachtet werden sollen, heißt **Grundgesamtheit** und die Objekte heißen Elemente der Grundgesamtheit. Die Objekte sind meist zufällige Vorgänge.

Oft ist es nicht möglich, alle Elemente der Grundgesamtheit zu untersuchen. Dann wird aus der Grundgesamtheit eine **Stichprobe** entnommen und nur diese wird untersucht.

Ein Hersteller von Mikrochips will die Lebensdauer seiner Platinen untersuchen. Er kann nicht alle testen, da er sonst keine zum Verkauf mehr hätte. Er entnimmt der laufenden Produktion regelmäßig 10 beliebige Platinen und unterzieht sie einem Dauertest.

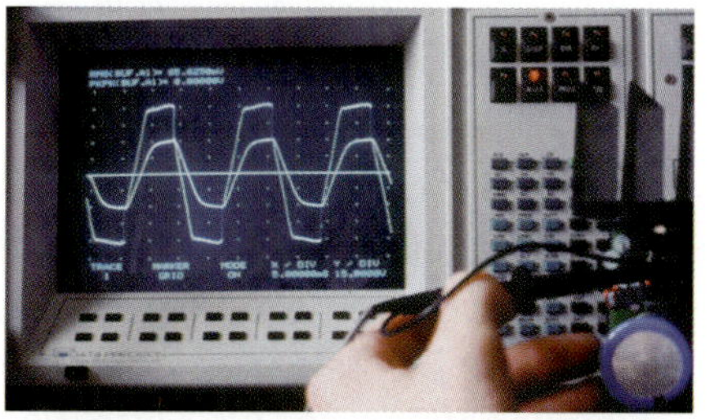

Um die Einschaltquoten von Fernsehsendungen zu bestimmen, ist es aus finanziellen und anderen Gründen nicht möglich, alle Zuschauer zu erfassen. In Deutschland wurden rund 5200 Haushalte mit ca. 12000 Personen nach einem bestimmten Verfahren ausgelost, bei denen mit ihrer Zustimmung automatisch erfasst wird, welche Sender wann eingeschaltet werden.

Um aus den Ergebnissen der Untersuchung der Stichprobe auf die Grundgesamtheit zu schließen, muss die Stichprobe **repräsentativ** für die Grundgesamtheit sein. Eine Stichprobe heißt repräsentativ bezüglich eines Merkmals, wenn die Häufigkeitsverteilung der Ausprägungen des Merkmals in der Stichprobe der Häufigkeitsverteilung der Ausprägungen des Merkmals in der Grundgesamtheit entspricht.

Eine repräsentative Stichprobe kann durch **Zufallsauswahl (zufällige Auswahl)** erhalten werden. Eine Auswahl von Elementen einer Grundgesamtheit heißt zufällig, wenn alle Elemente die gleiche Wahrscheinlichkeit haben, in die Stichprobe zu gelangen. Eine Zufallsauswahl kann in einem oder in mehreren Schritten erfolgen.

Um 20 Schüler der 7. Klassen in einer größeren Stadt zufällig auszuwählen, gibt es z. B. folgende Möglichkeiten:

- Es wird allen betreffenden Schülern eine Nummer zugeordnet. Aus diesen Nummern werden 20 ausgelost.
- In der Stadt sind 30 % der Schüler am Gymnasium. Deshalb werden unter den Gymnasiasten 6 Schüler und unter den Haupt- und Realschülern 14 ausgelost.
  Es kann vorher noch je eine Schule dieser Art ausgelost werden.

Bei der Planung und der Durchführung statistischer Untersuchungen beachte folgende Hinweise:

1. Formuliere genau, welche Fragen nach der statistischen Untersuchung beantwortet werden sollen!
2. Lege fest, welche Objekte und welche Merkmale an ihnen untersucht werden müssen! Bestimme die möglichen Ausprägungen der Merkmale!
3. Lege die Grundgesamtheit fest, auf die sich die Untersuchung beziehen soll! Überlege, ob alle Elemente der Grundgesamtheit untersucht werden können und wähle gegebenenfalls eine repräsentative Stichprobe aus!
4. Entwirf einen geeigneten Fragebogen bzw. geeignete Tabellen zum Erfassen der Daten!
5. Kläre organisatorische Fragen!

Untersuchung für eine getrennte Müllentsorgung in der Schule.

1. Wie viel Müll könnte in einer Woche in gelben Tonnen entsorgt werden?
2. *Untersuchungsobjekte:*
   Schüler- und Lehrerverhalten bei Entstehung und Entsorgung von Abfällen.
   Merkmale:
   Menge des Abfalls pro Woche für die gelbe Tonne. Bereitschaft und tatsächliche Anstrengungen zur Mülltrennung.
3. *Grundgesamtheit:*
   alle Schüler und Lehrer der Schule
   Stichprobe:
   zufällige Auswahl einer Klasse in jeder Klassenstufe, alle Lehrer

   (In den Klassen und im Lehrerzimmer werden 4 Wochen zwei Müllbehälter zur getrennten Entsorgung des Mülls für die gelbe Tonne und den Rest aufgestellt.)
4. *Tabellen:*
   Erfassen der täglichen Müllmengen; Schätzungen als Vielfache von 10 Liter
   Fragebogen:
   Schüler/Lehrer; Klassenstufe:
   Wie viel von deinem Abfall, der in eine gelbe Tonne könnte, hast du hineingetan?
   - nichts
   - ca. ein Viertel
   - ca. die Hälfte
   - ca. drei Viertel
   - alles
5. Besorgen der Behälter; tägliches Erfassen der Müllmenge; Anfertigen und Verteilen der Fragebögen; Ermittlung der Müllentsorgungskosten

Aufgaben

Warum ist es in den folgenden Beispielen nicht möglich, die Grundgesamtheit vollständig zu untersuchen? Auf welche Weise kann eine repräsentative Stichprobe entnommen werden?
- Ein Gärtner möchte wissen, ob die Äpfel im Garten schon reif sind.
- Ein Koch möchte wissen, ob noch Salz in die Suppe muss.
- Ein Gast möchte wissen, wie die Sahnetorte schmeckt.

1. Wie zufrieden sind Schüler mit ihrem Taschengeld?
   a) Plane in deiner Klasse eine Befragung zu diesem Thema!
   b) Wie ist die Aussagekraft dieser statistischen Erhebung einzuschätzen? Welche Faktoren müssten noch bekannt sein?

2. Wie viel Zeit wird von Schülern 7. Klassen für Arbeiten im Haushalt verwendet?
   a) Plane eine statistische Erhebung in deiner Klasse! Beachte dabei:
   - Über welchen Zeitraum soll die Untersuchung durchgeführt werden?
   - Mit welcher Genauigkeit soll gemessen werden?
   - Was gehört alles zur Erledigung der Hausarbeit?
   - Wovon ist es abhängig, wie viel Zeit für die Hausarbeit aufgewandt wird? Welche Daten müssten noch erfasst werden (z. B. Geschlecht, Anzahl der Geschwister)?
   - Wie sind die Daten zu erfassen?

   b) Werte die erhobenen Daten aus!
   c) Beantworte für eine Schülerzeitschrift folgende Fragen:
   - Wie viel Zeit wird im Mittel (pro Woche bzw. pro Tag) von einem Schüler für die Hausarbeit aufgewendet?
   - Wie groß sind die Unterschiede zwischen den Schülern?
   - In welchem Bereich liegen die Zeiten für die Mehrzahl der Schüler?
   - Welche Unterschiede gibt es zwischen Jungen und Mädchen?
   - Wovon könnten die festgestellten Unterschiede abhängen?

3. Was sollte man bei einer Stichprobenauswahl für folgende Untersuchungen beachten?
   a) Wie viele Mädchen sind in allen 7. Klassen Deutschlands kleiner als 1,40 m?
   b) Wie viele Glühlampen der Tagesproduktion eines Werkes sind defekt?
   c) Welcher Song ist zur Zeit unter Jugendlichen am beliebtesten?
   d) Welcher Buchstabe kommt in deutschen Texten am häufigsten vor?

4. Untersuche die Anzahl der Pulsschläge oder der Atemzüge pro Minute sowie die Dauer des Atem-Anhaltens bei dir und deinen Mitschülern ohne körperlicher Belastung und nach körperlicher Belastung (z.B. 20 Kniebeugen)! Trage die Ergebnisse in Stamm-Blätter-Diagramme ein! Vergleiche die Ergebnismengen unter den beiden Bedingungen miteinander! Ziehe Schlussfolgerungen!

5. Plane jeweils die folgende statistische Untersuchung und führe sie durch! Sammle die Ergebnisse aller Schüler deiner Klasse! Berechne geeignete statistische Kenngrößen!

a) Bestimme die Länge des kleinen Fingers jedes Schülers deiner Klasse!
b) Bestimme die Größe jedes Schülers deiner Klasse!
c) Bestimme das Gewicht jedes Schülers deiner Klasse!
d) Wer ist der beliebteste Lehrer bzw. die beliebteste Lehrerin in deiner Klasse?
e) Bestimme die Anzahl der Erbsen in 50 Schoten!
f) Schreibe eine Woche lang auf, wie lang dein Nachtschlaf war!

6. Plane eine statistische Untersuchung zum Frühstück der Schüler deiner Klasse! Führe die Untersuchung durch und werte die Ergebnisse aus! Wähle eine geeignete Stichprobe aus! Überlege Möglichkeiten zur Berechnung statistischer Kenngrößen! Welche Faktoren beeinflussen die Ergebnisse? Es sind z.B. folgende Fragen möglich:

a) Wie lange dauert das Frühstück?
b) Wie oft wird beim Decken des Tisches geholfen?
c) Welche Produkte werden am liebsten bzw. am häufigsten gegessen? (Brötchen, Weißbrot, Toast, Mischbrot, Schwarzbrot, Müsli, Cornflakes, ...)
d) Wie viel Milch wird zum Frühstück getrunken?

7. Untersuche, welches die häufigste Autofarbe ist!

a) Führe dazu eine Untersuchung zur häufigsten Autofarbe auf einem großen Parkplatz in deinem Heimatort durch! Plane dazu eine geeignete Stichprobe!
b) Vergleiche die Ergebnisse deiner Untersuchung mit der Häufigkeit der Farben bei Neuzulassungen von Autos!

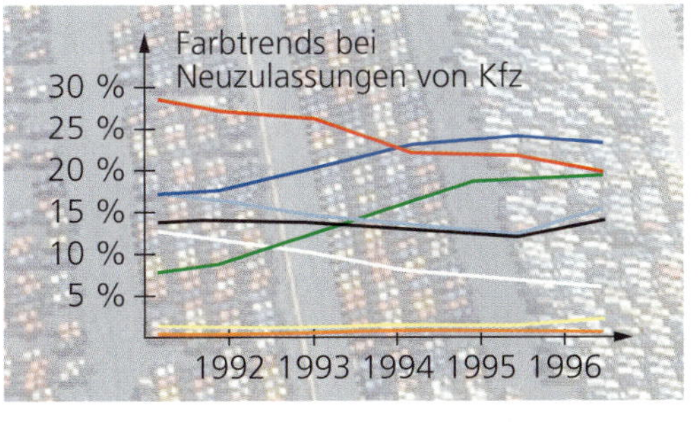

Statistische Untersuchungen

<table>
<tr><td>Zufälliger Vorgang:</td><td>Entwicklung der Mithilfe von Kindern im Haushalt</td></tr>
<tr><td>Bedingungen:</td><td>Erziehungsauffassungen der Eltern, Anzahl der Geschwister, Größe der Wohnung, u.a.</td></tr>
<tr><td>Grundgesamtheit:</td><td>Kinder in Mecklenburg-Vorpommern</td></tr>
<tr><td>Messzeitpunkt:</td><td>Alter von 13 Jahren</td></tr>
<tr><td>Stichprobe:</td><td>Schülerinnen und Schüler einer 7. Klasse</td></tr>
<tr><td>Untersuchte Merkmale:</td><td>Aufgewendete Zeit für Arbeiten im Haushalt innerhalb einer Schulwoche; Geschlecht</td></tr>
<tr><td>Planen der Datenerfassung:</td><td>Notieren der Zeit, die für Arbeiten im Haushalt aufgewendet wird. (eine Woche lang jeden Tag)</td></tr>
<tr><td>Urliste der Daten:</td><td>Mädchen: 245, 155, 205, 70, 250, 70, 290, 110
Jungen: 30, 80, 65, 115, 95, 40, 205, 90, 65, 135, 45, 195, 175</td></tr>
<tr><td>Darstellen der Daten in einer Tabelle:</td><td>
<table>
<tr><td>Mädchen</td><td></td><td>Jungen</td></tr>
<tr><td></td><td>0</td><td>30, 40, 45</td></tr>
<tr><td>70, 70</td><td>0</td><td>65, 65, 80, 90, 95</td></tr>
<tr><td>10</td><td>1</td><td>15, 35</td></tr>
<tr><td>55</td><td>1</td><td>75, 95</td></tr>
<tr><td>50, 45, 05</td><td>2</td><td>05</td></tr>
<tr><td>90</td><td>2</td><td></td></tr>
</table>
</td></tr>
<tr><td>Ermittlung von Kenngrößen:
(Angaben in Minuten)</td><td>Mädchen
$\tilde{x} = 180$; $w = 220$
$\tilde{x}_0 = 225$; $\tilde{x}_u = 90$
$v_d = 135$

Jungen
$\tilde{x} = 90$; $w = 175$
$\tilde{x}_0 = 135$; $\tilde{x}_u = 65$
$v_d = 70$</td></tr>
<tr><td>Grafische Darstellung:</td><td>Mädchen:
Jungen:
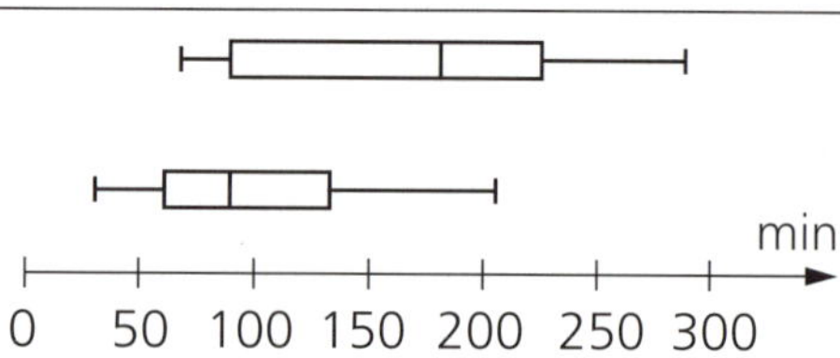
</td></tr>
<tr><td>Verbale Auswertung:</td><td>Mädchen helfen pro Woche im Haushalt im Mittel 180 min. Jungen wenden im Mittel mit 90 min nur die Hälfte der Zeit dafür auf. Die Unterschiede zwischen Mädchen betragen bis zu 220 min, die zwischen Jungen bis zu 175 min. Die Hälfte der Mädchen hilft zwischen 90 und 225 min, die Hälfte der Jungen zwischen 65 und 135 min.</td></tr>
</table>

7 Hinweise zum Lösen von Aufgaben

Rechenhilfmittel leisten der Menschheit seit vielen Jahren bei zeitaufwendigen Rechnungen und beim Verarbeiten großer Zahlen gute Dienste. Der auftretende Zeitaufwand beim Rechnen wird wesentlich kürzer. Denken muss aber jeder Nutzer nach wie vor noch selbst. Der Speicher eines Taschenrechners als „Gedächtnisstütze" seines Nutzers und viele verschiedene Rechnerfunktionen können bei Anwendungsaufgaben besonders hilfreich sein.

7 Hinweise zum Lösen von Aufgaben

7.1 Arbeiten mit dem Taschenrechner

Elektronische Taschenrechner (TR) können helfen, zeitaufwendige Rechnungen zu verkürzen. Es werden Rechenschritte vom Rechner ausgeführt, das Denken wird dem Bearbeiter jedoch nicht abgenommen.
Je nach Rechnertyp und Hersteller gibt es Übereinstimmungen, aber auch Besonderheiten und Unterschiede.
Deshalb sollen nicht alle Funktionen und Taschenrechnertypen erläutert, wohl aber allgemeine Verfahrensweisen dargestellt werden.

Eingabe von Zahlen und Operationszeichen

Wenn du nicht sicher bist, was du zuletzt eingegeben hast, lösche alte Eingaben und Ergebnisse mit der Taste [C] bzw. [CE/C] oder [AC].

Aktion	Tastenfolge
Ermittlung der größtmöglichen Stellenanzahl	[1] [2] [3] [4] [5] [6] [7] [8] [9] [0] [1] ... usw.
Eingabe eines Kommas	[.] Ist bei Taschenrechnern ein „Dezimalpunkt"
Vorzeichenwechsel	[+/–] oder [(–)]
Dividieren Multiplizieren Ergebnis angeben	[÷] oder [/] [x] [=] oder [EXE] oder [ENTER]

Zahl/Term	Eingabe in den TR
17,3	[1] [7] [.] [3]
–2,4	[(–)] [2] [.] [4] [=] oder [2] [.] [4] [+/–]
2 · 4	[2] [x] [4]
–1,5 : 7	[(–)] [1] [.] [5] [÷] [7] oder [1] [.] [5] [+/–] [÷] [7]

Bei Zahlen mit einer 0 vor dem Komma kann diese 0 weggelassen werden.
Tippe für 0,4 · 0,5 einfach [.] [4] [x] [.] [5] [=]!

Vorrangautomatik/Rechnen mit Klammern

Prüfe mit folgenden Aufgaben, ob dein Taschenrechner eine Vorrangautomatik hat!

[3] [+] [2] [x] [5] sowie [5] [x] [2] [+] [3]

Sind beide Ergebnisse gleich, so arbeitet dein TR mit **Vorrangautomatik.** Er berücksichtigt also die Regel „Punktrechnung geht vor Strichrechnung".
Mithilfe der **Klammertasten** [(] und [)] können auch umfangreichere Terme übersichtlich eingegeben und berechnet werden.

$5 \cdot (8 + 6)$ [5] [x] [(] [8] [+] [6] [)] [=]

Konstantenautomatik

Besitzt dein Rechner eine Konstantenautomatik für die Addition, brauchst du bei mehreren Aufgaben mit gleichen Summanden nur noch die Taste [=] drücken. Das kann aber leicht zu Fehlern führen, wenn die Taste [=] versehentlich mehrmals gedrückt wird.

Aufgabe	mit Konstantenautomatik	ohne Konstantenautomatik	Anzeige
5 + 2,1	[5] [+] [2] [.] [1] [=]	[5] [+] [2] [.] [1] [=]	7.1
7,1 + 2,1	[7] [.] [1] [=]	[7] [.] [1] [+] [2] [.] [1] [=]	9.2
1,9 + 2,1	[1] [.] [9] [=]	[1] [.] [9] [+] [2] [.] [1] [=]	4

Rechnen mit dem Speicher

Aktivität	Beispiele
Eingabe in den Speicher	[STO]; [M+]; [M in]; [MS]; [x→M]; [STO] [A]
Rechnen mithilfe des Speichers	[M+]; [M–]
Inhalt des Speichers anzeigen	[RCL]; [MR]; [RCL] [A]
Speicher löschen (0 in den Speicher geben)	[MC]; [0] [M in]

Die Beschriftung vieler Tasten des TR leitet sich von englischen Begriffen ab.

AC … all clear	M … memory	MS … memory store
C … clear	MC … memory clear	RCL … recall
CE … clear entry	MR … memory recall	STO … store

Aufgabe	Tastenfolge	Anzeige
$(5 + 7) \cdot (9 - 4)$	[CE/C] [5] [+] [7] [=] [M in] [9] [–] [4] [=] [x] [MR] [=]	12. 60.
Zur Zahl 18 im Speicher soll das Produkt $17{,}5 \cdot 6{,}8$ addiert werden.	[CE/C] [1] [8] [=] [M in] [1] [7] [.] [5] [x] [6] [.] [8] [=] [M+] [MR]	18. 119. 137.

Weitere Tasten

Manche TR verfügen über eine Taste [a b/c] zum Rechnen mit Brüchen.

$\frac{3}{4}$ wird eingegeben: [3] [a b/c] [4]
Anzeige: 3 ⌋ 4

$2\frac{5}{6}$ wird eingegeben: [2] [a b/c] [5] [a b/c] [6]
Anzeige: 2 ⌋ 5 ⌋ 6

Aufgabe	Tastenfolge	Anzeige	Ergebnis
$\frac{1}{6} + \frac{3}{8}$	[1] [a b/c] [6] [+] [3] [a b/c] [8] [=] [a b/c]	13 ⌋ 24. 0.541666666	$\frac{13}{24}$ 0,541666666
$\frac{2}{3} \cdot \frac{1}{7}$	[2] [a b/c] [3] [x] [1] [a b/c] [7] [=] [a b/c]	2 ⌋ 21. 0.095238095	$\frac{2}{21}$ 0,095238095

Die Prozenttaste [%] führt eine Division durch 100 aus.

Aufgabe	Tastenfolge	Anzeige	Ergebnis
8 % von 220 €	[8] [x] [2] [2] [0] [%] [=]	17.6	17,6
Wie viel Prozent sind 61,2 m von 180 m?	[6] [1] [.] [2] [÷] [1] [8] [0] [%] [=]	34.	34

Zum Quadrieren benutzt man beim TR die Taste [x^2], zum Wurzelziehen die Taste [√].

Aufgabe	Tastenfolge	Anzeige	Ergebnis
8^2	[8] [x^2] oder [8] [x^2] [=]	64.	64
$\sqrt{9}$	[√] [9] oder [√] [9] [=]	3.	3

Für große Zahlen verfügen TR vielfach über eine Taste zur Exponentenschreibweise. Diese kann [EXP], [10^x], [EEX] oder [EE] beschriftet sein.

Aufgabe	Tastenfolge	Anzeige
$12 \cdot 10^7$	[1] [2] [EXP] [7]	12 E 7 oder 12 07 oder 12^7
$3{,}4 \cdot 10^{16}$	[3] [.] [4] [EXP] [1] [6]	3.4 E 16 oder 3.4 16 oder 3.4^{16}

Aufgaben

Auf einigen Taschenrechnern können nicht nur Zahlen abgelesen werden. Drehst du den Rechner um, kannst du bei bestimmten Zahlen ein Wort erkennen.

Die Anzeige eines Taschenrechners zeigt das Wort „IGEL“. Welche Ziffernanzeige steckt dahinter? Denke dir drei Aufgaben mit dem Ergebnis IGEL aus!

1. Was zeigt dein Taschenrechner nach folgenden Tastenfolgen an? Welche Rechnung hat er ausgeführt? Lösche jedesmal vor jeder neuen Aufgabe den Speicher!

a) [3] [+] [−] [1] [=] b) [5] [x] [÷] [x] [7] [=] c) [3] [+] [+] [1] [=] [=]
d) [+] [3] [−] [1] [=] e) [−] [5] [+] [8] [=] f) [x] [1] [5] [÷] [3] [=]

2. Ist die Tastenfolge zur Berechnung des Terms geeignet? Korrigiere, wenn nötig!

a)

Term	Tastenfolge
$2 + 7 \cdot 4$	[2] [+] [7] [=] [x] [4]
$3 + 7 : 5$	[3] [+] [7] [÷] [5] [=]
$(4 - 2) \cdot 9 =$	[4] [−] [2] [=] [x] [9] [=]

b)

Term	Tastenfolge
$\frac{a}{b \cdot c}$	[a] [÷] [b] [x] [c]
$\frac{a \cdot b}{c}$	[a] [÷] [c] [x] [b]
$\frac{a}{c + d}$	[a] [÷] [c] [+] [d]

3. Welchen Term berechnet dein Taschenrechner bei folgender Tastenfolge?

a) [7] [−] [3] [x] [5] [=] b) [3] [+] [4] [=] [x] [6] [=]
c) [6] [−] [3] [=] [÷] [4] [=] d) [4] [x] [9] [−] [1] [2] [=] [÷] [3]
e) [a] [x] [b] [÷] [c] [=] f) [a] [÷] [b] [x] [c] [÷] [d]
g) [a] [−] [b] [=] [x] [c] [=] h) [a] [+] [b] [=] [1/x] [÷] [c]

4. Berechne sorgfältig! Die Ergebnisse sind besonders einfach aufgebaute Zahlen!
a) $17{,}4 + 84{,}8 - 31{,}5 - 33{,}4 + 61{,}7 - 25{,}4 - 68{,}6 + 6{,}1$
b) $6{,}9 \cdot 4{,}5 + 28{,}6 - 30{,}8 + 9{,}3 \cdot 8{,}5 - 44{,}4 - 41{,}3$
c) $142{,}5 : 7{,}5 + 91{,}5 - 56 \cdot 1{,}3 - 18{,}4 - 7 \cdot 6{,}1 + 56{,}7$
d) $84{,}9 + (8{,}15 - 3{,}24) \cdot 9 - 11{,}3 \cdot 4{,}3 + 66{,}3 - 91{,}36$

5. Rechne mit deinem Banknachbarn um die Wette! Einer rechnet im Kopf und einer mit dem Taschenrechner. Schreibt nur die Ergebnisse auf! Wer ist schneller?
a) $88 + 12$; $97 - 17$; $5 \cdot 11$; $7 \cdot 13$; $12 \cdot 12$; $1300 : 13$; $199 + 99$; $15 \cdot 15$
b) $9 \cdot 9 + 3 \cdot 3$; $12^2 - 44$; $\sqrt{25} + 25$; $170 - 87$; $7 \cdot 23$; $630 : 70$; 13^2; $12 \cdot 15$
c) $\frac{32}{4 \cdot 2}$; $\frac{1}{10} \cdot 70$; $\frac{2}{5} \cdot \frac{5}{2}$; $\frac{1}{3} : \frac{1}{3}$; $\frac{1}{7} \cdot 49 + 13$; $\frac{1}{2} + \frac{1}{4}$; $\frac{1}{3} + \frac{1}{6}$; $3\frac{5}{8} + \frac{3}{8}$

6. Berechne in Partnerarbeit mit deinem Nachbarn! Diktiere ihm die Summanden von oben nach unten und lass dir anschließend von ihm die Summanden von unten nach oben diktieren! Rechnet noch einmal, wenn eure Ergebnisse nicht übereinstimmen!

a)	b)	c)	*d)
951286	2345,23	893911,6200	1339963
159241	534897,87	1319,6300	4363323
260173	587,48	9558,1670	6896575
98784	4589,85	978,3028	4170791
618595	56891,94	398290,0000	6220243
884571	631498,73	3368,0570	396,54213
661043	65,80	48,4160	296,41635
380834	89425,75	4908,3000	849,34951
952178	210058,00	1455860,0000	831,43441
+ 337795	+ 5694,62	+ 9675,6400	+ 343,15652

7. Prüfe, ob dein Taschenrechner über eine Konstantenautomatik verfügt!
Löse folgende Aufgaben möglichst rationell!

a) 1 kg Kirschen kosten 1,99 Euro. Wie viel kosten dann 735 g; 1,254 kg; 5,071 kg?

b) Berechne $\frac{16}{100}$ von 47,90 Euro; von 105 Euro; von 3280 Euro; von 2,97 Euro!

c) Gib die Durchschnittsgeschwindigkeiten eines Autos an, das in 1,5 h genau 50 km; 60 km; 95 km; 105 km; 213 km zurücklegt?

8. Beim Einkauf will Frau Hebestreit viele der Sonderangebote nutzen. Sie kauft 300 g Gouda, 400 g Leberkäse, 1,5 kg Weintrauben, 6 Flaschen Bier, 3 Pizzen und 4 Beutel Suppe. Wie viel muss Frau Hebestreit bezahlen?

9. Für ein Klassenfest kaufen Tina und Jan Papierbahnen. Eine Bahn ist 2,45 m lang und 51 cm breit. Wie lang ist die Girlande, die Tina und Jan basteln können, wenn sie 8,5 cm breite Streifen schneiden und diese aneinander kleben? Berücksichtige, dass etwa 25 cm vom Papier für die Klebestellen verbraucht werden.

10. Berechne mit dem Taschenrechner!

a) Ein Stiftnagel wiegt etwa 90 mg. Wie viel Nägel sind in einer Packung, die 250 g wiegt?

b) Tilo ist 13 Jahre alt geworden. Wie viel Sekunden hat er bisher gelebt? Runde das Ergebnis auf ganze Tausender!

c) Könnte ein Mensch 2 Milliarden Sekunden leben? Begründe!

11. Gib je zwei mögliche Tastenfolgen zur Berechnung folgender Terme an!

a) $\frac{13 \cdot 19}{26 \cdot 56}$ b) $\frac{6{,}2 + 3{,}9}{7{,}8 \cdot (1{,}8 + 1{,}9)}$ c) $\frac{14{,}2 + 18{,}3 \cdot 7{,}4}{0{,}18 \cdot 4{,}6}$ d) $\frac{12{,}3 \cdot (8{,}9 + 12{,}3)}{8{,}9 \cdot 12{,}3}$

12. Gib eine möglichst kurze Tastenfolge zur Berechnung der folgenden Terme an!

a) $\frac{a \cdot b}{c \cdot d}$ b) $\frac{a \cdot b}{a + b}$ c) $\frac{a \cdot b}{\sqrt{c + d}}$ d) $\frac{a \cdot (a + b)}{a \cdot b}$

13. Erkunde, mit wie vielen Stellen dein Taschenrechner arbeitet!
Ermittle die „versteckten Ziffern" bei folgenden Aufgaben! Subtrahiere dazu nach der Rechnung im Ergebnis die Zahl vor dem Komma und multipliziere mit 10!

a) 57 : 31 b) 21 : 19 c) 1 : 103 d) $\sqrt{2}$

14. Was erscheint auf der Anzeige deines Rechners, wenn du folgende Tasten nacheinander tippst? Überlege zuerst *ohne* Rechner und kontrolliere dann *mit* deinem Rechner! Die Vorzeichentaste wird mit [+/_] bezeichnet.

a) [1] [2] [3] [+/_] b) [1] [2] [+/_] [3]
c) [1] [+/_] [2] [3] d) [+/_] [1] [2] [3]

15. Berechne!

a) (9,1 + 12,4) : 1,2 + 3 b) 21,2 – (10,3 – 7,6)
c) (–7) · (8,5 – 3,5) · (–4,8 + 2,7) d) (3,2 – 7,8) · (12,4 + 1,9) · (–6,4)

16. Was erscheint auf der Anzeige deines Rechners, wenn du folgende Tasten nacheinander tippst?
Überlege zuerst *ohne* Rechner und kontrolliere dann *mit* deinem Rechner!
(Die Exponententaste wird mit [EXP] bezeichnet.)

a) [.] [1] [2] [3] [EXP] [3] [=] b) [1] [2] [3] [EXP] [9] [=]
c) [1] [2] [3] [EXP] [3] [+/_] [=] d) [1] [2] [3] [EXP] [1] [2] [3] [=]
e) [1] [2] [3] [EXP] [9] [+/_] [=] f) [1] [2] [3] [EXP] [9] [8] [=]

17. Berechne mithilfe des Speichers im Taschenrechner!

a) (13,2 + 9,4) · (7,1 – 3,9) b) (12,9 – 8,4) · (5,25 + 3,75)
c) Zur Zahl 27 im Speicher sollen die Differenz 16,2 – 9,8 und das Produkt 7,35 · 4,48 addiert werden.

18. Berechne mit der Bruchrechentaste [a b/c]!

a) $\frac{3}{8} + \frac{7}{9} - \frac{1}{3}$ b) $(\frac{1}{4} + \frac{1}{9}) - (\frac{1}{5} - \frac{1}{12})$ c) $\frac{1}{3} \cdot \frac{1}{7} - \frac{2}{5} \cdot \frac{3}{8}$
d) $(\frac{6}{13} + \frac{2}{11}) \cdot \frac{27}{34}$ e) $\frac{3}{4}$ von $8\,541\frac{1}{3}$ f) $\frac{2}{98}$ von 3 528

19. Überprüfe und vergleiche!

a) [8] [0] [0] [%] (diese Eingabe führt nicht auf allen TR zu einer Lösung)
[8] [0] [0] [x] [1] [%]

b) [2] [0] [0] [x] [2] [5] [%] [=]
[2] [0] [0] [x] [2] [5] [=]

20. Überschlage zunächst im Kopf! Rechne dann mit dem Taschenrechner!

a) $17{,}325 : 3{,}15$ b) $1 \cdot 2 \cdot 3 \cdot 4 \cdot 5 \cdot 6$ c) $7{,}512 - (-3{,}568)$
d) $-14{,}542 - (-6{,}579)$ e) $0{,}75 \cdot 0{,}231$ f) $0{,}82 \cdot (-0{,}436)$
g) $-12{,}1 \cdot 0{,}54$ h) $0{,}31 - (-1{,}19)$ i) $15{,}7 : (1{,}5 - 2{,}8)$
j) $30{,}0995 : 9{,}25$ k) $327{,}188 : 62{,}8$ l) $17{,}52 \cdot 23{,}78$

21. Berechne!

a) $12{,}41^2$ b) $\sqrt{6{,}5025}$ c) $9{,}9^2$ d) $\sqrt{165{,}8944}$ e) $\sqrt{-27}$
f) $5{,}6^2 + \sqrt{8}$ g) $\sqrt{5} - \sqrt{4}$ h) $2{,}8^2 + 5{,}1^2$ i) $\sqrt{8^2 - 8^2}$ j) $\sqrt{5^2 + 5^2}$

22. Schreibe folgende Zahlen ohne Exponentenschreibweise!

a) $6{,}3 \cdot 10^{11}$ b) $1{,}007 \cdot 10^{7}$ c) $0{,}345 \cdot 10^{10}$
d) $2{,}8 \cdot 10^{-3}$ e) $0{,}45 \cdot 10^{-9}$ f) $1{,}2345 \cdot 10^{-10}$

23. Schreibe folgende Zahlen in der Exponentenschreibweise mit einer Ziffer vor dem Komma!

a) 2356000000 b) 0,00001 c) 0,0000000123

24. Löse folgende Aufgaben mit der Exponententaste!

a) Licht legt pro Sekunde eine Strecke von etwa 300 000 km zurück. Wie lange braucht das Licht bis zum Stern Sirius, der $8{,}5 \cdot 10^{13}$ km von der Erde entfernt ist?
b) Der uns am nächsten gelegene sichtbare Stern in unserer Galaxis ist der Alpha Centauri. Wie viel Kilometer ist er entfernt, wenn sein Licht 4,35 Jahre braucht, um die Erde zu erreichen? Das Wievielfache der Entfernung der Erde zur Sonne (150 Mill. km) beträgt dieser Abstand?

25. Nutze den Speicher zur rationellen Berechnung folgender Terme!

a) $(13{,}5 \cdot 7{,}2 - 13{,}5) \cdot 6{,}3 \cdot 13{,}5$
b) $(60{,}73 - 59{,}21) \cdot (59{,}21 + 4{,}83) \cdot 4{,}83^2 + 59{,}21^2$
c) $(20{,}7 + 3{,}483) \cdot 3{,}483 - (12{,}72 - 1{,}4 \cdot 3{,}483) \cdot (1{,}2 \cdot 3{,}483 - 2{,}3)$

26. Der Zahlenbereich, den dein Taschenrechner verarbeiten kann, ist beschränkt.

a) Gib die größte und die kleinste Zahl an, die du in deinen Taschenrechner eingeben kannst!
b) Gib zwei aufeinanderfolgende Zahlen des Zahlenbereiches deines Taschenrechners an!
c) Wie viele Zahlen liegen im Zahlenbereich deines Taschenrechners zwischen 1,0000001 und 1,0000002?

27. Durch den beschränkten Zahlenbereich deines Taschenrechners kann er einige Aufgaben nicht korrekt lösen. Berechne die folgenden Terme schriftlich und mit einem Taschenrechner! Vergleiche beide Lösungen miteinander!

a) $123456 + 0{,}123456$ b) $1 + 10^{11} - 10^{11}$ c) $10^{50} \cdot 10^{50}$
d) $333\,333\,332 : 3$ e) $333\,333\,333 : 3$ f) $333\,333\,334 : 3$
g) $\left(\frac{1\,000}{31} - 32\right) \cdot 31$ h) $\left(\frac{1}{3}\right)^2 - \frac{1}{9}$ i) $((((\sqrt{\sqrt{\sqrt{\sqrt{8}}}})^2)^2)^2)^2$

28. Löse die folgenden Aufgaben! Drehe nach dem Lösen den Rechner um und gib das Wort an, das zu lesen ist!

16 580 – 12 587

–2 829 + 6 542

40 078 – 36 548

34 · 15 + 3

1 500 · 254 + 13 · 19 + 131

332 795 – 325 402

56 · 145 + 17

38 662 : 2 974

30 085 + 3 654

423 775 : 1 265

136 · 26 + 17

658 721 + 79 598

29. Formuliere unter Verwendung der Begriffe aus Aufgabe 28 eine Geschichte!

30. Wandle mithilfe des Taschenrechners die Brüche in Dezimalbrüche um! Füge dann die entsprechenden Buchstaben zu einem Ausspruch von S. LEM zusammen!

$\frac{7}{625}$	*n*	$\frac{6}{250}$	*he*	$\frac{19}{20}$	*er*	$\frac{11}{16}$	*o*	$\frac{33}{50}$	*Oh*
$\frac{9}{125}$	*w*	$\frac{3}{8}$	*re*	$\frac{47}{125}$	*Ri*	$\frac{43}{80}$	*r*	$\frac{7}{20}$	*n*
$\frac{1}{6}$	*wa*	$\frac{5}{8}$	*e*	$\frac{7}{12}$	*s!*	$\frac{3}{16}$	*et*	$\frac{4}{32}$	*n*
$\frac{127}{250}$	*k*	$\frac{233}{500}$	*ic*	$\frac{89}{125}$	*si*	$\frac{219}{375}$	*ie*	$\frac{19}{625}$	*i*

0,66	0,125	0,625	0,376	0,712
0,508	0,6875	0,95	0,375	0,466
0,024	0,0112	0,072	0,0304	0,5375
0,35	0,584	0,1875	$0,1\overline{6}$	$0,58\overline{3}$

31. Denke dir eine Aufgabe aus, deren Ergebnis in der Anzeige deines Rechners auf dem Kopf gelesen folgende Worte ergibt!

a) LOLLI b) SOS c) LESSIE d) LIEBE
e) ESSIG f) BILLIG g) BIOLOGIE h) SEI LEISE

7.2 Vorteilhaftes Rechnen

Mithilfe von Rechengesetzen und durch Ausnutzen von Zerlegungen können Rechenaufgaben übersichtlicher geschrieben werden. Durch Rechnen der Teilaufgaben im Kopf sind weitere Vereinfachungen möglich. Schreibe nur wichtige Zwischenergebnisse auf! Wähle vorteilhafte Reihenfolgen!
Durch Vertauschen der Summanden bzw. der Faktoren sind jeweils Zehnerergänzungen oder andere Vereinfachungen möglich.

Aufgabe	Vereinfachung	Zwischenergebnis	Ergebnis
$53 + 18 + 27$	$53 + 27 + 18$	$80 + 18$	98
$2{,}5 \cdot 7{,}9 \cdot 4$	$2{,}5 \cdot 4 \cdot 7{,}9$	$10 \cdot 7{,}9$	79
$\frac{1}{2} \cdot 7{,}5 \cdot 8$	$\frac{1}{2} \cdot 2 \cdot 7{,}5 \cdot 2 \cdot 2$	$1 \cdot 15 \cdot 2$	30
$148 - 17 + 22 - 53$	$148 + 22 - 17 - 53$	$170 - 70$	100

Schreibe jeweils eine Zahl als Summe bzw. als Differenz!
Zwischenrechnungen sind im Kopf lösbar.

Aufgabe	andere Schreibweise	Zwischenergebnis	Ergebnis
$498 + 246$	$(500 - 2) + 246$	$500 + 246 - 2$	$746 - 2 = 744$
$4{,}35 - 1{,}98$	$4{,}35 - 2 + 0{,}02$	$2{,}35 + 0{,}02$	2,37
$20\frac{1}{2} \cdot 6$	$20 \cdot 6 + \frac{1}{2} \cdot 6$	$120 + 3$	123
$2{,}9 \cdot 4$	$(3 - 0{,}1) \cdot 4$ (1., 2.)	$12 - 0{,}4$	11,6
$138 : 6$	$(120 + 18) : 6$ (1., 2.)	$20 + 3$	23
$11{,}6 : 4$	$(12 - 0{,}4) : 4$ (1., 2.)	$3 - 0{,}1$	2,9

Die Zahlen 5 oder 25 können in Rechenaufgaben zur Vereinfachung ersetzt werden.

$5 = 10 : 2$	$0{,}5 = \frac{1}{2}$	$25 = 100 : 4$	$0{,}25 = \frac{1}{4}$

Aufgabe	andere Schreibweise	vorteilhafte Rechnung	Ergebnis
$146 \cdot 5$	$146 \cdot (10:2)$	$1\,460 : 2$	730
$48{,}2 \cdot 0{,}5$	$48{,}2 \cdot \frac{1}{2}$	$48{,}2 \cdot (1:2) = (48{,}2 \cdot 1) : 2$	24,1
$32{,}5 : 0{,}5$	$32{,}5 : \frac{1}{2}$	$32{,}5 \cdot \frac{2}{1} = 32{,}5 \cdot 2$	65
$128 \cdot 25$	$128 \cdot (100:4)$	$12\,800 : 4$	3 200
$13{,}2 : 25$	$13{,}2 : (100:4)$	$(13{,}2 \cdot 4) : 100$	$52{,}8 : 100 = 0{,}528$
$51 : 0{,}25$	$51 : \frac{1}{4}$	$51 \cdot \frac{4}{1} = 51 \cdot 4$	204

Aufgaben

Leitern bestehen aus zwei gleich langen Holmen und mehreren gleich langen Sprossen.

Die abgebildete Leiter besteht aus Holzleisten. Insgesamt sind es vier kurze und zwei lange Leisten. Zur Ermittlung des Materialbedarfs gibt es verschiedene Möglichkeiten. Gib mindestens zwei davon an!

1. Berechne vorteilhaft! Fasse zuerst Summanden bzw. Faktoren zusammen, die Vielfache von 10 oder 100 ergeben!

a) $25 + 17 + 75$ b) $43 + 19 + 27 + 81$ c) $145 + 89 + 31 - 45$
d) $25 \cdot 5 \cdot 2$ e) $5 \cdot 13 \cdot 3 \cdot 2$ f) $355 + 72 + 45 - 22$
g) $4 \cdot 12 \cdot 25 \cdot 5$ h) $123 - 331 + 692 - 23$ i) $5 \cdot 4 \cdot 75 \cdot 0 \cdot 25$

2. Zerlege in jeder Aufgabe eine Zahl in ein Vielfaches von 10 bzw. 100 und einen Rest! Berechne dann die Aufgaben!

a) $23 + 49$ b) $19 + 34$ c) $83 - 29$ d) $76 - 38\,593 - 149$
e) $7 \cdot 99$ f) $9 \cdot 56$ g) $6 \cdot 307$ h) $399 \cdot 8$
i) $199 + 259$ j) $37 + 98$ k) $374 - 295$ l) $396 \cdot 3$
m) $98 \cdot 8$ n) $12 \cdot 296$ o) $7 \cdot 197$ p) $2\,693 - 704$

3. Zerlege vor der Berechnung den Dividenden geschickt in eine Summe oder Differenz!

a) $96 : 4$ b) $91 : 7$ c) $608 : 8$ d) $333 : 9$
e) $132 : 12$ f) $117 : 9$ g) $147 : 7$ h) $156 : 3$

4. Ersetze vor der Berechnung 5 durch 10 : 2!

a) $22 \cdot 5$ b) $48 \cdot 5$ c) $5 \cdot 268$ d) $26 \cdot 5$
e) $135 : 5$ f) $345 : 5$ g) $640 : 5$ h) $1\,350 : 5$
i) $5 \cdot 240$ j) $805 : 5$ k) $128 : 5$ l) $12\,350 : 5$
m) $56 \cdot 5$ n) $5 \cdot 98$ o) $236 : 5$ p) $14\,750 : 5$

5. Ersetze vor der Berechnung 25 durch 100 : 4!

a) 12 · 25	b) 25 · 16	c) 44 · 25	d) 36 · 25
e) 225 : 25	f) 1200 : 25	g) 3 000 : 25	h) 5 000 : 25
i) 28 · 25	j) 1600 · 25	k) 82 000 : 25	l) 325 000 : 25
m) 25 · 36	n) 25 · 1020	o) 76 000 : 25	p) 220 000 : 25

6. Ersetze vor der Berechnung 125 durch 1 000 : 8!

a) 16 · 125	b) 88 · 125	c) 5 000 : 125	d) 12 000 : 125
e) 120 · 125	f) 2 500 : 125	g) 96 · 125	h) 7 500 : 125

7. Rechne vorteilhaft!

a) 284 · 5	b) 345 : 5	c) 36,4 · 0,5	d) 28,1 : 0,5
e) 88 · 25	f) 11,3 : 25	g) 56,4 · 0,25	h) 36 : 0,25
i) 124 · 25	j) 72,6 · 0,5	k) 17,4 : 0,5	l) 825 : 5
m) 312 · 5	n) 12,2 : 0,25	o) 925 : 25	p) 16 · 25
q) 27,2 · 0,5	r) 775 : 25	s) 39,4 : 0,5	t) 33 · 25

8. Wende geeignete Verfahren zum vorteilhaften Rechnen an!

a) 397 + 521	b) 7,48 – 2,96	c) 9,2 · 6	d) 3,9 · 7
e) 238 : 7	f) 22,8 : 6	g) 48,8 + 36,5	h) 216 : 9
i) 16,5 – 8,98	j) 13,3 : 7	k) 25 · 1,8 · 40	l) 1,4 – 2,8 + 2,6

7.3 Arbeiten mit Größen

Umrechnen von Größen

Arbeite in folgenden Schritten:

Schrittfolge	Umrechnen von Hektar in Quadratmeter	Umrechnen von Deziliter in Hektoliter
1. Bestimmen der größeren Einheit 2. Bestimmen der Rechenoperationen	Wird von der größeren Einheit (Hektar) in die kleinere Einheit (Quadratmeter) umgerechnet, muss multipliziert werden.	Wird von der kleineren Einheit (Deziliter) in eine größere Einheit (Hektoliter) umgerechnet, muss dividiert werden.
3. Bestimmen der Umrechnungszahl (UZ)	UZ ($m^2 \leftrightarrow a \leftrightarrow ha$) 100 · 100 = 10 000	UZ (dl ↔ Liter ↔ hl) 10 · 100 = 1000
4. Ausführen der Rechnung	Beispiel: 0,052 ha = (0,052 · 10 000) m^2 = 520 m^2	Beispiel: 18 000 dl = (18 000 : 1000) hl = 18 Liter
5. Kontrolle	vorstellen und vergleichen 0,052 ha und 520 m^2	vorstellen und vergleichen 18 000 dl und 18 Liter

Schätzen von Größen

Größen können auf verschiedene Weise geschätzt werden.

1. Vergleiche mit einer bekannten Einheit! (Wie oft ist die Einheit enthalten?)
2. Vergleiche mit anderen Objekten! (Welches bekannte Objekt hat ähnliche Werte?)
3. Schätze Größen aus denen die gesuchte Größe rechnerisch ermittelt werden kann! (Rechne mit geschätzten „Ersatzgrößen"!)

Die Rasenfläche in Nachbars Garten ist ungefähr 20 m^2 groß.
Schätzmöglichkeiten:

1. Unsere Tafelfläche ist etwa 1 m^2 groß. Sie lässt sich ungefähr 20-mal auf den Rasen legen.
2. Unsere Küche hat eine Fläche von 12 m^2. Die Rasenfläche ist ungefähr doppelt so groß.
3. Die Länge der Rasenfläche beträgt etwa 5 m und die Breite 4 m.
   Somit beträgt ihr Flächeninhalt 5 m · 4 m = 20 m^2.

Vergleichsgrößen

Vergleichsobjekte aus dem Alltag sind beim Schätzen von Größen hilfreich.
Merke dir solche Größen, die oft auftreten.

Vergleichsgrößen zur Masse:

etwa 10 t

etwa 500 kg = $\frac{1}{2}$ t

etwa 10 kg

250 g = $\frac{1}{4}$ kg

etwa 15 g

Vergleichsgrößen zur Länge:

Fußballfeld

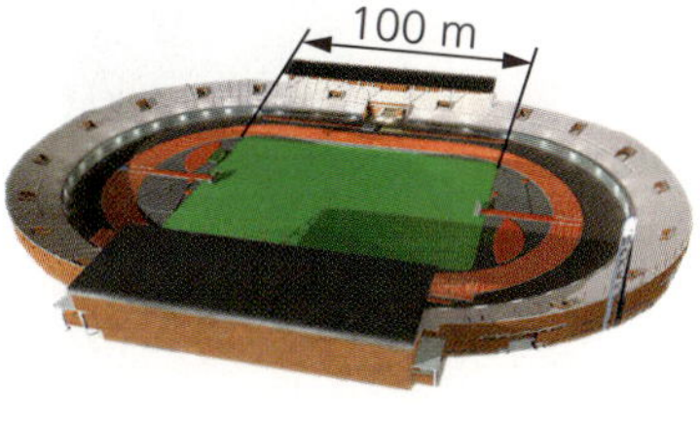

zweistöckiges Haus

Türhöhe

Vergleichsgrößen zum Flächeninhalt:

Tennisfeld

Wohnzimmer

Tischtennisplatte

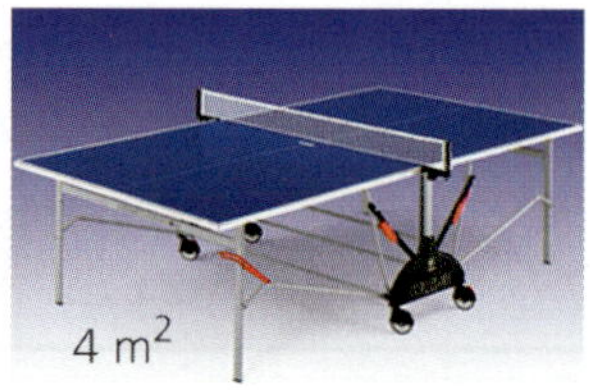

A-4-Blatt

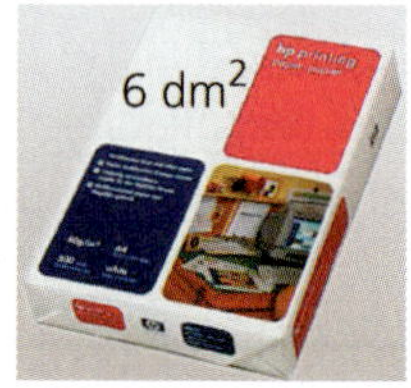

Vergleichsgrößen zum Volumen:

Klassenraum

Badezimmer

Wanne Flasche Eimer

Vergleichsgrößen für große Geldbeträge (Aufgestapelte Einhunderteuroscheine):

1 000 Euro

1 Mill. Euro

1 Mrd. Euro

1 Billion Euro

Aufgaben

Zum Schätzen von Größenangaben können Vergleichsgrößen herangezogen werden.

Der Größenvergleich zweier Objekte ist beim Ermitteln konkreter Größenangaben hilfreich. Die Höhe des Setzlings und die Bleistiftlänge sind etwa gleich.

Beschreibe, wie du die Höhe eines Baumes schätzen kannst!

1. Rechne jeweils in die in den Klammern angegebene Maßeinheit um!

a) 0, 83 m^2 (dm^2) b) 2 700 cm^3 (l) c) 7,3 km^2 (m^2)
d) 0,45 m^3 (dm^3) e) 1,12 t (g) f) 92 700 m (km)
g) 2,41 dm^3 (mm^3) h) 5,73 m^2 (cm^2) i) 736 dm^2 (m^2)
j) 75 g (kg) k) 264 cm^3 (m^3) l) 28,7 l (cm^3)

2. Suche zu folgenden Größenangaben Objekte, die dazu passen könnten!

a) 750 g b) 25 dm^2 c) 4,5 l d) 32 l
e) 48 g f) 900 m^2 g) 40 t h) 4,08 m
i) 13 m^2 j) 650 l k) 410 m l) 0,55 t
m) 4 m^2 n) 400 m^3 o) 100 m^2 p) 508 g

3. Schätze die Größe folgender Objekte! Verwende geeignete Vergleichsgrößen!

a) Masse eines LKW b) Masse eines Zeichenblattes
c) Höhe eines Einfamilienhauses d) Höhe eures Klassenraumes
e) Fläche eures Schulhofes f) Fläche deines Mathematikbuches
g) Volumen eurer Küche h) Volumen deiner Schultasche

7.4 Näherungswerte und sinnvolle Genauigkeit

Näherungswerte

In Sachaufgaben werden oft Näherungswerte für Größen verwendet. Vor der Rechnung muss die Genauigkeit der Ausgangswerte geprüft werden.

- Bei Dezimalbrüchen gibt die letzte Stelle nach dem Komma die Genauigkeit an.
- Bei natürlichen Zahlen gibt oft die letzte von 0 verschiedene Stelle die Genauigkeit an.
- Bei Brüchen ist keine Aussage über deren Genauigkeit möglich.

Mit 1 450 Betonsteinen, deren Abmessungen jeweils 53,0 cm x 26,5 cm x 4,5 cm betragen, soll eine Hoffläche von 210 m^2 gepflastert werden.
Reichen die Steine dafür aus?

- Die Anzahl der Steine ist eine genaue Angabe.
- Die Maße der Steine sind auf Millimeter genau angegeben.
  Der Fehler kann $\pm 0{,}5$ mm = $\pm 0{,}05$ cm betragen.
  Länge: $52{,}95 \text{ cm} \leq 53{,}0 \text{ cm} \leq 53{,}05 \text{ cm}$
  Breite: $26{,}45 \text{ cm} \leq 26{,}5 \text{ cm} \leq 26{,}55 \text{ cm}$
  Höhe: $4{,}45 \text{ cm} \leq 4{,}5 \text{ cm} \leq 4{,}55 \text{ cm}$
- Die Fläche ist vermutlich nicht auf Quadratmeter, sondern auf 10 m^2 genau bestimmt worden.
  Der Fehler könnte dann ± 5 m^2 betragen.
  $205 \text{ m}^2 < 210 \text{ m}^2 < 215 \text{ m}^2$

Multiplikation und Division mit Näherungswerten

Treten in einer Multiplikations- oder Divisionsaufgabe Näherungswerte auf, kann das Ergebnis auch nur ein Näherungswert sein.

Zur Ermittlung der Fläche, die mit 1 450 Betonsteinen der Größe 53,0 cm x 26,5 cm gepflastert werden kann, wird gerechnet:
$1\,450 \cdot 53{,}0\ \text{cm} \cdot 26{,}5\ \text{cm} = 2\,036\,525\ \text{cm} = 203{,}6525\ \text{m}^2$.
Das Ergebnis ist bei Angabe aller Stellen ein Näherungswert mit einer Genauigkeit von $\pm 0{,}5\ \text{cm}^2$.
Diese Genauigkeit ist völlig unsinnig. Eine Rechnung mit Fragezeichen für die unbekannten Stellen bei den Maßen der Steine ergibt:
$1\,450 \cdot 53{,}0?\ \text{cm} \cdot 26{,}5?\ \text{cm} = 2\,035\,8??{,}????\ \text{cm}^2$
Das Fragezeichen wirkt sich also schon auf die Zehnerstelle aus. Eine sinnvolle Angabe wäre $203{,}6\ \text{m}^2$ oder $204\ \text{m}^2$. Weiterhin muss beachtet werden, dass zwischen den Steinen eine Fuge bleibt. Es können also bestimmt mehr als $204\ \text{m}^2$ gepflastert werden. Ob die Steine für $210\ \text{m}^2$ ausreichen, ist nicht sicher.

„Der Mangel an mathematischer Bildung gibt sich durch nichts so auffallend zu erkennen, wie durch maßlose Schärfe im Zahlenrechnen. "

C. F. Gauss

Die Genauigkeit des Ergebnisses einer Multiplikation oder Division mit Näherungswerten hängt *nicht* von der Anzahl der Dezimalstellen ab, sondern von der *Gesamtanzahl* der Stellen der Ausgangswerte. Es gilt folgende Faustregel:

Es ist sinnvoll, das Ergebnis einer Multiplikations- oder Divisionsaufgabe mit Näherungswerten auf die Gesamtanzahl von Stellen zu runden, die der Näherungswert mit der geringsten Gesamtanzahl von Stellen hat. Dabei werden die Nullen, die links von der ersten von Null verschiedenen Ziffer stehen, nicht mitgezählt.

Näherungswert	3 275 g	0,73 kg	$0{,}05\ \text{m}^3$	1,0 mm	1,00 m	10,01 g
Zahl der Stellen, die zu berücksichtigen sind	4	2	1	2	3	4

$2{,}74\ \text{m} \cdot 8{,}6\ \text{m} = 23{,}564\ \text{m}^2 \approx 24\ \text{m}^2$

$3{,}57\ \text{km} \cdot 3 = 10{,}71\ \text{km} \approx 10{,}7\ \text{km}$
↑ kein Näherungswert

$7{,}345\ \text{cm} \cdot 2{,}431\ \text{cm} \cdot 1{,}81\ \text{cm} = 32{,}318808\ \text{cm}^3 \approx 32{,}3\ \text{cm}^3$

Bei der Multiplikation mit Näherungswerten hat das Ergebnis – arbeitet man mit sinnvoller Genauigkeit – oft weniger *Dezimalstellen* als die Ausgangswerte.

Es sollen 37 gleiche Stahlträger, die eine Masse von je 2,86 t haben, transportiert werden. Wie groß ist die Masse der Ladung?

Ohne Berücksichtigung der Genauigkeit ergibt sich:

$$37 \cdot 2{,}86\ \text{t} = 105{,}82\ \text{t}$$

Nach der Faustregel zur sinnvollen Ergebnisgenauigkeit ist das Ergebnis auf 3 Stellen zu runden, also auf 106 t.
Eine Rechnung mit dem maximalen Fehler zeigt, dass die Genauigkeit sinnvoll ist:
Die Massenangabe von 2,86 t ist nur auf 10 Kilogramm genau. Der maximale Fehler beträgt also ± 0,005 t.

$$37 \cdot (2{,}86 \pm 0{,}005)\ \text{t} = 105{,}82\ \text{t} \pm 37 \cdot 0{,}005\ \text{t} = (105{,}82 \pm 0{,}185)\ \text{t}$$

Obwohl im Ausgangswert von 2,86 t erst die 3. Stelle nach dem Komma ungenau bzw. unbekannt ist, wirkt sich dieser Fehler im Ergebnis bereits auf die 1. Stelle nach dem Komma aus.

Bei der Division mit Näherungswerten hat das Ergebnis – arbeitet man mit sinnvoller Genauigkeit – oft mehr *Dezimalstellen* als die Ausgangswerte.

Mithilfe einer Waage, die eine Messgenauigkeit von 1 g hat, wird ermittelt, dass 57 gleich aussehende Silbermünzen eine Masse von 452 g haben. Wie schwer ist eine Münze?

Ohne Berücksichtigung der Genauigkeit ergibt sich mithilfe eines Taschenrechners, der 8 Stellen anzeigt:

$$452\ \text{g} : 57 = 7{,}9298246\ \text{g}$$

Nach der Faustregel zur sinnvollen Ergebnisangabe ist das Ergebnis auf 3 Stellen, also auf 7,93 g, zu runden.
Eine Rechnung mit dem maximalen Fehler zeigt, dass die Genauigkeit sinnvoll ist:
Der maximale Fehler des Näherungswertes von 452 g beträgt ± 0,5 g.

$$(452 \pm 0{,}5)\ \text{g} : 57 = (7{,}9298246 \pm 0{,}5 : 57)\ \text{g} = (7{,}9298246\ \text{g} \pm 0{,}0087719298)\ \text{g}$$

Der Fehler wirkt sich also erst auf die dritte Stelle nach dem Komma aus.

Weitere Überlegungen zur sinnvollen Genauigkeit von Ergebnisangaben

In einigen Fällen richtet sich die sinnvolle Genauigkeit bei Ergebnisangaben auch nach Forderungen oder Überlegungen, die sich aus dem konkreten Sachverhalt ergeben.

Ein Fuhrunternehmer berechnet mithilfe eines Taschenrechners, dass er zum Abtransport von 25,2 t Kies mit einem LKW, der eine Tragfähigkeit von 3 t hat, 8,4 Fahrten benötigt. Er rundet auf 9 Fahrten, denn:
- Nur ganzzahlige Ergebnisse sind sinnvoll.
- Es muss alles abgefahren werden, wofür 8 Fahrten nicht reichen würden.

Oft ergibt sich die Genauigkeit aus praktischen Belangen.

In einem Kreisdiagramm soll der Anteil der Bundesländer an der Gesamtfläche Deutschlands (356 971 km^2) dargestellt werden. Für Sachsen ergibt sich bei einer Fläche von 18 406 km^2 mit dem Taschenrechner ein Anteil von 5,1561611 %. Dieser Wert sollte auf 5,2 % gerundet werden, denn:

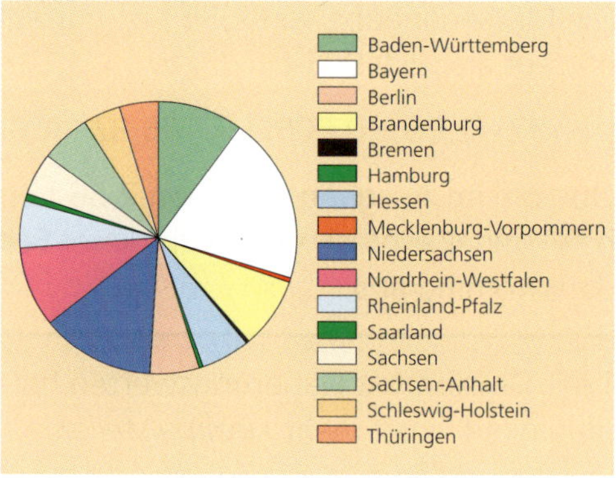

- Im alltäglichen Gebrauch sind nur Prozentangaben mit einer oder höchstens mit zwei Dezimalstellen üblich.
- Zum Zeichnen des Kreisdiagramms müssen noch Winkel berechnet werden, die nur mit einer Genauigkeit von etwa 1° gezeichnet werden können.

Fehler im Ergebnis einer Rechnung können auch bereits dadurch entstehen, dass der verwendete mathematische Ansatz der Wirklichkeit nicht genau entspricht.

Ein Ingenieur berechnet das Volumen einer mit einem Bagger ausgehobenen Baugrube, indem er die gemessenen Werte für die Länge, Breite und Tiefe (12,50 m; 8,50 m; 3,50 m) miteinander multipliziert. Als Ergebnis erhält er 371,875 m^3. Obwohl er nach der Genauigkeit der Messwerte auf 372 m^3 runden könnte, rundet er auf 380 m^3. Er überlegte:

- Die Baugrube hat nicht genau die Form eines Quaders.
- Mit einem Bagger wird die Grube nie exakt mit glatten Wänden ausgehoben.

Aufgaben

Gib in einer dem Sachverhalt entsprechenden Genauigkeit an!
- Ein rechteckförmiges Hafenbecken ist 101 m lang und 72,5 m breit. Welchen Flächeninhalt hat der Hafen?
- Auf der Ladefläche des Kleintransporters ist noch 1,20 m mal 1,80 m Platz. Wie viele 36 cm breite und 58 cm lange Kartons können liegend nebeneinander auf der Ladefläche verstaut werden?

1. Auf welche Einheit genau wurden die folgenden Messwerte ermittelt?

a) 4,61 m b) 8,593 km c) 23,6 cm d) 5,297 t
e) 82,10 m^2 f) 0,5926 m^2 g) 7,529 l h) 1,5 m
i) 15,3 t j) 87,31 km^2 k) 0,02 dt l) 2,14 hl

2. Welche maximalen Abweichungen können die wahren Werte von den folgenden Näherungswerten haben? (Die letzte Stelle nach dem Komma gibt die Genauigkeit an.)

a) 4,52 m b) 3,1 cm c) 12,3 m d) 39,5 km
e) 72,38 cm^2 f) 9,560 kg g) 6,30 m h) 0,027 m^3
i) 41,26 t j) 0,862 dm^3 k) 2,62 hl l) 73,500 t

3. Gib von den Näherungswerten jeweils die Anzahl der Stellen an, die bei Multiplikationsaufgaben mit diesen Werten sinnvoll zu berücksichtigen ist!

a) 2,0 mm b) 12,47 l c) 0,03 m^2 d) 3,00 m
e) 17 375 cm f) 2 mm g) 12 km h) 2,78 m^3
i) 17,357 cm j) 0,32 g k) 7,0 dt l) 0,080 t
m) 17 375 mm n) 2,00 mm o) 70 dt p) 0,08 t

4. Runde die mit einem Taschenrechner ermittelten Ergebnisse sinnvoll! (Alle Ausgangswerte sind Näherungswerte.)

a) $2{,}9 \cdot 5{,}8 = 16{,}82$ b) $50{,}7 \cdot 8{,}15 = 413{,}205$ c) $0{,}828 \cdot 587 = 486{,}036$
d) $9{,}5 : 5{,}4 = 1{,}75925$ e) $40{,}7 : 13{,}8 = 2{,}94927$ f) $0{,}63 : 28 = 0{,}0225$
g) $166 \cdot 733 = 121\,678$ h) $50 : 30 = 1{,}66666$ i) $10{,}2 \cdot 0{,}29 = 2{,}958$

5. Berechne mit sinnvoller Genauigkeit! (Alle Angaben sind Messwerte.)

a) 3,76 m · 5,7 m b) 12,73 km · 4 km
c) 12,73 m · 6 m d) 7,53 cm · 6,374 cm · 5,248 cm

6. Berechne mit sinnvoller Genauigkeit! (Alle Dividenden sind Näherungswerte.)

a) 583 g : 49 b) 7 389,29 m : 6 c) 12,54 m : 7
d) 322 km : 14 e) 7,54 t : 3 f) 8,125 km : 16

Teste dich selbst (1)

Löse alle Aufgaben im Kopf ohne Hilfsmittel!

7. Berechne!

a) $12 - 15$ b) $-23 + 17$ c) $-11 - 21$ d) $-19 + 8$
e) $5 - (-19)$ f) $48 + (-58)$ g) $9 \cdot (-13)$ h) $(-81) : (-27)$

8. Löse folgende Gleichungen!

a) $2 \cdot x + 7 = -1$ b) $3 \cdot x - 9 = -3$ c) $12 + \frac{x}{2} = 4$ d) $13 - 5 \cdot x = 28$

9. Berechne die fehlenden Angaben!

a) 20 % von 300 t sind … t. b) 12 m sind … % von 48 m.
c) Wenn 7 % der Strecke 28 km sind, dann ist die ganze Strecke … km lang.
d) Wenn die Kosten von 160 € um 25 % sinken, betragen sie nur noch … €.
e) Die Zuschauerzahl erhöhte sich von 1 200 auf 1 800, bzw. von 100 % auf … %.

10. Überprüfe jeweils, ob die Größen x und y direkt proportional oder umgekehrt proportional zueinander sind!

a)

x	1	2	5
y	8	16	40

b)

x	2	3	4
y	12	8	6

c)

x	5	6	7
y	15	18	24

11. Berechne die fehlenden Angaben!

a) Wenn 300 g Jagdwurst 1,50 € kosten, dann kosten 500 g der gleichen Sorte … €.
b) Wenn 5 Rosen 7,50 € kosten, kosten 3 der Rosen … €.
c) 3 Pumpen brauchen zum Füllen eines Beckens 8 h.
4 derartige Pumpen schaffen das Füllen des Beckens in … h.

12. Gib den Flächeninhalt der Figuren an!

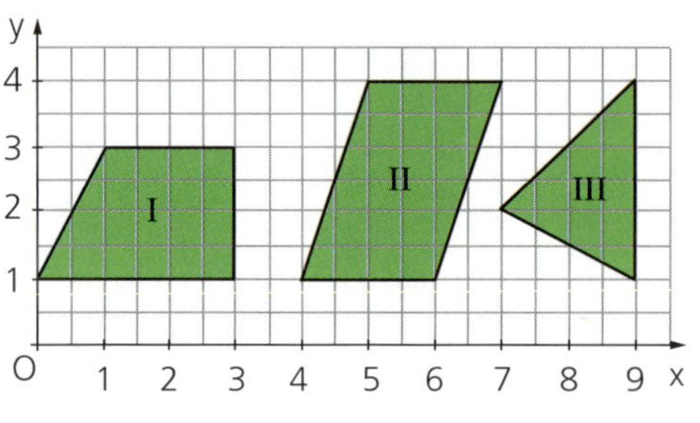

13. Berechne die Winkel α, β, γ und δ!

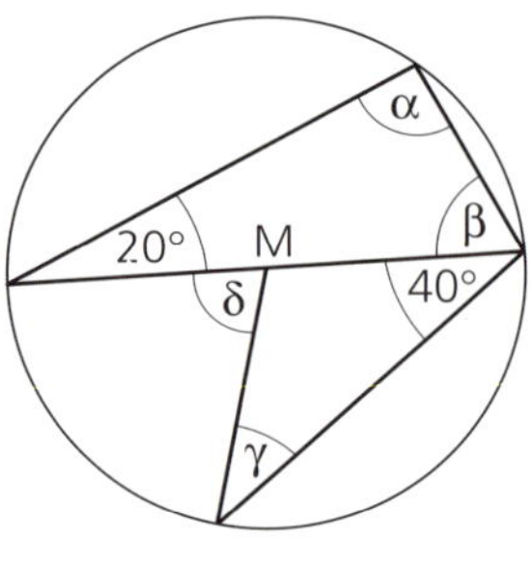

14. Berechne näherungsweise den Umfang und den Flächeninhalt eines Kreises mit dem Radius 4 m, indem du 3 als Näherungswert für π verwendest!

15. Für den gleichen MP3-Recorder werden in verschiedenen Geschäften 110 €; 180 €, 100 €; 90 € und 120 € verlangt. Berechne den durchschnittlichen und den mittleren Preis!

16. Zeichne Grundriss und Aufriss des nebenstehenden Körpers! Es ist ein Würfel, bei dem eine Ecke abgeschnitten wurde.

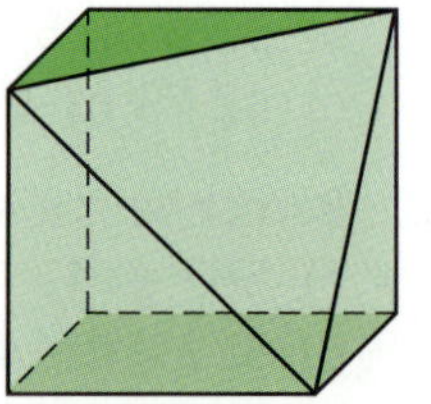

Teste dich selbst (2)

1. Von den drei Größen Prozentwert, Prozentsatz und Grundwert seien bei einem Sachverhalt jeweils eine Größe konstant und die bei anderen veränderlich.
   a) Gib jeweils einen Sachverhalt an, bei dem dies zutrifft!
   b) Untersuche und begründe, ob zwischen den beiden veränderlichen Größen ein proportionaler oder ein umgekehrt proportionaler Zusammenhang besteht!

2. Berechne jeweils den Flächeninhalt der folgenden Figuren! (Maße in Zentimeter)

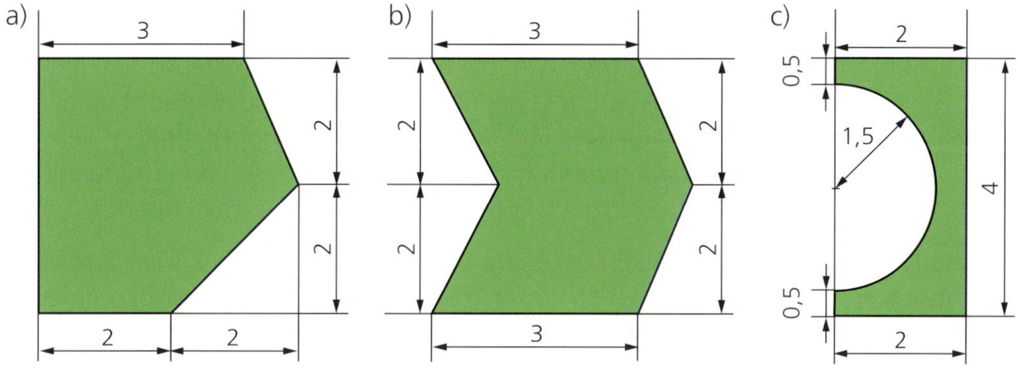

3. Die Endpunkte einer Strecke $\overline{AB}$ bewegen sich auf den Schenkeln eines rechten Winkels mit dem Scheitelpunkt S. Bestimme die Linie, auf der sich der Mittelpunkt M der Strecke $\overline{AB}$ bewegt!
Begründe deine Entscheidung!

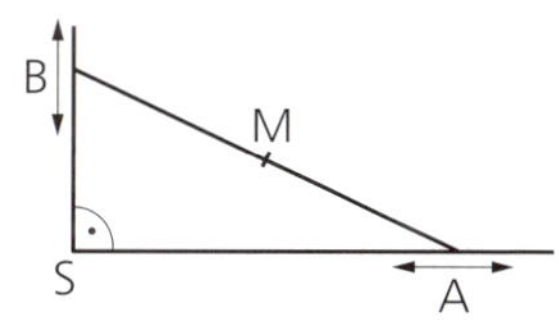

4. Untersuche, ob zwischen den folgenden Größen unter den angegebenen Bedingungen eine direkte oder umgekehrte Proportionalität besteht! Begründe!
   a) Umfang und Radius eines Kreises
   b) Flächeninhalt und Radius eines Kreises
   c) Länge und Breite eines Rechtecks bei konstantem Flächeninhalt
   d) Umfang und Breite eines Rechtecks bei konstanter Länge
   e) Flächeninhalt und Höhe h_c eines Dreiecks bei konstanter Länge der Seite c
   f) Diagonalen e und f eines Drachenvierecks bei konstantem Flächeninhalt

5. a) Der Umfang eines Kreises beträgt 10 m. Um wie viel Prozent vergrößert sich der Radius des Kreises, wenn sein Umfang um 10 % vergrößert wird?
   b) Der Umfang eines Kreises beträgt 10 m. Um wie viel Meter vergrößert sich sein Radius, wenn der Umfang um 1 m verlängert wird?
   c) Um wie viel Meter vergrößert sich der Radius eines beliebigen Kreises, wenn sein Umfang um 1 m verlängert wird?

6. Bei 4 Weitsprüngen erreicht Anne eine durchschnittliche Sprungweite von 4,10 m. Der Zentralwert ihrer Weiten beträgt 4,40 m.
Gib 4 mögliche Sprungweiten mit diesen statistischen Kenngrößen an!

Teste dich selbst (3)

1. Auf der Autobahn A20 sind es vom Kreuz Rostock bis zum Kreuz Wismar 50 km.

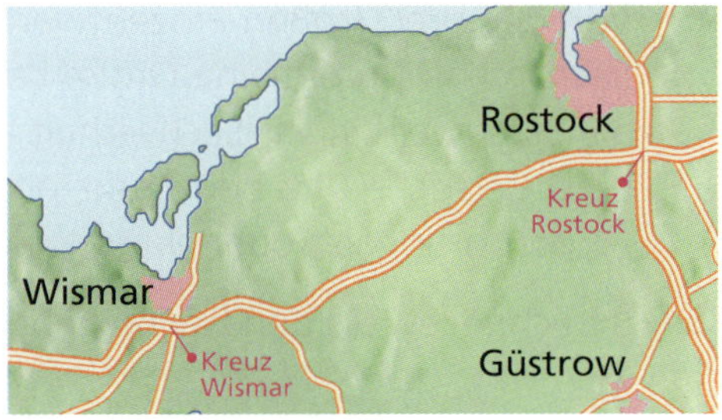

a) Stelle in einem Diagramm den Zusammenhang von Durchschnittsgeschwindigkeit und Fahrzeit für eine Strecke von 50 km dar, und beschreibe den Zusammenhang!

b) Ein Fahrzeug fährt die Strecke mit einer gleichbleibenden Geschwindigkeit von 100 $\frac{\text{km}}{\text{h}}$. Um wie viel Minuten wird die Fahrzeit für diese Strecke geringer, wenn die Geschwindigkeit um 10%, 20%, 50% bzw. 80% erhöht wird?

c) Stelle mit den in Aufgabe b) berechneten Daten in einem Diagramm den Zusammenhang von Verringerung der Fahrzeit in Prozent und Erhöhung der Geschwindigkeit in Prozent dar! Beschreibe den Zusammenhang!

2. Herr König erhält zwei Angebote für ein Darlehen von 10 000 € über 3 Monate.
Angebot A: monatlich 0,8 % Zinsen, die jeweils zur Schuld hinzukommen
Angebot B: einmalig nach drei Monaten Zinsen von 8,5 % p. a.
Welches Angebot ist günstiger?

3. In einer 7. Klasse wird in einem Projekt die Schlafdauer in einer Nacht zwischen zwei Unterrichtstagen ermittelt. Die Einschlafzeit wird geschätzt, die Zeit des Aufwachens auf einer Uhr abgelesen.
Mädchen: 7:05, 7:17, 7:00, 8:10, 7:25, 7:45, 7:58, 6:15, 7:03; 8:15, 8:00, 7:25
Jungen: 7:20, 7:30, 7:20, 7:15, 7:05, 7:55, 8:35, 7:30, 7:40, 7:45, 7:10

a) Trage die Daten für die Mädchen und für die Jungen in je ein Stamm-Blätter-Diagramm mit zwei Untergruppen ein!

b) Ermittle geeignete statistische Kenngrößen! Zeichne jeweils ein Kastenschaubild!

c) Beschreibe und vergleiche die Häufigkeitsverteilungen der Schlafzeiten! Stelle Vermutungen über Ursachen und Zusammenhänge auf!

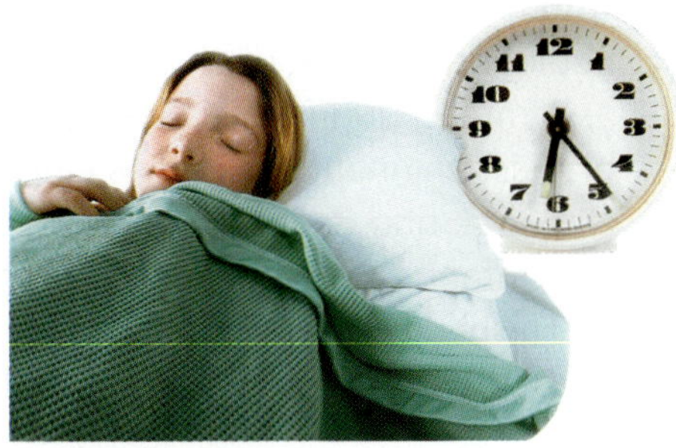

4. Aus je 50 quadratischen Edelstahlplättchen (a = 10 cm) sollen die folgenden Formen herausgestanzt werden. Berechne jeweils den Abfall in Prozent!

a)
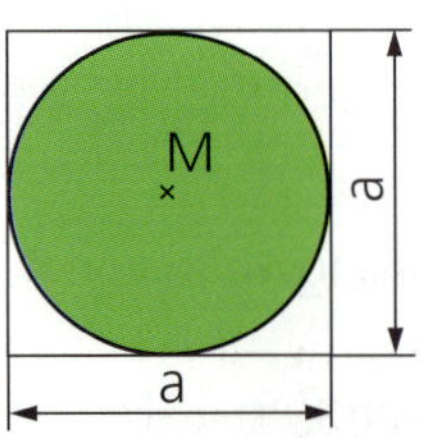

b)
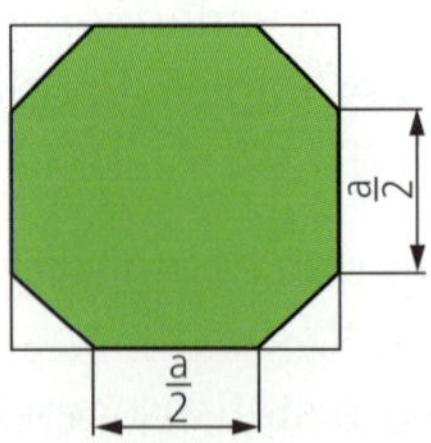

c)
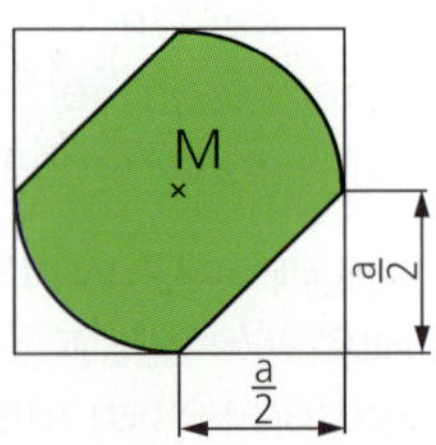

d)
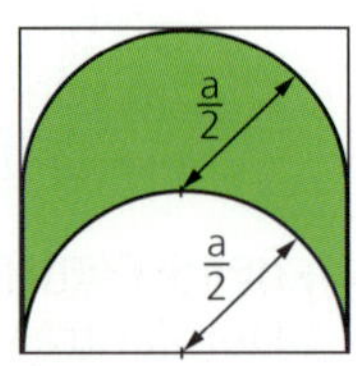

Zur Geschichte der rationalen Zahlen

Bereits in den mathematischen Schriften der Griechen und vor allem der Inder im ersten Jahrtausend nach Christi Geburt traten Zeichen für negative Zahlen auf. Damit wurden aber stets konkrete Vorstellungen verbunden. So heißt positiv auf indisch „dhana“ (Vermögen) und negativ „ṛṇa“ (Schulden). Zahlen und Größen wurden lange nicht unterschieden.
Die negativen Zahlen fanden allerdings nur zögernde Anerkennung.
So schreibt der Mathematiker D'ALEMBERT (1717–1783) in einer Enzyklopädie:

> *„Die negativen Größen sind das Gegenteil der positiven. … Zu sagen, dass eine negative Größe unterhalb von nichts ist, heißt, eine unvorstellbare Sache vorzubringen.“*

1. Erläutere, dass Schulden kein „negatives Geld“ sind, sondern dass mit ihnen Bezüge zu Geldbeträgen ausgedrückt werden! Warum heben sich 1000 Euro Guthaben und 1000 Euro Schulden nicht immer auf?

Im 19. Jahrhundert bildete sich die Vorstellung heraus, dass eine Zahl ein formales Objekt ist. Die Zahl 3 gibt es in der Wirklichkeit nicht, sondern es gibt z. B. 3 Äpfel, 3 Euro oder 3° C. Es hat deshalb nur Sinn zu fragen, ob mit einer Zahl oder Gleichung ein Sachverhalt beschrieben werden kann oder nicht.

2. Versuche die begonnenen Angaben so fortzusetzen, dass sie zur Gleichung $3 - 7 = -4$ passen!
a) Die Temperatur beträgt 3 °C …
b) Im Raum befinden sich 3 Personen …
c) Silke hat 3 Tafeln Schokolade …

3. Finde heraus, was der französische Mathematiker BLAISE PASCAL (1623–1662) meinte, als er feststellte:

> *„Ich kenne Leute, die nicht begreifen können, dass 0 übrig bleibt, wenn man von 0 vier wegnimmt.“*

Es gibt keine Interpretation negativer Zahlen, die bei allen Rechenregeln anwendbar ist. Dies wird insbesonders bei den Multiplikationsregeln zweier negativer Zahlen deutlich, deren Verständnis schon immer problematisch war.

Hansestädte in Mecklenburg-Vorpommern

Die Hanse entstand als Vereinigung niederdeutscher Kaufleute Mitte des 12 Jahrhunderts.
Im 14. Jahrhundert vertraten zunehmend einzelne Städte die Interessen ihrer Kaufleute. 70 Städte gehörten zum engeren Verbund der insgesamt etwa 200 Hansestädte. Neben den großen Städten Wismar, Rostock, Stralsund und Greifswald waren auch kleinere Binnenstädte wie Demmin, Anklam und Wolgast zeitweise Hansestädte.

Sammle Daten zur Geschichte der Hanse und trage diese gemeinsam mit den Gründungsjahren der Hansestädte unseres Landes in eine Zeitleiste ein!

Koggen waren für den Seehandel der Hanse typisch. Zahlreiche Bodenfunde geben uns darüber Aufschluss.
1962 entdeckte man bei Baggerarbeiten in der Weser etwa 3 km südlich der Altstadt von Bremen das Wrack einer Kogge, das heute in Bremerhaven ausgestellt ist.
Derzeit werden Schiffsteile einer 1997 vor Hiddensee geborgenen Kogge im Schweriner archäologischen Landesmuseum konserviert.

Informiere dich über wichtige Daten einer Kogge (z. B. Länge, Breite, Masthöhe, Segelfläche, Tiefgang, Tragfähigkeit, Laderaumvolumen, Besatzung, …)!
Fertige ein kleines „Koggenwörterbuch" einschließlich einer Zeichnung des Boottyps an, und vergleiche mit Handelsschiffen heutiger Bauart!

Salz, so genanntes „weißes Gold", gehörte zu den begehrtesten mittelalterlichen Handelsgütern. Fischer benötigten Salz zur Konservierung ihrer Heringsfänge. Kaufleute versorgten z. B. mit dem Salz aus Lüneburg den gesamten Ostseeraum. Bis etwa 1335 wurde das Salz nur auf dem Landweg über die alte Salzstraße von Lüneburg nach Lübeck transportiert.

Ladeliste der Kogge des Kaufmanns Hauke Hansen

12 Last Salz, 6 Tonnen feine Heringe, 4 Fuder Bier, …

Transportmittel	Ladung (2 Säcke = 1 dz)	Pack- bzw. Zugtiere	Begleiter
Wagen	16 Säcke	4	2
Karren	4 Säcke	1	1
Packtier	2 Säcke	1	1

Gewichte:
1 Last = 2 t (Tonnen)
1 t = 10 dz (Doppelzentner)
1 dz = 2 zt (Zentner)
1 zt = 100 Pfund = 50 000 g
1 Lot = 15 g

Silbermünzen:
1 Schilling = 3 Witten
1 Witten = 4 Pfennig
1 Dreiling = 3 Pfennig

Flüssigkeitsmaße:
1 Fuder = 30 Eimer
1 Eimer = 32 Pott
1 Pott = 0,9 Liter

Ermittle mithilfe einer geeigneten Karte die Länge der „Alten Salzstraße" von Lüneburg über Lauenburg, Schwarzenbek und Mölln nach Lübeck!

Stelle zu möglichen Transportmitteln verschiedene Salztrecks für den Transport von 12 Last Salz aus Lüneburg nach Lübeck zusammen!

Liste den Bedarf an Transportmitteln, Tieren und Begleitpersonen auf!

Die „Rostocker Tonne" ist heute im Kröpeliner Tor in Rostock zu sehen.Sie wurde aus 34 Brettern (Dauben), gefertigt. Die „Rostocker Tonne" galt seit 1383 im Hanseraum als Normgröße für Heringsfässer.

Ein Kaufmann hat für 6 t Heringe 2400 Schilling gezahlt. Eine Tonne Heringe enthält ca. 1200 Fische. Wie viel Witten kostete ihm etwa ein Hering?

Wie teuer muss ein Hering verkauft werden, wenn ein Gewinn von 600 Schilling für die gesamte Ladung anstrebt wird? Wie viel Prozent Gewinn sind es, wenn ein Hering für zwei Dreilinge verkauft wird?

Straßen, Straßenverkehr, Umwelt

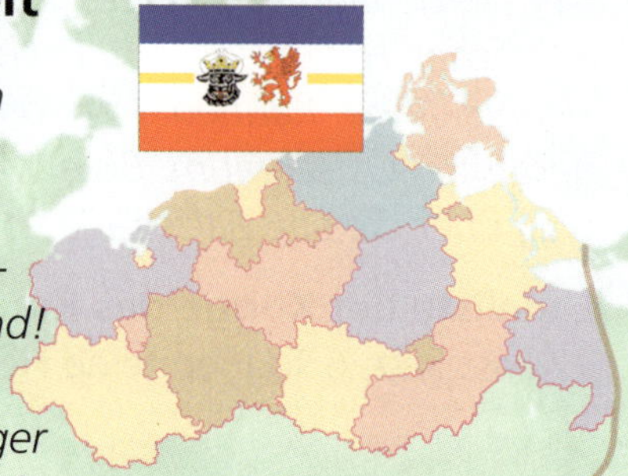

Meldungen von schweren Verkehrsunfällen gibt es fast täglich. Die Statistik für unser Bundesland verzeichnet seit einigen Jahren einen Rückgang an Verkehrsunfällen. Trotzdem ist die Bilanz nach wie vor erschreckend! Obwohl Jugendliche allgemein über gute Reaktionsfähigkeit verfügen, sind sie häufiger als andere Altersgruppen in Unfälle verwickelt.

Verkehrsunfälle in Mecklenburg-Vorpommern ab 1999

Jahr	mit getöteten Personen	davon im Alter von 18 bis 25 Jahren	Anzahl der durch Baumkollision getöteten Personen
1999	373	103	181
2000	365	119	188
2001	296	82	124
2002	289	94	120

Unfälle mit Personen- und Sachschaden 2001/2002

Unfälle	Jahr 2001	Jahr 2002
insgesamt	65 975	62 916
mit Personenschaden	9 111	8 559
nur mit Sachschaden	56 864	54 357
Tote	296	289
Verletzte	12 049	11 064

Ursachen für Unfälle mit Personenschaden

Ursache	2000	2001	2002
überhöhte Geschwindigkeit	24 %	23 %	24 %
Nichtbeachten der Vorfahrt	15 %	16 %	14 %
Nichteinhalten des Sicherheitsabstands	12 %	11 %	11 %
Fahren unter Alkoholeinfluss	9 %	9 %	10 %
sonstige Ursachen	40 %	41 %	41 %

Fertige für eine Schülerzeitung einen Artikel über die Verkehrsunfallentwicklung in Mecklenburg-Vorpommern an! Berechne dazu u. a. die Veränderungen in der Verkehrsunfallentwicklung für unser Bundesland! Veranschauliche dabei auch die vorgegebenen Daten durch geeignete Diagramme!

Verkehr in Deutschland (Stand 2002)

Bundesland	Einwohner in 1000	Kraftfahrzeuge	Unfälle mit Personenschaden	dabei getötete Personen	dabei verletzte Personen
Baden-Württemb.	10601	7324897	42066	893	56948
Bayern	12330	8946820	61019	1281	83611
Berlin	3388	1438345	14573	82	17522
Brandenburg	2593	1653624	11738	358	14896
Bremen	660	339583	3383	14	4092
Hamburg	1726	947472	9383	35	12190
Hessen	6078	4198953	26604	501	35796
Mecklenburg-Vorp.	1760	1054274	8559	289	11064
Niedersachsen	7956	5328738	38401	836	50992
Nordrhein-Westfal.	18052	11255936	69994	980	89130
Rheinland-Pfalz	4049	2885533	18586	365	24519
Saarland	1066	746185	4988	65	6661
Sachsen	4384	2630844	17607	393	22622
Sachsen-Anhalt	2581	1523812	11145	276	14298
Schleswig-Holstein	2804	1870492	14072	199	18641
Thüringen	2411	1497447	9949	265	13449

Wir werten Statistiken aus!

1. Wie groß ist für jedes einzelne Bundesland der Bestand an Kraftfahrzeugen pro Kopf der Bevölkerung?
2. Wie viel Personen kommen durchschnittlich bei einem Verkehrsunfall mit Personenschaden in Deutschland zu schaden?
3. In welchem Bundesländern ist statistisch die Gefahr am größten, bei einem Verkehrsunfall tödlich zu verunglücken? Stelle ein Rangfolge auf! Berechne dazu die Anzahl der bei Verkehrsunfällen getöteten Personen pro eine Million Einwohner! Diskutiere die Ergebnisse!

Angaben und Berechnungen zur Erde

4. Ermittle aus den Beispielen auf dieser Seite den Höhenunterschied zwischen dem am höchsten und dem am tiefsten gelegenen See!
2. Verwende die Beispiele zur Ermittlung des Unterschieds zwischen der tiefsten Senke auf dem Festland und dem höchsten Berg!
3. Eine Expedition führt vom „Tal des Todes“ auf den Mount McKinley. Wie viel Meter Höhenunterschied müssen überwunden werden?
4. Suche mithilfe einer Weltkarte in deinem Atlas die Tiefen des Mittelamerikanischen Grabens, des Marianengrabens und des Aléutengrabens heraus! Zeichne ein Diagramm mit den drei Angaben!

5. Zeichne ein Diagramm mit fünf ausgewählten geografischen Höhen und Tiefen!

6. Wie groß ist der Temperaturunterschied zwischen der Station Wostok und dem Ort Salah?

7. Ermittle die wirklichen Tiefen der folgenden Gewässer!
Die Tiefen bezüglich NN sind:
Baikalsee (–1165 m); Titicacasee (3529 m); Totes Meer (–795 m)

8. Beim Erklimmen hoher Berge verringert sich die Temperatur bei jeweils 100 m um etwa 0,65 Grad. Welche Außentemperatur ist in Höhe des „Zugspitzhotels“ zu erwarten, wenn der Aufstieg in Fichtelberghöhe bei –10 °C beginnt?

Lerne deine Klasse kennen

FRAGEBOGEN

Statistische Untersuchungen können interessante Zusammenhänge verdeutlichen.

Frage 1 Frage 2 Frage 3 Frage 4 Frage 5 Frage 6 Klasse : ______

Sucht interessante Fragen heraus!
Stellt einen Fragebogen zusammen und kopiert ihn für jeden Schüler!
Schneidet die ausgefüllten Fragebögen zur Auswertung in Streifen!
Jeder Schüler wertet jeweils eine Frage aus! Er erhält dazu alle Streifen zu dieser Frage und fertigt ein Diagramm oder eine Illustration an!
Alle Diagramme werden ausgewertet!

OK

Testet eure Rechenfähigkeit

Schreibt die Ergebnisse von 20 Kopfrechenaufgaben, die euch der Lehrer stellt, sofort auf ein Blatt Papier und gebt danach jeder richtigen Aufgabe einen Punkt!
Falsche Lösungen werden nicht gewertet.

Testet eure Merkfähigkeit

Gestaltet eine Folie mit 28 Objekten! Zeigt die Folie 30 Sekunden allen Mitschülern und lasst danach eine Minute lang möglichst viele Objekte aufschreiben! Für jede Übereinstimmung gibt es einen Punkt!

Testet eure Handdominanz

Bereitet für alle Mitschüler ein Blatt vor, auf dem in jeder Zeile 30 Nullen stehen.
Auf Kommando versucht jeder zuerst 30 Sekunden lang mit der rechten Hand so viele Nullen wie möglich anzukreuzen!
Dann machen alle das gleiche 30 Sekunden lang mit der linken Hand bei den restlichen Nullen! Anschließend zählt jeder seine „rechten" und seine „linken" Kreuze, dividiert die größere durch die kleinere Zahl und rundet sie auf eine Stelle nach dem Komma!

FRAGEBOGEN

Versuch	Auswertung (Punkte/Anzahl)			
Rechen- fähigkeit	0–5 …	6–10 …	11–15 …	16–20 …
Merkfähigkeit	0–7 …	8–14 …	15–21 …	22–28 …
Hand- dominanz	linkshändig mit Faktor: …		rechtshändig mit Faktor: …	
Körpergröße	unter 1,50 m …	von 1,50 m bis 1,59 m …	von 1,60 m bis 1,69 m …	über 1,70 m …
Augenfarbe	blau …	grün …	braun …	sonstige …
Haarfarbe	blond …	rot …	braun …	schwarz …
Anzahl der Vornamen	1 …	2 …	3 …	mehr …
Anzahl der Geschwister	0 …	1 …	2 …	mehr …
Anzahl der Haustiere	0 …	1 …	2 …	mehr …
Hausauf- gabenzeit	weniger als 15 Minuten …		mehr als 15 Minuten …	
Schulwegzeit hin und zurück	unter 5 min …	zwischen 5 und 10 min …	zwischen 10 und 15 min …	mehr als 15 min …

Lösungen zu „Teste dich selbst“

(1): Seite 224

1. a) -3 b) -6 c) -32 d) -11 e) 24 f) -10 g) -117 h) 3

2. a) $x = -4$ b) $x = 2$ c) $x = -16$ d) $x = -3$

3. a) 60 t b) 25 % c) 400 km d) 120 € e) 150 %

4. a) direkt proportional b) umgekehrt proportional c) keins von beiden

5. a) 2,50 € b) 4,50 € c) 6 h

6. I: 5 Flächeneinheiten
II: 6 Flächeneinheiten
III: 3 Flächeneinheiten

7. $\alpha = 90°$; $\beta = 70°$; $\gamma = 40°$; $\delta = 80°$

8. $u \approx 24$ m; $A \approx 48$ m^2

9. $\bar{x} = 120$ €; $\tilde{x} = 110$ €

10.

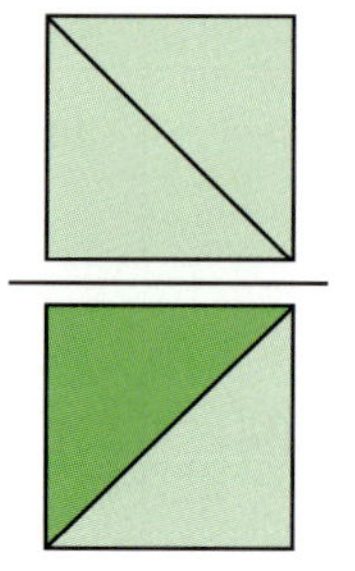

(2): Seite 225

1. a) individuelle Lösung
b) Der Prozentwert ist proportional zum Prozentsatz.
Der Prozentwert ist proportional zum Grundwert.
Prozentsatz und Grundwert sind umgekehrt proportional zueinander.

2. a) 13 cm^2 b) 12 cm^2 c) 4,5 cm^2

3. Nach der Umkehrung des Thalessatzes liegt Punkt S auf dem Thaleskreis über der Strecke $\overline{AB}$, d.h., die Länge der Strecke $\overline{SM}$ ist konstant, und Punkt M liegt auf einem Kreis um Punkt S mit dem Radius $\overline{SM}$.

4. a) Der Umfang ist proportional zum Radius, da der Quotient $\frac{u}{r}$ konstant ist.
b) Der Flächeninhalt ist nicht proportional zum Radius, da der Quotient $\frac{A}{r}$ nicht konstant ist.
c) Die Länge ist umgekehrt proportional zur Breite, da das Produkt konstant ist.
d) Der Umfang ist nicht proportional zur Breite, da bei Verdopplung der Breite sich der Umfang nicht verdoppelt.
e) Der Flächeninhalt ist proportional zur Höhe. Es gilt: $A = k \cdot h_c$ mit $k = 0{,}5 \cdot c$
f) e und f sind umgekehrt proportional zu einander. Es gilt: $e \cdot f = 2 \cdot A$

5. a) um 10 % b) um etwa 16 cm c) um etwa 16 cm

6. Zum Beispiel: 3,00 m; 4,30 m; 4,50 m; 4,60 m

(3): Seite 226

1. a)

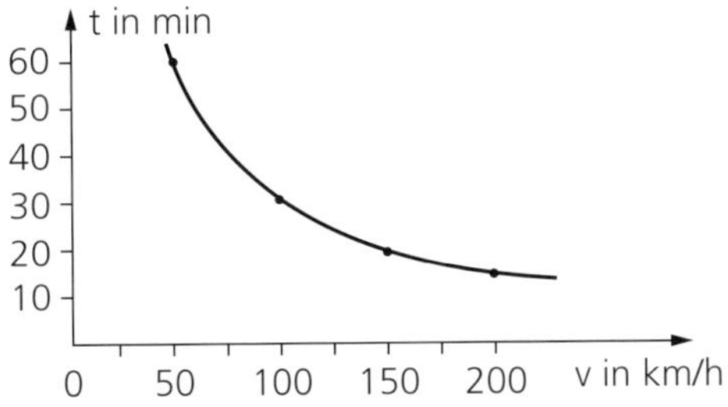

Die Fahrzeit ist umgekehrt proportional zur Durchschnittsgeschwindigkeit.

b)

Erhöhung der Geschwindigkeit in %	Geschwindigkeit in Kilometer pro Stunde	Fahrzeit in min	Einsparung in min	in %
0	100	30	0	0
10	110	27,3	2,7	9
20	120	25	5	16,7
50	150	20	10	33,3
100	180	16,7	13,3	44,3

c)

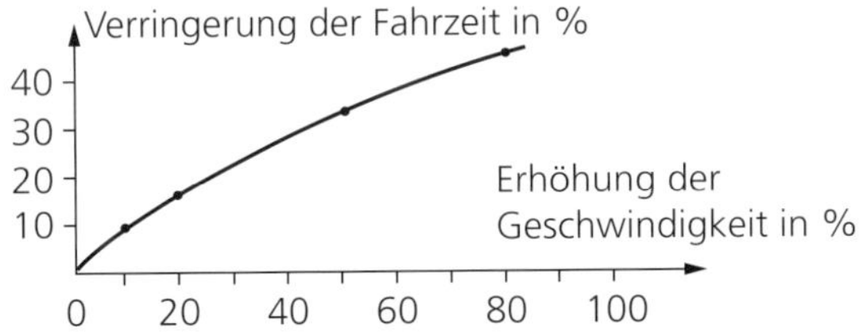

Mit Erhöhung der Geschwindigkeit vergrößert sich auch die prozentuale Einsparung der Fahrzeit, allerdings nicht proportional.
Mit zunehmender Erhöhung der Geschwindigkeit wird die Zunahme der Einsparung geringer.

2. Angebot A: 241,90 € Zinsen; Angebot B: 212,50 € Zinsen; (günstiger)

3. a) Jungen:

6	
7	05, 10, 15, 20, 25
7	30, 30, 40, 45, 55
8	
8	35

Mädchen:

6	15
6	
7	00, 03, 05, 17, 25, 25
7	45, 58
8	00, 10, 15

b) Jungen: $w = 1:30$ h; $\tilde{x} = 7:30$ h; $\tilde{x}_u = 7:17{,}5$ h; $\tilde{x}_o = 7:42{,}5$ h; $v_d = 25$ min

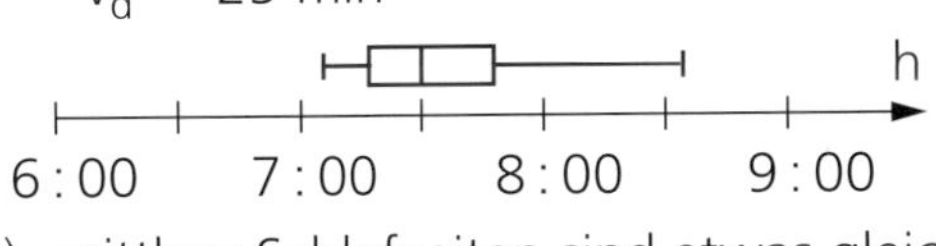

Mädchen: $w = 2$ h; $\tilde{x} = 7:25$ h; $\tilde{x}_u = 7:04$ h; $\tilde{x}_o = 7:59$ h; $v_d = 55$ min

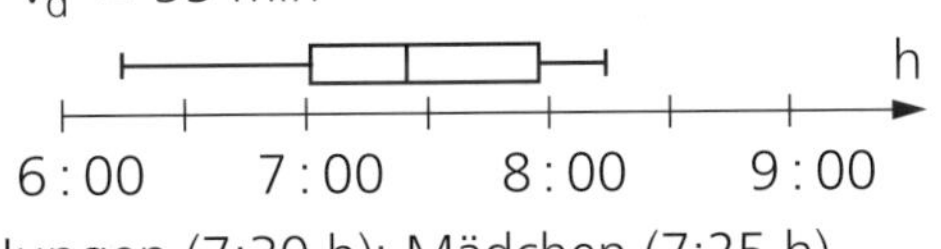

c) mittlere Schlafzeiten sind etwas gleich: Jungen (7:30 h); Mädchen (7:25 h)
Streuung, Spannweite, Vierteldifferenz: bei Jungen größer als bei Mädchen

4. a) 21,5 % b) 12,5 % c) 35,7 % d) 50 %

Register

S

T

U

V

W

X

Y

Z

Übersicht zu Einheiten

Längeneinheiten

Einheiten: Kilometer (km); Meter (m); Dezimeter (dm); Zentimeter (cm); Millimeter (mm)

2,5 Runden im Stadion → 1 km
Höhe einer Türklinke über dem Fußboden → 1 m
Breite einer Musikkassette → 1 dm
Dicke eines Kugelschreibers → 1 cm
Stärke eines 1-Cent-Stückes → 1 mm

1 km —1000— 1 m —10— 1 dm —10— 1 cm —10— 1 mm
1 m —100— 1 cm
1 m —1000— 1 mm

Weitere Einheiten (in anderen Ländern noch gebräuchlich):

1 mile (mi)	= 1 760 yards	= 1,609 km
1 yard (yd)	= 3 feet	= 0,914 m
1 foot (ft)	= 12 inches	= 30,48 cm
1 inch (in)	= 12 lines	= 2,54 cm
1 Zoll (")		= 25,4 mm
1 Seemeile (sm)		= 1,852 km

Flächeneinheiten

Einheiten: Quadratkilometer (km^2); Hektar (ha); Ar (a); Quadratmeter (m^2); Quadratdezimeter (dm^2); Quadratzentimeter (cm^2); Quadratmillimeter (mm^2)

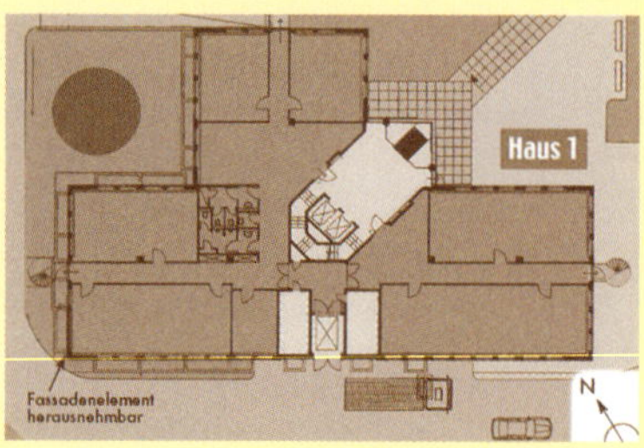

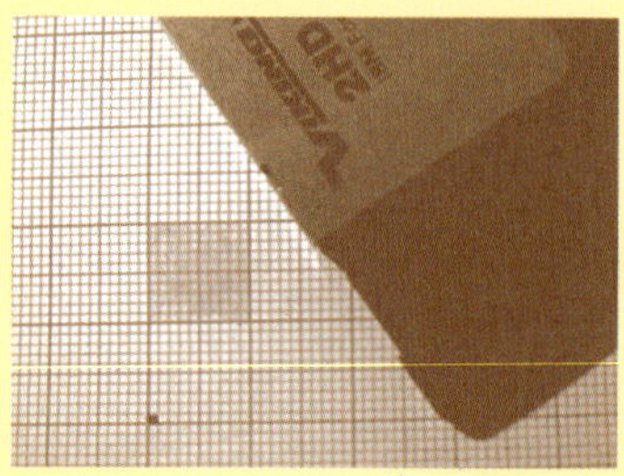

Fläche eines Golfplatzes → 1 km^2
Stadionfläche → 1 ha
Fläche einer Wohnung → 1 a
Tafelfläche → 1 m^2
Fläche einer Diskette → 1 dm^2
4 Kästchen im Heft → 1 cm^2
1 Kästchen auf Millimeterpapier → 1 mm^2

1 km^2 —100— 1 ha —100— 1 a —100— 1 m^2 —100— 1 dm^2 —100— 1 cm^2 —100— 1 mm^2

Weitere Einheit:
1 Morgen = 0,25 ha = 25 a = 2500 m^2